全国高等学校食品质量与安全专业适用教材

食品安全学

侯红漫　主编

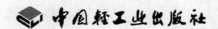
中国轻工业出版社

图书在版编目（CIP）数据

食品安全学/侯红漫主编 . —北京：中国轻工业出版社，2019.5
全国高等学校食品质量与安全专业适用教材
ISBN 978-7-5019-9881-4

Ⅰ.①食…　Ⅱ.①侯…　Ⅲ.①食品安全—高等学校—教材
Ⅳ.①TS201.6

中国版本图书馆 CIP 数据核字（2014）第 189544 号

责任编辑：秦　功　马　妍
策划编辑：马　妍　　责任终审：唐是雯　　封面设计：锋尚设计
版式设计：王超男　　责任校对：吴大鹏　　责任监印：张　可

出版发行：中国轻工业出版社（北京东长安街 6 号，邮编：100740）
印　　刷：三河市万龙印装有限公司
经　　销：各地新华书店
版　　次：2019 年 5 月第 1 版第 2 次印刷
开　　本：787×1092　1/16　印张：24.25
字　　数：504 千字
书　　号：ISBN 978-7-5019-9881-4　定价：48.00 元
邮购电话：010 – 65241695
发行电话：010 – 85119835　传真：85113293
网　　址：http://www.chlip.com.cn
Email：club@ chlip.com.cn
如发现图书残缺请与我社邮购联系调换
190386J1C102ZBW

食品质量与安全专业教材编写委员会

本书编委会

主　　编　大连工业大学　　侯红漫

副 主 编　上海海洋大学　　钟耀广
　　　　　大连民族学院　　胡文忠
　　　　　东北农业大学　　郭　鸽

编写人员　（按姓氏拼音排列）
　　　　　大连民族学院　　陈　晨
　　　　　大连工业大学　　崔玉娜
　　　　　浙江工商大学　　傅玲琳
　　　　　天津科技大学　　侯丽华
　　　　　哈尔滨工业大学　井　晶
　　　　　大连工业大学　　姜淑娟
　　　　　浙江大学　　　　余　挺
　　　　　大连工业大学　　张公亮

前　言

食品的质量与安全是关系到人体健康和国计民生的重大问题。随着人民生活水平的提高和贸易全球化的发展，食品安全已变得越来越重要而且没有国界。近年来，国内外一些重大食品安全事件的频繁发生，引起了社会各界对食品安全问题的密切关注，食品质量与安全专业人才的需求和培养也受到各相关高等院校的重视。

2002 年，教育部正式批准食品质量与安全专业为高校新增本科专业，目前已有 200多所高等院校开设了本专业。然而时至今日，我国统一的食品质量与安全专业的课程体系尚未形成，各高校根据自己的专业背景和优势建立自己的课程体系，以致各高校所开设的课程相差很大，这无疑对我国食品质量与安全专业教学的健康发展不利。

《食品安全学》在理论层面全面、系统地介绍了食品安全相关知识，便于食品质量与安全专业学生深入了解本专业相关内容，为学好后续专业课程起到提纲挈领的作用。

由于食品安全学涉及的知识面宽广，本教材将内容系统地分为三部分，即食品安全的危害性来源、食品安全的检测手段和食品安全问题的管理。同时在各部分内容中还增加了案例分析，便于学生对知识理解。除绪论外，第一部分（第一章到第三章）介绍食品安全性危害因素，第二部分（第四章到第七章）介绍食品安全分析与检测，第三部分（第八章到第十一章）介绍食品安全管理与控制，共十一个章节。

本教材绪论由侯红漫编写，第一章由侯丽华、胡文忠、傅玲琳、陈晨、井晶、侯红漫编写，第二章由姜淑娟编写，第三章由张公亮编写，第四章由傅玲琳写，第五章由侯丽华编写，第六章由侯红漫、崔玉娜编写，第七章由余挺编写，第八章由郭鸽编写，第九章由侯红漫编写，第十、十一章由钟耀广编写。全书由侯红漫、张公亮、姜淑娟统稿。

本教材由来自八所相关高校工作在食品质量与安全专业、食品科学与工程专业教学第一线的、有丰富教学经验的教师共同编写，书中倾注了各位编者的心血。限于编者的水平和能力，书中难免存在不足之处，敬请广大同行和读者批评指正。

编　者

2014 年 6 月

目　　录

第一部分　食品安全危害性因素

第二部分　食品安全分析与检测

第三部分　食品安全管理与控制体系

绪　论

第一节　食品安全学概述

一、食品安全学及食品安全的基本概念

食品安全学是研究食品安全的一门综合性科学，食品安全学不像数学、化学和物理学等学科界线十分清楚、学科内涵相对集中。食品安全学不仅包括了食品科学的内容，还包括了农学、医学、理学、管理学、法学和传媒学的内容。因此，食品安全学的学科基础和学科体系相对较为宽广，学科的综合性也较强。

食品安全学（food safetiology）是研究食物对人体健康危害的风险和保障食物无危害风险的学问，是食品科学的一个分支，也是近三十年来发展起来的一门新兴学科，主要包括三大体系内容：食品安全危害性因素、食品安全分析与检测技术体系、食品安全管理与控制体系。食品安全危害性因素主要介绍食品中的不安全因素及来源，按污染源性质不同分为生物性、化学性及物理性污染；食品安全分析与检测主要介绍食品中不安全因素的检测方法，包括常规理化、微生物检验，以及近些年来出现的色谱和波谱检测技术、免疫学检测技术、分子生物学检测技术等；食品安全管理与控制主要介绍食品安全管理体系、食品安全法规与标准、食品安全风险分析、食品安全溯源与预警技术等。

食品安全学的核心问题是保障人类健康，服务对象是人。因此，它与医学领域的毒理学、公共营养与卫生学、药学学科有关。食品安全的研究对象是食品，因此，它与食品原料学、食品微生物学、食品化学、食品科学等密切相关。食品安全在社会层面上主要是管理问题，政府从事食品安全管理主要依靠法律法规，而食品安全执法又需要标准和检测技术与方法的支持，风险分析过程也需要管理学的理论。因此，它又需要法学、管理学的支持。另外，由于公众的参与意识增强，以及媒体的广泛参与，基于对食品安全事件增加透明度的原则，传媒学也已成为其重要的学科体系之一。

食品安全是食品行业的一个新名词。它有两方面的含义，分别来源于两个英语概念：一是指一个国家或社会的食物保障（food security），即"食物供给量的安全"；二是指食品的安全性（food safety），也就是现在的"食品安全"的概念。

1974 年 11 月联合国粮农组织（FAO）在罗马召开的世界粮食大会上正式提出食品安全的概念。从食品安全概念的提出发展至今，食品安全完整的概念和范围应包括两个方面：①食品的充足供应，即解决人类的贫穷、饥饿，保证人人有饭吃；②食品的安全

与营养，即人类摄入的食品不含有可能引起食源性疾病的污染物，无毒、无害，并能提供人体所需要的基本营养元素。

关于食品安全，至今尚缺乏一个明确的、统一的定义。要了解食品安全的概念，首先需要明确食品安全、食品卫生、食品质量的概念以及三者之间的关系。关于三者的概念以及之间的关系，有关国际组织在不同文献中有不同的表述。国内专家、学者对此也有不同的认识。1996 年世界卫生组织（WHO）将食品安全界定为"对食品按其原定用途进行制作、食用时不会使消费者健康受到损害的一种担保"，将食品卫生界定为"为确保食品安全性和适用性在食物链的所有阶段必须采取的一切条件和措施"。食品质量则是指食品满足消费者明确的或者隐含的需要的特性。从目前的研究情况来看，在食品安全概念的理解上，国际社会已经基本形成如下共识。

首先，食品安全是个综合概念。作为一种概念，食品安全包括食品卫生、食品质量、食品营养等相关方面的内容和食品（食物）种植、养殖、加工、包装、贮藏、运输、销售、消费等环节。而作为附属概念的食品卫生、食品质量、食品营养等（通常被理解为部门概念或者行业概念）均无法涵盖上述全部内容和全部环节。食品卫生、食品质量、食品营养等在内涵和外延上存在许多交叉，由此造成食品安全的重复监管。

其次，食品安全是个社会概念。与卫生学、营养学、质量学等学科概念不同，食品安全是个社会治理概念。不同国家以及不同时期，食品安全所面临的突出问题和治理要求有所不同。在发达国家，食品安全所关注的主要是因科学技术发展所引发的问题，如转基因食品对人类健康的影响；而在发展中国家，食品安全所侧重的则是市场经济发育不成熟所引发的问题，如假冒伪劣、有毒有害食品的非法生产经营。我国的食品安全问题则包括上述全部内容。

再次，食品安全是个政治概念。无论是发达国家，还是发展中国家，食品安全都是企业和政府对社会最基本的责任和必须做出的承诺。食品安全与生存权紧密相连，具有惟一性和强制性，通常属于政府保障或者政府强制的范畴。而食品质量等往往与发展权有关，具有层次性和选择性，通常属于商业选择或者政府倡导的范畴。近年来，国际社会逐步以食品安全的概念替代食品卫生、食品质量的概念，更加突显了食品安全的政治责任。

第四，食品安全是个法律概念。自 20 世纪 80 年代以来，一些国家以及有关国际组织从社会系统工程建设的角度出发，逐步以食品安全的综合立法替代卫生、质量、营养等要素立法。1990 年英国颁布了《食品安全法》，2000 年欧盟发表了具有指导意义的《食品安全白皮书》，2003 年日本制定了《食品安全基本法》。部分发展中国家也制定了《食品安全法》。综合型的《食品安全法》逐步替代要素型的《食品卫生法》、《食品质量法》、《食品营养法》等，反映了时代发展的要求。《中华人民共和国食品安全法》由中华人民共和国第十一届全国人民代表大会常务委员会第七次会议于 2009 年 2 月 28 日通过，自 2009 年 6 月 1 日起施行。自实施之日起，已经实施 14 年的《中华人民共和国食品卫生法》同时废止，这意味着中国的食品安全监管进入了一个新的阶段。

基于以上认识，食品安全（food safety）指食品无毒、无害，符合应当有的营养要求，对人体健康不造成任何急性、亚急性或者慢性危害。食品安全也是一门专门探讨在食品加工、贮藏、销售等过程中确保食品卫生及食用安全，降低疾病隐患，防范食物中毒的一个跨学科领域。

在客观上，人类的任何一种饮食消费甚至其他行为总是存在某种风险，要求食品绝对安全是不可能的，绝对安全的食品是不存在的。因此学者认为食品安全应区分为绝对安全与相对安全两种概念。绝对安全性被认为是指确保不可能因食用某种食品而危及健康或造成伤害的一种承诺，也就是食品应绝对没有风险。所谓相对安全性，被定义为一种食物或成分在合理食用方式和正常食量的情况下不会导致健康损害的实际确定性。任何食物成分，尽管是对人体有益的成分或其毒性极低，若食用数量过多或食用条件不当，都可能引起毒害或损害健康。譬如食盐摄入过量会中毒，过度饮酒伤身体。另一方面，某些食品的安全性又因人而异，如鱼、蟹类水产品经合理的加工制作及适量食用，对多数人是安全的，但对少数有鱼类过敏症的人则可能带来危险。食物中某些微量有害成分的影响，也往往在对该成分敏感的人群中表现出来。以上说明，一种食品是否安全，取决于其制作、食用方式是否合理，食用数量是否适当，还取决于食用者自身的一些内在条件。

二、食品安全学研究内容

从食品安全学的学科体系中可以看出，食品安全学涉及多个学科、多项技术、多种管理体系，是一门综合性很强的学科。从食品污染性质和来源的角度来看，食品安全学涉及生物性污染、化学性污染和物理性污染；从食品安全控制技术的角度来看，食品安全学涉及色谱技术、波谱技术、免疫学技术、毒理学评价技术、微生物检测技术以及分子生物学技术等；从食品安全的管理过程来看，食品安全学涉及食品安全法律法规、食品标准的制定、风险评估技术、溯源技术、预警技术等。基于以上的理解，本书也将从食品安全危害性因素、食品安全分析与检测、食品安全管理与控制体系三大部分来编写《食品安全学》一书。

从食品污染性质和来源角度来看，影响食品安全的危害因素包括物理性危害、化学性危害和生物性危害。

物理性危害：通常指食品生产加工过程中的杂质超过规定的含量，或放射性核素所引起的食品质量安全问题。如粮食中的外源性锐利物质对人体造成的危害，这些危害可能是由于从粮食收获到消费者的食物链中的任意环节受到污染造成的，如粮食收获过程中夹杂的石块、木屑，粮食加工时从加工器具中脱落产生的金属片等。

化学性危害：指食用后能引起急性中毒或慢性积累性伤害的化学物质。食品中的化学危害包括食品原料本身含有的，在生产加工过程中污染、添加以及由化学反应产生的各种有害化学物质。如粮油食品中存在的天然动植物毒素、农药残留、重金属以及贮藏加工过程中产生的苯并（a）芘等。

生物性危害：主要指生物（尤其是微生物）自身及其代谢过程、代谢产物（如毒素）对食品原料、加工过程和产品的污染，按生物种类可分为以下几类：细菌性危害、真菌性危害、病毒性危害、寄生虫危害和虫鼠害等。控制食品的细菌性危害是目前解决食品安全性问题的主要内容。

除以上三种常见污染外，随着新的食品资源的不断开发，食品品种的不断增加，生产规模的扩大，加工、贮藏、运输等环节的增多，消费方式的多样化，使人类食物链变得更为复杂。转基因食品、新资源食品的出现也给食品原料带来新的不确定因素。此外，食品在加工过程中，添加剂的使用、不当的生产工艺、不良的化学反应、包装材料的污染等都可能对最终产品造成二次污染。

从食品安全控制技术的角度来看，食品安全学涉及到色谱技术、波谱技术、免疫学技术、毒理学评价技术、微生物检测技术以及分子生物学技术等。食品安全检测技术是食品安全的重要技术支撑，研究重点是围绕与食品安全密切相关的有毒有害物质展开的，包括有害化学物质、有害微生物、毒素、转基因食品、掺假物质等几大重要且备受关注的食品安全隐患，特别是开发出高精度、高灵敏度和高效率的现代食品安全检测技术。食品安全检测技术的种类很多，传统检测方法主要包括感官检测、物理检测（如相对密度法、折光法和旋光法等）和化学检测（定性和定量）；近些年借助于大型分析仪器的检测应运而生，包括高效液相色谱法（HPLC）、气相色谱法（GC）、高效液相色谱 – 质谱联用方法（HPLC – MS）、气相色谱 – 质谱联用方法（GC – MS）、示波极谱法、核磁共振法（CNMR）、离子交换液相色谱法、质谱分析法等。随着科学技术的进步，免疫学技术、分子生物学技术在食品检测上的应用也越来越广泛，免疫学技术包括放射免疫分析（RIA）、酶免疫分析（EIA）、荧光免疫分析（FIA）、时间分辨荧光免疫分析（TR – FIA）、化学发光免疫分析（CIA）、生物发光免疫分析方法等，分子生物学技术包括 PCR 检测、基因芯片技术等。

从食品安全的管理过程来看，食品安全学涉及食品安全法律法规、食品标准的制定、风险评估技术、溯源技术、预警技术等。

食品安全法律体系是由保障食品安全的所有法律、法规以及规范性文件组成的一个系统，这个系统由不同效力级别的法律文件组成，包含了从食品生产到消费各个环节的法律规范。我国食品安全在法律体系上还存在诸多弊端和问题，因此，加强和完善我国食品安全法律体系，显得尤为重要和迫切。

食品安全标准体系是为了对食品质量安全实施全过程控制而建立的。从标准的性质上讲，食品安全标准既包括强制性标准也包括推荐性标准。从标准的级别上讲，食品安全标准包括国家标准、行业标准、地方标准、企业标准。从标准的内容上讲，食品安全标准包括基础标准、产品标准、方法标准、安全、卫生及环境保护标准。针对我国食品产业发展的现实需求，应大力加强一些主要食品安全标准的研究，其领域包括农药残留限量标准、兽药残留限量标准、食品添加剂卫生标准、饲料添加剂卫生标准、生物毒素标准、有害元素限量标准、持久性有机污染物限量标准等；着力解决标准中相互交叉、相互矛盾、相互重复的严重问题，结合我国国情，积极采用国际标准，特别是国际食品法典的标准、指南和有关技术文件，提高标准水平，研究和构建一个目标明确、结构合理、功能齐全、配套有效、统一权威的标准体系总体框架，改变我国目前食品安全标准体系结构欠科学合理、内容不完善、实用性和可操作性较差的现状。加强食品安全标准化，建立和完善食品安全标准体系是有效实施这一战略举措的重要手段，可以为食品安全的各项控制措施提供强有力的技术支撑和保障。

食品安全评价主要是阐明某种食品是否可以安全食用、食品中有关危害成分或物质的毒性及其风险大小，利用毒理学评价、人体研究、残留量研究、暴露量研究、膳食结构和摄入风险评价等，确认该物质的安全剂量，通过风险评估进行风险控制。食品安全评价是一个新兴的领域，在食品安全性研究、监控和管理上具有重要的意义，但评价标准和方法还有待不断发展和完善。

食品溯源是食品安全管理的一个有效工具，有助于提高食品安全管理的效率，方便问题食品召回，并可有效地帮助消费者辨别虚假信息。食品安全的可追溯工作是管理和控制食品安全问题的重要手段，而溯源预警系统更是重中之重。它最显著的特点就是事前防范监管重于事后处罚。食品安全溯源信息公示系统，在食品溯源管理中就发挥着这个"预警"作用。食品溯源是保证及时、准确、有效地实施食品召回的基础，食品召回是实现食品溯源目的的重要手段。目前仍需加大力度研发各种溯源技术，包括新的电子标签、同位素跟踪技术、DNA 指纹技术、重要食品掺假识别技术等，解决建立和完善我国溯源体系的技术瓶颈；完善当前溯源系统，解决目前国内开发研究的溯源应用系统普遍存在着编码不规范、不统一、与 HACCP 不兼容、与国际标准接轨差的问题；建立统一协调的食品安全信息组织管理系统，建立相应的追溯/跟踪安全信息交换平台，最终建立中国真正意义上的跟踪溯源体系。

第二节　食品安全学的形成和发展

人类对食品安全性的认识，有一个历史发展过程。在人类文明早期，不同地区和民族都以长期生活经验为基础，在不同程度上形成了一些有关饮食卫生和安全的禁忌禁规。在中国，2500 年前的孔子就曾对他的学生讲授过著名的"五不食"原则："鱼馁而肉败，不食。色恶，不食。臭恶，小食。失饪，不食。不时，不食。"这是文献中有关饮食安全的最早记述与警语。在西方文化中，产生于公元前 1 世纪的《圣经》也有许多关于饮食安全与禁规的内容。其中著名的摩西饮食规则，规定凡非来自反刍偶蹄类动物的肉不得食用，据认为是出于食品安全性的考虑，至今仍为正宗犹太人和穆斯林所遵循的传统习俗。《旧约伞书·利未记》明确禁止食用猪肉、任何腐食动物的肉或死畜肉。古代人类对食品安全性的认识，大多与食品腐坏、疫病传播等问题有关，各民族都有许多建立在广泛生存经验基础上的饮食禁忌、警语、禁规，作为生存守则流传保持至今。

生产的发展促进了社会的产业分工、商品交换、阶级分化，以及利欲与道德的对立，食品的安全问题出现了新的因素和变化。食品交易中出现了制伪、掺假、掺毒、欺诈现象，在古罗马帝国时代已蔓延为社会公害。当时制定的罗马民法曾对防止食品的假冒、污染等安全问题作过广泛的规定，违法者可判处流放或劳役。中世纪的英国为解决石膏掺入面粉、出售变质肉类等事件，1266 年颁布了面包法，禁止出售任何有害人体健康的食品。但制伪掺假食品仍屡禁不绝，有记载 18 世纪中叶英国杜松子酒中查出掺假物有浓硫酸、杏仁油、松节油、石灰水、玫瑰香水、明矾、酒石酸盐等等。直到 1860 年，英国国会通过了新的食品法，再次对食品安全加强控制。由于食品检验缺乏有效的手段，制伪掺假掺毒技术层出不穷，而食品安全的法律法规滞后，使食品安全问题长期存在于欧洲食品市场。在美国，19 世纪中后期资本主义市场经济的发展在缺乏有效法制的情况下，食品安全与卫生问题也恶性发展。据说牛奶掺水、咖啡掺碳在当时的纽约是老百姓常见的事。更有在牛奶中加甲醛、肉类用硫酸、黄油用硼砂做防腐处理的事例。一些肮脏不堪的食品，加上如何把腐烂变质的肉变成美味香肠，把三级品变成一级品的事例，被写成报告文学，使社会震动。当时美国农业部的官员在报刊上惊呼："由于商人的肆无忌惮和消费者的无知，使购买那些有害健康食品的城市百姓经常处于危险之中"。

在 19 世纪初，为控制这种不良现象，保持商品信誉，提高竞争能力，达到巩固资本主义商品经济、保障消费者健康的目的，西方各国相继开始立法，1851 年法国颁布《取缔食品伪造法》，1860 年英国颁布《防止饮食掺假法》，美国于 1890 年制定了《肉品监督法》，1938 年颁布《联邦食品、药物和化妆品法》，1939 年又制定了《联邦食品药品法》，1947 年日本制定《食品卫生法》，英国于 1955 制定《食品法》等。联合国粮农组织/世界卫生组织（WHO/FAO）于 1962 年成立了食品法典委员会（CAC），专司协调各国政府间食品标准化工作，凡不符合 CAC 标准的食品在其成员国内将得不到保护。《食品法典》规定了各种食物添加剂、农药及某些污染物在食品中允许的残留限量，供各国参考并借以协调国际食品贸易中出现的食品安全性标准问题。至此，尽管还存在大量的有关添加剂、农药等化学品的认证与再认证工作，且食品中残留物限量的科学制定工作有待解决，但控制这些化学品合理使用以保障丰足安全的食品生产与供应的策略与途径已初步形成，食品安全管理开始走上有序的轨道。

　　20 世纪以后，食品工业应用的各类添加剂日新月异，农药、兽药在农牧业生产中的重要性日益上升，工矿、交通、城镇"三废"对环境及食品的污染不断加重，农产品和加工食品中含有害有毒化学物质的问题越来越突出。此外，化学检测手段及其精度不断提高，农产品及其加工产品在地区之间流通规模日增，国际食品贸易数量越来越大。这一切对食品安全提出了新的要求，以适应生活水平提高、市场发展和社会进步的新形势。问题的焦点与热点，逐渐从食品不卫生、传播流行病、掺杂制伪等，转向某类化学品对食品的污染及对消费者健康的潜在威胁方面。20 世纪对食品安全影响最为突出的事件，当推有机合成农药的发明、大量生产和使用。曾被广泛应用的高效杀虫剂滴滴涕，其发现、工业合成及普遍使用始于 30 年代末 40 年代初，至 60 年代已达鼎盛时期，世界年产总量可达 10 万吨。滴滴涕在消灭传播疟疾、斑疹伤寒等严重传染性疾病的媒介昆虫（蚊、虱）以及防治多种顽固性农业害虫方面，都显示了极好的效果，成为当时人类防病、治虫的强有力武器。其发明者瑞士科学家 Paul Muller 因此巨大贡献而获 1948 年诺贝尔奖。滴滴涕的成功刺激了农药研究与生产的加速发展，加之现代农业技术对农药的大量需求，包括六六六在内的一大批有机氯农药此后陆续推出，在 50 ~ 60 年代获得广泛应用。然而时隔不久，滴滴涕及其他一系列有机氯农药被发现因难以生物降解而在食品链和环境中积累起来，在食品和人体中长期残留，危及整个生态系统和人类的健康。进入 70、80 年代后，有机氯农药在世界多数国家先后被停止生产和使用，代之以有机磷类、氨基甲酸酯类、拟除虫菊酯类等残留期较短、用量较小也易于降解的多种新农药类型。但农业生产中滥用农药在毒化了环境与生态系统的同时，也导致了害虫抗药性的出现与增强，这又迫使人们提高农药用量，变换使用多种农药来生产农产品，出现了虫、药、食品、人之间的恶性循环。尽管农药及其他农业化学品的应用对近半个世纪以来世界农牧业生产的发展贡献巨大，随着农药种类和使用方法不断更新改进，用药水平和残留水平也在下降，但农产品和加工食品中种类繁多的农药残留，至今仍然是最普遍、最受关注的食品安全课题。

　　20 世纪对食品安全的社会反应和政府对策，最早见于发达国家。如美国在 1906 年通过了第一部全面的《纯净食品与药品法》，在此基础上，于 1938 年由国会通过了新的《联邦食品、药品和化妆品法》，1947 年通过了《联邦杀虫剂、杀菌剂、杀鼠剂法》，以后又陆续作过多次修正，至今仍为美国保障食品安全的主要联邦法律。其中，关于食品、药品和化妆品法规定：凡农药残留超过规定限量的农产品禁止上市出售；食品工业使用任何新的添加剂前必须提交其安全性检验结果，原来已使用的添加剂必须获准列入"公认安全"（GRAS）名单才能继续使用；凡被发现可使人或动物致癌的物质，不得认为是安全的添加剂而以任何数量使用。《联邦杀虫剂、杀菌剂、杀鼠剂法》规定，任何农药在为一定目的使用时不得"对环境引起不适当的有害作用"；每一种农药及其每一种用途都必须申请登记，获准后才能合法出售及应用；凡登记用于食用作物的农药必须由国家环境保护局（EPA）据申请厂商提交的资料批准其各自用途的食品残留限量，即在未加工的农产品及加工食品中允许的最高农药残留限量。

20世纪末期以来，随着社会的发展，人们生活水平的提高以及食品科技的发展，食品安全日益成为公众和政府关注的焦点，食品安全成为全人类共同关注的重大课题。首先，近年来食源性疾病的爆发性流行仍在世界不同国家不断发生，但病的种类有所变化。1985年英国的疯牛病、1997年日本的大肠杆菌O157事件和全球范围的口蹄疫等几大污染事件证明，食品安全问题不仅不能伴随国民经济的发展、医学技术水平的提高和人民生活的改善而得到控制，反而会因为工业化程度的提高、新技术的采用以及贸易全球化趋势的加快而进一步恶化。其次，在癌症及其他与饮食营养有关的慢性病发病率上升、化学药物对人类特别是妇幼群体危害日益明显，以及动物性食品在饮食结构中重要性增大的形势下，兽药使用不当、饲料中过量添加抗生素及生长促进素对食品安全性的影响，逐渐突出起来。由于发现人工合成激素（如己烯雌酚等）对人有严重的副作用，欧洲除已建立较严格的有关各种兽药的使用限制外，还禁止进口用激素处理的肉类。最后需要提及的，是在人类进入核时代以后食品安全性中的核安全问题。近年来世界范围的核试验、核事故已构成对食品安全性的新威胁。1986年发生于前苏联境内切尔诺贝利的核事故，是人类迄今已知的最严重核事故，使几乎整个欧洲都受到核沉降的影响，牛羊等草食动物首当其冲。欧洲许多国家当时生产的牛奶、肉类、肝脏中都发现有超量的放射性核素而被大量弃置。在这种情况下，已经研究多年被认定为较为安全的食品辐照技术，受核辐射对人体危害的心理影响，在商业应用上长期受阻，有待研究的问题和立法方面也都进展缓慢。食品安全事件时有发生，监督管理成为世界各国和国际组织的工作重点。如瑞典王国在1973年设立了食品安全管理局，联合国粮农组织（FAO）和世界卫生组织（WHO）在1976年就出版了《发展有效的国家食品控制体系指南》。2000年，食品安全被确定为公共卫生的优先领域，WHO呼吁建立国际食品卫生安全组织和机制，制定预防食源性疾病的共同战略，加强相关信息和经验交流，通过全球共同合作来保证食品安全。在过去三十年间，有关食品安全科学的理论和技术体系得到了迅速发展，已被科学界和食品工业界及政府管理部门所接受，并在生产、加工、贮藏和销售领域发挥了较大的作用。美国、日本、欧盟等发达国家近年来对食品实行越来越严格的卫生安全标准。以农药残留限量标准为例，国际食品法典委员会已颁布了200多种农药、100种农产品的3100项最高残留量（MRL）标准，美国公布了9000多项、日本近3000项、德国8000多项、澳大利亚近3000项、我国台湾省1149项。美国1998年成立了总统食品安全委员会，法国也成立了食品安全局，欧盟于2000年1月份发布了《食品安全白皮书》，并计划在近年内组建欧洲食品安全权威机构，建立快速警报系统，使欧盟委员会对可能发生的食品安全问题能采取迅速有效的反应。同时，食品质量安全的控制技术也得到了不断的完善和进步，食品的良好生产规范（GMP）、卫生标准操作程序（SSOP）、食品危害分析和关键控制点（HACCP）成为食品安全生产有利控制手段。

在我国，近代食品安全性的研究与管理起步较晚，但近半个世纪以来食品卫生与安全状况也有了很大的改善。一部分食源性传染病得到了有效的控制，农产品和加工食品中的有害化学残留也开始纳入法制管理的轨道。我国20世纪80年代末90年代初，随着可持续发展议题在我国的深入展开，以及国际上对相关问题探讨的逐步深入，对食品安全（food safety）问题的研究逐步加强，我国于1982年制定了《中华人民共和国食品卫生法》（试行），经过13年的试行于1995年由全国人大常务委员会通过，成为具有法律效力的食品卫生法规。在工业生产和市场经济加速发展、人民生活水平提高和对外开放条件下，食品安全状况面临着更高水平的挑战。国家相继制定和强化了以《食品卫生法》为主体的有关食品安全的一系列法律法规，初步形成了以卫生管理部门、工商管理部门和技术监督部门为主体的管理体制。近20年来，随着科学技术的进步、社会的发展、人们生活水平的不断提高以及人们生活方式的不断丰富多彩，食品安全显得越来越重要。在新的形势下，食品安全科技也得到了迅猛的发展。在FAO和WHO的推动下，从2002年起，一个个全球性的、地区性的食品安全研讨会和论坛在世界各地接连举行，国家级的食品安全管理机构也在不断地重组和加强，食品安全的专业研究机构和学科专业相继产生，人才队伍日益发展壮大。随着食品安全科学技术的发展，食品安全学也应运而生，并且不断地发展、完善和提高，国内食品安全科技支撑能力建设也取得了长足的发展，目前逐渐发展成为一个比较完整的学科体系。《食品安全法》的基础是屡次修改的《食品卫生法》，从法律的概念到范围，以及法律的目的性均进行了调整，"卫生"变成"安全"，更加明确食品需要的是综合管理。它是我国继《产品质量法》、《消费者保护法》和《食品卫生法》之后又一部专门针对保障食品安全的法律，目的是为了防止、控制和消除食品污染以及食品中有害因素对人体的危害，预防和减少食源性疾病的发生，保证食品安全，保障人民群众生命安全和身体健康。这部法律的出台显示了国家和公众对食品安全的重视，是我国食品安全的法律保障。

历史表明，食品安全的问题发展到今天，已远远超出传统的食品卫生或食品污染的范围，而成为人类赖以生存和健康发展的整个食物链的管理与保护问题。如何遵循自然界和人类社会发展的客观规律，把食品的生产、经营、消费建立在可持续的科学技术基础上，组织和管理好一个安全、健康的人类食物链，这不仅需要科学研究、政策支持、法律法规建设，而且必须有消费者的主动参与和顺应市场规律的经营策略。食品安全问题，需要科学家、企业家、管理者和消费者的共同努力，也要从行政、法制、教育、传媒等不同角度，提高消费者和生产者的素质，排除自然、社会、技术因素中的有害负面影响，并着眼于未来世界食品贸易前景，整治整个食物链上的各个环节，使提供给社会的食品越来越安全。

第三节 食品安全现状及发展趋势

食品是人类赖以生存和发展的基本物质，是人们生活中最基本的必需品。随着经济的迅速发展和人们生活水平的不断提高，食品产业获得了空前的发展。各种新型食品层出不穷，食品产业已经在国家众多产业中占支柱地位。在食品的三要素中（安全、营养、食欲），安全是消费者选择食品的首要标准。近几年来，在世界范围内不断出现了食品的安全事件，如英国疯牛病和口蹄疫事件、比利时二噁英事件，国内的苏丹红、吊白块、"毒米"、"毒油"、孔雀石绿、"瘦肉精"、三聚氰胺等事件，使得我国乃至全球的食品安全问题形势十分严峻。日益加剧的环境污染和频繁发生的食品安全事件，对人们的健康和生命造成了巨大的威胁，食品安全问题已成为人们关注的热点问题。

一、我国食品安全现状及发展趋势

与过去相比，我国的食品卫生安全状况有了显著改善。但长期以来，我国的食品供应体系主要是围绕解决食品供给量问题而建立起来的，对于食品安全的关注程度不够。食品行业在原料供给、生产环境、加工、包装及销售等环节的安全管理都存在着严重的不适应性，由致病微生物和其他有毒、有害因素引起的食物中毒和食源性疾病仍然对我国的食品安全构成显著的威胁。

我国食品安全的主要问题具体表现在如下几个方面。

（1）微生物污染是影响我国食品安全的最主要因素 微生物污染包括细菌性污染、病毒和真菌及其毒素的污染、各种病原体等有害生物的污染。据世界卫生组织估计，全世界每年有数以亿计的食源性疾病患者，其中70%是由于各种致病性微生物污染的食品和饮用水引起的。我国1990～1999年十年间食物中毒发生的情况表明，微生物性食物中毒居各类食物中毒病原的首位，占总数的40%。

（2）种植业和养殖业的源头污染越来越严重 化肥、农药、兽药、饲料等各种投入品滥用（或使用不当）是当前一段时期最突出的食品安全问题。化肥和农药的滥用则造成土壤和水等自然环境的污染，进而导致植物性食品的安全受到威胁；兽药的滥用以及饲料的质量和安全问题则直接威胁到动物性食品的安全。

（3）环境污染对食品安全的影响越来越严重 工业"三废"中含有许多有毒有害的化学物质，由于工业"三废"和城市垃圾的不合理排放，使水、土壤和空气等自然环境受到污染，动物和植物长期生活在这种环境中，这些有毒有害物质就会在体内蓄积，成为被污染的食品，而这些有毒有害物质的化学结构和性质经动植物的转化变得更为复杂，通过食物链的作用，对人类造成了更为严重的威胁。

（4）食品加工过程更是造成食品污染，引起食品质量安全问题的重要环节 一方面，目前我国食品加工类企业绝大多数规模偏小，基本属于家庭作坊式的厂点，根本不具备生产合格产品的人员、技术、工艺、设备、厂房和环境等基本条件。另一方面，受利益的驱使，假冒伪劣食品屡禁不止。在加工过程中，掺杂使假，以假充真，以非食品原料、发霉变质原料加工食品，不按标准生产，滥用食品添加剂和食品加工助剂，以化工原料代替食品添加剂和食品加工助剂，使用有毒有害的材料做加工器具、设备、包装材料或容器等各种违法行为都严重威胁着我国的食品质量安全。

（5）新技术、新产品给食品安全带来了潜在威胁　近年来，我国新的食品类产品及新的食品原辅材料大量出现和应用，很多没有经过严格的危险性评估。如一些新型食品添加剂和加工助剂、新的包装材料、新的防霉保鲜剂等。还有一些作为保健食品原料的传统药用成分，如芦荟苷、银杏酸、葛根素、甘草酸、姜黄素等并未经过系统的毒理学评估，作为保健食品长期和广泛食用，其安全性值得关注。另外像转基因技术的应用，虽然给食品行业的发展带来了较好的机遇，但转基因食品的安全性仍不确定。

（6）动物防疫检疫体系不健全使得动物性食品的安全难以得到保证　我国地域辽阔，动物品种繁多，畜牧业生产较为分散，集约化程度不高，难以防疫管理，加之防疫机构不健全、手段落后、检验设备不完善，我国的畜牧业疫病时有发生，同时新的疫病，如禽流感等也不断出现。动物疫病使得染病的动物体内含有一定的病菌和毒素，对畜禽产品的质量安全造成影响，从而给消费者带来安全隐患。更令人担忧的是，人畜共患疫病的存在和发生将直接威胁人的身体健康和生命安全。

（7）食品安全监控与发达国家差距较大　我国食品安全"从农田到餐桌"全过程，在"各司其职"的监管模式下涉及到食品安全管理职能的，有工业和信息化部、公安部、农业部、商务部、卫生部、国家工商总局、国家质量监督检验检疫总局、国家食品药品监督管理总局等17个部门。我国食品安全监管一直是多段监管，其中初级农产品生产环节的监管由农业部门负责，食品生产加工环节的质量监督和日常卫生监管由质检部门负责，食品流通环节的监管由工商部门负责，餐饮业和食堂等消费环节的监管由卫生部门负责，食品安全的综合监督、组织协调和依法组织查处重大事故由食品药品监管部门负责，进出口农产品和食品监管由质检部门负责，这使得食品安全监管部门出现"多龙治水"的现象。

随着食品工业的快速发展，我国食品质量安全的基础工作也得到了一定的增强，食品安全水平也不断提高。

首先是食品标准化工作正在不断完善，目前已基本形成了由国家标准、行业标准、地方标准、企业标准构成的食品标准化体系。我国加入世界贸易组织（WTO）以后，为了提高标准的水平、与国际标准接轨，国家质量监督检验检疫总局、国家标准化管理委员会和卫生部对涉及食品安全的原484项食品卫生国家标准进行全面清理，将对农药残留、食品添加剂、重金属、生物毒素等限量指标进行制订和修订。

其次是食品质量安全检验检测体系逐步健全，目前已初步形成了一个比较完备的食品质量安全检验网络，其中包括国家级食品检验中心，省、地市及县级食品检验机构，以及有关行业部门设置的食品检验机构。未来仍需建立全面的、连续的食源性疾病、食品污染和食品有害物质的监测资料和覆盖全国范围的监测网络体系；建立食品安全预警数据分析体系和预警机制，实现食品安全问题早发现、早预警和早控制；加入国际食品安全监测网络为我国食品安全监测体系的建立和食品安全预警提供帮助；建立一批与国际接轨、经过科学认证的食品安全检测机构，研究开发高灵敏性、准确性、高通量、快速或现场检测新技术，以及具有自主知识产权的食品安全快速检测仪器设备；强化我国基层食品检验机构在仪器设备、检测能力、检测人员素质等方面的建设。

再次是食品生产加工企业的技术、工艺设备以及质量管理水平取得较大提高。目前有些行业或企业的生产技术和管理水平已基本与国际接轨，已有上万家食品企业通过了 ISO 9000 或 HACCP 质量体系认证，有众多的食品企业在向发达国家或地区出口各类食品，还有国际著名品牌的食品集团在国内独资或合资设立食品生产企业，这都为提升我国食品质量安全整体水平发挥了积极的带动作用。未来仍需鼓励和引导在食品生产企业实施 GMP 和 HACCP，确保食品安全。

最后是党的十八届二中全会在机构改革中对于食品安全监管的机构、职责进行了进一步整合和调整。国务院食品安全委员会办公室与现由卫生部管理的国家食品药品监督管理局合并，并吸纳散落在农业、质量监督、检验检疫、工商、商务、卫生等部门的食品药品安全监管职能，成立正部级的国家食品药品安全监督管理总局。也就是说，今后，从进入市场到端上餐桌，食品安全问题都将由新组建的食品药品安全监督管理局监管。食品安全实现了"一件事情由一个部门监管"，即变"多龙治水"为"一龙治水"，食品安全监管乏力现象将从根本上得到扭转，食品安全也会得到极大保障。

二、国外食品安全现状及发展趋势

近年来，国际上食品安全恶性事件频频发生，造成巨大的经济损失，国际食品安全状况不容乐观。

食源性疾病的暴发呈急剧增加趋势，不发达国家每年约有 220 万人死于食源性疾病，一些发达国家，每年也至少有 30% 的人口感染食源性疾病。2011 年 5 月 30 日，德国因食用有毒黄瓜感染出血性大肠杆菌已造成 50 人死亡。此外，包括瑞典、丹麦、英国和荷兰在内的多个国家均出现感染病例，欧洲一时陷入恐慌……"毒黄瓜"事件的溯源从最初的豆芽，到最后确定是葫芦巴种子。

1986 年英国第一次出现疯牛病，自此，疯牛病便恶作剧般地在整个英国蔓延开来。1992 年，疯牛病像瘟疫般在英国流传，至 1997 年年初，英国有 37 万头牛染上了疯牛病，16.5 万头牛因病死亡。仅 1996 年，英国政府为养牛户支付的赔偿费就达 8.5 亿英镑。不仅如此，不久又发现疯牛病危及到了人类，一些人食用了患有疯牛病的牛肉而患上与疯牛病同症状的病，被称为"新克雅氏病"（CJD）。CJD患者大脑组织充满细小的空洞，因而该病又被称为海绵状脑病。此病可导致大脑损害，人变得痴呆、震颤并最后因大脑破坏严重而死亡。这一事件迫使欧盟决定，禁止英国向欧盟和其他国家出口活牛、牛肉及牛制品，要求英国将30个月以上的肉牛全部杀掉并安全销毁。这一举措又使英国每年损失掉40亿英镑。在短短的几年时间里，疯牛病使英国的牛畜产业再三衰竭，溃败得几乎家丁无几。时至今日，疯牛病事件依然余波未平。

2011年美国单核细胞增生（单增）李斯特菌引起的食源性疾病致30人死亡。从2011年7月31日出现首例报告病例至10月6日上午9点，共报告病例109例，经过调查，污染源来自于香瓜污染，这是十多年来美国最严重的一起食源性疾病暴发事件。此次暴发涉及美国24个州，科罗拉多州的公共卫生和环境相关部门对零售店和患者家庭中的香瓜进行检测结果发现，香瓜上携带的单增李斯特菌与本次暴发病例标本发现的单增李斯特菌有相同的DNA分子指纹图谱，产品追溯信息也显示这些香瓜来自于该农场。

在经济落后地区，食源性疾病也频频发生。2011年12月13—16日，假酒导致印度西孟加拉邦143人死亡，另有100余人住院治疗。我国以前也发生过饮假酒而导致中毒的事件。

由食品安全问题导致的国际间贸易摩擦逐年上升。德国二噁英事件导致韩国、斯洛伐克等国家禁止销售从德国进口的动物产品；日本核泄漏事故导致美国、加拿大、澳大利亚等国家暂停进口部分日本食品；韩国等国家的民众对于进口美国的牛肉有非常严重的抵触情绪；我国基于对瘦肉精的谨慎对待，对美国猪肉、牛肉的进口也同样非常谨慎。

国际上，食品安全呈以下发展趋势。

1. 食品安全监管体制的统一化

食品安全涉及种植、养殖、生产、加工、储存、运输、销售、消费等社会化大生产的诸多环节。实施"从农田到餐桌"的全程监管和质量控制，需要研究从农田到餐桌全过程中危害识别关键技术，提高危害识别能力；研究食品从生产到消费过程危害物的形成机理和控制机制，优化工艺和关键技术解决过程污染问题。德国的"毒黄瓜"事件，从豆芽菜追溯到葫芦巴种子，从发生国追到另一个国家埃及，说明它的产业链条、可追溯系统很完善，这是值得我们学习的地方。发达国家食品生产企业广泛实施"良好生产规范（GMP）"和"危害分析和关键控制点（HACCP）"。

近年来，为提高食品安全监管的效率，许多国家对传统的食品安全监管体制进行了改革。改革大体上通过两种方式进行：一是将过去分散的管理部门予以统一，如澳大利亚与新西兰组建了澳大利亚新西兰食品标准局，将食品安全标准的分散部门制定改革为统一的部门制定，统一规划、统一制定，保证了食品安全标准的统一与权威；二是对传统分散的管理部门予以适当协调。目前，食品安全监管要素的统一主要表现在三个层面的统一：①决策层面的统一，包括法律、标准、政策和规划的统一等；②执行层面的统一；③监督层面的统一。在不同的国家中，统一的层面存在差异，有的是一个层面的统一，有的是两个或者是三个层面的统一。无论是哪个层面的统一，都是避免多头监管、重复监管，提高监管效能。

2. 食品安全保证规则的法律化

近年来，在食品安全监管体制逐步统一化的进程中，各国政府逐步开始统一食品安全的各项保障规则，其显著标志就是食品安全法律和标准的法典化。法典化的根本目标在于基于共同的原则形成体系完整、价值和谐的科学体系，从而避免因制定机关过滥、制定层次过多而增加治理成本、降低治理效能。

2011 年 1 月美国国会通过了美国《食品安全现代化法案》，食品安全管理体系从"食品安全反应机制"转变为"食品安全预防机制"。我国在此方面未来要做的工作非常多，因为我们这方面的积累几乎为零。

总体看来，许多国家已逐步将过去分散的食品安全法律规范予以编撰形成覆盖食品生产经营全过程制定的《食品安全法》、《食品标准法》，如日本制定了《食品安全基本法》、《食品卫生法》等。在标准方面，许多国家逐步在统一规则下构建食品安全的基础标准、管理标准、方法标准和产品标准等标准体系，如英国、澳大利亚等国家组建了独立的食品标准局，具体负责食品安全标准的制定等工作。此外，许多国家将食品安全标准列入食品安全法律中，称之为食品安全技术法规，具有强制性。

3. 食品安全技术服务机构的社会化

食品安全技术服务机构是指由专业技术人员依靠自己的专业知识或技能对受托的食品特定事项进行检测、检验、鉴定、评价等并出具相应意见的专业技术支撑机构。其包括食品安全检测机构、食品安全检验机构、食品安全评价机构等。在食品安全技术服务机构的认识上，国际社会经历了若干转变：一是在基本属性的定位上，经历了从行政权力到技术服务的转变；二是在服务对象的把握上，经历了从权力服务到社会服务的转变；三是在资源价值的发挥上，经历了从封闭所有到开放利用的转变。

4. 建立健全完善的食品安全信息系统

美国形成了以联邦政府信息披露为主、地方各州政府信息披露为辅，分工明确、全方位的食品安全信息披露主体。我国的这个主体在现阶段几乎没有发挥太大作用，大部分的食品安全事件都是先从媒体揭露出来的，所以目前亟待建立全面的信息采集、科学的风险分析以及综合的信息反馈系统；建立独立的、权威的食品安全风险评估机构、完善的法律法规，对信息披露进行规范，而不是任何个人都可以随意发布食品安全信息。

第一部分　食品安全危害性因素

随着我国经济的快速发展，国内城乡居民生活水平整体迈入小康社会，人们的消费观念在不断改变、环保健康意识在不断提高，百姓对食品安全性的要求越来越高。食品不安全因素除了来自于受污染的原料外，在生产加工、包装、贮藏、运输等环节还会受到二次污染。本教材第一部分主要介绍食品原料的生物性、化学性污染以及生产加工中常见的污染。

第一章　食品中生物性污染对食品安全的影响

传统的生物性污染主要指病毒、细菌、真菌以及寄生虫污染。由于食品工业的快速发展，食品原料发生了重大变革，转基因食品、新资源食品层出不穷，它们在为人类提供新的食品资源的同时，也存在着一定的安全隐患问题。本章节食品原料的生物性污染主要介绍微生物、天然有毒动植物、转基因食品、新资源食品及其他生物性因素对食品安全的影响。

第一节　微生物性污染对食品安全的影响

食品微生物污染是指食品在加工、运输、贮藏、销售过程中被微生物及其毒素污染，如细菌及其毒素、霉菌及其毒素、病毒等。微生物在自然界分布十分广泛，不同的环境中存在的微生物的类型和数量不尽相同，食品从原料、生产加工、贮藏、销售到烹调等各个环节，常常与环境发生各种方式的接触，进而导致微生物的污染。

一、细菌性污染对食品安全的影响

食品微生物污染的危害主要是引起食品腐败变质，进而引起食物中毒或发生食源性疾病，危害人畜安全等。食用受到致病性微生物污染的食品是造成人类疾病和人口死亡

的主要因素之一。

　　食品发生细菌性污染的原因主要有以下四个方面：①牲畜屠宰时及畜肉在运输、贮藏、销售等过程中受到致病菌的污染；②被致病菌污染的食物在不适当的温度下存放，食品中适宜的水分活度、pH 及营养条件使食物中的致病菌大量生长繁殖或产生毒素；③被污染的食物未经烧熟煮透或煮熟后又受到食品从业人员带菌者污染等，食用后引起中毒；④卫生状况差，蚊蝇滋生等。

（一）食品细菌性污染概述及危害

1. 导致食品腐败变质

　　食品的腐败变质是以食品本身的组成和性质为基础，在环境因素的影响下，主要由微生物或由食品中酶的作用引起的，是微生物、环境因素和食品本身三者互为条件、相互影响、综合作用的结果。其中，微生物在食品腐败变质的过程中起决定性的作用。食品经彻底灭菌或除菌，不含活体微生物则不会发生腐败。反之，污染了微生物的食品，在适宜的条件下，就会发生腐败变质，也就是说，食品发生腐败变质的根源在于微生物的污染。

2. 导致食源性疾病

　　食源性疾病是指通过摄食进入人体内的各种致病因子引起的、通常具有感染性质或中毒性质的一类疾病。目前，食源性疾病的发病率居各类疾病总发病率的前列，是一个巨大并不断扩大的公共卫生问题。食源性疾病一般可分为感染性和中毒性两大类，包括常见的食物中毒、肠道传染病、人畜共患传染病、寄生虫病以及化学性有毒有害物质所引起的疾病。

　　（1）食物中毒　　食物中毒是指摄入了含有生物性、化学性有毒有害物质的食品，或把有毒有害物质当作食品摄入后所出现的非传染性（不同于传染病）急性、亚急性疾病。但要注意，食物中毒不包括因暴饮暴食而引起的急性胃肠炎、食源性肠道传染病（如伤寒等）和寄生虫病（如旋毛虫病、囊虫病等），也不包括因一次大量或长期少量多次摄入某些有毒、有害物质而引起的以慢性毒害为主要特征（如致癌、致畸、致突变）的疾病。

　　细菌性食物中毒是指由于进食被细菌或其细菌素污染的食物而引起的急性中毒性疾病。其中前者又称感染性食物中毒，病原体包括沙门菌、副溶血性弧菌、大肠杆菌、变形杆菌等；后者则称毒素性食物中毒，由进食含有葡萄球菌、产气荚膜杆菌及肉毒梭菌等细菌毒素的食物所致。

　　依据细菌性食物中毒的作用机制可将细菌性食物中毒分为感染型、毒素型和混合型三种。但要注意，分型只是相对的，即某些细菌侧重于感染型或侧重于毒素型，一般而言混合型的居多。

　　感染型细菌性食物中毒，也称侵袭型食物中毒。病原菌随同食物进入肠道，在肠道内及黏膜上层，引起肠黏膜充血、白细胞浸润、水肿，细菌进入黏膜固有层后可被吞噬细胞吞噬或杀灭，内毒素作用使体温升高，也可协同致病菌刺激肠黏膜引起腹泻等胃肠道症状，或进入血液循环系统，引起菌毒血症及全身感染。

毒素型细菌性食物中毒就是有些细菌能产生肠毒素或类似的毒素，尽管其分子质量、结构和生物学性质不尽相同，但致病作用基本相似。由于肠毒素刺激肠壁上皮细胞，激活其腺苷酸环化酶或鸟苷酸环化酶，在活性腺苷酸环化酶的催化下，使细胞质中的三磷酸腺苷脱去两个磷酸，而成为环磷酸腺苷（cAMP）或环磷酸鸟苷（cGMP），cAMP 或 cGMP 浓度增高可促进胞质内蛋白质磷酸化过程，并激活细胞有关酶系统，改变细胞分泌功能，使 Cl$^-$ 的分泌亢进，上皮细胞对 Na$^+$ 和水的吸收受到抑制，最终导致腹泻。

混合型细菌性食物中毒就是有些病原菌进入肠道，除侵入黏膜引起肠黏膜的炎性反应外，还可以产生肠毒素引起急性胃肠道症状。这类病原菌引起的食物中毒是致病菌对肠道的侵入及其产生的肠毒素的协同作用，因此，其发病机制为混合型。

（2）肠道传染病　我们日常的饮用水及食物，如果被病原体所污染，那么这些被污染的水和食物经过口腔进入肠道，病原体在肠道内繁殖且散发毒素，就会破坏肠黏膜组织，引起肠道功能紊乱和损害，严重影响身体健康，人体一旦感染，患者由粪便排出病原体，病原体将再次污染他人，这样的传染病就是肠道传染病。细菌性肠道传染病包括细菌性痢疾、伤寒、副伤寒、霍乱、副霍乱等。

（3）人畜共患传染病　人畜共患传染病是指人类与人类饲养的畜禽之间自然传播的疾病和感染疾病。细菌性人畜共患传染病有炭疽、布鲁氏菌病、沙门菌病、牛结核病、猪Ⅱ型链球菌病、大肠杆菌病（O157∶H7）、李斯特菌病、类鼻疽、禽结核病等。

（二）引起食物中毒的主要细菌类群

引起食品细菌性污染的主要微生物类群有沙门菌、金黄色葡萄球菌、大肠埃希菌、单增李斯特菌、志贺菌、副溶血性弧菌、肉毒杆菌、空肠弯曲菌、变形杆菌、产气荚膜梭菌、小肠结肠炎耶尔森菌等。

1. 沙门菌

沙门菌属是肠杆菌科中的一个重要菌属，1885 年沙门氏等人在霍乱流行时分离到猪霍乱沙门菌，故定名为沙门菌属。沙门菌主要有亚利桑那沙门菌（*Salmonella arizonae*）、猪霍乱沙门菌（*Salmonella choleraesuis*）、肠炎沙门菌（*Salmonella enteritidis*）、鸡沙门菌（*Salmonella gallinarum*）、甲型副伤寒沙门菌（*Salmonella paratyphi* A）、乙型副伤寒沙门菌（*Salmonella paratyphi* B）、鸡白痢沙门菌（*Salmonella pullorum*）等。沙门菌属有的只对人类致病，有的只对动物致病，也有对人和动物都具有致病性的。除伤寒沙门菌、甲型副伤寒沙门菌和乙型副伤寒沙门菌能引起人类的疾病外，大多数只能引起家畜、鼠类和禽类等动物的疾病。食用被沙门菌感染的人或带菌者的粪便污染的食品，可导致食物中毒。沙门菌引起食物中毒是由动物性食品，特别是肉类（如病死牲畜肉、熟肉制品等）引起，也可以由家禽、蛋类、奶类食品引起。

（1）病原学特点　沙门菌为革兰阴性肠道杆菌，需氧或兼性厌氧，形态见图 1-1，菌体大小 (0.6~0.9) μm×(1~3) μm，无芽孢，一般无荚膜，除鸡白痢沙门菌和鸡伤寒沙门菌外大多有周身鞭毛，能运动。大多数具有菌毛，能吸附于宿主细胞表面或凝集豚鼠红细胞。沙门菌营养要求不高，不液化明胶，不分解尿素，不产生吲哚，不发酵乳糖和蔗糖，但能发酵葡萄糖、甘露醇、麦芽糖和山梨醇，大多产酸产气，少数只产酸不产气。VP 试验阴性，有赖氨酸脱羧酶。DNA 的

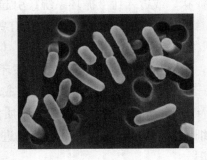

图 1-1　沙门菌形态

G+C 含量为 50%~53%。对热抵抗力不强，在 60℃条件下 15min 可被杀死。在 5% 的石炭酸中，5min 死亡。沙门菌属生长繁殖的最适温度为 20~30℃，在普通水中虽不易繁殖，但可生存 2~3 周，在粪便中可生存 1~2 个月，在土壤中可过冬，在咸肉、鸡和鸭中也可存活很长时间。水经卤化物处理 5min，可杀死其中的沙门菌。此外，由于沙门菌属不分解蛋白质，不产生靛基质，污染食物后无感官性状的变化，所以易被忽视而引起食物中毒。

目前，国际上沙门菌属有 2 300 个以上的血清型，我国已发现 250 多个。沙门菌具有复杂的抗原结构，一般可分为菌体（O）抗原、鞭毛（H）抗原和表面（K）抗原三种。按抗原成分，可将其分为甲、乙、丙、丁、戊等基本菌组。

（2）流行病学　据统计，世界各国的细菌性食物中毒中，由沙门菌引起的食物中毒常位于榜首。据不完全统计，每年大约有 1 000 人死于急性沙门菌感染。在我国，每年发生的细菌性食物中毒中沙门菌食物中毒占首位，严重危害了公众的身体健康，并造成巨大的经济损失。

由沙门菌所引起的食物中毒在食品卫生与安全方面占有非常重要的地位，因此沙门菌是我国常见食品国家标准卫生指标检测中，必须检测的三个致病菌之一。

（3）临床表现　沙门菌中毒的症状主要以急性肠胃炎为主，潜伏期短，一般为 4~48h，长者可达 72h，潜伏期越短，病情越严重。开始时表现为头疼、恶心、食欲不振，后出现呕吐、腹泻、腹痛。腹泻一日可多至十余次，主要为黄绿色水样便，少数带有黏液或血，发烧，一般 38~40℃。轻者 3~4d 症状消失，重者可出现神经系统症状，及打寒战、惊厥、抽搐和昏迷的症状，还可出现尿少、无尿、呼吸困难等症状。一般预后良好，但是老人、儿童和体弱者如不及时进行急救处理可导致死亡。多数沙门菌病患者不需服药即可自愈，婴儿、老人及那些已患有某些疾病的患者应就医治疗，沙门菌携带者

不可从事准备食物的工作，直至获得医生的许可。

2. 金黄色葡萄球菌

金黄色葡萄球菌（*Staphylococcus aureus*）也称"金葡菌"。与沙门菌一样，金黄色葡萄球菌也是我国常见食品国家标准卫生指标检测中，要求必须检测的三个致病菌之一。

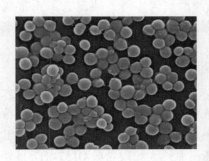

图1-2　金黄色葡萄球菌形态

（1）病原学特点　金黄色葡萄球菌为革兰染色阳性的球菌，形态见图1-2，直径0.8μm左右，显微镜下排列成葡萄串状。金黄色葡萄球菌无芽孢和鞭毛，大多数无荚膜。金黄色葡萄球菌的细胞壁含90%的肽聚糖和10%的磷壁酸。其肽聚糖的网状结构比革兰阴性菌致密，染色时结晶紫附着后不被酒精脱色，故而呈现紫色，即革兰染色阳性。需氧或兼性厌氧，最适生长温度为37℃，最适生长pH为7.4。金黄色葡萄球菌营养要求不高，在普通培养基上生长良好。平板上菌落厚、有光泽、圆形凸起。血平板菌落周围形成透明的溶血环。金黄色葡萄球菌有高度的耐盐性，可在10%~15% NaCl肉汤中生长。可分解葡萄糖、麦芽糖、乳糖、蔗糖，产酸不产气。甲基红反应为阳性，VP反应为弱阳性。许多菌株可分解精氨酸，水解尿素，还原硝酸盐，液化明胶等。金黄色葡萄球菌具有较强的抵抗力，对磺胺类药物敏感性低，但对青霉素、红霉素等高度敏感。对碱性染料敏感，十万分之一的龙胆紫液即可抑制其生长。葡萄球菌的抵抗能力较强，在干燥的环境中能生存数月。对热具有较强的抵抗力，70℃条件下需1h方可灭活。50%以上的金黄色葡萄球菌可产生肠毒素，并且一个菌株能产生两种以上的肠毒素。多数金黄色葡萄球菌肠毒素耐热性很强，在248℃经30min才能破坏，并能抵抗胃肠道中蛋白酶的水解作用。因此，当食品污染金黄色葡萄球菌后，用普通的烹调方法不能避免中毒。

（2）流行病学　金黄色葡萄球菌是人类化脓感染中最常见的病原菌，可引起局部化脓感染，也可引起肺炎、伪膜性肠炎、心包炎等，甚至败血症、脓毒症等全身感染。金黄色葡萄球菌致病力的强弱主要取决于其产生的毒素和侵袭性酶。

金黄色葡萄球菌在自然界中无处不在，空气、水、灰尘及人和动物的排泄物中都可找到，因而食品受其污染的机会很多。金黄色葡萄球菌食物中毒多见于春夏季。中毒食品种类多，如乳、肉、蛋、鱼及其制品，此外，因食用剩饭、油煎蛋、糯米糕及凉粉等引起的中毒事件也有报道。

金黄色葡萄球菌通常可通过以下途径污染食品：①食品加工人员、炊事员或销售人员带菌，造成食品污染，上呼吸道感染患者鼻腔带菌率83%，所以人畜化脓性感染部位常成为污染源；②食品在加工前自身带菌，或在加工过程中受到污染，产生了肠毒素，即可引起食物中毒；③熟食制品包装不密封，运输过程中受到污染；④奶牛患化脓性乳腺炎或禽畜局部化脓时，对肉体其他部位的污染。

（3）临床表现　金黄色葡萄球菌引起的食物中毒潜伏期短，发病急，一般为2~6h，极少超过6h。有恶心、呕吐、中上腹痛和腹泻等症状，以呕吐最为显著。呕吐物呈胆汁状或含血及黏液，剧烈吐泻可导致虚脱、肌肉痉挛及严重失水等。体温大多正常或略高。一般在数小时至1~2d内迅速恢复。儿童对肠毒素较成人更为敏感，故其发病率比成人高，病情也较成人重。

3. 致病性大肠埃希菌

大肠埃希菌（*Escherichia coli*）俗称大肠杆菌。大肠埃希菌在人和动物的肠道中大量存在，其中有少数几种能引起人类食物中毒。根据致病性的不同，将致病性大肠埃希菌分为产肠毒素性大肠埃希菌、肠道侵袭性大肠埃希菌、肠道致病性大肠埃希菌、肠出血性大肠埃希菌和肠集聚性黏附性大肠埃希菌五种。肠出血性大肠埃希菌O157：H7是导致1996年日本食物中毒暴发的罪魁祸首，该菌为出血性大肠埃希菌中的致病性血清型，主要侵犯小肠远端和结肠。

（1）病原学特点　大肠埃希菌为革兰阴性杆菌，形态见图1-3，大小为（1.0~3.0）μm×（0.4~0.7）μm。多数周生鞭毛，能运动，有菌毛、荚膜及微荚膜。能发酵乳糖及多种糖类，产酸产气。在自然界生命力强，在土壤、水中可存活数月。兼性厌氧菌，营养要求不高，在普通营养肉汤中呈浑浊生长。在普通营养琼脂上，呈灰白色的光滑型菌落。在血琼脂平板上，少数菌株产生溶血环。在伊红美蓝琼脂上，由于发酵乳糖，菌落呈蓝紫色并有金属光泽。麦

图1-3　大肠埃希菌形态

康凯培养基和SS琼脂中的胆盐对其有抑制作用，耐受菌株能生长并形成粉红色菌落。吲哚、甲基红、VP、枸橼酸盐利用试验结果分别为阳、阳、阴、阴。在克氏双糖铁琼脂上，斜面和底层均产酸产气，H_2S阴性。动力、吲哚、尿素培养基的生化反应结果为阳、阳、阴。

（2）流行病学　部分埃希菌菌株与婴儿腹泻有关，并可引起成人腹泻或食物中毒的暴发。常见中毒食品为各类熟肉制品、冷菜、牛肉、生牛奶，其次为蛋及蛋制品、乳酪、蔬菜、水果及饮料等食品。中毒原因主要是受污染的食品食用前未经彻底加热。中毒多发生在3月和9月。

（3）临床表现　不同类型的大肠埃希菌其临床表现有所不同。

肠产毒性大肠埃希菌是致婴幼儿和旅游者腹泻的病原菌，能从水和食物中分离得

到。潜伏期一般为 10~15h，短者 6h，长者 72h。临床症状为水样腹泻、腹痛、恶心，发热 38~40℃。

肠侵袭性大肠埃希菌较少见，主要侵犯少儿和成人，所致疾病很像细菌性痢疾，因此又称志贺样大肠杆菌。潜伏期一般为 48~72h，主要表现为血便、脓黏液血便、里急后重、腹痛、发热。病程 1~2 周。

肠致病性大肠埃希菌是引起流行腹泻的病原菌，主要是依靠流行病学资料进行确认，最初在暴发性流行的病儿中分离到。潜伏期一般为 3~4d，主要表现为突发性剧烈腹痛、腹泻，先水便后血便。病程 10d 左右，病死率为 3%~5%，老人和儿童多见。

肠出血性大肠埃希菌于 1982 年首次在美国发现，是引起出血性肠炎的病原菌。可产生志贺样毒素，有极强的致病性，其主要感染 5 岁以下儿童。临床特征是出血性结肠炎，剧烈的腹痛和便血，严重者出现溶血性尿毒症。

肠集聚性黏附性大肠埃希菌引起的中毒症状成年人表现为中度腹泻，病程 1~2d。婴幼儿多表现为 2 周以上的持续性腹泻。

4. 李斯特菌

李斯特菌比常见的沙门菌和某些致病性大肠杆菌更为致命。1999 年底，美国发生了历史上因食用带有李斯特菌的食品而引发的最严重的食物中毒事件。据美国疾病控制和防治中心资料显示，在美国密歇根州有 14 人因食用被该菌污染的"热狗"和熟肉而死亡，在另外 22 个州 97 人患此病，6 名妇女流产。

李斯特菌主要包括单核细胞增生李斯特菌（*Listeria monocytogenes*）、绵羊李斯特菌（*Listeria iuanuii*）、无害李斯特菌（*Listeria innocua*）、威尔斯李斯特菌（*Listeria welshimeri*）、西尔李斯特菌（*Listeria seeligeri*）、格氏李斯特菌（*Listeria grayi*）、默氏李斯特菌（*Listeria murrayi*）等。其中，单核细胞增生（单增）李斯特菌对食品的污染及危害最为严重。

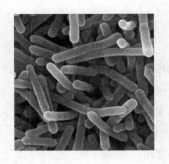

图 1-4 单核细胞增生李斯特菌形态

（1）病原学特点 李斯特菌是革兰阳性菌，形态见图 1-4，是短小的无芽孢杆菌。李斯特菌在 5~45℃均可生长，而在 5℃低温条件下仍能生长是李斯特菌的典型特征，最高生长温度为 45℃，经 58~59℃ 10min 可被杀死，在 -20℃下可存活一年；耐碱不耐酸，在 pH 9.6 仍能生长，在 10% NaCl 溶液中可生长，在 4℃的 20% NaCl 中可存活 8 周。

（2）流行病学 单增李斯特菌广泛存在于自然界中，不易被冻融，能耐受较高的渗透压，在土壤、地表水、污水、废水、植物、青贮饲料、烂菜中均有该菌存在，所以动物很容易食入该菌，并通过口腔—粪便的途径进行传播。此外，李斯特菌还可通过眼及破损皮肤、黏膜进入体内而造成感染，孕妇感染后可通过胎盘或产道感染胎儿或新生儿，栖居于阴道、子宫颈的该菌也引起感染，性接触也是本病传播的可能途径，而且有上升趋势。李斯特菌中毒严重时可引起血液和脑组织感染，很多国家都已经采取措施来控制食品中的李斯特菌，并制定了相应的标准。

（3）临床表现 李斯特菌引起的食物中毒的临床表现有侵袭型和腹泻型两种类型。侵袭型患者的潜伏期为 2～6 周。患者开始常有胃肠炎的症状，最明显的表现是败血症、脑膜炎、脑脊膜炎、发热。孕妇、新生儿、免疫缺陷的人为易感人群。对于孕妇可导致流产、死胎等后果；对于幸存的婴儿则易患脑膜炎，导致智力缺陷或死亡；对于免疫系统有缺陷的人易出现败血症、脑膜炎。少数轻症患者仅有流感样表现。病死率高达20%～50%。腹泻型患者的潜伏期一般为 8～24h，主要症状为腹泻、腹痛、发热。

5. 志贺菌

志贺菌于 1898 年由日本 Khigella Shigella 所发现，故命名为 *Shigella*。志贺菌是我国常见食品国家标准卫生指标检测中，要求必须检测的三个致病菌之一。志贺菌属主要有4 个群：A 群为痢疾志贺菌（*Shigella dysenteriae*），B 群为福氏志贺菌（*Shigella flexneri*），C 群为鲍氏志贺菌（*Shigella bogdii*），D 群为宋内志贺菌（*Shigella sonnei*）。痢疾志贺菌是导致典型细菌性痢疾的病原菌，其他三种是导致食物中毒的病原菌。

（1）病原学特点 志贺菌为革兰染色阴性杆菌，形态见图 1 - 5，无鞭毛，有菌毛。志贺菌在肠道鉴别培养基上形成无色、半透明的菌落，均能分解葡萄糖，只产酸不产气，除宋内志贺菌迟缓发酵乳糖外，均不分解乳糖。志贺菌在人体外生活力弱，在10～37℃水中可生存 20d，在牛乳、水果、蔬菜中也可生存 1～2 周，于粪便中（15～25℃）可生存 10d。光照下 30min 可被杀死，加热 58～60℃经10～30min即死亡。志贺菌耐寒，在冰块中可生存 3 个月。志贺菌可侵入肠黏膜组织并释放内毒素引起症状。

图 1 - 5 志贺菌形态

（2）流行病学 志贺菌食物中毒是指由志贺菌引起的细菌性食物中毒。引起食物中毒的志贺菌主要是宋内志贺菌。主要发生在夏秋季，引起中毒的食品主要是熟肉制品等。污染源是患病的带菌者的粪便，直接或间接污染食品或水。污染途径与沙门菌类似。

（3）临床表现 志贺菌食物中毒潜伏期一般为 10～20h，短者 6h，长者 24h。患者会突然出现剧烈的腹痛、呕吐及频繁的腹泻，并伴有水样便，便中混有血液和黏液，里急后重、恶寒、发热，体温高者可达 40℃以上，有的患者可出现痉挛。

6. 副溶血性弧菌

副溶血性弧菌（*Vibrio parahaemolyticus*）又称致病性嗜盐菌、肠炎弧菌。

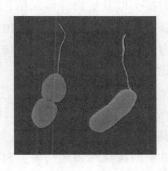

图 1 - 6　副溶血性弧菌形态

（1）病原学特点　副溶血性弧菌为革兰阴性菌，形态见图 1 - 6，呈弧状、杆状、丝状等多种形态，无芽孢。主要存在于近岸海水、底质沉积物和鱼、贝类等海产品中。副溶血性弧菌在 30 ~ 37℃、pH 7.4 ~ 8.2、含盐 3% ~ 4% 培养基上和食物中生长良好，无盐条件下不生长，故又称为嗜盐菌。该菌不耐热，56℃ 加热 5min，或 90℃ 加热 1min，或 1% 食醋处理 5min，均可将其杀灭。在淡水中生存期短，海水中可生存 47d 以上。

（2）流行病学　副溶血性弧菌引起的食物中毒是我国沿海地区最常见的一种食物中毒，又称嗜盐菌食物中毒。副溶血性弧菌食物中毒是由进食含有副溶血性弧菌的食物所致，主要的食物是海产品或盐腌渍品，常见者为蟹类、乌贼、海蜇、鱼、黄泥螺等，其次为蛋品、肉类或蔬菜。进食肉类或蔬菜而致病者，多因食物容器或砧板污染所引起。此类食物中毒多发生在夏秋季节。

（3）临床表现　由副溶血性弧菌引起的食物中毒一般表现为发病急，潜伏期 2 ~ 24h，一般为 10h 发病。主要的症状为腹痛，且腹痛在脐部附近剧烈。发病初期为腹部不适，尤其是上腹部疼痛或胃痉挛，恶心、呕吐、腹泻。发病 5 ~ 6h 后，腹痛加剧，以脐部阵发性绞痛为特点。粪便多为水样、血水样、黏液或脓血便，里急后重不明显。重症患者可出现脱水及意识障碍、血压下降等，病程 3 ~ 4d，恢复期较短，预后良好。少数患者可出现意识不清、痉挛、面色苍白或发绀等现象，若抢救不及时，呈虚脱状态，可导致死亡。

7. 肉毒梭菌

（1）病原学特点　肉毒梭菌（*Clostridium botulinum*）为革兰阳性、厌氧梭菌，形态见图 1 - 7，在 20 ~ 25℃ 可形成椭圆形的芽孢。当 pH 低于 4.5 或大于 9.0 时，或当环境温度低于 15℃ 或高于 55℃ 时，肉毒梭菌芽孢不能繁殖，也不能产生毒素。肉毒梭菌的芽孢抵抗力强，需经干热 180℃ 5 ~ 15min，或高压蒸汽 121℃ 30min，或湿热 100℃ 5h 方可致死。食盐能抑制肉毒梭菌芽孢的形成和毒素的产生，但不

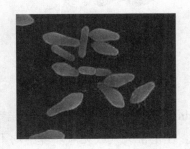

图 1 - 7　肉毒梭菌形态

能破坏已形成的毒素。提高食品中的酸度也能抑制肉毒梭菌的生长和毒素的形成。

肉毒梭菌致病主要靠强烈的肉毒毒素。肉毒毒素是已知最剧烈的毒物，毒性是氰化

钾的 10 000 倍。纯化结晶的肉毒毒素 1mg 能杀死 2 亿只小鼠，对人的致死剂量约为 0.1μg。肉毒毒素是一种神经毒素，能透过机体各部的黏膜。肉毒毒素由胃肠道吸收后，经淋巴和血液进行扩散，作用于颅脑神经核和外周神经肌肉接头以及植物神经末梢，阻碍乙酰胆碱释放，影响神经冲动的传递，导致肌肉松弛性麻痹。肉毒梭菌食物中毒也称肉毒中毒、腊肠中毒，是因摄入肉毒梭菌毒素而引起的食物中毒。在细菌毒素型食物中毒中，其发生率虽然不高，但致死率高达 50% 以上，是死亡率最高的食物中毒之一，所以肉毒中毒是严重的食物中毒。

（2）流行病学　根据所产生毒素的抗原性不同，肉毒梭菌分为 A、B、Ca、Cb、D、E、F、G 8 个型，能引起人类疾病的有 A、B、E、F 型，其中以 A、B 型最为常见。引起肉毒梭菌食物中毒的食品有肉类、鱼类等水产品及家庭自制的蔬菜水果罐头等。肉毒梭菌食物中毒全年皆可发生，主要发生在 4、5 月份。

（3）临床表现　肉毒梭菌食物中毒的潜伏期为数小时至数天，一般为 12～48h，短者 6h，长者 8～10d，潜伏期越短，病死率越高。临床表现特征为对称性脑神经受损的症状。早期表现为头痛、头晕、乏力、走路不稳，以后逐渐出现视力模糊、眼睑下垂、瞳孔散大等神经麻痹症状；重症患者则首先出现对光反射迟钝，逐渐发展为语言不清、吞咽困难、声音嘶哑等，严重时导致呼吸困难，呼吸衰竭而死亡。

8. 空肠弯曲菌

空肠弯曲菌（*Campylobacter jejuni*）是一种人畜共患病病原菌，可以引起人和动物发生多种疾病，是一种食物源性病原菌，被认为是引起全世界人类细菌性腹泻的主要原因。

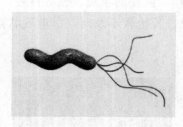

图 1-8　空肠弯曲菌形态

（1）病原学特点　空肠弯曲菌属螺旋菌科，革兰阴性，形态见图 1-8，菌体轻度弯曲似逗点状，大小为（1.5～5）μm×（0.2～0.8）μm。菌体一端或两端有鞭毛，运动活泼，在暗视野镜下观察似飞蝇。有荚膜，不形成芽孢。微需氧菌，在含 2.5%～5% O_2 和 10% CO_2 的环境中生长最好，最适温度为 37～42℃。空肠弯曲菌抵抗力不强，易被干燥、直射的日光以及弱消毒剂所杀灭，56℃ 条件下 5min 可被杀死。对红霉素、新霉素、庆大霉素、四环素、氯霉素及卡那霉素等抗生素敏感。在正常大气或无氧环境中均不能生长。在水中可存活 5 周，在人或动物排出的粪便中可存活 4 周。空肠弯曲菌在所有的肉食动物粪便中出现比例都很高，其中以家禽粪便中含量最高。

（2）流行病学　空肠弯曲菌在猪、牛、羊、猫、鸡、火鸡等肠道中广泛存在。主要是通过粪便污染食品，其次是健康带菌者。此外，被空肠弯曲菌污染的工具、容器等若未经彻底洗刷消毒，也可交叉污染熟食制品。引起食物中毒的食品主要是牛乳及肉制品等。多发生在 5~10 月份，以夏季为多。

空肠弯曲菌的致病因素包括黏附、侵袭、产生毒素和分子模拟机制四个方面，通过分子模拟机制可以引起最严重的并发症即格林－巴利综合征。空肠弯曲菌可以通过产生细胞紧张性肠毒素、细胞毒素和细胞致死性膨胀毒素而致病。空肠弯曲菌有内毒素能侵袭小肠和大肠黏膜引起急性肠炎，也可引起腹泻的暴发流行或集体食物中毒。

（3）临床表现　空肠弯曲菌食物中毒潜伏期一般为 3~5d，短者 1d，长者 10d。临床表现以胃肠道症状为主，具体表现为突然发生腹痛和腹泻。腹痛可呈绞痛，腹泻一般为水样便或黏液便，重病患者有血便，腹泻数次至 10 余次，腹泻带有腐臭味。发热，体温可达 38~40℃，特别是当有菌血症时出现发热，也有仅腹泻而无发热者。此外，还有头痛、倦怠、呕吐等，重者可致死亡。

二、霉菌性污染对食品安全的影响

（一）霉菌性污染概述及危害

由于霉菌生长所需要的水分活性较细菌低，所以在水分活性较低的食品中，霉菌比细菌更易引起食品的腐败。霉菌分解有机物的能力很强，无论是蛋白质、脂肪还是糖类，都有很多种霉菌能将其分解利用，例如，根霉属、毛霉属、曲霉属、青霉属等霉菌既能分解蛋白质，又能分解脂肪或糖类。其中，以曲霉属和青霉属为主，是食品霉变的前兆，而根霉属和毛霉属的出现往往表示食品已经霉变。但也有些霉菌只对食品中的某些物质分解能力较强，例如，绿色木霉分解纤维素的能力特别强。

霉菌对各类食品污染的机会很多，可以说所有食品上都可能有霉菌存在，因此，也就有霉菌毒素存在的可能。许多研究表明，在粮食及其加工制成品，如油料作物的种子、水果、干果、肉类制品、乳制品、发酵食品和动物饲料中均发现过霉菌毒素。世界各国对霉菌毒素的污染都很重视，并进行了一系列调查，结果发现，在人们的食品中，玉米、大米、花生、小麦被霉菌毒素污染的种类最多。霉菌及霉菌毒素污染食品后，引起的危害主要有两个方面：一是霉菌引起的食品变质，二是霉菌产生的毒素引起的食物中毒。霉菌污染食品可使食品的食用价值降低，甚至完全不能食用，从而造成巨大的经济损失。霉菌毒素引起的食物中毒大多通过被霉菌污染的粮食、油料作物以及发酵食品等引起，而且霉菌毒素中毒往往表现为明显的地方性和季节性。

（二）引起食品霉菌污染的主要类群及毒素

引起食品污染的主要霉菌类群及毒素有曲霉及其毒素、青霉及其毒素和镰孢菌及其毒素等。

1. 曲霉及其毒素

曲霉广泛分布在谷物、空气、土壤和各种有机物品上。曲霉菌丝有隔膜，为多细胞

图 1 – 9　曲霉菌形态

霉菌，形态见图 1 – 9。在幼小而活力旺盛时，菌丝体产生大量的分生孢子梗。分生孢子梗顶端膨大成为顶囊，一般呈球形。顶囊表面长满一层或两层辐射状小梗（初生小梗与次生小梗）。最上层小梗呈瓶状，顶端着生成串的球形分生孢子。以上几部分结构合称为孢子穗。

曲霉毒素是真菌毒素中最早发现的一类，主要是由曲霉属中的黄曲霉（*Aspergillus flavus*）、赭曲霉（*Aspergillus ochraceus*）、杂色曲霉（*Aspergillus versicolor*）、寄生曲霉（*Aspergillus parasiticus Speare*）等产生。曲霉毒素主要有黄曲霉毒素、赭曲霉毒素、杂色曲霉毒素，其中黄曲霉毒素是研究最早也是最为清楚的一类曲霉毒素。

（1）黄曲霉毒素　黄曲霉毒素是由黄曲霉和寄生曲霉在生长繁殖过程中所产生的次生代谢产物，是一种对人类危害极为突出的一类致癌物质。黄曲霉毒素是一类结构类似的化合物，其基本结构均含有一个双氢呋喃环和一个氧杂萘邻酮。黄曲霉毒素在紫外光的照射下能发出强烈特殊荧光。黄曲霉毒素的各种主要衍生物、异构物和相似物的化学结构式已基本搞清楚。黄曲霉毒素的相对分子质量为 312 ~ 346，熔点为 200 ~ 300℃，在熔解时，黄曲霉毒素也会随之分解。黄曲霉毒素难溶于水、己烷、石油醚，在水中的最大溶解度只有 10mg/L。黄曲霉毒素可溶于甲醇、乙醇、氯仿、丙酮、二甲基甲酰等有机溶液。黄曲霉毒素的热稳定性非常好，分解温度高达 280℃。

黄曲霉毒素的主要作用器官是动物的肝脏，黄曲霉毒素既可引起肝脏组织的损伤，也可导致肝癌的发生。黄曲霉毒素可产生急性毒性、慢性毒性和致癌性。黄曲霉毒素属于剧毒物，其毒性为氰化钾的 10 倍，砒霜的 68 倍。不同的动物对此毒素的敏感性不一样，随动物的种类、性别、年龄及营养状况等的不同而有差异。在各种动物中以鸭雏最为敏感，较不敏感的是小白鼠和地鼠。动物经一次口服中毒剂量后会出现急性中毒症状，主要表现为肝脏细胞变性、坏死、出血等，以及肾脏细胞变性、坏死等。在日常生活中，动物若持续少量的摄入黄曲霉毒素就会引起慢性中毒，主要表现为动物生长障碍、肝脏出现慢性损害等。此外，动物长期摄入低剂量的黄曲霉毒素或短期食入大剂量时，均可诱发肝癌的发生。在各种黄曲霉毒素中，B_1 的致癌性最强，比其他化学致癌剂，如二甲基偶氮苯强 900 倍，比二甲基硝胺强 75 倍。

黄曲霉毒素的产生受温度、pH、相对湿度等条件的影响，只有在适宜的条件下，曲霉才会产生黄曲霉毒素。

（2）赭曲霉毒素　赭曲霉毒素是由赭曲霉和纯绿青霉（*Penicillium viridicatum*）产生的一种次级代谢产物。赭曲霉毒素能毒害所有的家畜、家禽，也能毒害人类，因此对人体健康和畜牧业的发展具有较大的危害。

赭曲霉毒素是一类化合物，依其发现顺序分别称为赭曲霉毒素 A、赭曲霉毒素 B 和赭曲霉毒素 C，其中赭曲霉毒素 A 的毒性较大。赭曲霉毒素 A 由多种生长在粮食（小麦、玉米、大麦、燕麦、黑麦、大米和黍类等）、花生、蔬菜（豆类）等农作物上的曲霉和青霉产生。在 4℃ 的低温下赭曲霉即可产生具有毒害作用浓度的赭曲霉毒素。

赭曲霉毒素是一种无色结晶，包含 7 种结构类似的化合物。溶解于极性有机溶剂，微溶于水和稀的碳酸氢盐。其苯溶剂化物熔点 94～96℃，二甲苯中结晶熔点 169℃。其紫外吸收光谱随 pH 和溶剂极性不同而不同，在乙醇溶液中最大吸收波长为 213nm 和 332nm。有很高的化学稳定性和热稳定性，普通加热法处理不能将其破坏。

赭曲霉毒素主要毒害动物的肾脏和肝脏，肾脏是第一靶器官，只有剂量很大时才出现肝脏病变，也可能引起动物的肠黏膜炎症和坏死，其中猪和禽类的敏感性最强。动物摄入 1mg/kg 体重剂量的赭曲霉毒素 A 可在 5～6d 致死。常见的病变是肾小管上皮损伤和肠道淋巴腺体坏死。饲喂含量低至 200μg/kg 浓度赭曲霉毒素的日粮，数周可检测到肾损伤；饲喂含 1mg/kg 的日粮，3 个月可引起动物烦渴、尿频、生长迟缓和饲料利用率降低。其他的临床症状还有腹泻、厌食和脱水。赭曲霉毒素的急性中毒反应为精神沉郁，食欲减退，体重下降，肛温升高；消化功能紊乱，肠炎可视黏膜出血，甚至腹泻，脱水多尿，伴随蛋白尿和糖尿。妊娠母畜子宫黏膜出血，往往发生流产。中毒后的病理变化以肾脏为主，可见肾脏肥大，呈灰白色，表面凹凸不平，有小泡，肾实质坏死，肾皮质间隙细胞纤维化；近曲小管功能退化，肾小管通透性变差，浓缩能力下降。鸡血浆总蛋白、清蛋白和球蛋白含量下降。赭曲霉毒素的慢性中毒还表现为凝血时间延长，骨骼完整性差，肠道脆弱及肾脏受损等。如果长期摄入赭曲霉毒素有致癌作用，同时还具有致畸和致突变性。

（3）杂色曲霉毒素　杂色曲霉毒素主要是由杂色曲霉、构巢曲霉产生的，此外还有焦曲霉、皱褶曲霉、红曲霉、爪曲霉、四脊曲霉、毛曲霉、黄曲霉以及寄生曲霉等。杂色曲霉和构巢曲霉广泛分布于自然界，在大米、玉米、花生和面粉上等都曾分离出杂色曲霉和构巢曲霉等。因此，许多粮食作物如大麦、小麦、玉米，饼粕如豆饼、花生饼和常见饲草、麦秸和稻草等均易被杂色曲霉毒素污染。

杂色曲霉毒素是一组化学结构近似的有毒化合物，目前已确定结构的有 10 多种。杂色曲霉毒素相对分子质量 324，熔点 246～248℃，在紫外线照射下具有砖红色荧光，为淡黄色针状结晶，易溶于氯仿、苯、吡啶、乙腈和二甲基亚砜，微溶于甲醇、乙醇，不溶于水和碱性溶液。

杂色曲霉毒素毒性较大，主要影响肝和肾等脏器，有强致癌作用。各种动物均会因食入被污染的饲料而发生急性中毒、慢性中毒，还有致癌性，可导致死亡。

2. 青霉及其毒素

青霉一般指青霉属，为分布很广的子囊菌纲中的一属，有 200 多种，能产生毒素并

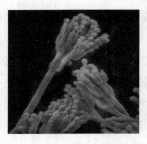

图 1 – 10　青霉菌形态

引起食物中毒的有橘青霉（*Penicillium citrinum*）、展青霉（*Penicillium patulum*）、黄绿青霉（*Penicillium citreo -viride*）、岛青霉（*Penicillium islandicum*）、灰绿青霉（*Penicillium glaucum*）等。青霉的分枝呈帚状，形态见图 1 – 10，分生孢子从菌丝体伸向空中，各顶端的小梗产生链状的青绿、褐色的分生孢子。孢子耐热性较强，菌体繁殖温度较低。青霉营腐生生活，其营养来源极为广泛，是一类杂食性真菌，可生长在任何含有机物的基质上。青霉可以酒石酸、苹果酸、柠檬酸等饮料中常用的酸味剂为碳源，因而常常引起此类制品的霉变。青霉通常在柑橘及其他水果上、冷藏的干酪及被它们的孢子污染的其他食物上均可找到，其分生孢子在土壤内、空气中及腐烂的物质上到处存在。青霉和曲霉属有亲缘关系，青霉已知在生理学方面类似曲霉属，同时有很多能产生毒枝菌素。青霉及其毒素通常也可在粮食及其他食品中检出。

（1）橘青霉素　橘青霉素产生菌很多，主要有橘青霉、瘿青霉、纠缠青霉、黄绿青霉、扩展青霉、詹森青霉、特异青霉、铅色青霉、土曲霉和雪白曲霉等。橘青霉易侵染大米，尤其是加工精磨后的大米。被侵染的米粒呈蛋黄色，无病斑，进一步发展便会在黄色米粒上出现青色菌丝，受到侵染的米粒在紫外线照射下会发出黄色荧光。此外，在花生、小麦、大麦、燕麦和黑麦中都曾检出橘青霉素。

橘青霉素是一种柠檬黄色针状结晶，熔点为 172℃，分子式为 $C_{13}H_{14}O_5$，相对分子质量为 250。纯橘青霉素很难溶于水，对荧光敏感，不论在酸性还是在碱性溶液中均可热分解。

橘青霉素中毒临床表现为急性或慢性肾病，并伴随多尿、口渴、呼吸困难的症状。橘青霉素能使试验家兔小肠平滑肌的收缩幅度和张力增加，证明橘青霉素对小肠平滑肌具有兴奋作用，可导致动物机体胃肠功能紊乱，发生腹泻。此外，橘青霉素还可与人体血液中的清蛋白结合，阻碍其正常生理功能。

（2）展青霉素　展青霉素又名棒曲霉素，是由 Glister 首先发现、分离纯化和命名。最初的实验发现展青霉素是一种广谱抗生素，可以抑制 70 多种革兰阳性、阴性细菌，还可抑制典型真菌、原生生物和各种细胞培养物的生长。但后来发现展青霉素对实验动物（如小鼠、大鼠、猫、家兔等）有较强的毒性，不能作为药物用于临床。

可产生展青霉素的真菌有十几种，展青霉是产生展青霉素的主要霉菌，此外，还有扩展青霉、圆弧青霉、木瓜青霉、土曲霉、棒曲霉、巨大曲霉及主要污染水果的雪白丝衣霉等霉菌也可产生展青霉素。其中，展青霉和扩展青霉的生长和产毒素的温度范围很宽，为 0～40℃，最佳温度为 20～25℃，最适产毒的 pH 范围是 3.0～6.5。被展青霉素侵染的米粒呈灰白病斑，白垩状。在苹果汁、苹果酒、苹果蜜饯等制品及梨、桃、香蕉、葡萄、杏、菠萝等食品中，都曾检出过展青霉素。

展青霉素为无色的结晶，熔点为110℃，分子式为$C_7H_6O_4$，相对分子质量为154。展青霉素是一种中性物质，溶于水、乙醚、丙酮、醋酸乙酯和氯仿中，微溶于乙醚和苯，不溶于石油醚。在酸性溶液中展青霉素较稳定，而在碱性条件下则丧失活性。

展青霉素的毒性以神经中毒症状为主要特征，表现为全身肌肉震颤痉挛、对外界刺激敏感性增强、狂躁、后躯麻痹、跛行、心跳加快、粪便较稀、溶血检查阳性等。展青霉毒素能产生急性毒性、亚急性毒性，此外还有致癌性、致畸性和致突变性。

（3）黄天精　产生黄天精的霉菌主要是岛青霉。岛青霉侵染的稻米米粒呈黄褐色，后为白垩状，有臭味，无荧光。因为黄变米可引起肝硬变，故以前又将此黄变米称为肝硬变米。黄天精曾被称为黄变米毒素。

黄天精在苯溶剂中重结晶后呈黄色的六面体针状结晶，相对分子质量为574。在Na_2SO_4水溶液中，黄天精可成为岛青霉素；用甲酸或60%的H_2SO_4处理，则黄天精可成为虹天精和岛青霉素。

黄天精已被证明对动物有致癌作用。

（4）黄绿青霉素　黄绿青霉素主要由黄绿青霉产生，其他青霉也可产生黄绿青霉素。一般在收割后黄绿青霉素便可寄生在米粒中，当米粒水分高于14.6%时，就开始由米粒的胚部向外扩张，最初出现黄色，以后逐渐侵染全部米粒，形成淡黄至黄色的病斑，具有特殊的臭味，在紫外线照射下发出黄色荧光。如果米粒的水分略有增加，则其他霉菌就会生长，从而抑制黄绿青霉的生长。

黄绿青霉素用甲醇重结晶成为柱状的结晶，熔点为107～108℃，分子式为$C_{23}H_{30}O_6$，可溶于丙酮、氯仿、冰醋酸、甲醇和乙醇，微溶于苯、乙醚、二硫化碳和四氯化碳，不溶于石油醚和水。其紫外线光谱的最大吸收为388nm。黄绿青霉素的粗制品在紫外线的照射下，可发出金黄色的荧光，当荧光消失时，对小白鼠的毒性也随之丧失，暴露于阳光下也会很快失去毒性。黄绿青霉素耐热，只有加热到270℃时才失去毒性。

其急性中毒可使动物中枢神经麻痹，从后肢和尾部开始，发展到前肢和颈部，继而导致心脏麻痹而死亡；慢性中毒可使动物发生肝肿瘤和贫血。

3. 镰孢菌及其毒素

镰孢菌（*Fusarium* species）为丝孢纲，瘤座菌目，镰孢属。气生菌丝白色，绒毛状，在马铃薯葡萄糖培养基上底部呈淡黄色或淡紫色。有小型和大型两种分生孢子，小型分生孢子量大、无色、卵圆形，单胞、偶尔双胞；大型分生孢子无色、纺锤形或镰刀形、1～5个隔膜，基部有时有一显著的突起，称为足胞，形态见图1－11。有些还能产生厚垣孢子。镰孢菌毒素是真菌毒素的一大类，主要是镰孢菌属产毒菌株产生的非蛋白质和非甾类的次生代谢产物。

图 1 – 11 镰孢菌分生孢子形态

（1）T－2毒素 T－2毒素是由多种真菌，主要是三线镰孢菌产生的单端孢霉烯族化合物，毒性强烈。T－2毒素广泛分布于自然界，是常见的污染田间作物和库存谷物的主要毒素，对人畜危害较大。

T－2毒素是一种倍半萜烯化合物，学名为 4β，15－二乙酰氧基－8α－（3－甲基丁酰氧基）－3α－羧基－12，13－环氧单端孢霉－9－烯，分子式为 $C_{24}H_{34}O_9$，相对分子质量为466。T－2毒素为白色针状结晶，在室温条件下相当稳定，放置6~7年或加热至100~120℃经1h毒性不减。

T－2毒素主要作用于细胞分裂旺盛的组织器官，如胸腺、骨髓、肝、脾、淋巴结、生殖腺及胃肠黏膜等，抑制这些器官细胞蛋白质和DNA合成。T－2毒素还引起淋巴细胞中DNA单链的断裂。此外，T－2毒素可作用于氧化磷酸化的多个部位而引起线粒体呼吸抑制。

（2）脱氧雪腐镰孢菌烯醇（DON） 脱氧雪腐镰孢菌烯醇又名致呕毒素，是一种单端孢霉烯族毒素，主要由某些镰孢菌产生。脱氧雪腐镰孢菌烯醇是一种全球性的谷物污染物，它主要是链孢霉属在缺乏营养物质时合成的活性物质，多存在于大麦、小麦、燕麦和玉米等农作物中。

脱氧雪腐镰孢菌烯醇是一种倍半萜烯化合物，相对分子质量为296，易溶于水、乙醇等溶剂中，性质稳定。为无色针状结晶，熔点为151~152℃，具有较强的抗热能力，加热到110℃以上才被破坏，121℃高压加热25min仅少量被破坏。干燥的条件下不影响其毒性，但是加碱或高压处理可破坏部分毒素。一般的蒸煮及食物加工都不能破坏其毒性，但用蒸馏水冲洗谷物三次，其中的脱氧雪腐镰孢菌烯醇毒素含量可减少65%~69%。用1mol/L的碳酸钠溶液冲洗谷物，DON毒素的含量可减少72%~74%。

脱氧雪腐镰孢菌烯醇食物中毒的临床表现为发病急，潜伏期一般在0.5~1h，快的十几分钟内即可出现症状，长的可延至2~4h。主要症状有恶心、呕吐、腹痛、腹泻、头晕、嗜睡、流涎、乏力，少数患者有发热、畏寒等。症状一般持续1d左右，慢的1周可自行消失，预后良好。未见有死亡病例报告。

在已知的单端孢霉烯族毒素中，脱氧雪腐镰孢菌烯醇的毒性是最弱的之一，对小鸡经口染毒的半致死剂量（LD_{50}）为140mg/kg体重。但由于脱氧雪腐镰孢菌烯醇的广泛存在，对人畜仍有很大的损害。脱氧雪腐镰孢菌烯醇的毒性可分为急性毒性、慢性毒性、亚慢性毒性、细胞毒性等。脱氧雪腐镰孢菌烯醇具有很强的细胞毒性，对于原核细胞、真核细胞、植物细胞、肿瘤细胞等均具有明显的毒性作用。此外，还有"三致"作用并对生殖有影响，但对其致突变作用争议较多。

（三）预防与控制霉菌污染的方法

真菌毒素食物中毒对人危害相当严重，可导致急性中毒、慢性中毒以及对人有致癌性、致畸性和致突变性等。在自然界中食物要完全避免霉菌污染是比较困难的，但要保证食品安全，就必须将食物中真菌毒素的含量控制在允许范围内，要做到这一点，一方面需要减少谷物、饲料在田野、收获前后、贮藏运输和加工过程中霉菌的污染和毒素的产生；另一方面需要在食用前和食用时去除毒素，或不吃霉烂变质的谷物和毒素含量超过标准的食品。

目前国内外采取的预防和去除真菌毒素污染的主要措施有以下几方面：通过抗性育种，培育抗真菌的作物品种；利用合理耕作、灌溉和施肥、适时收获来降低霉菌的侵染和毒素的产生；采取减少粮食及饲料的含水量，降低贮藏温度和改进贮藏、加工方式等措施来减少真菌毒素的污染；加强污染的检测和检验，严格执行食品卫生标准，禁止出售和进口真菌毒素超过含量标准的粮食和饲料。

三、病毒性污染对食品安全的影响

（一）病毒性污染概述及危害

在食源性微生物危害因子中，除了细菌、真菌及其产生的毒素外，还包括那些具有很大危害性、能以食物为传播载体和经粪口途径传播的致病性病毒。由病毒引起的食源性疾病分为两大类：病毒性肠胃炎和病毒性肝炎。目前发现的这类病毒主要有：轮状病毒、星状病毒、腺病毒、杯状病毒、甲型肝炎病毒和戊型肝炎病毒等，它们是本章介绍的重点。此外，乙型、丙型和丁型肝炎病毒虽然主要是靠血液等非肠道途径传播，但也有关于它们通过人体排泄物和靠食品传播的报道，因此本章对这类肝炎病毒也将作简要阐述。

（二）食物中常见病毒类群及危害途径

1. 轮状病毒

轮状病毒（Rotavirus，RV）是引起婴幼儿腹泻的重要病原之一。全世界每年因轮状病毒感染导致约 1.25 亿婴幼儿腹泻和 90 万婴幼儿死亡，其中大多数发生在发展中国家，并由此给全球带来了巨大的疾病疗养负担。

（1）病原学特点　人类轮状病毒于 1973 年由澳大利亚学者 Bishop 发现，它被归类为呼肠孤病毒科轮状病毒属。成熟完整的轮状病毒颗粒在电镜下呈圆球状，为立体对称的二十面体，直径为 75～100nm，无包膜，拥有三层蛋白质衣壳（外衣壳、内衣壳、核衣壳）。内衣壳的壳粒沿病毒边缘呈放射状排列，形同车轮辐条，外衣壳薄而光滑，包绕内衣壳，形似轮缘，所以称该病毒为轮状病毒。只有具备内外双层衣壳的光滑型病毒才具有传染性，在双层颗粒中含有 RNA 多聚酶和其他一些能产生 mRNA 的酶。

轮状病毒基因组为由 11 个片段组成的双股 RNA（dsRNA），位于病毒粒子的核心。每一个片段各编码一种蛋白：6 种结构蛋白即 VP1～VP4，VP6 和 VP7，其中 VP4 经胰蛋白酶裂解可产生具有增强病毒感染性的 VP5 和 VP8；5 种非结构蛋白即 NSP1～NSP5。

各国的研究者已从人和动物感染者中分离到多种轮状病毒。根据这些轮状病毒基因结构和抗原性的差别，通过免疫电镜等多种方法将轮状病毒分为 A、B、C、D、E、F、G 七组，其中主要感染人类的是 A、B、C 三组。

（2）流行病学　轮状病毒感染的传染源为患者、隐性感染者及病毒携带者。由于后两者不易被发现，因而是更重要的传染源。轮状病毒可通过密切接触和粪—口途径传播或流行。任何年龄的人和动物均可感染轮状病毒，但有症状感染一般发生在 6 月龄至 2 岁的婴幼儿和幼小动物，2 岁以上的感染者较少发生严重疾病。

轮状病毒感染具有明显的季节性，高峰期出现在晚秋及冬季，少数地区季节性不明显而呈终年流行。美国的流行病学监测发现，轮状病毒感染的高峰季节随着地域的不同而有所差异，如美国西南部流行高峰出现在 11 月，东北部则在 3～4 月。

轮状病毒分子流行病学研究证实，在世界范围内广泛流行的 A 组轮状病毒中主要是由 G、P 血清型组合而成的四个血清亚型，即 G1P8、G2P4、G3P8 以及 G4P8，然而在某些地区也有例外，如印度和孟加拉国新生儿的轮状病毒感染是以 G9P6、G9P11 为主。

（3）临床表现　轮状病毒感染主要引起婴幼儿急性胃肠炎，潜伏期为 1～4d。典型表现为早期有短时轻度上呼吸道感染症状，然后迅速出现发热、呕吐、腹泻（水样便），导致脱水及电解质紊乱。关于轮状病毒引起的其他疾病也有一些零星的报道。

2. 星状病毒

星状病毒（Astrovirus，AstV）于 1975 年首次由 Appleton 等在急性胃肠炎患儿的粪便中用电镜观察到，此后，相继在猫、鸭、羊、猪等动物的粪便中也发现了该类病毒。现已证实，星状病毒是引起婴幼儿、老年人及免疫功能低下者腹泻的重要原因之一，也是迄今发现的唯一既可引起散发腹泻又可引起暴发流行急性胃肠炎的病原，随着对星状病毒研究的不断深入，其流行病学意义日益受到重视。

（1）病原学特点　星状病毒属于一个独立的病毒家族，即星状病毒科（*Astroviridae*）。人类星状病毒在用磷钨酸钾染色后大约有 10% 的病毒粒子呈五角或六角星形结构，而用钼酸铵染色后则几乎全部的病毒粒子都呈典型的星状结构，故而得名。病毒颗粒直径为 28nm，氯化铯中的浮密度为 1.35～1.40g/cm^3，是无衣壳单股正链 RNA 病毒，现可在体外培养。从婴儿及幼畜粪便中所发现的星状病毒在形态上几乎都相似。

星状病毒衣壳蛋白的结构还不完全清楚，动物星状病毒和人类星状病毒有所不同，前者衣壳蛋白由 2～5 个蛋白组成，后者则因血清型不同可能由 2 或 3 个蛋白组成。最近，Wang 等研究学者对人类星状病毒各血清型和猪、猫星状病毒的衣壳蛋白进行基因结构的对比分析发现，人类星状病毒血清 3 型和 7 型最接近，而感染人、猪、猫的星状病毒之间截然不同，相对而言，猪星状病毒较接近人类星状病毒。

（2）流行病学　尽管人们发现星状病毒较早，但对其致病作用及其地位当时并未引起重视，尤其是在很长一段时间里认为它只会引起散发的、较轻微的腹泻。随着分子生物学技术的发展，对星状病毒的各项研究逐步深入，研究结果表明，星状病毒的感染率、发病率均高出预期结果，尤其在婴幼儿人群中，星状病毒在引起急性病毒性胃肠炎方面仅次于轮状病毒。此外，星状病毒也是引起老年人、免疫功能低下或缺陷者腹泻及医源性腹泻的病因之一。

星状病毒感染具有明显的季节性，在温带地区流行季节一般为冬季，而在热带地区流行季节为雨季。日本的星状病毒感染多发于轮状病毒流行之后的冬末和初春。星状病毒感染常伴随着轮状病毒感染，法国一项有关婴幼儿急性胃肠炎的研究显示，星状病毒阳性（6.3%）粪样中，单纯星状病毒感染约为43%，与轮状病毒并发感染为49%，与杯状病毒并发感染为8%。在年龄分布上，星状病毒、轮状病毒和杯状病毒的平均感染年龄分别为34、11和14.8月龄。

关于星状病毒的传播途径及感染方式报道较少，消化道传播是主要的传播途径，被星状病毒污染的食物、物体表面均可成为传染源。星状病毒的主要传播媒介为牡蛎等海生食物，公共娱乐水域也可能是传播星状病毒的媒介。星状病毒分子流行病学研究显示，世界范围内广泛流行的星状病毒血清型主要是Ⅰ型，同时与其他血清型并发感染。各血清型流行情况因地区和年份不同而各有差异。星状病毒的血清流行病学研究相对较少。

（3）临床表现　星状病毒感染后，经过1~3d的潜伏期后即出现腹泻症状，表现为水样便并伴有呕吐、腹痛、发热等症状。单纯星状病毒感染者症状多较轻，一般不发生脱水等严重并发症。由于与轮状病毒、杯状病毒感染相比，发生腹泻和发热的机会有所差异，但其他症状在三者之间无明显差异，因此，单从临床症状上难以确定病毒性胃肠炎的病原。星状病毒与轮状病毒或杯状病毒感染相比，症状可能较重。

3. 杯状病毒

根据杯状病毒研究组（calicivirus studygroup，CSG）1998年的建议，经国际病毒分类委员会（the International Committee on Taxonomy of Viruses，ICTV）批准，将杯状病毒科分为四个属：①Lagovirus（以兔出血病病毒为代表）；②诺沃克样病毒（以诺沃克病毒为代表）；③札幌样病毒（以Sapporo virus为代表）；④Vesivirus（以猪水泡疹病毒为代表）。其中，Lagovirus和Vesivirus感染动物，而诺沃克样病毒（NLV）和札幌样病毒（SLV）则主要感染人，二者合称为人类杯状病毒（HuCV）。

人类杯状病毒（Human caliciviruses，HuCV）是引起儿童和成人非菌性胃肠炎的主要病原之一，常在医院、餐馆、学校、托儿所、孤儿院、养老院、军队、家庭及其他人群中暴发。

（1）病原学特点　典型的杯状病毒呈球形或近球形，直径30~38nm，无囊膜，核衣壳呈二十面体对称，由32个杯状结构按$T=3$的对称方式整齐地镶嵌在衣壳上。病毒在胞质中合成和成熟，有时呈晶格状排列。

病毒基因组为单分子正链 ssRNA，分子质量 $2.6 \times 10^3 \sim 2.8 \times 10^3 u$。氯化铯中的浮密度为 $1.33 \sim 1.39 g/cm^3$，甘油 – 酒石酸钾中的浮密度为 $1.29\ g/cm^3$。该病毒对乙醚、氯仿以及温和性去垢剂不敏感，环境 pH $3 \sim 5$ 可将其灭活，高浓度的 Mg^{2+} 能够加快对杯状病毒的灭活，有一些杯状病毒易被冻融所灭活。胰酶可灭活某些杯状病毒，而对另一些则起加速复制的作用。

（2）流行病学　主要传播途径是粪—口传播，空气传播（患者呕吐物在空气中蒸发而传播）极少。在社区发病时常累积各年龄人群，多侵袭成年人和较大年龄儿童，婴儿及幼龄儿童较少受感染。

（3）临床表现　以诺沃克病毒为例来介绍患者的临床症状。人体受到诺沃克病毒感染后，一般会出现典型空肠黏膜损伤、恶心和呕吐等症状。在儿童中，呕吐比腹泻更常见，成人则相反。病程从 2h 至数天不等，平均为 $12 \sim 60h$，发病率在年龄和性别上无明显差别。自然感染的诺沃克疾病一般不需要住院治疗。

4. 腺病毒

目前，腺病毒是引起婴幼儿胃肠炎及腹泻的极为重要的病原，并日趋受到医学界的广泛注意和重视，早在 20 世纪 60 年代就已揭示了腺病毒与胃肠炎密切相关，1975 年 Flewett 等首次从急性胃肠炎婴幼儿患者粪便中发现了腺病毒，并证明它可引起腹泻暴发流行。

（1）病原学特点　腺病毒科分为哺乳动物腺病毒属和禽类腺病毒属，迄今发现至少有 93 个型别。原有的人类腺病毒按血清型可分为 A、B、C、D、E 5 组。经中和试验、分子杂交以及限制性核酸内切酶酶切分析发现，肠道腺病毒的结构和化学组成与原有的 5 组均不同，将其归属于 F 组。但 F 组的肠道腺病毒至少又含 2 个病毒型别，定名为腺病毒 40 和腺病毒 41。电镜下肠道腺病毒（Eads）与其他腺病毒形状完全相同，即病毒粒子无包被，呈二十面体对称，直径 $70 \sim 80nm$。

（2）流行病学　在发展中国家和发达国家的流行病学调查研究已成功证实肠道腺病毒是婴幼儿腹泻的重要病原。目前，世界各地均有小儿腺病毒胃肠炎的报道，但以区域性流行为主，大面积暴发流行少见。

婴幼儿全年均可发病，但以夏、秋两季较为常见，在此期间，均可分离出肠道腺病毒。此外，该病毒主要侵犯 5 岁以下儿童，其中 85% 以上病例发生在 3 岁以下婴幼儿。

（3）临床表现　肠道腺病毒感染而引起的胃肠炎通常较缓和，属自限性疾病，临床主要表现为腹泻，一般持续 $2 \sim 11d$，其中腺病毒 41 感染者腹泻持续时间较长，而腺病毒 40 感染者在发病初期腹泻症状严重。患儿常伴发热和呕吐，一般没有呼吸道症状，偶有咳嗽、鼻炎、气喘和肺炎等呼吸道症状，严重者常可引起患儿脱水死亡。不同亚群腺病毒感染所出现的症状不同。

5. 肝炎病毒

（1）甲型肝炎病毒　目前已发现并鉴定的 7 种肝炎病毒中，甲型肝炎病毒（Hepatitis A，HAV）是通过消化道途径传播的病毒，它可导致暴发性、流行性病毒性肝炎，是通过食品传播的最常见的一种病毒。

①流行病学：甲型肝炎是世界性疾病，全世界每年发病数超过 200 万人，加之很多患者症状较轻并未就医，因此实际病例远远高于统计数据。其主要发生在不发达国家，我国是甲型肝炎高发国家。

通过甲型肝炎病毒抗体阳性率调查，世界各地人群甲型肝炎病毒感染大致可分为 3 种类型：一是在卫生条件差的发展中国家，特别是热带地区，易感人群一般为幼儿；二是在一些经济发达、民族众多的大国，甲型肝炎感染率随年龄增长而递增；三是在北欧、瑞士等经济和文化发达、人口较少的国家，甲型肝炎病毒抗体基本上只在 40 岁以上的人群中存在。

粪—口途径是甲肝病毒的主要传播途径，水和食物的传播是暴发流行的主要传播方式。较差的环境卫生和不良个人习惯可能是造成甲型肝炎病毒地方性流行的主要原因。最新研究表明，经输血途径也可引起甲型肝炎病毒传播。甲肝病毒传播的另一感染源是感染的非人灵长类动物，受感染者多为饲养人员及其他亲密接触者，但症状较轻。可能是动物先从人或其他动物中感染了甲型肝炎病毒，再传播给饲养人员。

②临床表现：甲型肝炎病毒感染后，每个人的临床表现差别很大。根据一次水源性感染的调查分析，其中急性黄疸型占 20%，亚临床型占 45.7%，隐性感染占 34.3%。这主要与患者年龄有关，也与感染的病毒数量有关。

急性黄疸型甲型肝炎的发病过程可分为：潜伏期、前驱期、黄疸期和恢复期 4 个阶段。潜伏期为 1～6 周，感染剂量越大，潜伏期越短。潜伏期患者虽无明显症状，但此时病毒复制活跃，粪便中排毒量高，传染性最强。前驱期约为 1 周，半数以上患者出现厌食、发热、乏力不适、肌痛、恶心、呕吐；大多数患者发病突然，体温升高。儿童中腹泻、恶心、呕吐等症状较成人常见。由于肝肿大，大龄儿童和成人常伴有上腹痛或不适。黄疸期出现时伴有尿色加深，几天后患者粪便颜色变浅，黏膜、结缔组织及皮肤黄染。黄疸出现后数天，患者发热减退。急性患者体征有肝区触痛，部分患者有脾肿大。

甲型肝炎病毒感染中以亚临床型比例最高，其症状较轻，无黄疸表现，仅有乏力、食欲减退等轻微症状；体征多有肝肿大，血清转氨酶异常升高。重症肝炎的比例极低，病程一般为 6～8 周，表现为突发高烧、剧烈腹痛、呕吐、黄疸，之后有肝性脑病表现，病死率较高，并且病死率随患者年龄增大而上升。

（2）戊型肝炎病毒　戊型肝炎以前曾称为肠道传播的非甲非乙型肝炎，通常认为是一种在发展中国家通过粪—口途径和病人—健康人接触传播的疾病。

1955 年印度初次暴发，暴发缘由是含戊型肝炎病毒的粪便污染了市民的饮用水源河水、供水系统受到污染再加上加氯消毒不充分。流行病学调查结果表明，在检出的血清抗－HEV－IgM 和 IgG 阳性者中仅有少部分在发病前有在发展中国家的旅游史。不过，由于这些国家中的卫生条件较好，缺乏形成饮用水引起的戊型肝炎大暴发的契机，因此散发就成为工业化国家戊型肝炎发病的主要形式。戊型肝炎的地区分布表明，这种疾病不仅是发展中国家的流行病，而且是一种流传甚广的世界性传染病。只是由于各国卫生条件不同，其流行模式及流行强度就表现出不同的特点。

戊型肝炎病毒感染人体后，临床上可表现为急性黄疸型肝炎、急性无黄疸型肝炎、淤胆型肝炎甚至重型肝炎。由肠道传染的戊型肝炎，其临床表现与其他型别的肝炎并没有区别。它的潜伏期比甲型肝炎稍长，为 22～60d，症状和体征与其他型别的肝炎相似。对非暴发性肝炎病例的肝进行活检，出现的胆汁阻塞并不像急性病毒肝炎那样典型。由戊型肝炎病毒引起的肝炎有自限性，通常只有中毒症状，没有长期的慢性肝病。戊型肝炎与甲型肝炎之间的差别关键在于孕妇和住院病人的死亡率。一般来说，孕妇甲型肝炎的死亡率并不比普通人群高，但在戊型肝炎暴发流行时，死亡率达 10%～20%。

（3）其他肝炎病毒

①乙型肝炎病毒：乙型肝炎病毒是世界性传染病，高发区的主要流行特征是儿童期感染率很高。乙型肝炎的流行无季节性，发病主要为青壮年人，在高发区，除儿童外，无特殊危险人群。乙型肝炎的传播途径主要为肠道外途径，如血液和其他体液等。通过唾液、胃肠道和食品的传播也有报道。

乙型肝炎病毒为一种非杀伤性 DNA 病毒，宿主直接对病毒抗原的免疫应答是机体清除病毒或导致肝细胞损伤。因此机体免疫功能状态是乙型肝炎病毒是否致病的重要决定因子。

乙型肝炎病毒进入机体后，经 4～24 周的潜伏，患者开始出现不同程度的临床症状。乙型肝炎是一种全身性疾患，病毒可在循环白细胞、造血脏器、皮肤细胞、血管内皮等繁殖，靶器官为肝脏，故临床表现除一般消化道及全身症状外，主要为肝脏受损后的症状，如肝区痛、肝肿大、肝触痛、黄疸、茶色尿及肝功能损害。

②丙型肝炎病毒：全球约有数亿人感染丙型肝炎，大部分是通过血液传播的。在工业化国家中，静脉注射毒品者共用注射器和针头成为重要传播途径。在发展中国家，医疗中反复使用的注射器和针头是造成丙型肝炎病毒医院内水平传播的重要因素。但统计结果表明，约有近 50% 的患者为非经血液途径感染。试验证实，唾液和尿液等分泌物极有可能是传播的媒体。因此，饮用水和食品也是丙型肝炎病毒传播的一种可能途径。

丙型肝炎通常是亚临床感染，只有 20%～30% 的病人出现症状，其中半数出现黄疸。急性丙型肝炎潜伏期 6～7 周，从血清丙氨酸转氨酶升高到血清抗体转阳性约 2 周。急性丙型肝炎，尤其是由输血引起的丙型肝炎有 50% 或更多的患者转化为慢性肝炎。男性、老年和高剂量病毒感染易发展成慢性丙型肝炎。丙型肝炎病毒感染，尤其是出现肝硬化时，可转化为肝癌。干扰素（IFN）仍是目前治疗慢性丙型肝炎病毒的主要方法。干扰素并非直接灭活病毒，而是通过与靶细胞表面特异受体结合，诱导抑制病毒蛋白质的合成，从而抑制病毒复制。

③丁型肝炎病毒：病毒呈球形，直径为 35～37nm，外部被乙型肝炎病毒表面抗原（HBsAg）包裹，内含丁型肝炎病毒 RNA，需要乙型肝炎病毒的辅助才能感染人体引起疾病。丁型肝炎病毒（HDV）与乙型肝炎病毒协同感染人体能引起急性肝炎与暴发性肝炎。丁型肝炎病毒流行病学特征与乙型肝炎病毒相似，由于丁型肝炎病毒依赖于乙型肝炎病毒，故两者有共同的传染源与传播途径。本病主要靠血液等途径传播，通过食品传播的方式也存在，但少见。在乙型肝炎病毒高危人群中，丁型肝炎病毒感染率与乙型肝炎病毒感染率是平行的。然而，丁型肝炎病毒的流行病学在某些方面与乙型肝炎病毒不同，包括在世界范围内的分布情况也不同。丁型肝炎的传染源是急性和慢性丁型肝炎病毒感染的患者，在丁型肝炎病毒流行区，研究证明急性丁型肝炎病毒重叠感染比慢性感染者传染给密切接触者的危险性更大。

一般预后良好，但有时可表现为重症或暴发性肝炎，主要见于药瘾者。乙型肝炎病毒表面抗原携带者重叠感染 HDV 时，临床特征是肝炎急性发作，血清胆红素和谷丙转氨酶（SGPT）呈双峰以致多峰形升高。乙型肝炎病毒慢性肝病患者重叠感染 HDV 时，肝脏病变加重，加速向慢性活动性肝炎或肝硬化发展。

小　结

本节着重讲述了细菌性污染对食品安全的影响，包括食品细菌性污染产生的危害、引起食物中毒的主要细菌类群和细菌性食物中毒等。同时介绍了霉菌性污染对食品安全的影响，包括食品被霉菌污染后产生的危害、引起食品污染的主要霉菌类群及毒素等。由病毒引起的食源性疾病分为两大类：病毒性肠胃炎和病毒性肝炎，是能以食物为传播载体和经粪—口途径传播的致病性病毒，危害性很大。

思考题

1. 简述食品被细菌污染后产生的危害。
2. 引起食物中毒的主要细菌种类有哪些？
3. 简述食品被霉菌污染后产生的危害。
4. 引起食物中毒的主要霉菌和霉菌毒素有哪些？

第二节　天然有毒动植物对食品安全的影响

一、概述

近年来，人们对化学物质引起的食品安全性问题有了不同程度的了解，在生产中不添加任何化学物质的天然食品颇受青睐，一些宣传媒体将其描述为"百利无一害""绝对安全"的食品。然而事实并非如此，部分食品原料（包括植物、动物和微生物）在长期的进化过程中，为了抵御天敌和不利的环境条件，以有利于自身的生存，会产生对其自身无害但对其他生物有毒的复杂的天然有毒有害物质。动植物天然有毒物质，即指某些动植物中存在的某种对人体健康有害的非营养性天然物质成分，或因贮存方法不当，在一定条件下产生的某种有毒成分。

（一）食品中天然有毒物质的种类

由于含有有毒物质的动植物外形、色泽与无毒的品种相似，因而在食品加工和日常生活中应引起人们足够的重视。动植物中含有的天然有毒物质结构复杂，种类繁多，与人类生活关系密切的主要有以下几种。

1. 苷类

在植物中，糖分子（如葡萄糖、鼠李糖、葡萄糖醛酸等）中的半缩醛羟基和非糖类化合物分子（如醇类、酚类、甾醇类等）中的羟基脱水缩合而成具有环状缩醛结构的化合物，称为苷，又称配糖体或糖苷。苷类化合物一般味苦，可溶于水和醇中，易被酸或酶水解，水解的最终产物为糖及苷元。苷元是苷中的非糖部分。由于苷元的化学结构不同，苷的种类也有多种，主要有氰苷、皂苷等。

2. 生物碱

生物碱是一类具有复杂环状结构的含氮有机化合物，主要存在于植物中，少数存在于动物中，有类似碱的性质，可与酸结合生成盐，在植物体内多以有机酸盐的形式存在。有毒的生物碱主要有：茄碱、秋水仙碱、烟碱、吗啡碱、罂粟碱、麻黄碱、黄连碱和颠茄碱等。生物碱主要分布于罂粟科、茄科、毛茛科、豆科、夹竹桃科等100多种植物中。

3. 有毒蛋白和肽

蛋白质是生物体中最复杂的物质之一。当异体蛋白质注入人体组织时可引起过敏反应，内服某些蛋白质也可产生各种毒性。植物中的胰蛋白酶抑制剂、红细胞凝集素、蓖麻毒素等均属于有毒蛋白或复合蛋白；动物中鲶鱼、鳇鱼和石斑鱼等鱼类的卵中含有的鱼卵毒素也属于有毒蛋白。

4. 酶类

某些植物中含有对人体健康有害的酶类，它们通过分解维生素等人体必需成分而释放出有毒化合物。例如蕨类植物（蕨菜的幼苗、蕨叶）中的硫胺素酶可破坏动植物体内的硫胺素，引起人和动物的维生素 B_1 缺乏症。大豆中存在破坏胡萝卜素的脂肪氧化酶，食入未经热处理的大豆可使人体的血液和肝脏内维生素 A 的含量降低。

5. 非蛋白类神经毒素

这类毒素主要指河豚毒素、贝类毒素、海兔毒素等，大多分布于河豚、蛤类、螺类、蚌类、贻贝类等水生动物中。水生动物本身无毒，但因直接摄取了海洋浮游生物中的有毒藻类（如甲藻、蓝藻），人类通过食物链间接摄取将毒素积累和浓缩于体内。

6. 草酸和草酸盐

草酸在人体内可与钙结合形成不溶性的草酸钙，不溶性的草酸钙可在不同的组织中沉积，尤其在肾脏，人食用过多的草酸也有一定的毒性。常见的含草酸多的植物有菠菜等。

7. 动物中的其他有毒物质

动物体内的某些腺体、脏器或分泌物，如摄食过量或误食，可扰乱人体正常代谢，甚至引起食物中毒。

（二）天然有毒物质的中毒条件

天然有毒物质引起的食物中毒有以下两方面原因。

1. 食品中含有有毒成分

因食品中含有一些有毒成分，食后引起相应的中毒症状。如河豚鱼、鲜黄花菜、发芽的马铃薯等，少量食用也可引起中毒。

2. 食用量过大

因食用量过大引起各种症状，如荔枝含有较多维生素 C，若大量食用，可引起"荔枝病"，出现头晕、心悸，严重者甚至死亡。

（三）食物的中毒与解毒

1. 食物中毒的定义

食物中毒是指摄入了含有生物性、化学性有毒有害物质的食品，或把有毒有害物质当作食品摄入后所出现的非传染性急性、亚急性疾病。

2. 食物中毒的特征

食物中毒表现为头痛、呕吐、腹泻，严重者昏迷、休克甚至死亡。主要特征如下：

（1）潜伏期短而集中。

（2）发病突然，来势凶猛。

（3）患病与食物有明显关系。

（4）发病率高。

3. 食物中毒的解毒方法

（1）用解毒剂解毒。

（2）采用催吐、洗胃和导泻的方法清除毒物。

（3）在专业人员指导下对症治疗。

（4）通过输液、利尿、换血、透析等措施促使体内毒物排泄。

二、含天然有毒物质的植物

世界上有 30 多万种植物，可供人类主要食用的不过数百种，这是由于植物体内的毒素限制了它们的应用。植物源的有毒物质可以分为两类，一类是植物中天然含有的有毒成分，如生氰糖苷、硫苷等，另一类是植物在一定条件下产生的有毒成分，如发芽马铃薯中的龙葵素等。植物的毒性主要取决于其所含的有害化学成分，如毒素或致癌的化学物质，它们虽然含量很少，却严重影响了食品的安全性。因此，研究食物中的天然植物性毒素对防止植物性食物中毒具有重要的现实意义。

（一）粮食作物

1. 大豆

大豆营养价值丰富，但本身含有的抗营养成分降低了大豆的生物利用率。如果烹调加工合理，可有效去除这些抗营养因素。然而，若加工温度或时间不够，没有彻底破坏这些有害成分，就可引起人体中毒。大豆中的有毒成分主要包括以下几类。

（1）蛋白酶抑制剂　蛋白酶抑制剂是指能抑制人体某些蛋白质水解酶活性的物质。大豆中存在的蛋白质酶抑制剂可以对胰蛋白酶、糜蛋白酶、胃蛋白酶等的活性起抑制作用，尤其对胰蛋白酶的抑制作用最为明显。研究表明蛋白酶抑制剂的有害作用表现在：一方面通过抑制蛋白酶活性以降低食物蛋白质的消化吸收，导致机体发生胃肠道的不良反应；另一方面通过负反馈作用刺激胰腺，使其分泌能力增强，导致内源性蛋白质、氨基酸的损失增加，对动物的正常生长起抑制作用。

（2）植物红细胞凝集素　植物红细胞凝集素是一种能使红细胞凝集的蛋白质，其毒性主要表现在它与小肠细胞表面的特定部位结合后可对肠细胞的正常功能产生不利影响，尤其是影响肠细胞对营养物质的吸收，导致人体功能受到抑制。如果毒素进入血液中，与红细胞发生凝集作用，将使红细胞的输氧能力被破坏，造成人体中毒。

植物红细胞凝集素引起的食物中毒潜伏期为几十分钟至几十小时，儿童对大豆红细胞凝集素比较敏感，中毒后可出现头痛、头晕、腹泻、腹痛恶心、呕吐等症状，严重者甚至会引发死亡。但只要将要食用的豆类煮熟、煮透就不会引起食物中毒。

（3）脂肪氧化酶　脂肪氧化酶可将大豆中的亚油酸和亚麻酸氧化分解，产生醛、酮、醇、环氧化物等物质，不仅产生豆腥味等异味，还可产生有害物质，导致大豆的营养价值下降。

（4）皂苷　皂苷是类固醇或三萜系化合物的低聚配糖体的总称。由于其水溶液震荡时能产生大量泡沫，与肥皂相似，所以称皂苷，又称皂素。皂苷与红细胞膜的胆固醇结合形成不溶性化合物，因而有溶血作用。皂苷由肾脏排出，因此对肾脏也有毒性作用。同时，皂苷对黏膜尤其是鼻黏膜的刺激性较大，内服量过大可引起食物中毒。当食用未煮熟的豆浆时，也可引起中毒。特别是在豆浆加热到80℃左右时，皂素受热膨胀，泡沫上浮，形成"假沸"现象，其实此时存在于豆浆中的皂素等有毒害成分并没有完全破坏，如果饮用这种豆浆即会引起中毒，通常在食用0.5～1h后即可发病，主要为胃肠炎症状。

（5）致甲状腺肿素　大豆中含有的致甲状腺肿素是一种由 2～3 个氨基酸组成的短肽或由 1 个糖分子组成的糖肽，包括硫氰酸酯、异硫氰酸酯和恶唑烷硫酮，其前体物质是硫代葡萄糖苷。致甲状腺肿素优先与碘结合，从而夺取甲状腺所需要的碘。通过加热可以钝化硫代葡萄糖苷酶，使之不能酶解硫代葡萄糖苷，也就不能产生致甲状腺肿素，从而不能导致甲状腺肿大。

2. 木薯

木薯的主要成分为淀粉、蛋白质、脂肪和维生素。木薯块根富含淀粉，是食品和工业淀粉的良好原料，鲜叶和嫩茎可作饲料。

有毒成分：亚麻仁苷是木薯中的主要毒性物质，是植物氰苷的一种。氰苷是结构中含有氰基的苷类，其水解后产生氢氰酸，从而对人体造成危害，因此，有人将氰苷称为生氰糖苷，生氰糖苷基本结构如图 1-12 所示。水果核仁中也含有生氰糖苷，当人们误食水果核仁或食用了生木薯后，在果仁或木薯中的生氰糖苷与 β-葡萄糖苷酶和 α-羟腈酶共同作用而被降解。生氰糖苷首先在 β-葡萄糖苷酶作用下分解生成氰醇和糖，氰醇很不稳定，自然分解为相应的酮、醛化合物和氢氰酸，反应式如图 1-13 所示。羟腈分解酶可加速这一降解反应。释放出的氢氰酸（HCN）毒性很强，对食用者产生毒性作用。生氰糖苷和 β-葡萄糖苷酶处于植物的不同位置，当咀嚼或破碎含生氰糖苷的植物食品时，其细胞结构被破坏，使得 β-葡萄糖苷酶释放出来，与生氰糖苷作用产生氢氰酸。植物这种具有合成生氰化合物并能水解释放出氢氰酸的能力，即生氰作用。

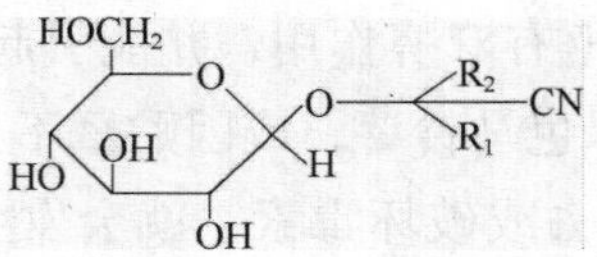

图 1-12　生氰糖苷基本结构

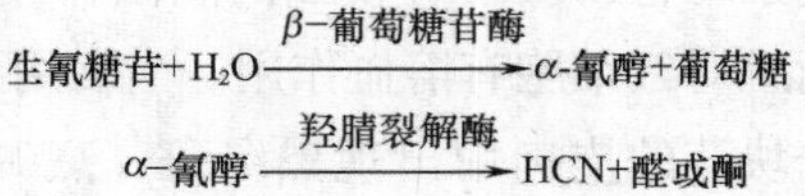

$$生氰糖苷+H_2O \xrightarrow{\beta-葡萄糖苷酶} \alpha-氰醇+葡萄糖$$
$$\alpha-氰醇 \xrightarrow{羟腈裂解酶} HCN+醛或酮$$

图 1-13　生氰糖苷水解反应

生氰糖苷的毒性主要是氢氰酸和醛类化合物的毒性。氢氰酸是一种高活性、毒性大、作用快的细胞原浆毒，它的主要毒性在于吸收后，随血液循环进入组织细胞，并透过细胞膜进入线粒体，氰离子（CN^-）能迅速抑制组织细胞内 42 种酶的活性，如细胞色素氧化酶、过氧化物酶、脱羧酶等。其中细胞色素氧化酶对氰化物最为敏感。氰离子能迅速与氧化型细胞色素氧化酶的 Fe^{3+} 结合，生成非常稳定的高铁细胞色素氧化酶，使其不能转变为具有 Fe^{2+} 的还原型细胞色素氧化酶，致使细胞色素氧化酶失去传递电子、激活分子氧的功能，使组织细胞不能利用氧，形成"细胞内窒息"，导致细胞中毒性缺氧症。中枢神经系统对缺氧最敏感，故一般大脑首先受损，导致中枢性呼吸衰竭而死亡。吸入高浓度氰化氢或吞服大量氰化物者，可在 2～3min 内呼吸停止，呈"电击样"死亡。

生氰糖苷引起的慢性中毒也比较常见。在一些以木薯为主食的非洲和南美地区，流行的热带神经性共济失调症（TAN）和热带性弱视两种疾病主要就是由生氰糖苷引起的。

3. 马铃薯

马铃薯作为主要的粮食作物之一，是很多加工食品的制作原料，如土豆泥、薯条等。若马铃薯因贮藏不当等原因产生大量龙葵素，人一旦误食则会发生中毒甚至死亡。

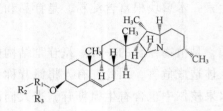

图1-14 龙葵素的化学结构式

有毒成分：龙葵素又名龙葵苷或茄碱，为发芽马铃薯的主要致毒成分，是一种弱碱性的生物碱，其结构式如图1-14所示。当马铃薯贮存不当而变绿或发芽时，会产生大量的龙葵素，当龙葵素的含量超过20mg/100g时，人服用后可能会导致中毒甚至死亡。

马铃薯贮藏过程中会产生叶绿素而发生绿化现象。马铃薯中的龙葵素含量与贮藏时间及贮藏温度呈正相关关系，且光照条件对龙葵素含量的影响显著。在相同的贮藏温度及贮藏时间的条件下，光照可以促进马铃薯中龙葵素的快速合成，含量约为无光照时的2倍。有研究表明，光下叶绿素的合成与糖苷生物碱的蓄积有明显的同步增长趋势。同一品种绿化薯皮中龙葵素的含量为38mg/100g FW（鲜重），未绿化薯皮中的含量则为22mg/100g FW。

龙葵素对胃肠黏膜有较强的刺激作用，对呼吸中枢有麻痹作用，并能引起脑水肿、充血，而且对红细胞有溶血作用。当食用了未成熟的绿色马铃薯，或因贮藏不当使其发芽或部分块茎的皮肉中出现黑绿斑，烹调时又未能除去或破坏毒素，就会发生食物中毒。人在食用含有较多龙葵素的马铃薯时会感觉到明显的苦味，随后喉咙会有持续的灼烧感。龙葵素在去皮煮熟的马铃薯中的量达200~400mg时，受试者表述可以通过"苦味"来判断。当食入0.2~0.4g龙葵素时即可发生中毒。

4. 荞麦

荞麦是蓼科荞麦属植物，普通荞麦和同属的苦荞麦、金荞麦都可以作为粮食食用。

有毒成分：荞麦素和原荞麦素是荞麦花的两种多酚类致光敏有毒色素。该色素与光产生光敏反应，出现皮肤病症。一般在食入荞麦花4~5h后，面部出现灼烧感，面部潮红并有红色斑点，日晒将加重病情。在阴凉处时，口、唇、耳、鼻、手指等部位可出现麻木感。严重者小腿出现浮肿，皮肤破溃。目前主要引起猪中毒。

（二）蔬菜

1. 菜豆

有毒成分：

（1）红细胞凝集素　菜豆中的植物红细胞凝集素毒性较大，但不同品种间也存在差异性。如食用未煮熟的菜豆，会发生食物中毒出现头痛、头晕、腹泻、腹痛恶心、呕吐等症状，严重者甚至会引起死亡。

（2）皂苷　未煮熟煮透的菜豆中含有皂素，对消化道黏膜有强烈刺激作用，中毒主要表现为胃肠炎症状。

2. 鲜黄花菜

有毒成分：秋水仙碱。未经加工的鲜黄花菜内含有秋水仙碱，秋水仙碱是不含杂环的生物碱，本身无毒，但能在胃肠道中缓慢地吸收，在体内氧化成氧化二秋水仙碱，后者具有剧毒性，其氧化产物从肾脏、胃肠道排泄时，严重地刺激这些器官，引起各种急性炎症。此外，它还能使毛细血管损伤。成年人如果一次食入 0.1 ~ 0.2mg 的秋水仙碱（相当于鲜黄花菜 50 ~ 100g），即可引起中毒，如果一次食入 20mg 秋水仙碱，可导致死亡。食用未经处理的鲜黄花菜煮汤或大锅炒食，会引起中毒。中毒表现为胸闷、头痛、腹痛、呕吐、腹泻等，严重者出现血尿、血便与昏迷等。

3. 十字花科蔬菜（油菜、甘蓝、芥菜、萝卜等）

有毒成分：芥子苷。芥子苷主要存在于甘蓝、萝卜、油菜、芥菜等十字花科植物中，种子中含量较多，比茎、叶中的含量高 20 倍以上。芥子苷在植物组织中葡萄糖硫苷酶的作用下，可水解为硫氰酸酯、异硫氰酸酯及腈类，并释放出葡萄糖和硫酸根。腈的毒性很强，能抑制动物生长或致死。其他几种分解物都有不同程度的致甲状腺肿大作用，主要由于它们可阻断甲状腺对碘的吸收而使之增生肥大。芥子苷中毒表现为甲状腺肿大、生物代谢紊乱，机体正常的生长发育受阻，精神萎靡、食欲减退、呼吸减弱，伴有胃肠炎、血尿等，严重者甚至死亡。

4. 青番茄

番茄，国外有人把它称作"金色的苹果"。其栽培容易，产量高，上市时间长，是人们最喜爱的夏令佳蔬之一。但是发青或未红透的番茄内含有毒物质，食用后会产生食物中毒现象。

有毒成分：龙葵素。青番茄含有龙葵素，吃了未熟的青番茄常感到不适，出现头晕、恶心、呕吐、流涎等中毒症状。进食多、体质敏感的人，症状较重。青番茄腐烂时，毒性物质骤增，食后危害更大。而青番茄变红以后，龙葵素则由自身增多的酸性物质所水解，失去毒性。

5. 腐烂的姜

有毒成分：黄樟素。腐烂的生姜会产生一种很强的毒素——黄樟素，人食用后会引起肝细胞中毒，损害肝脏功能。

6. 新鲜木耳

木耳富含蛋白质、糖、粗纤维、胡萝卜素等营养物质及人体必需的钙、铁、磷等微量元素，具有补气活血、提高人体免疫力的功效。但是鲜木耳却不宜食用，食用鲜木耳易引起植物日光性皮炎。

有毒成分：卟啉类光敏物质。新鲜木耳中含有一种卟啉类光敏物质，人食用后会随血液循环分布到人体表皮细胞中，这种物质对光线敏感，受太阳照射后会引发日光性皮炎，是一种光感性疾病。多数患者在日光照射下 2~6h 发病，短者数分钟暴露部位皮肤开始发痒，症状逐渐加重，浮肿、潮红、丘疹、水疱、烧灼样疼痛及蚁走感。皮肤损伤严重时头昏、头痛、发热、心率增快，白细胞总数及中性粒细胞升高，甚至肾功能损害。症状轻重可能因进食量多少及光线照射时间、范围的不同而有差异。

7. 蚕豆

有毒成分：巢菜碱苷。蚕豆种子含有 0.5% 巢菜碱苷，巢菜碱苷溶于水，微溶于乙醇，易溶于稀酸或稀碱。巢菜碱苷具有降低红细胞中葡萄糖 – 6 – 磷酸脱氢酶活性的作用，是 6 – 磷酸葡萄糖的竞争性抑制物，喂食动物还可抑制动物的生长。人食后可引起溶血性贫血（蚕豆黄病），春夏之交吃青蚕豆时常发生。

蚕豆病是一种先天性酶代谢缺陷遗传病，与体内红细胞中缺乏葡萄糖 – 6 – 磷酸脱氢酶（G – 6 – PD）有关。在正常情况下，人体红细胞含有具有抗氧化作用的谷胱甘肽。少数人由于遗传性红细胞 G – 6 – PD 缺乏，红细胞中谷胱甘肽尤其是还原型谷胱甘肽的量明显减少，致使红细胞对氧化作用敏感。在食入新鲜的青蚕豆或吸入其花粉后，由于蚕豆中的巢菜碱苷侵入，可使血液中的氧化性物质增多，导致红细胞被氧化破坏，从而发生以黄疸和贫血为主要特征的全身溶血性反应，即引起急性溶血性贫血（蚕豆病）。

8. 菠菜

有毒成分：草酸。大部分植物都含有草酸，菠菜尤甚。

草酸在人体内可与钙结合形成不溶性的草酸钙，不溶性的草酸钙可在不同的组织中沉积，尤其在肾脏。人过量食用含草酸多的蔬菜可引起食物中毒。中毒表现为口腔和消化道糜烂，胃出血、尿血，甚至发生惊厥。

（三）水果

1. 水果核仁

杏仁、桃仁等。

有毒成分：苦杏仁苷。苦杏仁苷是最常见的生氰糖苷，主要存在于核果类植物如杏、桃、李、梅等的果仁中。苦杏仁中的苦杏仁苷在人咀嚼时和在胃肠道中经酶水解后可产生有毒的氢氰酸，氢氰酸可抑制细胞内氧化酶活性，使人的细胞发生内窒息，同时氢氰酸可放射性刺激呼吸中枢，使之麻痹，造成死亡。

2. 白果

白果又名银杏，是银杏科植物银杏的种子。现代医学研究已证实白果对血液循环系统和呼吸系统均有药理作用；对人型结核杆菌及牛型结核杆菌均有抑制作用；对葡萄球菌、链球菌、白喉杆菌、炭疽杆菌、枯草杆菌等多种致病菌有不同程度的抑制作用，对致病性真菌也有不同程度的抑制作用。

有毒成分：白果二酚、白果酚、白果酸等。在白果肉质外种皮、种仁及绿色胚芽中含有这些有毒成分，其中白果二酚毒性最大。

白果中毒程度与食用量和人体质有关。一般儿童中毒量为 10~50 粒。当皮肤接触种仁或肉质外种皮后可引起皮炎，经皮肤吸收或食入白果的有毒部分后，毒素可进入小肠，再经吸收，可致神经中毒。潜伏期为 1~12h。轻症者精神呆滞、反应迟钝、食欲不振、口干、头昏等，1~2d 可愈。重者除胃肠炎外，还有抽搐、肢体僵直、呼吸困难、神志不清、瞳孔散大，光反射迟钝或消失，严重者常于 1~2d 因呼吸衰弱、肺水肿或心力衰竭而死亡。

3. 柿子

柿子不仅含丰富的维生素 C，还有润肺、清肠、止咳等作用。但是一次食用量不能过大，尤其未成熟的柿子，不可大量食用否则容易生成胃柿石。胃柿石是由柿子在人胃内遇胃酸后凝聚成块所致，且越积越大、越滚越硬，无法排出。其症状常见剧烈腹痛、呕吐，重者引起吐血，久病还可引发胃溃疡。小的柿石可以排出，大而硬的柿石只能手术取出。

4. 石榴皮

石榴皮为安石榴科安石榴属石榴的果皮。中医认为石榴皮可做药用，石榴皮温，味苦，酸涩；有毒，有涩肠止泻、止血、解毒、杀虫之功效。主治久痢、便血、脱肛、遗精及虫积腹泻等症。外敷可治疥癣。

有毒成分：石榴皮碱。石榴皮总碱的毒性约为石榴皮的 25 倍。动物试验证实可致运动障碍及呼吸麻痹。石榴皮总碱对心脏有暂时性兴奋作用，可使心搏减少，对植物性神经有烟碱样作用，使用量 1mg/kg 时引起脉搏变慢及血压上升，大剂量使用时可使脉搏显著加快；对中枢神经具有先兴奋后抑制的作用。

轻度石榴皮中毒表现为眩晕，视觉模糊，小腿痉挛、震颤。重度中毒表现为瞳孔散大，弱视，剧烈头痛，呕吐，腹泻；腓肠肌痉挛，膝反射亢进，继则肌肉软弱无力，惊厥，终则呼吸麻痹而死亡。

（四）其他

1. 棉籽

棉花属锦葵科，棉籽可以榨油，棉籽油是一种适于食用的植物油。

有毒成分：棉酚。粗制生棉籽油中有毒物质主要是棉酚、棉酚紫和棉酚绿三种。它们存在于棉籽的色素腺体中，其中以游离棉酚含量最高。游离棉酚是一种含酚毒苷，或为血浆毒和细胞原浆毒，对神经、血管、实质性脏器细胞等都有毒性，并影响生殖系统。食用未经除去棉酚的棉籽油可引起不育症，对人体的危害较大，它既能造成急性食物中毒，又可致慢性中毒或食源性疾病。①急性中毒：1974 年新疆托克逊及鄯善县先后因食用毛棉籽油（含棉酚 8 690mg/kg）的食物造成食物中毒，棉酚引起的中毒在 1～4h 发病，症状为头痛、头晕、恶心、呕吐、腹痛、行走困难，其中有十余名妇女中毒后闭经，3～6 个月才恢复。②慢性中毒：主要表现为皮肤干燥、粗糙、发红、发热，并伴有心慌、气短、头晕眼花、视物不清、四肢麻木无力、恶心、呕吐等症状。特别是在阳光照耀下，患者更觉皮肤烧烫，少汗或无汗，其痛苦难以忍受，若在阴凉处或用凉水冲洗后，其症状可暂时缓解或消失。此外，棉酚对生殖系统会造成严重损害，男子性欲减退、早泄、精液内无精或精子不活泼，导致不育症；女子出现月经不调、闭经、子宫缩小等症状。

2. 蓖麻

有毒成分：蓖麻毒素。蓖麻全株有毒，种子毒性最大，主要含有蓖麻毒素。儿童食入 3～4 颗，成人食入 20 颗种子即可中毒死亡。

蓖麻毒素与细胞接触时，使核糖体失活，从而抑制蛋白质合成。只要有一个蓖麻毒素分子进入细胞，就能使该细胞的蛋白质合成完全停止，最终杀死这个细胞。另外，蓖麻毒素可诱导细胞因子的产生，引起体内氧化损伤，诱导细胞凋亡。蓖麻毒素中毒表现为全身无力、恶心、呕吐、血尿、头痛、腹痛、体温上升、血压下降，严重者出现痉挛、昏迷甚至死亡。

3. 烟草

有毒成分：生物碱。烟草的茎、叶中含有多种生物碱，已分离出的生物碱就有 14 种之多，其中主要有毒成分为烟碱，尤以叶中含量最高。烟碱的毒性与氢氰酸相当，急性中毒时的死亡速度也几乎与之相同（5～30min 即可死亡）。在吸烟时，虽大部分烟碱被燃烧破坏，但仍可产生一些致癌物。

烟碱为脂溶性物质，可经口腔、胃肠道、呼吸道黏膜及皮肤吸收。进入人体后，一部分暂时蓄积在肝脏内，另一部分则可氧化为无毒的 β - 吡啶甲酸（烟酸），而未被破坏的部分则可经肾脏排出体外；同时也可由肺、唾液腺和汗腺排出一部分；还有很少量可由乳汁排出，此举会减弱乳腺的分泌功能。

吸烟会降低脑力及体力劳动者的反应能力。吸烟过多可产生各种毒性反应，由于刺激作用，可致慢性咽炎以及其他呼吸道症状，肺癌与吸烟有一定的相关性。此外，吸烟还可引起头痛、失眠等神经症状。

4. 灰菜

灰菜为藜科植物藜的幼嫩全草，生于荒地、路旁及山坡，分布于全国各地。现代医学认为灰菜具有降血压、收缩血管及麻痹骨骼肌等作用。灰菜可供食用，也可作为饲料或药用。但食用前如果处理不当或由于食入者的体质等原因，可发生中毒情况。

有毒成分：灰菜中的含毒成分尚不十分明确。根据临床观察只见于暴露部位的皮肤病损，全身症状很少。因此，中毒的原因可能是由于灰菜中的卟啉类感光物质进入人体内，在日光照射后，产生光毒性反应，引起浮肿、潮红、皮下出血等，其发生可能与卟啉代谢异常有关。多见于经前期的妇女，故又似与女性内分泌变化有关。食用或接触灰菜均有中毒的可能。

灰菜中毒表现为浮肿、瘙痒、日光性皮炎。潜伏期长短不一，可短至 3h 或长至 15d，一般多在食用后当天或次日发病，发病与日光照射有关，一般多于照射后 4~5h 至 1~2d 出现症状。暴露于日光的部分，如颜面、耳、手臂、前臂或小腿等皮肤，有程度不等的局限性水肿、充血和瘀斑，口唇也可水肿。局部有刺痒、肿胀及麻木感。少数重者可见有水泡，甚至继发感染或溃烂。一般上述症状变化历时 1~2 周消退。全身症状一般轻微，也可有低热、头痛、倦怠乏力、胸闷、食欲不振及恶心、腹痛腹泻等。血中嗜酸性粒细胞可增加，皮肤病损严重时，白细胞总数和中性粒细胞也可轻度提高。

5. 毒芹

毒芹为伞形科毒芹属植物的根。分布于我国北部和江苏省。

有毒成分：毒芹碱，存在于毒芹根状茎；毒芹素，是全草含有的有毒成分。毒芹素对热稳定，在 0~5℃时保存 8 个月毒力不变。对人的致死量为 120~300mg；另一有毒成分毒芹碱的内服致死量为 150mg。有报告少量毒芹经干燥皮肤也可使人中毒。

一般来讲，人食用毒芹数分钟即可中毒。中毒后的表现主要反应在中枢神经系统，有显著地致痉挛作用。另外表现为口唇发泡（至血泡）、头晕、呕吐、痉挛、皮肤发红、面色发青，最后出现麻痹现象，死于呼吸衰竭。

6. 槟榔

槟榔（*Areca catechu L.*）是棕榈科（Palmae）植物槟榔的干燥成熟种子，是中国四大南药之一。槟榔原是重要药用植物之一，剖开煮水喝可驱蛔虫，其驱虫性在临床上也得到过研究证实。槟榔虽然味道又苦又涩，但能令口舌生津，神清气爽，这也是槟榔受到南方大多数人喜爱的原因。

有毒成分：槟榔中主要含有多糖、油脂、多酚类及生物碱类化合物。其中生物碱为主要药用及毒性成分，含量为 0.3%~0.7%，包括槟榔碱（arecoline）、槟榔次碱（arecaidine）、去甲基槟榔次碱（guvacine）、去甲基槟榔碱（guvacoline）等。嚼食槟榔能使人产生轻微的欣快感和兴奋性，长期嚼食还有一定的成瘾性。近年来国内外众多学者研究发现，长期或大量嚼食槟榔会引起不同程度的毒性反应。

7. 桔梗

桔梗别名绿化根、铃铛花、包袱花、道拉基、和尚帽、苦梗、白药、土人参等。李时珍在《本草纲目》一书中释其名曰："此草之根结实而梗直，故名桔梗"。桔梗既是一种资源植物，又是一种药、食、观赏兼用的经济作物。桔梗经过腌渍可以食用，但是大量食用或食用未经加工处理的生桔梗可发生中毒现象。

有毒成分：皂苷。桔梗中的有毒成分为皂苷。桔梗皂苷具有强烈的黏膜刺激性，具有一般皂苷所具有的溶血作用，但食用后溶血现象较少发生。中毒主要表现为口腔、舌、咽喉灼痛、肿胀，流涎，恶心呕吐，剧烈腹痛，腹泻。严重的可见痉挛、昏迷、呼吸困难等症状。

三、含天然有毒物质的动物

（一）鱼类

1. 河豚鱼

河豚是无鳞鱼的一种，全球有 200 多种，我国有 70 多种，广泛分布于温带、亚热带及热带海域，是近海食肉性底层鱼类。河豚鱼肉鲜美，但含有剧毒物质，可引起世界上最严重的动物性食物中毒。

有毒成分：河豚毒素。引起人类中毒的河豚毒素有河豚毒、河豚酸、河豚卵巢毒素及河豚肝毒素等。河豚鱼毒素无色、无味、无臭，稳定性好，在中性及酸性环境中比较稳定，在强酸性的溶液中分解，在弱碱性的溶液中部分分解，pH 达到 14 时，河豚毒素失去毒性。

有研究结果表明，河豚鱼自身可能不产生河豚鱼毒素，很有可能是通过食物链在河豚鱼体内聚集其他生物产生的河豚毒素，而且海洋中许多含毒细菌黏附河豚喜食的生物，进入河豚体内后就与其构成互利共生的关系，河豚鱼可通过皮肤释放河豚毒素，从而起到抵御天敌的作用。

河豚毒素主要分布在河豚的卵巢、肝脏、肾脏、血液和皮肤中。河豚内脏毒素含量的多少因部位及季节而异。卵巢和肝脏有剧毒，其次为肾脏、血液、眼睛、鳃和皮肤。一般精巢和肉无毒，但个别种类的河豚的肠、精巢和肌肉也有毒性，如鱼死亡时间较长，内脏和血液中的毒素也会慢慢渗入到肌肉中，引起中毒。每年 2 ~ 5 月是河豚的卵巢发育期，毒性较强，6 ~ 7 月产卵后，卵巢退化，毒性减弱。

河豚毒素是一种毒性强烈的非蛋白类神经毒素，现对河豚毒素的作用机制已研究得十分清楚。河豚毒素选择性地抑制可兴奋细胞膜的电压依赖性 Na^+ 通道的开放，使细胞膜 Na^+ 通道阻断而导致细胞膜去极化，从而特异性地干扰神经 – 肌肉的传导过程，使神经 – 肌肉丧失兴奋性。如果河豚毒素的作用剂量增大，将对迷走神经产生作用，影响呼吸，使脉搏迟缓；严重时可导致体温和血压下降，最后由于血管运动神经和呼吸神经中枢的麻痹而引起中毒者迅速死亡。河豚毒素还可直接作用于胃肠道，引起局部刺激症状。河豚毒素的毒性比氰化钠高 1 000 倍，0.5mg 河豚毒素即可使人中毒死亡。

2. 青皮红肉的鱼（金枪鱼、鲐鱼、刺巴鱼、沙丁鱼等）

有毒成分：组胺。青皮红肉的鱼类肌肉中组氨酸含量较高，当受到富含组氨酸脱羧酶的细菌污染，并在适宜的环境条件下，组氨酸即被组氨酸脱羧酶脱去羧基而产生组胺，当组胺积蓄到一定量时，食用后便有中毒危险。不新鲜或腐败的鱼类组胺含量为 $1.6 \sim 3.2 mg/g$ 鱼肉，当每 100g 鱼肉含组胺 200mg 时，人食用这种鱼类后就可以发生组胺食物中毒。此外，鱼肉自身的自溶作用也会产生少量的组胺。组胺的结构式如图 1-15 所示。

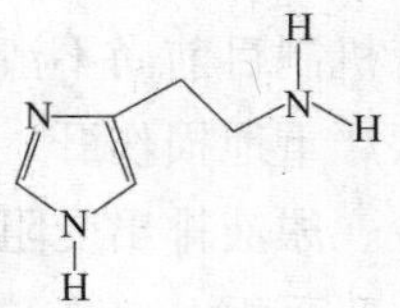

图 1-15　组胺的结构式

组胺中毒主要是刺激心血管系统和神经系统，促使毛细血管扩张充血，使毛细血管通透性增加，使血浆进入组织，血液浓缩，血压下降，心率加速，使平滑肌发生痉挛。组胺中毒发病快，潜伏期一般为 $0.5 \sim 1h$，长者可达 4h。主要表现为脸红、头晕、心率加快、胸闷和呼吸急迫等。部分患者眼结膜充血、瞳孔散大、脸发胀、四肢麻木，出现荨麻疹。但大多数患者症状轻、恢复快，死亡者少。

3. 肉毒鱼类

肉毒鱼类泛指热带海域礁区的有毒鱼类（豚形目鱼类除外）中能引起食用者中毒的一类鱼。肉毒鱼类的外形和一般食用鱼类几乎没有什么差异，有些科属的大多数种类是食用鱼类，只有少数几种是有毒的，因而在外形上不易区别，人们往往把它们误认为有价值的可食鱼类。肉毒鱼类的毒素通常只存在于一些鱼的不同组织中，主要存在于鱼体肌肉、内脏及生殖腺等部位。

有毒成分：雪卡毒素（CTX）。肉毒鱼的主要有毒成分是雪卡毒素，它是一组对热稳定、亲脂性的高度氧化的梯状聚醚，常存在于鱼体肌肉、内脏和生殖腺等组织或器官中，是一种外因性和积累性的神经毒素，它具有胆碱酯酶阻碍作用，类同于有机磷农药中毒。

食用肉毒鱼多在进食 $1 \sim 6h$ 内出现中毒症状。首先口唇、舌、咽喉部产生刺痛感，继之出现麻痹。也有患者开始时出现恶心、呕吐、口干，并伴有金属样味觉，痉挛性腹痛、腹泻和里急后重等症状；口、颊、颌部肌肉僵直。全身症状为头痛、焦虑、关节痛、神经过敏、眩晕、失眠、进行性衰弱、苍白、紫绀、寒战、发热、出汗、脉搏快而弱。皮肤病变主要有皮肤瘙痒，继而出现红斑、斑丘疹、水泡，手脚广泛脱皮甚至产生溃疡，毛发与指甲脱落等。严重中毒时以神经系统症状最为突出，肢体感觉异常，出现冷热感觉倒错，以致发展到全身性肌肉运动共济失调，甚至呼吸麻痹而死亡。

4. 胆毒鱼类

胆毒鱼类是指胆汁有毒的鱼类，其典型的代表是草鱼，其次是青鱼、鲤鱼、鳙鱼、鲢鱼等。这些鱼类是我国最为常见的淡水养殖品种，分布广、肉味鲜美、产量大，具有巨大的经济价值。

有毒成分：组胺、胆盐、氰化物及其他胆汁毒素。胆毒鱼的有毒成分主要存在于胆汁中，其毒性大小与其量有关，吞食鱼胆越多、越大，则中毒症状越严重，甚至死亡。其中毒机制目前尚不清楚，胆汁毒素能耐热，不易被乙醇和加热所破坏。鱼胆中毒是胆汁毒素严重地损伤肝、肾，造成肝脏变性、坏死、肾小管损坏、集合管阻塞、肾小球滤过减少、尿液排出受阻等，在短期内即可导致肝、肾功能衰竭、脑细胞受损、严重脑水肿、心肌受损，出现心血管与神经系统病变，病情急剧恶化，最后死亡。

一次摄食过量鱼胆（质量2kg以上鱼的胆）即可引起不同程度中毒，潜伏期一般较短，最短的约为半个小时，多数为5~12h，很少有延至14h以上的。中毒早期的临床症状表现为恶心、呕吐、腹泻、腹痛等胃肠道症状，也有出现腹胀、黑便、腹水、剧烈头痛及腹部疼痛者，第2天出现肝、肾损害，全身皮肤或巩膜出现黄染，头晕、尿少，小便中出现红细胞、蛋白甚至管型。体检无发热，一般情况尚好，个别出现低热、畏寒、腰痛。其后，黄疸快速发展，全身皮肤、巩膜深度黄染，尿少（100mL以下），甚至完全无尿。肝脏肿大，有触痛或叩击痛，个别人出现面部、下肢或全身浮肿。随后病情继续恶化，黄染加剧，闭尿，出现肺水肿及脑水肿，并伴有神志不清，全身阵发性抽搐，嗜睡，瞳孔对光反射及角膜反射迟钝等神经系统症状，与血压升高、心律紊乱、心率上升、心肌损害等心血管系统症状，若治疗无效，一般第8~9天即开始死亡，死前出现昏迷及中毒性休克。

5. 血毒鱼类

血毒鱼类是指血液中含有毒素的鱼类，这类鱼熟时无毒，生饮鱼血可引起中毒。已知的血毒鱼类有鳗鲡目鳗鲡科的欧洲鳗鲡、日本鳗鲡、美洲鳗鲡；康吉鳗科的美体鳗、欧体吉尔鳗；海鳗科的海鳝；合鳃目合鳃科的黄鳝等。

有毒成分：鱼血毒素。血毒鱼类血液中的有毒物质为鱼血毒素，是一种含蛋白质毒素的肠道外毒素，能被胃液的胰蛋白酶和木瓜蛋白酶分解而失去毒性，加热也可被破坏。动物实验表明毒素主要作用于中枢神经系统，可抑制呼吸和循环，并可直接作用于心脏，引起心动过缓。

食用鱼血，全身症状为患者口吐白沫，表情淡漠，出现荨麻疹、腹泻、排痢疾样粪便，脉率不齐，全身无力。继而出现感觉异常，麻痹，呼吸困难，严重者死亡。直接接触生鱼血的皮肤或黏膜可产生局部炎症，主要表现为口腔有灼烧感，黏膜渐红、多涎。眼结膜充血，眼内有异物感、烧灼感，流泪，眼睑肿胀。初次接触者，5~30min即可出现明显局部反应。反复接触者，可产生免疫性，症状减轻。

6. 卵毒鱼类

卵毒鱼类是生殖腺（卵或卵巢）含有毒素的鱼类。卵毒鱼类主要是淡水鱼，也有咸水和海水鱼。已报道的卵毒鱼类分属于鲟鱼目等7个目15个科。我国常见的有毒种属有鲤科鲃属、光唇鱼属、裂腹鱼属的鱼，如青海湖裸鲤、云南光唇鱼、温州厚唇鱼；狗鱼科的狗鱼；鲶科的鲶鱼等。这类杂食性或肉食性的鱼中，有的鱼质很鲜美，只要在食用时除去鱼卵和卵巢就不会发生中毒。

有毒成分：鱼卵毒素。卵毒鱼类鱼卵中毒素的产生与生殖活动有明显的关系。鱼卵在发育成熟中逐渐变得有毒，在成熟期毒性最大，受精离体后毒性逐渐消失。卵毒鱼类的卵内含有的鱼卵毒素是一种球朊性蛋白质，能抑制组织细胞生长，使动物的肝、脾坏死。

鱼卵毒素不耐高温，在 100℃ 加热 30min 后，毒性被部分破坏；120℃ 加热 30min 后，活性可完全消失。成人一次摄食有毒鱼卵 100～200g，会很快出现胃肠道症状及神经系统症状，严重者可导致死亡。

7. 肝毒鱼类

肝毒鱼类的肝脏会引起摄入者的中毒。肝毒鱼类可分为两种：一种是鱼的肝脏有毒，其他部分无毒，如日本马鲛等硬骨鱼纲的肝毒鱼；另一种是除肝脏有毒外，鱼肉也可能有毒，主要指热带鲨等软骨鱼纲的肝毒鱼。

有毒成分：肝毒鱼类的毒性反应与维生素 A 或其他衍生物中毒有关，维生素 A 含量过高是引起中毒的主要原因。但是鱼肝中毒的临床表现比单纯服用相当量维生素 A 的临床表现不仅复杂而且严重。由于肝脏是机体滞留与合成多种物质的器官，因而认为鱼肝中毒可能是几种有毒化合物综合作用的结果。

8. 刺毒鱼类

我国广大的海域和淡水中分布着大量的刺毒鱼类，其中以海洋刺毒鱼为主。这类鱼的鳍棘和尾刺中有毒腺，被刺伤后可引起中毒。刺毒鱼类可分为软骨刺毒鱼类和硬骨刺毒鱼类两种，它们分别属于脊椎动物亚门的软骨鱼纲和硬骨鱼纲。

（1）软骨刺毒鱼　软骨刺毒鱼分为有毒鱼类和有毒腺的刺毒鱼类两种。前种主要是在食用后引起中毒，后种有毒腺，可通过毒器致伤引起中毒。有毒腺的软骨刺毒鱼的肉可以食用，有的还有药用价值。

有毒成分：软骨刺毒鱼中有毒鱼类的肌肉、内脏、皮肤或黏液中含有小分子结构的生物毒素，加热和胃液不易破坏，食用时可致中毒。有毒腺的软骨刺毒鱼类，其毒腺中含有大分子结构的生物毒素，可被加热和胃液迅速破坏，是一种肠胃外毒素，主要由致伤引起中毒。

刺毒鱼类毒液的毒理作用因种类不同而有差异，有的毒性还不清楚。有毒虹鱼的毒液毒性较大，内含有氨基酸和多肽类物质，毒性不稳定，4～18h 冷冻干燥后毒性消失。粗毒素由核苷酸及磷酸二酯酶组成，是一种以神经毒为主的毒素。

临床表现与进入伤口的毒液性质和量、机械损伤程度及被刺者体况有关。虹类尾刺和鲨类的锯齿鳍棘可造成人体严重的刺伤或撕裂伤。中毒的局部症状表现为刺伤处可见刺痕，局部剧痛。被毒鲨刺伤后可出现红斑和严重肿胀，持续数小时至数天。角鲨刺伤可致命。毒虹、鲼鱼刺伤后在 10min 内即可出现 10cm 左右的伤口，有痉挛性剧痛，并向外呈辐射状，波及整个肢体，6～18h后逐渐减轻。严重者肌肉可呈强直性痉挛，伤口变紫黑色，经久不愈。全身症状表现为患者出现乏力、胸闷、心悸，出冷汗，全身肌肉酸痛，皮肤有散在出血，呼吸困难，并出现继发感染。严重的可出现恶心、呕吐、流涎，少尿，血压下降。最后出现运动失调，瞳孔放大，惊厥，昏迷，全身抽搐死亡。

（2）硬骨刺毒鱼　硬骨刺毒鱼的生活习惯与分布范围与软骨刺毒鱼大致相同。它也包括有毒的硬骨鱼和有毒腺的硬骨鱼两种。硬骨刺毒鱼通过毒棘机械刺伤人体，毒腺分泌的毒液排入人体引起局部或全身中毒。通过毒器致伤人类引起中毒的有毒腺硬骨鱼有五类。我国沿海分布的有：鲇鱼类、龙䲁鱼类、鲉鱼类、混合性鱼类、分泌毒鱼类。

有毒成分：鲇鱼毒液的粗提取物0.1mL皮下注射可使大白鼠（10～20g）在3h内死亡。静脉注射动物体可立即出现肌肉震颤，呼吸窘迫和死亡。毒素在7～8℃时可失去活性，因此口服时毒素失去活性。

（二）贝类

1. 蛤类

有毒成分：石房蛤毒素，又名甲藻毒素。石房蛤毒素主要存在于石房蛤、文蛤与花蛤等蛤类以及海蟹中，是一种分子量较小的非蛋白类神经毒素，属于麻痹性神经毒，强神经阻断剂，能阻断神经和肌肉间神经冲动的传导。该毒素呈白色，可溶于水，易被胃肠道吸收；对热稳定，100℃加热0.5h毒性仅降低1/2；若pH升高会迅速分解，但对酸稳定。其毒性很强，对人经口的致死量为0.54～0.90mg。石房蛤毒素中毒潜伏期短，仅几分钟，最长不超过4h。症状初期为唇、舌、指尖麻木，随后四肢、颈部麻木，运动失调，伴有头晕、恶心、胸闷、乏力，其死亡率为5%～18%。

2. 螺类

有毒成分：螺类毒素。螺类已知有8万多种，其中少数种类含有有毒物质。其有毒部位分别在螺的肝脏或鳃下腺、唾液腺内，误食或过量食用可引起中毒。螺类毒素属于非蛋白类麻痹性神经毒素，易溶于水，耐热耐酸，且不被消化酶分解破坏。螺类毒素中毒机制同蛤类毒素，中毒表现为头晕、呕吐及手指麻木等神经性麻痹症状。

3. 海兔

有毒成分：海兔毒素。海兔又名海珠，是生活在浅海中的贝类。海兔的体内有毒腺，又称蛋白腺，能分泌一种酸性乳状液体，气味难闻。海兔的皮肤组织中含一种有毒性的挥发油，对神经系统有麻痹作用。海兔的毒素是神经毒素，其药理活性与乙酰胆碱相似。根据生物活性和溶解性的不同，可将毒素分为醚溶和水溶两部分。其中醚溶部分的毒素具有升血压特征，它能使动物兴奋、过敏、瘫痪、缓慢死亡；而水溶部分的毒素具有降血压特征，可使动物惊厥，呼吸困难，流涎，突然死亡。中毒表现为多汗、流泪、流涎不止；腹泻、腹痛，呼吸困难；严重者全身痉挛，甚至死亡。

4. 鲍类

鲍又称鲍鱼、九孔鲍，是外壳略呈耳状的贝类。由于它含有光过敏的有毒化学物质，食量过多或食法不当会引起中毒反应。常见的能引起中毒的有杂色鲍、耳鲍和皱纹盘鲍。

有毒成分：鲍鱼毒素。鲍鱼毒素主要存在于鲍鱼的肝、内脏或中肠腺中，是一种有感光力的有毒色素，这种毒素来源于鲍鱼食饵海藻所含的外源性毒物。皱纹盘鲍毒素很耐热，煮沸 30min 不被破坏，冰冻 –20 ～ –15℃保存 10 个月不失去活性。该毒素的提取物呈暗褐绿色，在紫外光和阳光下呈很强的荧光红色。人和动物食用鲍肝和内脏后不在阳光下暴露即不会致病，如在阳光暴露，就会得一种特殊的光过敏症，主要表现为皮肤皮炎性改变，全身症状较轻，停止接触日光即可消退。轻者 3 ～ 5d 内逐渐好转，重者可持续一周以上。

（三）海参类

有毒成分：海参毒素。海参毒素是一类皂苷类化合物，具有类似配糖体变态的羊毛甾醇。海参毒素具有强的溶血作用，这可能是脊椎动物中毒致死的主要原因。此外，海参毒素还具有细胞毒性和神经肌肉毒性。人除了误食海参发生中毒外，还可因接触由海参排出的毒黏液引起中毒。

海参毒素中毒局部症状表现为接触毒素的局部有烧灼样疼痛，红肿，呈炎症反应；毒液进入眼睛可引起失明。中毒全身症状表现为毒素吸收后引起全身乏力，严重时会出现四肢软瘫，尿潴留，肌肉麻痹，膝反射消失。误食发生中毒者可见咯血。

（四）哺乳动物类

有毒成分主要包括以下几种。

1. 甲状腺激素

甲状腺激素是脊椎动物甲状腺分泌的一种含碘酪氨酸衍生物。甲状腺激素的理化性质非常稳定，在 600℃以上的高温才可以破坏，一般烹调方法难以去毒。大量的甲状腺激素可扰乱机体正常的内分泌活动；影响下丘脑功能；使组织细胞氧化速率提高，分解代谢作用增强，产热增加，各器官活动平衡失调。

2. 肾上腺激素

在家畜体内由肾上腺皮质分泌的激素为脂溶性类固醇（类甾醇）激素。如果人误食了家畜肾上腺，会因该类激素浓度增高而干扰人体正常肾上腺皮质激素的分泌活动，引起系列中毒症状。

3. 肝脏中的毒素

肝脏是动物最大的解毒器官，动物体内各种毒素大都经过肝脏处理、转化、排泄或结合，所以肝脏中暗藏着许多毒素。此外，进入动物体内的细菌、寄生虫往往在肝脏中生长、繁殖，其中以肝吸虫病较为常见，而且动物也可能患肝炎、肝硬化、肝癌等疾病，因而动物肝脏存在许多潜在的不安全因素。

肝脏中的毒素主要是胆酸、牛磺胆酸和脱氧胆酸。其中牛磺胆酸的毒性最强，脱氧胆酸次之。许多研究表明，脱氧胆酸对结肠癌、直肠癌的发生起促进作用。胆酸、牛磺胆酸的结构式如图 1－16 所示。但猪肝中的胆酸含量较少，一般不会产生明显的毒性作用。此外，动物肝脏中含有大量的维生素 A，一般情况下维生素 A 是不表现任何毒性作用的营养物质，但当摄入量超过一定限度后，可能产生某些不良反应，甚至中毒。研究表明人每天摄入 100mg（约 3 000IU）/kg 体重的维生素 A 即可引起慢性中毒。

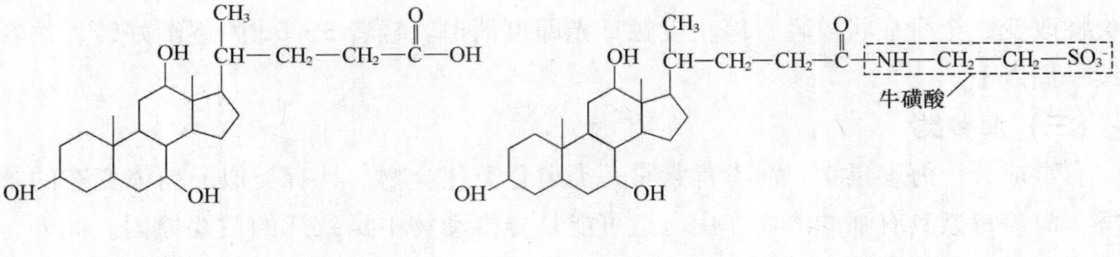

图 1－16 胆酸、牛磺胆酸的结构式

四、含天然有毒物质的菌类

毒菌又名毒蘑菇、毒蕈，是指大型真菌的子实体食用后对人或畜禽产生中毒反应的物种，绝大部分属于担子菌，少数属于子囊菌。据统计全世界毒菌达 1 000 种，我国最少有 500 种（也有报道 100 余种、183 种），隶属于 39 科、112 属，其中约 421 种含毒素较少或经过处理之后即可食用，强毒性可致死的有 30 余种，极毒性的至少 16 种。

毒菌分布广泛，生长环境多种多样，但多生长在隐秘、潮湿的草原和树林中。毒菌与可食野生菌的宏观特征极其相似，在野外杂生情况下极易混淆，因此时常造成采食者误食中毒。

（一）引起胃肠炎型中毒的菌类

毒蕈种类：属于此类型中毒的毒菌我国已知有 70 种。主要是粉红枝瑚菌、白乳菇、毛头乳菇、毒粉褶菌、臭黄菇等。图 1－17 所示为几种引起胃肠炎型中毒的菌类形态。

有毒成分：这些毒菌含胃肠道刺激物。如蘑菇属（*Agaricus*）的毒菌含有类树脂物质、石炭酸或甲酚类化合物。墨汁鬼伞（*Coprinus atramentarius*）含鬼伞素，喇叭菌（*Cantharellus floccosus*）和某些牛肝菌含有蘑菇酸（或松草酸）。

胃肠炎型菌类中毒潜伏期短，食后 10min～6h 发病。主要为急性恶心呕吐、腹泻、

图 1 - 17　几种引起胃肠炎型中毒的菌类形态

（1）粉红枝瑚菌；（2）白乳菇；（3）毛头乳菇；（4）毒粉褶菌；（5）臭黄菇

腹痛，或伴有头昏、头痛、全身无力。重者偶有吐血、脱水、休克、昏迷。很少有急性肝、肾功能衰竭和死亡。一般病程短，致死率低，容易恢复。在毒菌中毒中，该类型占绝大多数，是极普遍的中毒类型。

（二）引起神经精神型中毒的菌类

毒覃种类：属于该类型的毒菌有 60 种。主要有毒蝇伞、褐黄牛肝菌、豹斑毒伞、残托斑毒伞、角鳞灰伞、橘黄裸伞、星孢丝盖伞、裂丝盖伞、花褶伞等。由于种类不同，其反应可为神经兴奋、神经抑制或精神错乱以及幻觉症状等。图 1 - 18 所示为几种引起神经精神型中毒的菌类形态。

有毒成分：

（1）**毒蝇伞碱**（muscarine，$C_9H_{20}O_2N^+Cl^-$）　此种毒素最早发现于毒蝇伞中，是一种无色、无臭、无味的生物碱，易溶于水和乙醇。化学性质与胆碱相似，具有颉颃阿托品的作用。毒理作用似毛果芸香碱。毒蝇碱主要作用是使副交感神经系统兴奋。其潜伏期短，10min ~ 6h。最初大汗淋漓、发热发冷、流涎、流泪，四肢麻木，瞳孔缩小，视力模糊或暂时性失明，或有心跳减慢、血压降低，严重者还出现谵语、抽搐、昏迷。少数开始有恶心、呕吐或腹痛腹泻。毒菌除毒蝇伞外，还有豹斑毒伞、滑锈伞属和丝盖伞属的大量毒菌。

图 1 – 18　几种引起神经精神类型中毒的菌类形态
（1）毒蝇伞；（2）豹斑毒伞；（3）残托斑毒伞；（4）角鳞灰伞

（2）异恶唑衍生物　据研究发现，毒蝇伞等毒菌中存在作用中枢神经系统的异恶唑衍生物，即毒蝇伞醇（氨甲基羟异恶唑）、蜡子树酸（鹅膏蕈氨酸）、毒蝇蕈氨酸。毒蝇伞醇和蜡子树酸可使神经错乱，毒蝇蕈氨酸作用同毒蝇伞碱，而白蘑酸无毒或几乎无毒，且有很强的鲜味，是谷氨酸钠（味精）的 20 倍。

（3）色胺类化合物　例如光盖伞素、光盖伞辛。上述毒素为致幻剂。三千多年来墨西哥的印地安人曾经食用某些含致幻物的毒菌并使用在传统的宗教显灵活动之中，直至 1957 年才被法国著名的真菌家海母（R. Heim）等研究证明它们是墨西哥光盖伞、古巴光盖伞、半光盖伞以及花褶伞属和锥盖伞属的毒菌。

含光盖伞素和光盖伞辛的毒菌可引起交感神经兴奋症状，出现心跳加快、血压升高、瞳孔散大，最特殊的是出现幻视、幻听及味觉改变与发声异常。大花褶伞等中毒还会丧失时间和距离的概念，或狂歌乱舞、喜怒无常、哭笑皆非，或出现痴呆似醉及似梦非梦的感觉。在褐云斑伞、柠檬黄伞、毒蝇伞及豹斑毒伞中发现了蟾蜍素，导致明显的色彩幻视以及呼吸衰竭、心血管反应，但对中枢神经无毒害作用。

（4）幻觉诱发物　1964 年日本报告了橘黄裸伞引起的中毒，其潜伏期短，食后15min 便可出现头昏眼花、视力不清、看到房屋等物东倒西歪。或如醉者行为不便，或手舞足蹈、大笑吵闹等，数小时后恢复正常。另外发现红菇属、球盖菇属和牛肝菌属的某些种也会引起幻觉反应。

小美牛肝菌和华丽牛肝菌形态如图1-19所示。

（三）引起中毒性肝损害型的菌类

毒蕈种类：属于此类型中毒的毒菌约20种。主要有白毒伞、鳞柄白毒伞、包脚黑褶伞、褐鳞小伞、秋生盔孢伞等。图1-20所示为几种引起中毒性肝损害型的菌类形态。

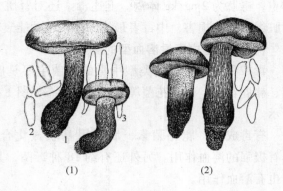

图1-19　小美牛肝菌和华丽牛肝菌形态
（1）小美牛肝菌；（2）华丽牛肝菌

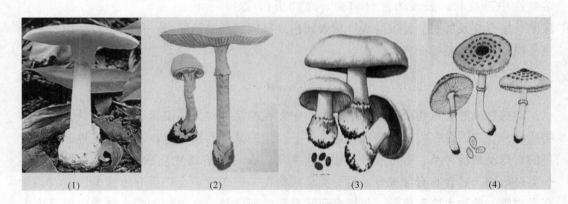

图1-20　几种引起中毒性肝损害型的菌类形态
（1）白毒伞；（2）鳞柄白毒伞；（3）包脚黑褶伞；（4）褐鳞小伞

有毒成分：德国科学家Wieland曾花费了30余年的时间，从毒伞类真菌中分析出毒伞肽和毒肽两大类毒素。毒伞肽包括了6种有毒或无毒物质，即α-毒伞肽、β-毒伞肽、γ-毒伞肽、δ-毒伞肽、三羟毒伞肽和一羟毒伞肽酰胺。毒肽包括5种有毒物质，即一羟毒肽、二羟毒肽、三羟毒肽、羟基毒肽和苄基毒肽。上述两类毒素化学性质稳定，易溶于甲醇、液体氨及水，因此往往喝汤者中毒严重。另外幼小的毒伞等毒性更强。

毒伞肽和毒肽均属极毒，其化学结构相近，但两类毒素的作用机制不同，毒伞肽直接作用肝脏细胞核，使细胞迅速坏死，这是中毒后导致人死亡的重要因素之一。毒肽作用肝细胞的内质网，使其受损害。另外毒肽作用速度快，而毒伞肽作用速度慢，就毒力而言毒伞肽比毒肽强，如α-毒伞肽的毒力是毒肽的10～20倍，致死量小于0.1mg/kg

体重，毒肽为2mg/kg体重。上述毒素还对肾脏、血管内皮细胞、中枢神经系统及其他内脏组织均有损害，中毒者最终因体内各功能衰竭导致死亡，病死率高达90%～100%。

（四）引起中毒性溶血型的菌类

毒蕈种类：引起此类型中毒的毒菌主要是鹿花菌、赭鹿花菌、褐鹿花菌等。鹿花菌形态如图1－21所示。

有毒成分：鹿花菌素，属于甲基联氨化合物，具有极强的溶血作用。另外还有约18种毒菌，其毒素也有溶血作用。

溶血型中毒潜伏期长，约6h或更长。发病后除有恶心、呕吐、腹痛、头痛、瞳孔散大、烦躁不安外，由于红血球被迅速破坏，而在1～2d很快出现溶血性中毒症状，表现为急性贫血、血红蛋白尿、

图1－21　鹿花菌的形态

尿闭、尿毒症及肝脏、肾脏肿大。重者还出现脉弱、抽搐、嗜睡。中毒者往往因肝脏严重受损害及心脏衰竭而死亡。

小　结

动植物天然有毒物质是指有些动植物中存在的某种对人体健康有害的非营养性天然物质成分，或因贮存方法不当在一定条件下产生的某种有毒成分。本章系统地介绍了常见的有毒动植物种类、有毒成分、致病机制等。含天然有毒物质的植物可以分为两类：一类是植物天然含有有毒成分，另一类是植物在一定条件下会产生有毒成分。含有天然有毒物质的动物主要有鱼类，包括含河豚毒素的河豚鱼、含组胺的青皮红肉鱼以及肉毒鱼、胆毒鱼、血毒鱼、卵毒鱼、肝毒鱼和刺毒鱼类；贝类包括含石房蛤毒素的蛤类、含螺类毒素的螺类、含海兔毒素的海兔和含鲍类毒素的鲍类；含有海参毒素的海参；含有甲状腺激素、肾上腺素等的哺乳动物组织。含天然有毒物质的菌类根据其中毒类型可以分为四类：引起胃肠炎型中毒的菌类、引起神经精神型中毒的菌类、引起中毒性肝损害型的菌类和引起中毒性溶血型的菌类。了解动植物天然有毒物质，对预防食物中毒、保护消费者健康具有重要作用。

思考题

1. 简述动植物天然有毒物质的概念。
2. 天然动植物毒素引起食物中毒的原因有哪几方面？
3. 存在于天然食物中的有毒物质有哪些？
4. 简述食物中毒的概念、食物中毒的特征。

5. 大豆中含有的有毒成分有哪些？

第三节　转基因食品的安全性

一、概　述

食品是人类赖以生存的物质基础，食品行业的发展带动了机械、经济等行业的迅猛发展。近年来，转基因食品加速走近了人们的生活。转基因食品（genetically modified food，GMF），又称为基因食品、基因改造食品，是指利用转基因技术所制造或生产出来的食品、食品原料以及食品添加物等，包括转基因动物源食品、转基因植物源食品以及转基因微生物源食品等。它是通过一定的遗传学技术将有利的基因转移到另外的微生物、植物或者动物细胞内，从而使其获得预期的有利的特性，例如通过转基因技术增强植物的抗病虫害能力等。某些转基因食品见图1-22。

图1-22　转基因食品

转基因食品由于应用到了转基因技术，因此，转基因食品具有多样的优点：

①人类可以按照自己的意愿来生产出自己想要的食品；②转基因食品可以为人类带来经济利益；③获得高产新品种，提高单位面积的产量，并且能够获得高品质、低成本的产品；④转基因食品能够改变原有的口感以及风味，从而满足不同人的需求。

虽然转基因食品含有较多的优点，但是各国对其态度却是不同的。目前，世界上许多国家已经开展了关于转基因食品的立法程序，基于各国转基因食品的立法模式以及管理模式，可以将各国对转基因食品的态度分为三类。

1. 美国模式态度

以美国和加拿大等国家为代表的国家认为，转基因食品与传统食品没有本质区别，这些国家积极支持转基因作物的生产和自由贸易。以美国为例，美国采用以产品为基础的管理模式，它的指导思想是认为转基因技术和生产普通食品技术并无本质区别，对于任何食品都只应考虑其本身是否危害人类健康，而不论其是否为转基因技术产品。美国消费者认为至今还没有证据显示通过批准上市的转基因食品在安全性上与传统食品有所不同，因此，他们对转基因食品保持着一种乐观的态度，他们对转基因食品采取了"可靠科学"的原则。他们认为转基因食品的发展能够促进社会的进步和人类的发展，能够使人类与环境保持一种更加友好的关系。就目前而言，美国仍然是转基因技术研发的大国，同时也是转基因食品生产和消费的大国，转基因玉米、大豆等在美国都是随处可见的。据美国农业部 2011 年发布的数据显示，美国种植的 90% 左右的玉米、90% 左右的棉花以及 94% 左右的大豆皆属于转基因品种，并且美国国内生产和销售的转基因大豆、玉米、油菜、番木瓜以及番茄等植物来源的转基因食品已经超过 3 000 个种类和品牌。

2. 欧盟模式态度

以欧盟等国家为代表的国家认为转基因食品存在潜在危险性，所遵循的是"风险预防原则"，保持着一种保守谨慎的政策。他们认为只要与转基因食品相关的活动都应该要进行安全性评价并且接受相关管理。目前，转基因作物在欧盟的农业中所占比例不到 0.12%，大部分种植在西班牙。在世界范围内，欧盟种植转基因作物的土地只占世界总份额的 0.08%。

3. 日本模式态度

日本参考了美国以及欧盟的管理模式，采用了介于两者之间的既不过分严格也不过分宽松的管理模式，即采取"基于生产过程"的管理措施。目前，日本所建立的指南包括两类：一是关于重组 DNA 生物体试验的指南；另外一个是关于重组 DNA 生物体产业应用的指南。2001 年，日本还制定了《转基因食品标识法》，对已经通过日本转基因安全认证的农产品及以指定农产品为原料加工后仍然残留重组 DNA 或由其编码的蛋白质食品制定了具体的标识方法。

（一）国外转基因食品现状

1983 年，美国利用转基因技术生产出了世界上的第一例转基因作物——烟草，随后，转基因食品在市场上占据越来越大的份额。1986 年，美国和法国首次将转基因植物移入大田。1993 年，美国孟山都公司研制出的延熟保鲜转基因番茄在美国批准上市。由于转基因技术的逐渐成熟以及转基因作物的优点，转基因食品的开发研究发展迅猛。随着转基因植物的大量种植，批准种植转基因作物的国家从 1996 年的 6 个上升到了 2003 年的 18 个，之后 2010 年又达到了 29 个，转基因植物的总种植面积超过 $10^9 hm^2$。

（二）国内转基因食品现状

1984 年我国成功获得世界上的第一例转基因鱼，这种转入人生长素基因 *MThGH* 的重组 DNA 基因工程鱼的饲料利用率提高了很多，生长速度和体重比对照组增加了至少 2 倍，因此，这是我国转基因食品发展的一座里程碑。1992 年，我国首先在大田生产上种植抗黄瓜花叶病毒转基因烟草，成为世界上第一个商品化种植转基因作物的国家。1997 ~ 1998 年，我国共批准商业化种植的转基因作物 26 项，其中有番茄、棉花、甜椒等，涉及的农艺性状包括延熟、抗病等。至 1999 年，我国研究的转基因植物品种已达 47 种，涉及的基因达 103 种，主要有大豆、油菜、番茄、玉米以及棉花 5 种作物。农业微生物基因工程供试微生物达 31 种，转基因鱼、禽类动物基因工程研究已达 30 余种。2000 年底，农业部农业转基因生物安全管理办公室共收到 443 项转基因生物安全性评价的申请，审批了 322 项。2001 年，又有 10 种转基因植物被批准进入环境释放，包括水稻、棉花、马铃薯等。

目前，我国每年消费的 800 万吨的大豆油中有 80% 由转基因大豆生产，这些大豆主要是进口的转基因大豆。海关总署数据显示，2005 年，我国进口的转基因大豆为 2 142 万吨，2009 年达到 4 100 万吨，2010 年为 5 480 万吨。

表 1-1　　　　　　　　　　　　　中国第一批转基因食品

种类	大豆	玉米	油菜	番茄	棉花
举例	大豆种子、大豆粉等	玉米种子、玉米、玉米粉等	油菜种子、油菜籽等	番茄种子、番茄酱等	棉花种子

（三）我国转基因食品安全管理现状

我国始终秉持着"积极、谨慎"的态度逐步扩大对转基因作物的研究。目前，我国转基因农作物大田试验和商业化方面仅次于美国和加拿大；转基因动物研究也取得了突破性的进展，特别是在转基因兔、转基因羊等方面。总体来说，我国的转基因食品研究和开发已达世界中等水平。但是，出于安全性等方面的考虑，迄今为止，我国还没有一例转基因粮食、油料作物和转基因动物产品批准商品化生产。对于大豆、油菜、玉米等转基因食品，我国主要的来源皆为外国进口。事实上，转基因食品早已不知不觉地上了我们的餐桌，为了尊重消费者的知情权，农业部 2002 年 1 月 5 日发布了《农业转基因生物安全评价管理办法》、《农业转基因生物进口安全管理办法》和《农业转基因生物标识管理办法》，规定从 2002 年 3 月 20 日起，给转基因食品贴上标签，并且还规定了，食品产品中含有基因修饰有机体或表达产物的，要标注"转基因××食品"或"以转基因××食品为原料"。

随着对转基因食品安全性研究的逐步深入，不少国家已从完全抵制的态度逐步转为通过科学的安全性检测和评价，强化对转基因生物的安全性管理，以期抑制转基因食品带来负面影响。1989~2006 年，我国颁布了 14 条有关转基因技术、作物或者产品的法规，基本完善了我国对转基因生物的法律法规体系和安全评价体系。对转基因食品安全管理相关法律法规的颁布和相关程序、方法的不断完善，标志着我国转基因食品安全管理开始进入法制化、程序化的时代。

二、转基因食品种类

由于具有抗病虫害、利润高等优点，近几年来，各类转基因食品应运而生。转基因食品数目繁多，其分类方法也多种多样。

（一）按照不同的来源分类

（1）转基因动物源食品　为了提高动物的遗传品质、瘦肉率、生产性能以及抗病力等，转基因技术成为了改良和培育动物新品种的先进手段。1982 年，美国成功培育出"超级"小白鼠；1997 年，英国成功克隆出"多莉"绵羊；1999 年，我国首例转基因试管牛"陶陶"产奶量可高达 10 000kg/年。

（2）转基因植物源食品　目前，国内外已经研究开发出来的主要转基因植物源食品包括玉米、大豆、番茄、胡萝卜、油菜、番木瓜、莴苣、辣椒、甜菜等。

（3）转基因微生物源食品　20 世纪 80 年代中期，牛等动物的生长素、干扰素等基因克隆入微生物，开创了微生物生产高等动物基因产物的新途径。从非洲西部发现的由植物产生的甜味蛋白（thaumatin）的 DNA 编码序列被克隆入细菌后，可生产出高效低热量的新型甜味剂。

（二）按照不同的功能分类

（1）高营养价值型　由于许多粮食作物缺少人体必需的氨基酸，例如大米缺乏赖氨酸等，因此，可以从改造作物的合成蛋白质基因入手，使其表达的蛋白质能够具有人体所需的氨基酸。现已培育成功的有转基因大豆等。

（2）控熟型　通过转移或者修饰某种控制植物成熟期的基因来使其成熟期提前或者推迟，以此来适应市场的需求。最典型的例子为我国成功培育的转基因耐贮番茄。

（3）保健型　譬如人可以通过摄入某种转基因食物来防止骨质疏松以及动脉粥样硬化。

（4）新品种型　通过将不同品种间的基因重组来形成某些新的品种，由此获得的转基因食品可能在品质、色泽以及风味等方面具有新的特点，满足消费者的需求。

（5）增产型　通过转移或者修饰某种控制植物产量的基因来使其产量增大，以此来适应市场的需求，增加生产者的收入。

三、转基因食品的安全性问题

随着科技的进步，转基因食品已经逐步进入到了人们日常生活以及商品化生产中。转基因食品在体现诸多优势的同时，也有着负面影响——安全性问题。因此，含有外源基因的转基因食品的安全性问题受到了社会的普遍关注。转基因食品的安全问题主要涉及两方面。

（一）食用安全问题

由于转基因食品中引入了外源性基因，而转移了外源基因的生物体会因为产生原来不存在的多肽或蛋白质而出现新的生物学和生理特性，有可能会引入不相容或是有毒性的物质。下面将对转基因食品的食用安全问题作详细介绍。

（1）转基因食品引起的过敏性问题　农作物等引入外源基因后产生了新的蛋白质，

这类蛋白质可能很难被人体的免疫系统所消化适应，从而引起接触者的过敏反应。

（2）转基因食品引起的毒素残留问题　农作物中引入了抗病虫的基因后容易产生并留有部分的毒素，这些物质主要含有蛋白酶活性抑制剂等，对人体有一定的伤害。

（3）转基因食品引起的抗药性问题　转基因食品被人食用后，其含有的抗生素标记基因可能会被人体的胃肠道所吸收而转移到人体的胃肠道微生物中，由此降低了抗生素的使用效果。

（4）转基因食品有可能会破坏原有食品的营养成分，降低食品的营养价值，甚至造成营养结构失衡。

（二）环境安全问题

转基因农作物由于转入了抗虫害的基因，因此能够很好地抵御虫害的威胁。然而，转基因植物释放到田间后，是否会将基因转移到野生植物中，是否会破坏自然生态环境、打破原有生物种群的动态平衡，成为了困扰人们的问题。下面将对其环境安全问题作具体介绍。

（1）转基因生物造成的非目标生物伤害，即在一个生态系统内，利用现代基因技术制造的优质、高产以及各种抗逆性的转基因作物，在攻击自己的特定目标时，间接地伤害到了生态系统中其他的生物，破坏了农业以及生态环境。

（2）转基因农作物中导入了抗药、抗病虫害的基因，由于基因漂移可使近缘种成为"超级杂草"，对环境造成不良的影响。

（3）由于种植过多的抗虫转基因作物，使害虫产生了免疫作用，经遗传后产生了难以消灭的超级害虫。

（4）转基因生物释放到环境中后，可能成为优势种群，从而破坏原有的生态平衡，导致一部分种群的数量下降或者消失，严重影响到生物的遗传多样性。

（5）其他生物在食用转基因生物后可能会有致畸、致癌、致突变的发生。

正因为转基因食品存在安全性的问题，对转基因食品的检测和鉴定不仅成为满足公众知晓权的必要技术，而且也是相关法律法规的必然要求。例如，2009 年 2 月 28 日由中华人民共和国第十一届全国人民代表大会常务委员会第七次会议通过的《中华人民共和国食品安全法》，首次以法律的形式对转基因食品做出了相关的规定。相关法律条文的表述为："第一百零一条　乳品、转基因食品、生猪屠宰、酒类和食盐的食品安全管理，适用本法；法律、行政法规另有规定的，依照其规定"。

四、转基因食品安全性评价

传统育种仅限于种内或者近缘种间的有性杂交，因此从未有人提出生物安全性评价的问题。但是，转基因食品是利用基因工程作为手段，按照人们的意愿而设计出来的作物的性状，与传统食品有着本质上的区别。另外，基因工程技术所涉及的基因可以来源于各种生物，生物种（类）之间的界限被完全打破了。到目前为止，人们对于新出现的组合以及性状在不同遗传背景下的表达、对环境以及人类的影响还缺乏了解。因此，在使用转基因食品前对其进行安全性评价是十分必要的。

为了能够更好地保障人类健康和生态环境安全，能够更稳定地促进国际贸易发展和维护国家安全利益，1993 年经济合作发展组织（OECD）在《现代生物技术食品的安全性评价要领和原则》绿皮书中提出了"实质等同性"（substantial equivalence）的原则，该原则是指在评价利用生物技术产生的新食品以及食品成分的安全性时，我们可以将现有的食品或者食品来源作为基础进行比较。目前，转基因食品是否具有实质等同性可以分为以下三种情况。

（1）与传统食品以及食品成分具有实质等同性。此时，就可以认为转基因食品与现有的食品是相同的，没有必要考虑转基因食品在毒理、营养以及过敏等方面的安全性。

（2）除了人为加入的某些特定的性状之外，转基因食品与传统食品以及食品成分具有实质等同性。此时安全性的分析应该主要集中在这些特定的差异上。分析的内容主要包括：插入的基因与几种蛋白质有关；插入的基因是否会产生新的物质；基因操作是否会改变内源成分或者是否会产生新的化学物质。

（3）与传统食品以及食品成分相比没有实质等同性，此时可认为该转基因食品是一种全新的食品。在该种食品进入市场之前，必须对其进行安全性以及营养性的分析。首先要全面分析基因操作中各个要素以及基因产物的特性。如果转入的基因功能不是很清晰，则应同时考虑供体生物的背景资料。

除上述"实质等同性"原则外，转基因食品的安全评价原则还包括：预先防范（precaution）原则、个案评估（case by case）原则、风险效益平衡（balance of benefits and risks）原则、逐步评估（step by step）原则和熟悉性（familiarity）原则。

转基因食品安全性评价的主要内容包含四个方面，即：①基因受体，例如其食用历史、在人类膳食中的作用、含有的常量以及微量元素等；②基因供体，例如来源、过敏性、关键性营养成分等；③基因操作，例如介导物或者引物基因的构成、目的基因的DNA 图谱等；④转基因生物及其产品。

转基因食品的安全性评价主要从食用安全性和环境安全性两方面考虑。

（一）食用安全性评价

转基因生物及其制品的食用安全性评价主要包括以下几个方面。

（1）对于转基因食品产品特性的研究　例如，在评价转基因食品的食用安全性时，除了研究其基本的大小等形态外，还需研究转基因产品特有的气味是否会吸引一些昆虫等，避免产生不必要的损失。

（2）转基因食品中营养物质以及已知毒素含量变化的分析　例如，在评价转基因大豆的食用安全性时，除了对常规的营养成分做出分析，还应对大豆中的大豆异黄酮、大豆皂甙等进行重点分析。一方面，这些成分对于人体的健康具有特殊的调节作用；另一方面，这些物质也是抗营养因子。当摄入这些成分超过一定量时，这些物质就会影响人类机体吸收其他营养成分，甚至造成中毒现象。在评价时，如果按照"实质等同性"原则，除了考虑转基因食品与传统亲本植物食品在营养方面的不同外，还应要充分考虑这种差异是否会在这一类食品的营养范围内。如果在这个范围内，则可以认为在营养方面是安全的。

（3）转基因食品潜在致敏性的研究　食物过敏的原因主要是由于机体摄入的食物中含有外源蛋白，这些外源蛋白进入肠道黏膜免疫系统后会破坏机体的免疫平衡。转基因食品引起食物过敏是人们关注的焦点之一，特别是如果转入的蛋白质是新蛋白质时，这些异性蛋白质就可能引起食物过敏，对儿童以及过敏体质的人更是如此。转基因食品中含有新基因所表达的新蛋白，有些可能是蛋白质致敏，有些也可能是蛋白质在胃肠内消化后的片段有致敏性。

（4）活体和离体的毒理学评价　毒理学评价主要包括两个方面：一是对目的基因体外表达获得的蛋白质进行毒理学评价；二是以转基因食品为原料进行毒理学评价。评价方法包括急性毒性试验、30d 喂养试验、90d 喂养试验以及慢性毒性试验。

（5）活体和离体的营养评价　营养学评价包括对转基因食品的营养成分以及非营养物质进行分析，研究该物质的抗营养因子和非期望效应以及食品营养素的生物利用率等。谷物蛋白质中的氨基酸比例可用基因工程的方法加以改良，增加完全蛋白质的来源，提高其营养价值。但是，由于外源基因的来源、切入位点的不同，以及其随机性，极有可能产生缺失、错码等基因突变，使蛋白质产物的表达性状发生改变，进而降低某些营养成分的水平，并改变食品的营养价值。

（6）转基因食品与动物或者人类肠道中微生物群体进行基因交换的可能性及其影响的研究　目前的基因工程技术中，选取的载体大多为抗生素抗性标记。抗生素抗性通过某种方式转入食品，从而进入食物链中。经过长期的食用，食物会在人体内将抗生素抗性基因传给致病的细菌，这会使致病菌产生抗性，从而引起人体内微生态的紊乱。

【案例】Pusztai 事件

英国 Rowett 研究所 Pusztai 博士为了能够评估转基因食品的食用安全性，利用大鼠进行短期喂养试验。1998 年，Pusztai 在英国电视台发表讲话，声称大鼠食用转雪花莲凝集素基因的马铃薯后，其胃黏膜显著增大、免疫系统遭到破坏，并且体重减轻。该报道播出之后，首次引起了世界范围内对转基因食品的质疑。地球之友、绿色和平组织等反生物技术组织将这种转基因马铃薯视为杀手，并以此为由策划了焚烧破坏转基因作物试验地、阻止转基因食品进出口、游行示威等活动。针对此次事件，英国皇家学会立即派人进行了同行评审，并于 1999 年 5 月发表了评论。评审结果认为，Pusztai 博士的实验数据并不能得出这样的结论，并且他的实验设计中含有 6 个明显的错误：实验设计不合理，没有进行双盲测定；大鼠的膳食中含有不确定的因素，即不能确定转基因和非转基因马铃薯的化学成分有差别；供试动物数量少，喂养的食物并非是大鼠的标准食物，缺少统计学的意义；对食用转基因马铃薯的大鼠没有进行蛋白质的补充，不能确保其是否处于饥饿状态；实验结果没有一致性；统计方法不恰当。

对于上述案例，我们应该要区分风险与有害的区别。有害是指已经利用科学来证明的客观事实，而风险是指可能发生的或者是潜在的对人类健康以及环境的威胁。

支持者认为，转基因食品是安全的，理由如下：①转基因食品中含有过敏原的可能性极小，其概率为 0.1%，而且某些特定的人对传统的食品（如海鲜、水果等）也会发生过敏现象；②转基因食品进入市场后，还没有发现一例危害人体健康的案例；③"实质等同性"原则是目前检验转基因食品最好的原则。

反对者则认为转基因食品是不安全的，理由是：①尽管目前没有发现转基因食品危害人体健康的案例，但是这并不能表明转基因食品是没有危害的，其潜在的危害在短时间内不会表现出来；②"实质等同性"原则注重的是结果，忽略了基因修饰作物生长的全过程以及转基因食品生产的全过程的安全性，对于转基因食品的安全性评价应该是一个动态的过程；③转基因食品中含有的过敏原可能导致消费者人群产生致命的危险。

（二）环境安全性评价

转基因生物，特别是转基因植物，可能出现一些难以预料而又具有潜在的极大危险的问题。转基因植物的独特性状是通过转基因技术实现的，并不是经过长期的自然选择和遗传进化获得，所以一旦转基因植物释放到环境中，其生态行为是难以预料的。《生物多样性公约》里有这样的描述，生物技术产生的活性改性生物体引起的有关问题涉及的范围很广，它们包括：植物基因的稳定性、对非针对对象产生的影响、对生态系统过程的不利影响、基因改变植物潜在脆弱性等问题；基因改变、控制基因表现、预期和非预期的改变等问题。基于上述的问题，对转基因生物进行环境安全性分析是极有必要的。

目前，国际上对于转基因生物特别是转基因植物对生态环境的安全性问题主要集中在下列几个方面：①转基因生物基因漂移的生态风险；②转基因生物杂草化及生存竞争力风险；③转基因生物环境生物多样性的问题；④靶标生物对转基因生物抗性或适应性的风险。

【案例】中国 Bt 抗虫棉事件

Bt 抗虫棉是指利用转基因技术，将苏云金芽孢杆菌的 Bt 基因导入到受体细胞（即转基因抗虫棉的叶肉细胞）中，通过基因的转录，能够产生一种 Bt 杀虫蛋白，作为生物农药而广泛用于蔬菜、瓜果等作物上。因此，转基因抗虫棉也可以称为转 Bt 基因抗虫棉。见图 1 - 23。

2003 年 6 月 3 日，南京环境科学研究所与绿色和平组织在北京召开会议，南京环境科学研究所、绿色和平组织顾问薛达元在会上发表了题为"转 Bt 基因抗虫棉环境问题研究综合报告"。6 月 4 日，《China Daily》发表了一篇名为"GM Cotton Damage Environment"的文章，同时，绿色和平组织在网站上刊登了薛达元的英文报告。6 月 5 日，德国《农业报》又发表了文章，称"Chinese Research：Large Environment Damage by Bt Cotton"。卢思聘（绿色和平组织的中国项目主管）声称："转基因抗虫棉，不但没有解决问题，反而制造了更多的麻烦，棉农将会因此而被迫使用更多的化学农药。"

图 1-23　转基因 Bt 抗虫棉

　　薛达元的文章强调：使用转基因抗虫棉后，棉铃虫寄生性天敌——寄生蜂的种群数量大大减少；转基因抗虫棉田的昆虫群落的稳定性要比普通棉田的低，这增加了害虫爆发的可能性。甜菜夜蛾、红蜘蛛等次要害虫上升为主要害虫；转基因抗虫棉在后期对棉铃虫的抗性降低，这增加了农药的喷洒次数；通过室内观察以及田间检测发现，棉铃虫对于转基因抗虫棉可以产生抗性；目前没有有效的措施来消除和延缓棉铃虫对转基因抗虫棉产生抗性。

　　上述的六条结论皆指出转基因作物会破坏生态的平衡，使环境受到威胁。但是，对于一个问题，我们不能从片面的角度来看待，而是应该要全面、理性、客观地分析。中国、美国、加拿大等国家的科学家纷纷发表评论，反驳绿色和平组织的观点。他们指出：

　　第一，寄生蜂种群数量的减少仅是实验室的数据，不能充分地代表田间情况。即使是化学杀虫剂也会导致寄生蜂数量的减少，不能人为的将过错归结于转基因抗虫棉。

　　第二，害虫爆发这一结论缺乏科学数据的支持，因此只能是一种推测。科学实验证明，抗虫棉棉田中的节肢动物多样性要高于普通棉田。

　　第三，抗虫棉中的 Bt 基因所表达的 Bt 蛋白主要针对的是鳞翅目的某些害虫，并不能杀死所有害虫，例如红蜘蛛等。中国农业科学院植物保护研究所的实验结果表明，由于农药的减少使用，抗虫棉棉田中的捕食性天敌（蜘蛛类、瓢虫类等）数量大幅增加，棉蚜的数量减少了 443～1 546 倍。

　　第四，"863"计划课题对我国 23 个地点的棉铃虫进行采样分析，并没有发现棉铃虫种群已经对 Bt 棉产生抗性。

　　另外，我国的研究也表明，双价基因抗虫棉可以延缓棉铃虫产生抗性。分别用单价

Bt 转基因烟草和双价 *Bt/CpTI* 转基因烟草叶片汰选棉铃虫 17 代，棉铃虫的抗性指数前者增加了 13 倍，而后者仅仅只增加了 3 倍。

小　结

转基因食品是指利用生物技术改良的动植物或者微生物所制造或生产的食品、食品原料以及食品添加物等。以植入异源基因或改变基因表现等生物技术方式，针对某一个特性，进行遗传因子的修饰，使动植物或微生物具备或增强此特性，降低成本，增加食品的价值。转基因食品具有较多的优点，例如增强营养、抵抗病虫害等。但是由于转入了外源基因，转基因食品的安全性成为了人们关注的焦点。评价转基因食品的安全性可以从食用安全性与环境安全性两方面入手，按照实质等同性等原则进行评价。

思考题

1. 什么是转基因食品？
2. 转基因食品的安全性问题包括哪些？
3. 转基因食品评价的原则是什么？
4. 如何看待转基因食品？

第四节　新资源食品的安全性

一、概　述

某种食物之所以成为食品资源，本质无疑在于其含有人体必需的营养素，它主要包括蛋白质、脂肪、碳水化合物、膳食纤维、维生素、矿物质、水等。目前由于全球人口数量激增、可耕地面积减少、环境污染加剧等问题，已造成全球食物匮乏。食物匮乏是贫穷国家民众食不果腹、民不聊生的主要根源，也是亟待解决的问题。因此，目前对食品新资源的探索和研究，正是为了生产比传统食品更多、更具营养和更价廉的食品，为解决人类饥饿和营养不良等问题做出一定的贡献。

食品新资源是指在我国新研制、新发现、新引进的无食用习惯或仅在个别地区有食用习惯的、符合食品基本要求的物品。以食品新资源生产的食品称为新资源食品。《食品安全法》第四十四条规定，申请利用新的食品原料从事食品生产或者从事食品添加剂新品种、食品相关产品新品种生产活动的单位或者个人，应当向国务院卫生行政部门提交相关产品的安全性评估材料。国务院卫生行政部门应当自收到申请之日起六十日内组织对相关产品的安全性评估材料进行审查；对符合食品安全要求的，依法决定准予许可并予以公布；对不符合食品安全要求的，决定不予许可并书面说明理由。

二、新资源食品种类

2013 年，国家卫生和计划生育委员会令第 1 号公布《新食品原料安全性审查管理办法》。该办法规定的新食品原料指在我国无传统食用习惯的以下物品：①动物、植物和微生物；②从动物、植物、微生物中分离的成分；③原有结构发生改变的食品成分；④其他新研制的食品原料。

截至 2013 年 1 月，2008 年以来卫生部已正式发布了 17 个公告，共 64 种新资源食品，它们分别是：嗜酸乳杆菌、低聚木糖、透明质酸钠、叶黄素酯、L - 阿拉伯糖、短梗五加、库拉索芦荟凝胶、低聚半乳糖、副干酪乳杆菌（菌株号 GM080、GMNL - 33）、嗜酸乳杆菌（菌株号 R0052）、鼠李糖乳杆菌（菌株号 R0011）、水解蛋黄粉、异麦芽酮糖醇、植物乳杆菌（菌株号 299v、菌株号 CGMCC NO.1258）、植物甾烷醇酯、珠肽粉、蛹虫草、菊粉、多聚果糖、茶叶籽油、盐藻及提取物、鱼油及提取物、甘油二酯油、地龙蛋白、乳矿物盐、牛奶碱性蛋白、DHA 藻油、棉籽低聚糖、植物甾醇、植物甾醇酯、花生四烯酸油脂、白子菜、御米油、金花茶、显脉旋覆花（小黑药）、诺丽果浆、酵母 β - 葡聚糖、雪莲培养物、蔗糖聚酯、玉米低聚肽粉、磷脂酰丝氨酸、雨生红球藻、表没食子儿茶素没食子酸酯、翅果油、β - 羟基 - β - 甲基丁酸钙、元宝枫籽油、牡丹籽油、玛咖粉、蚌肉多糖、中长链脂肪酸食用油、小麦低聚肽、人参（人工种植）、蛋白核小球藻、乌药叶、辣木叶、蔗糖聚酯、茶树花、盐地碱蓬籽油、美藤果油、盐肤木果油、广东虫草子实体、阿萨伊果和茶薦子叶状层菌发酵菌丝体。

近几年，新资源食品数量不断扩大，同时根据新资源食品使用情况，卫生部适时公布新资源食品转为普通食品的名单。

三、新资源食品的安全性

1. 食品蛋白新资源

单细胞蛋白（SCP）是一类单细胞或多细胞生物蛋白质的统称，是指用各种基质大规模培养某些酵母、细菌、真菌与藻类等食用微生物而获得的微生物蛋白或菌体蛋白。它是食品工业和饲料工业蛋白质的重要来源，是人类蛋白质来源的重要补充。

单细胞蛋白具有极高的营养价值，蛋白质含量高（40% ~ 80%），质量好，生物效价高，脂肪酸比例合理，且含有大量的维生素和矿物质。它还含有大量生理活性物质，如核糖核酸（RNA）、超氧化物歧化酶（SOD）、生物碱等。开发微生物蛋白的意义如下：①可以变废为宝。微生物能够利用多种原料甚至许多工业废物，并将其转化成蛋白，供人类利用。②可以提供稳定的蛋白质来源。微生物蛋白生产可以连续进行，受土地、气候条件的影响很小，并且生产速度既快又稳。③可以改善人类的食物结构，利用微生物可以将淀粉和其他原料转化成高蛋白、低脂肪的营养保健食品。④可以使人类减少对大自然的依赖，走一条工业化生产微生物蛋白之路。

在利用石油副产品或有机废弃物培养微生物生产食用 SCP 时，特别要注意食用安全。石油烷烃或有机废弃物中往往混有有毒物质，其中有些是致癌物或促癌物质，因此，生产出的食用 SCP 中需要检测有毒物质，苯并（a）芘、二苯并蒽、3 - 甲基胆蒽的含量必须低于 1mg/kg。此外，食用微生物作为食物蛋白质来源时，还应注意核酸含量问题，SCP 往往含有大量核酸（8% ~25%），大部分为 RNA，RNA 在人体中的代谢产物为尿酸，尿酸容易在关节和软组织中沉积，大量食用 SCP 时必须加以控制 RNA 的食用量。

2. 食品油料新资源

随着世界人口的增长、可耕种土地面积的减少，以及各种自然灾害的发生，给食品生产造成了威胁，也给油料的来源构成了威胁。因此，微生物油脂资源自然成为了人们关注的课题。尽管目前它的生产费用较高，但微生物易变异，可使用的原料广泛，完全可以通过生物技术利用食品工业的废弃物（如乳清、淀粉厂废水、糖厂废糖蜜等）来生产油脂。

能够产生油脂的微生物有酵母、霉菌、细菌和藻类，为了区别于植物油脂，如同单细胞蛋白一样，科学家们也将微生物油脂称为单细胞油脂。到目前为止，研究较多的是酵母、霉菌、藻类。利用微生物生产食用油脂，微生物除菌体油脂含量高外，还有许多优点：微生物细胞增殖快，生产周期短；微生物生长所需要的原料丰富、价格便宜，如淀粉、糖类，特别是食品工业和造纸行业的废弃物都可以利用，从而减少了环境污染；用微生物方法生产食用油脂，比传统种植业生产食用油脂所需的劳动力少，且不受季节气候变化的限制；能连续大规模生产，生产成本低，并且可以利用微生物细胞融合、细胞诱变等方法合成生产出比动植物油脂更符合人体需要的高营养食用油脂或含有某些特定脂肪酸的油脂。

微生物油脂的理化性质、脂肪酸组成和常见的食用油脂相似。在微生物油脂中，其主要组成为甘油三酯和少量游离脂肪酸，同时还有一些非极性物质（如固醇酯、甘油二酯、固醇）及一些极性物质，另外还有部分微量成分没有分辨出来。但是这样直接提取出的油脂还不能食用，因为微生物油脂具有令人不适的气味和较微的毒性，只有在脱臭、精炼、脱毒后，方可食用。日本和英国的某些企业正准备利用微生物生产含有丰富 γ - 亚麻酸的食用油脂。γ - 亚麻酸不仅对人体有极高的营养价值，而且具有防止血栓形成和扩张血管的作用；同时也具有降低血清胆固醇、营养脑神经细胞和调节植物神经的功效，是老年人和婴幼儿特别需要的营养成分之一。

3. 食品糖源新资源

海洋是人类赖以生存的新领域，蕴藏着极其丰富的海洋植物资源。据统计，海洋植物每年增长量为 1 300 亿 ~5 000 亿吨，是陆生植物难以达到的，它给人类提供食物的能力等于全球陆地可耕地面积提供农产品的 1 000 倍，这是一座极其诱人的未来食品库。海洋植物由于其进化地位和生长环境的特殊性，含有大量陆生植物难以提供的可利用的营养和生理活性物质，是食物、药物和工业原料的理想新资源。在海洋植物中，种类数目极多的海洋藻类占有重要的地位。迄今，被人类广为利用的近岸大型海藻主要是红藻门（如紫菜、石花菜、江篱等）、褐藻门（如海带、裙带菜、马尾草等）和绿藻门（如石莼、礁膜、松藻等）三大类。近十年来，藻类学家从种类丰富的藻类中分离出许多结构新颖、功能独特，具有抗肿瘤、降血压和抗凝血等生理、药理活性的物质，使得藻类这一天然宝库更引人注目。

海藻中含有丰富的营养成分，如蛋白质、碳水化合物、矿物质、维生素和纤维素等，具有极大的食用开发价值，是新的食物资源。藻类植物所含的蛋白质、脂肪、碳水化合物大大超过谷物、蔬菜中的含量。食用海藻不会带来食用较多动物性食物而引起的疾病；相反，食用海藻可防止肥胖、胆结石、便秘、肠胃病等代谢性疾病，对预防高血压、动脉粥样硬化、冠心病、慢性支气管炎、糖尿病、结肠癌等都有一定作用。因此，海藻作为一种低热量、低脂肪而又有利健康的新型保健食品正风靡世界。

海藻具有很高的工业利用价值。在食品工业上，海藻的提取物是一种重要的食品品质改良剂。重要的商品海藻胶就有来自红藻的卡拉胶、红藻胶、琼脂，来自褐藻的海藻酸及其钠盐、钾盐、铵盐和钙盐。它们在食品工业中主要用作凝胶、增稠剂、稳定剂、成膜剂及持水剂等。在医药工业上，从红藻中提取的琼脂多糖是微生物培养基的载体、医药上的轻泻剂等。

但是历经自然选择，许多海洋生物为免遭被吞食，自身能产生强烈的毒素，可以根据《国家食品安全毒理学评价程序》进行急性毒性实验，通过对试验结果进行统计学计算处理，并计算其 LD_{50} 值，判定产品的安全性。

四、新资源食品的管理

新资源食品应当符合《食品安全法》及有关法规、规章、标准的规定，对人体不得产生任何急性、亚急性、慢性或其他潜在性健康危害。卫生部主管全国新资源食品卫生监督管理工作。县级以上地方人民政府卫生行政部门负责本行政区域内新资源食品卫生监督管理工作。

生产经营或者使用新资源食品的单位或者个人，在产品首次上市前应当报卫生部审核批准。申请新资源食品时，应当向卫生部提交以下材料：①新资源食品卫生行政许可申请表；②研制报告和安全性研究报告；③生产工艺简述和流程图；④产品质量标准；⑤国内外的研究利用情况和相关的安全性资料；⑥产品标签及说明书；⑦有助于评审的其他资料。另附未启封的产品样品 1 件或者原料 30g。

申请进口新资源食品时，还应当提交生产国（地区）相关部门或者机构出具的允许在本国（地区）生产（或者销售）的证明，或者该食品在生产国（地区）的传统食用历史证明资料。新资源食品安全性评价采用危险性评估、实质等同等原则。卫生部新资源食品专家评估委员会（以下简称"评估委员会"）负责新资源食品安全性评价工作。评估委员会由食品卫生、毒理、营养、微生物、工艺和化学等方面的专家组成。评估委员会根据以下资料和数据进行安全性评价：新资源食品来源、传统食用历史、生产工艺、质量标准、主要成分及含量、估计摄入量、用途和使用范围、毒理学；微生物产品的菌株生物学特征、遗传稳定性、致病性或者毒力等资料及其他科学数据。对需要进行验证实验的，评估委员会确定新资源食品安全性验证的检验项目、检验批次、检验方法和检验机构，以及是否进行现场审查和采样封样，并告知申请人。安全性验证检验一般在卫生部认定的检验机构进行。

卫生部根据评估委员会的技术审查结论、现场审查结果等进行行政审查，做出是否批准作为新资源食品的决定。新资源食品审批的具体程序按照《卫生行政许可管理办法》和《健康相关产品卫生行政许可程序》等有关规定进行。根据新资源食品使用情况，卫生部适时公布新资源食品转为普通食品的名单。

食品生产企业在生产或者使用新资源食品前，应当与卫生部公告的内容进行核实，保证该产品为卫生部公告的新资源食品或者与卫生部公告的新资源食品具有实质等同性。生产新资源食品的企业或者使用新资源食品生产其他食品的企业，应当建立新资源食品食用安全信息收集报告制度，每年向当地卫生行政部门报告新资源食品食用安全信息。发现新资源食品存在食用安全问题，应当及时报告当地卫生行政部门。

小　结

食品新资源是指在我国新研制、新发现、新引进的无食用习惯或仅在个别地区有食用习惯的、符合食品基本要求的物品。以食品新资源生产的食品称为新资源食品。截止到 2013 年 1 月，卫生部已正式发布了 17 个有关新资源食品公告，共 64 种新资源食品。本节介绍了蛋白质、油料、糖源类食品新资源存在的安全问题。生产经营或者使用新资源食品的单位或者个人，在产品首次上市前应当报卫生部审核批准。申请进口新资源食品，还应当提交生产国（地区）相关部门或者机构出具的允许在本国（地区）生产（或者销售）的证明或者该食品在生产国（地区）的传统食用历史证明资料。新资源食品安全性评价采用危险性评估、实质等同等原则。

思考题

1. 什么是新资源食品，它有哪些常见种类？如何解释实质等同性？
2. 新资源食品有什么安全问题？
3. 如何申报新资源食品？

第五节　寄生虫及其他生物性污染对食品安全的影响

寄生虫能通过多种途径污染食品和饮水，经口进入人体，引起人的食源性寄生虫病的发生和流行，特别是能在脊椎动物与人之间自然传播和感染的人兽共患寄生虫病（zoonotic parasitic diseases）对人体健康危害很大。食品害虫，不仅蛀蚀和破坏食品，引起食品发热和霉变，而且可携带多种病原体污染食品，从而影响食品安全性，威胁食用者的健康。因此，防止和控制食源性寄生虫和食品害虫在保证食品安全与卫生方面具有重要的意义。

一、寄生虫性污染对食品安全的影响

（一）寄生虫性污染概述及危害

寄生虫（parasites）是指营寄生生活的动物，其中通过食品感染人体的寄生虫称为食源性寄生虫（foodborne parasite），主要包括原虫、节肢动物、吸虫、绦虫和线虫，其中后三者统称为蠕虫（helminth）。

寄生虫对人类的危害除由病原体引起的疾病以及因此而造成的经济损失外，有些寄生虫还可作为传播媒介引起疾病的传播。联合国计划署和世界卫生组织（WHO）要求防治的 6 类主要热带疫病中，有 5 类是寄生虫病。许多寄生虫呈世界性分布，在公共卫生中占有重要地位，其中通过食物传播的食源性寄生虫严重影响着人类健康。

在寄生与被寄生的关系中，以其机体给寄生虫提供居住空间和营养物质的生物称为宿主（host）。寄生虫侵入人体并能生活一段时间，这种现象称为寄生虫感染，有明显临床表现的寄生虫感染称为寄生虫病（parasitosis）。易感个体摄入污染寄生虫或其虫卵的食物而感染的寄生虫病称为食源性寄生虫病。这类疾病不但对人体健康与生命构成严重威胁，而且其中一些人兽共患寄生虫病给畜牧业生产及经济带来严重损失。由于食品检验不严格、加热不彻底或者不良的饮食习惯，许多寄生虫通过食品和饮水进入人体。近年来食源性寄生虫病种类不断增加，有些呈地方性流行，发病人数也有增长趋势。

在我国，寄生虫病仍然是影响人体健康的重要疾病，2012 年《寄生虫病与感染性疾病》杂志仍有相关感染报道。据 1988~1992 年全国人体寄生虫分布调查显示，共检出人体肠道寄生虫 56 种，平均感染率为 60.632%。另外，通过食品传播的其他寄生虫病，如囊尾蚴病、旋毛虫病和细粒棘球蚴病在我国西部，尤其是少数民族地区较为常见。由于我国自然条件复杂、经济仍不发达、寄生虫种类和数量多、人民饮食习惯不同、人口流动频繁、寄生虫病综合防治措施不够健全，因此在相当长时间内寄生虫病的流行仍会很严重。

（二）食源性寄生虫病的流行病学

1. 传染源

食源性寄生虫病的传染源是感染了寄生虫的人和动物，包括病人、病畜、带虫者、转续宿主和孢虫宿主。寄生虫从传染源通过粪便排出，污染环境，进而污染食品。

2. 传播途径

食源性寄生虫病的传播途径为消化道。人体感染常因生食含有感染性虫卵的蔬菜或未洗净的蔬菜和水果所致（如蛔虫），或者因生食或半生食含感染期幼虫的畜肉和鱼虾而受感染（如旋毛虫、华支睾吸虫）。寄生虫通过食物传播的途径主要有以下三种：

（1）人→环境→人，如隐孢子虫、贾第虫、蛔虫、钩虫等。

（2）人→环境→中间宿主→人，如猪带绦虫、牛带绦虫、肝片吸虫等。

（3）孢虫宿主→人，或孢虫宿主→环境→人，如旋毛虫、弓形虫等。

3. 流行特征

食源性寄生虫病的暴发流行与食物有关，患者在近期食用过相同的食物；发病集中，短期内可能有多人发病（如隐孢子虫病和贾第虫病）；患者具有相似的临床症状；其流行具有明显的地区性和季节性。

（三）食源性寄生虫病的诊断和防治

根据食源性寄生虫病的流行病学特点和患者的临床表现可做出初步诊断，再结合病原学检查和免疫学方法即可确诊。食源性寄生虫的生活史比较复杂，影响寄生虫病流行的因素又较多，因此应采用以下综合防治措施。

1. 切断传染源

在流行地区要开展普查、防疫、检疫、驱虫和灭虫工作。一旦发现病人或病畜，及时用吡喹酮、阿苯达唑等药物或南瓜子、槟榔治疗。

2. 消灭中间宿主

选择适宜方法消灭螺、剑水蚤等中间宿主以及蝇、蟑螂和鼠等传播媒介和孢虫宿主。

3. 加强食品卫生监督检验

在动物屠宰过程中，必须进行肉品中囊尾蚴、旋毛虫和肉孢子虫的检验，合理处理病畜肉，防止带虫的肉品、水产品和其他食品上市出售。在食品加工过程中，严禁用含有寄生虫的肉、鱼或其他被污染的原料加工食品。保持饮用水和食品加工用水卫生，来自湖泊、池塘、溪流或其他未经处理的水在洗涤食品或饮用之前，必须经净化消毒或加热煮沸。

4. 改进烹调方法和不卫生习惯

加强食品卫生宣传教育，改变不良饮食习惯，肉和水产品应烧熟煮透，不生食肉、鱼、蟹或其他动物性食品，蔬菜和水果在食用前应清洗干净，不饮生水和生乳，饭前便后要洗手。

5. 保持环境卫生

提倡牛有栏、猪有圈、人有茅厕，以改善公共卫生。为了防止人畜粪便污染环境、饲料、水源和食品，应利用堆肥、发酵、沼气等多种方法处理粪便，以杀灭其中的寄生虫虫卵，使其达到无害后方可使用。

6. 加强动物饲养管理

禁用生肉、鱼、虾或其废弃物饲喂动物，在寄生虫病流行地区，严禁放牧食用动物。

二、食物中常见寄生虫的主要类群

（一）原虫

原虫属原生动物亚界，为单细胞动物。人的食源性感染通常由于食用污染有原虫包囊的饮水或食品，也可因食用含有原虫的动物源性食品感染。通过食品能感染人体的原虫主要有阿米巴虫、弓形虫、隐孢子虫、肉孢子虫、贾第虫、纤毛虫、微孢子虫等。

1. 阿米巴病

阿米巴病是由溶组织内阿米巴寄生于人和动物的肠道及其他组织所引起的一种常见食源性寄生虫病，以阿米巴痢疾和阿米巴肝脓肿为特征。其形态见图 1 – 24。

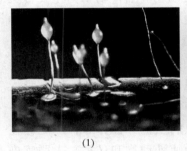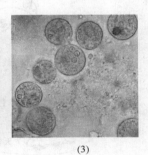

（1）　　　　　　　　　　　（2）　　　　　　　　　　　（3）

图 1 – 24　阿米巴原虫

（1）阿米巴虫；（2）溶组织内阿米巴（痢疾阿米巴）滋养体片断；（3）结肠内阿米巴包裹（碘液染色）

（1）病原　溶组织内阿米巴又称痢疾阿米巴、痢疾变形虫，属于叶足纲、阿米巴目、内阿米巴科，有滋养体和包囊两个时期。包囊抵抗力较强，在粪便中可存活 2 周左右，在水中可存活 5 周，并具有感染力，通过蟑螂和苍蝇的消化道后仍具有感染性。

（2）流行病学　主要传染源为慢性感染者、恢复期患者和无症状的带虫者，经口感染是其主要传播途径。人生食污染有包囊的瓜果蔬菜可引起感染；蝇和蟑螂可携带包囊污染食物，造成本病传播。食源性暴发流行常常发生于食用由包囊携带者加工的食品或不卫生的饮食习惯。

（3）临床表现　肠阿米巴病最为常见，患者有发热、腹痛、呕吐、严重腹泻、粪便带血和黏液、背部疼痛、体重减轻等表现。慢性感染者各种症状可交替持续数月或数年，导致机体出现贫血、无力、腹痛和腹胀。重者发病突然，高热、剧烈的肠绞痛、严重腹泻，伴有里急后重和呕吐，甚至虚脱，并发肠出血、肠穿孔、阑尾炎和腹膜炎。阿米巴侵入肝、肺、脑、泌尿生殖道、胸膜、腹膜和皮肤等组织，在局部组织和器官形成脓肿和溃疡，引起肠外阿米巴病，以阿米巴肝脓肿较为常见，临床症状有右上腹部疼痛、发热、寒战、盗汗、厌食和体重下降。

2. 弓形虫病

弓形虫病又称弓浆虫病、弓形体病，是由弓形虫寄生于人、哺乳动物、鸟类的有核细胞内所引起的一种人兽共患病。

（1）病原　刚地弓形虫属于孢子纲、真球虫目、弓形虫科、弓形虫属，对人体致病及与传播有关的发育期为滋养体、包囊和卵囊。滋养体对高温和消毒剂较敏感，但对低温有一定抵抗力，在 $-8 \sim -2℃$ 可存活。包囊的抵抗力较强，在冰冻状态下可存活 35d，4℃存活 68d，胃液内存活 3h，但包囊不耐干燥和高温，56℃加热 $10 \sim 15min$ 即可被杀死。卵囊对外界环境、酸、碱和常用消毒剂的抵抗力很强，在室温下可存活 3 个月，但对热的抵抗力较弱，80℃加热 1min 可丧失活力。

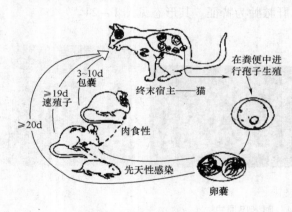

图 1-25　弓形虫的生活史

（2）流行病学　人体弓形虫病的重要传染源是动物。猫科动物为主要传染源，其粪便中含有大量卵囊，畜禽肉中带有的包囊和滋养体也可成为传染源。弓形虫可通过口、皮肤、黏膜和胎盘传播给人，但人体感染的主要原因是食入含有卵囊和包囊的食物。见图 1-25。

弓形虫病呈世界性分布，广泛存在于 200 多种哺乳动物和鸟类，人群感染也较为普遍。温暖潮湿地区人群弓形虫的感染率较寒冷干燥地区为高，且随年龄的增长而升高。弓形虫的感染与人的饮食习惯有关。法国 84% 的妇女有弓形虫抗体，而英国和美国仅 30% 的妇女有抗体，因法国妇女吃生肉或未煮熟的肉所致。

（3）临床表现　弓形虫寄生部位不同，临床表现差异很大，免疫功能正常者多为隐性感染，仅 10% ～20% 感染者有症状。急性感染期发生淋巴结炎、脑炎、心肌炎、肺炎、肠炎、肝炎、骨骼肌炎、扁桃体炎、脉管炎、胎盘炎、贫血、视网膜脉络膜炎。患者有发热、头痛、疲倦、夜间出汗、肌肉疼痛、咽痛、皮疹、肝脾肿大和淋巴结肿大等临床表现，肌肉疼痛相当严重，可持续 1 个月或更久。免疫功能不全者感染后危险性极大，除有上述症状外，常表现为高热，甚至发生脑弓形虫病，出现头痛、偏瘫、癫痫、视力障碍、神志不清等症状，严重者昏迷而死亡。

弓形虫能引起孕妇流产、早产或死产。怀孕早期感染对胎儿的损害更大，可引起先天性弓形虫病，胎儿畸形，新生儿的视力降低或失明、中枢神经系统受损，重者出现肝脏肿大、惊厥、脊柱裂、腭裂、无眼、脑积水和脑畸形等。

（二）吸虫

吸虫属于吸虫纲，经食品传播的吸虫主要有肝片吸虫、布氏姜片吸虫、华支睾吸虫、并殖吸虫、后睾吸虫、横川吸虫、棘口吸虫、异形吸虫等。

1. 华支睾吸虫病

华支睾吸虫病又称肝吸虫病，是由华支睾吸虫寄生在人体肝内胆管所引起的寄生虫病。

（1）病原　华支睾吸虫简称肝吸虫，属于后睾目、后睾科、支睾属。成虫寄生于人和哺乳动物的肝内胆管，在人体内可存活 20～30 年（图 1 - 26）。第一中间宿主为淡水螺，第二中间宿主为淡水鱼或虾。

图 1 - 26　华支睾吸虫成虫

（2）流行病学　患者、带虫者、受感染的杂食动物和野生动物均可成为传染源。动物中以猫为主，其次是狗、猪和鼠。人因食入含有华支睾吸虫囊蚴的生鱼虾或未煮熟的鱼虾而感染。

华支睾吸虫病主要分布于亚洲，感染率的高低与生活和饮食习惯以及淡水螺的孳生有密切关系。在一些地区流行的关键因素是当地人有吃生的或未煮熟的鱼肉的习惯，如我国朝鲜族人主要食入"生鱼佐酒"而感染，广东人因吃生鱼、生鱼粥或"烫鱼片"而感染。此外，用切过生鱼的刀具及砧板切熟食，或者用盛放过生鱼的容器盛装熟食，或者加工人员接触过生鱼的手未清洗再触及食品等均可造成食品的交叉污染，也有使人感染的可能。

（3）临床表现　潜伏期 1～2 个月，多呈慢性或隐性感染。感染虫体多时出现食欲减退、消化不良、上腹不适、肝区隐痛、乏力、轻度腹泻、水肿、消瘦、神经衰弱等症状。严重感染时有高热寒战、腹泻、肝区疼痛、嗜酸性粒细胞增多等表现。反复严重感染者出现浮肿、消瘦、贫血、黄疸、心悸、眩晕、失眠、肝脾肿大等症状。儿童和青少年感染后，临床症状严重，智力发育缓慢，死亡率较高。有些患者在晚期并发肝绞痛、胆管炎、胆囊炎和肝癌。

2. 并殖吸虫病

并殖吸虫病又称肺吸虫病，是由并殖吸虫寄生于人和猫、犬等动物的肺脏和其他组织所引起的人兽共患病。

（1）病原 并殖吸虫简称肺吸虫，属斜睾目、并殖科，有 40 余种，国内主要的病原体是卫氏并殖吸虫和斯氏狸殖吸虫。卫氏并殖吸虫生活史及流行地区分布见图 1 - 27。

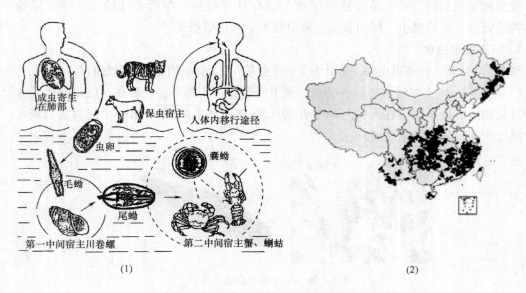

图 1 - 27 卫氏并殖吸虫生活史及流行地区分布
（1）生活史；（2）流行地区分布

（2）流行病学 患者、带虫者、病畜和孢虫宿主并排出虫卵者均为传染源。人体感染主要因为生食或半生食含囊蚴的蟹类或蝲蛄时，囊蚴经口感染人体，也有因食用含童虫的野猪肉或饮用生溪水而感染。

本病主要分布于亚洲、非洲和美洲。我国北方地区有些居民喜生食蝲蛄酱、蝲蛄豆腐和醉蟹，感染率较高。儿童感染多因捕捉蟹类玩、生吃或烧烤吃蟹肢或蝲蛄而感染。感染季节以夏秋季为主，但在喜食醉蟹的地区，四季皆可流行。

（3）临床表现 症状因虫体种类、寄生数量、发育程度和寄生部位不同而异，轻者食欲不振、乏力、消瘦、低热，重者高热、头晕、胸痛、咳嗽、咯血、咯痰、哮喘、腹痛、腹泻、肝脏肿大、荨麻疹、盗汗。本病有 4 种类型：①胸肺型表现为咳嗽、胸痛、咳痰、咯血；②皮肤型以出现游走性皮下结节或包块为特征；③腹型以腹痛、腹泻、便血、恶心、呕吐及肝脏肿大为主，严重时导致肝硬化；④脑脊髓型多见于儿童，有剧烈头痛、反应迟钝等表现，严重者发生癫痫、共济失调、瘫痪、失语、视力障碍。

（三）绦虫

绦虫属于绦虫纲，经食品传播的绦虫主要有猪带绦虫和牛带绦虫、猪囊尾蚴、细粒棘球绦虫、阔节裂头绦虫、膜壳绦虫、复孔绦虫等。

猪带绦虫病是由猪带绦虫寄生于人的小肠所引起的一种常见食源性人兽共患病。猪囊尾蚴病是由猪囊尾蚴寄生于人和猪的骨骼肌及心肌、脑和眼睛等组织引起的寄生虫病。牛带绦虫病是由牛带绦虫寄生于人的小肠引起的一种较常见的食源性人兽共患病。

（1）病原　猪带绦虫（图1-28）属于圆叶目、带科、带属，又称有钩绦虫、链状带绦虫或猪肉绦虫，寄生于人的肠道中，可存活25年。猪囊尾蚴俗称猪囊虫，是猪带绦虫的幼虫。

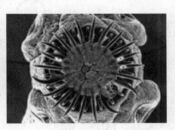

图1-28　猪带绦虫

牛带绦虫又称无钩绦虫、肥胖带绦虫或牛肉绦虫，寄生于人的肠道中，可存活20～30年。牛带绦虫的囊尾蚴头节上无钩，有4个吸盘。牛囊尾蚴又称牛囊虫，寄生于牛的骨骼肌和心肌中引起牛囊尾蚴病。

（2）流行病学

①猪带绦虫病和牛带绦虫病：人是猪带绦虫和牛带绦虫的惟一终末宿主和传染源。感染者通过粪便排出猪带绦虫或牛带绦虫虫卵，污染饲料或饮水，分别使猪或牛感染囊尾蚴。人因食入生的或未煮熟的含囊尾蚴的猪肉或牛肉而分别感染猪带绦虫病或牛带绦虫病。也有因食用腌肉、熏肉、过桥米线（云南）、生片火锅（西南）、沙茶面（福建）等食品引起感染的报道。在肉品加工中生熟不分可造成交叉污染。猪带绦虫生活史见图1-29。

猪带绦虫病和牛带绦虫病呈全球性分布，非洲、墨西哥和中南美洲等地最为普遍。在我国，猪带绦虫病分布较广，东北、华北、河南、广西、云南及内蒙古等省区多见，牛带绦虫病在西藏、内蒙古、宁夏、四川、贵州和广西等少数民族地区呈地方流行性。本病传播与肉品卫生、饮食习惯、人粪便处理以及猪和牛饲养管理方式不良有关。

②囊尾蚴病：猪带绦虫病人是囊尾蚴病的惟一传染源。人体感染囊尾蚴的方式有三种：a. 体内自体感染：猪带绦虫感染者因呕吐反胃，致使肠内容物逆行至胃或十二指肠

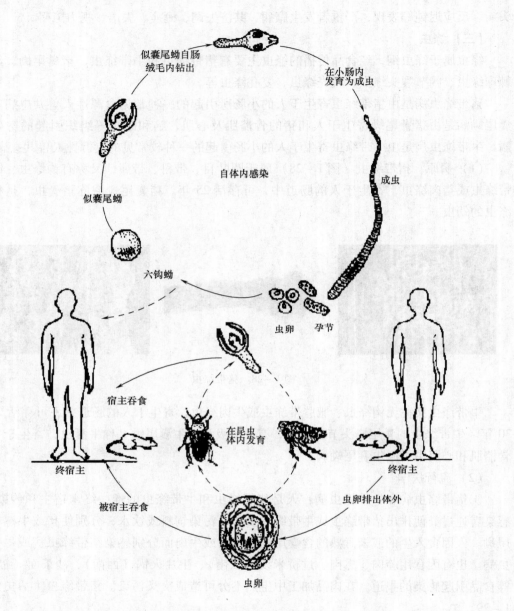

图 1-29 猪带绦虫生活史

中，绦虫虫卵经消化液消化后，孵出六钩蚴进入组织，造成体内自体感染；b. 体外自体感染：猪带绦虫感染者通过不清洁的手把自体排出的虫卵带入口腔而感染；c. 异体感染：也称外源性感染，由于食品污染了猪带绦虫虫卵，被人吞食而感染。异体感染是人体感染囊尾蚴的主要方式，系因食品卫生和个人卫生不良所致。

该病主要发生于我国北方，以东北、华北和河南等地区多见，人群中以青壮年感染率为高。

（3）临床表现 猪带绦虫和牛带绦虫均寄生于人的小肠，其吸盘或小钩造成局部肠黏膜损伤，夺取营养。虫体数量多时，病人有消瘦、头昏、恶心、腹痛、便秘或腹泻等症状。

患者的症状主要取决于寄生囊尾蚴的数量和部位。常见的有：①皮下和肌肉囊尾蚴病：头部和躯干部结节较多，常分批出现，可逐渐消失，寄生数量多时，肌肉酸痛、发胀，出现假性肥胖；②脑囊尾蚴病：中枢神经系统功能紊乱，出现头痛、神志不清、视力模糊、颅内压增高等，也有瘫痪、麻痹、言语不清等症状，严重者有癫痫症状，有时发生急性脑炎，甚至突然死亡；③眼囊尾蚴病：轻症者视力障碍，重者失明。

（四）线虫

线虫属于线形动物门、线虫纲，广泛分布于水和土壤中。经食品传播的线虫主要有旋毛虫、蛔虫、毛首鞭形线虫（鞭虫）、钩虫、蛲虫、异尖线虫、东方毛圆线虫、广州管圆线虫、肾膨结线虫等。

1. 旋毛虫病

旋毛虫病是由旋毛虫寄生于人、猪、鼠、犬、熊等150多种哺乳动物的小肠和肌肉中引起的食源性人兽共患病。旋毛虫形态见图1-30。

图1-30 旋毛虫

（1）病原 旋毛虫属于毛尾目、毛形虫科、旋毛虫属。成虫寄生于人和动物的肠道，为肠旋毛虫；幼虫寄生于横纹肌中，形成包囊，为肌旋毛虫。旋毛虫包囊对低温抵抗力较强，在-12℃能存活57d，-15℃存活20d，-21℃存活8~10d。包囊对热的抵抗力较弱，当肉中心温度达60℃时经5min即可杀死虫体。用盐腌、烟熏和曝晒等方法加工肉制品，不能杀死包囊。包囊在腐肉中可存活2~3个月。

（2）流行病学 含有旋毛虫的动物肉或被旋毛虫污染的食物为主要传染源。人发生感染主要因摄入了含旋毛虫包囊的生猪肉或未煮熟猪肉，其次为野猪肉和狗肉。含有活旋毛虫包囊的腌肉、熏肉、腊肠和发酵肉制品等，因其中心温度未能达到杀死虫体的温度，也可引起食用者感染。此外，接触生肉的刀和砧板、容器以及其他食品加工用具，若污染了旋毛虫包囊，也可成为传播因素。

旋毛虫病为世界性分布，以欧美人发病率高。我国主要流行于云南、西藏、河南、湖北、广西和东北等地。其发生原因与肉品加工方法和食肉习惯有关，云南少数民族地区的菜肴，如白族的"生皮"、傣族的"剁生"和哈尼族的"噢嚒"等均是用生猪肉制成，当地人群感染率较高，屡见有本病暴发流行。

（3）临床表现 旋毛虫对人体产生的损害有虫体产生的机械性损伤、过敏反应、虫体代谢产物及排泄物毒性作用。成虫寄生于小肠时引起肠炎，患者有厌食、恶心、腹泻、腹痛、出汗及低热等症状，1周后消退。幼虫侵入肌肉后，患者出现头痛、出汗、眼睑和面部浮肿、肌肉疼痛、淋巴结肿大，并伴有发热。严重感染时呼吸、咀嚼、吞咽和说话困难，声音嘶哑，嗜酸性粒细胞增多。发病1月后，幼虫在肌肉内形成包囊，急性炎症消退，但肌肉疼痛可持续数月，患者消瘦、虚脱，严重时因心肌炎而死亡。

2. 蛔虫病

蛔虫病是似蚓蛔线虫寄生于人的小肠所致的寄生虫病。蛔虫形态见图1-31。

（1）病原　似蚓蛔线虫又称人蛔虫，成虫寄生于人的小肠，虫卵随宿主粪便排出，在氧气充足、温暖潮湿、阴暗场所蜕皮发育为感染性虫卵。猪蛔虫与人蛔虫相似，偶然可感染人，引起猪蛔虫幼虫病。

图1-31　蛔虫

（2）流行病学　患者和带虫者为传染源。宿主排出虫卵污染环境、饮水、蔬菜、水果或手，被人食入而感染，尤其是食用未经洗涤的生蔬菜更易引起感染。

本病为世界性分布，我国各省区有流行。一般农村人群感染率（50%～80%）高于城市人群，儿童高于成人。本病以散发多见，有时可集体感染，而引起蛔虫病的暴发流行。

（3）临床表现　幼虫在人体移行中可损害肠壁、肝和肺，引起局部出血和粒细胞浸润、支气管炎、肺炎及哮喘。成虫寄生于小肠，夺取营养，感染者通常无明显症状，儿童和体弱者有营养不良、食欲不振、荨麻疹、畏寒、发烧、磨牙等表现。严重时导致肠梗阻、肠扭转、肠套叠、肠坏死，异位寄生时常引起胆管阻塞、肝脓肿、腹膜炎等，偶尔并发胰腺炎、急性阑尾炎，或引起咽喉和支气管阻塞与窒息。

三、虫害对食品安全的影响

食品害虫（food pest）是指能引起食源性疾病、毁坏食品和造成食品腐败变质的各种害虫。食品害虫属于节肢动物门、昆虫纲和蛛形纲，大多属于昆虫和螨类，主要为害贮藏食品。

（一）食品害虫的特点及危害

食品害虫种类繁多，分布广泛，抵抗力强，具有耐干燥、耐热、耐寒、耐饥饿、食性复杂、适应力和繁殖力强等特点，而且虫体小，易隐蔽，有些有翅，能进行远距离飞行和传播。因此，食品害虫极易在食品中生长繁殖，尤其是粮食和油料被害虫侵害比较普遍，干果、干菜、鱼干、腌腊制品、奶酪等食品中也有害虫孳生。

昆虫和螨在食品中生长繁殖，可蛀食、剥食、侵食及啜食食品，造成食品数量损失。据 FAO 报道，每年世界不同国家谷物和及其制品在贮藏期间的损失率为9%～50%，平均为20%，主要由鞘翅目和鳞翅目的昆虫为害所致。害虫分解食品中蛋白质、脂类、淀粉和维生素，使其品质、营养价值和加工性能降低。害虫侵蚀食品，遗留有分泌物、虫尸、粪便、蜕皮和食品碎屑，使食品更易污染害虫和微生物。害虫大量孳生时，产生热量和水分，引起微生物增殖，导致食品发热、发霉、变味、变色和结块。另外，苍蝇、蟑螂和螨可携带病原体，通过食品传播疾病，严重危害人体健康。

（二）昆虫的主要类群

昆虫有万种，影响食品安全质量的主要是鞘翅目、鳞翅目、双翅目和蜚蠊目。广泛存在于粮食和其他贮藏食品中的昆虫主要有玉米象、谷蠹、谷斑皮蠹、锯谷盗、赤似谷盗、杂似谷盗、大谷盗、麦蛾、印度谷螟、粉斑螟等，其中玉米象、谷蠹和麦蛾为我国三大仓虫。国内主要检疫的害虫有谷象、蚕豆象、豌豆象和谷斑皮蠹等。

1. 鞘翅目

鞘翅目昆虫俗称甲虫，在我国分布较广，是贮粮害虫中种类最多的一类，易孳生于干燥食品中。

（1）象虫科　象虫科、谷象属中的玉米象、谷象和米象是世界性分布的贮粮害虫，以玉米象为害最大。玉米象在我国各省有分布，是谷类食品最主要的害虫，成虫为害稻谷、玉米、高粱、麦类、花生、豆类及其制品和干果等多种食品，以玉米、小麦和糙米受害最重，幼虫只在粮粒内为害。被害食品中破碎粒和碎屑增加，湿度增大，使螨类和霉菌繁殖，而导致食品发霉变质，危害更大。谷象主要为害小麦、大麦、燕麦、稻谷、玉米、高粱等。米象主要为害各种谷类及其加工制品、豆类、油料和干果等。象虫科害虫种类见图 1 - 32。

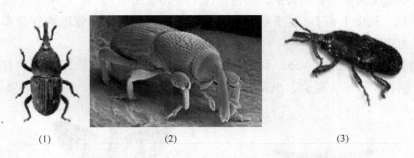

（1）　　　　　　　（2）　　　　　　　（3）

图 1 - 32　象虫科害虫
（1）玉米象；（2）谷象；（3）米象

（2）豆象科　豆象科有58个属，约 1 400 余种，以豆科植物种子为食，严重为害食用豆类，能在蚕豆、豌豆、扁豆、豇豆、菜豆和花生中生长。常见种类有豌豆象、蚕豆象、绿豆象、菜豆象、花生豆象等。蚕豆象于 20 世纪 30 年代日本侵华战争时期随日本的马饲料传入我国，现已遍及国内多个省区，为蚕豆种植业和蚕豆仓库的大害虫，主要为害蚕豆和豌豆，对蚕豆造成的损失达20%~30%。豌豆象俗称豆牛，幼虫主要为害豌豆、蚕豆和杂豆，损失达60%。绿豆象是豆类和莲子的大害虫，尤以绿豆、赤豆和豇豆被害严重，能在田间、加工厂和仓内生长繁殖。豆象科害虫种类见图1-33。

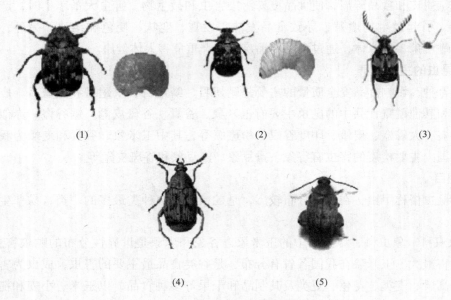

(1)   (2)   (3)

(4)   (5)

图1-33 豆象科害虫

(1) 豌豆象；(2) 蚕豆象；(3) 绿豆象；(4) 菜豆象；(5) 花生豆象

2. 鳞翅目

鳞翅目中蛾类为主要食品害虫，通常出没于干燥食品中。

（1）麦蛾 见图1-34。属于麦蛾科，分布于全球，国内各省区均有分布，以长江以南地区最为普遍，为害严重。

（2）粉斑螟蛾 见图1-35。属螟蛾科，分布于全球，国内除西藏外均有分布。幼虫主要为害稻谷、玉米、高粱、小麦、大麦、豆类、花生、大米、面粉和干果。

图1-34 麦蛾

图1-35 粉斑螟蛾

（3）印度谷螟 见图1-36。属于螟蛾科，分布全球，国内以华北和东北地区特别严重。幼虫为害玉米、小麦、豆类、油料、谷物、谷粉、大米、米面制品、奶粉、糖果、香料、干果、干菜、蜜饯等食品，以禾谷类、豆类、油料及谷粉受害最为严重。

图 1 - 36　印度谷螟

3. 双翅目

双翅目包括蝇、蚊、白蛉、蠓和虻（图 1 - 37），其中蝇的种类很多，呈世界性分布，影响食品安全卫生的主要是丽蝇科和蝇科，以家蝇和果蝇最常见。蝇是多种疾病的传播媒介，某些蝇的幼虫寄生于人体，可引起蝇蛆病。多数蝇类喜舐吸人和动物的排泄物和分泌物、各种腐败食品和新鲜食品，而且摄取食物频繁，边吃边吐边排粪，使体内外携带的病原微生物、寄生虫包囊或虫卵污染食品或食具，从而传播病毒病、细菌病、原虫病和蠕虫病。

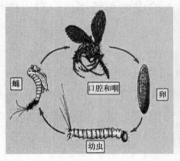

图 1 -37　白蛉（左）、蠓（中）和虻（右）

4. 蜚蠊目

蜚蠊目中的蜚蠊俗称蟑螂，呈世界性分布，是全世界食品厂和饮食服务场所内最常见的一类害虫，约有 4 000 多种。国内有 168 种，其中德国小蠊和美洲大蠊为全国性分布，密度大，危害重。蜚蠊为杂食性昆虫，嗜食饭菜、糕点、水果、白糖和黄豆等新鲜食品，以及变质食品和人类排泄物、昆虫尸体、腐烂物等，在摄取食物时毁坏食品，排粪污染食品。而且蜚蠊常携带志贺菌、伤寒杆菌、霍乱弧菌、沙门菌、变形杆菌、脊髓灰质炎病毒和其他食物中毒病原菌等 50 多种微生物，以及蛔虫卵、钩虫卵、蛲虫卵、阿米巴和贾第虫包囊等，通过接触食品、食具和食品加工用具而传播病原体，危害人类健康。

（三）螨类的主要类群

螨属于蛛形纲、蜱螨螨目，是一群体形微小的节肢动物，肉眼不易观察，共有 5 万多种，其中无气门亚目、前气门亚目和中气门亚目的许多螨类可在谷物、面粉、干果、干肉、干酪、干蛋、干鱼等贮藏食品中生长，危害严重，并有病原性或病媒性。食品中常见的螨类有粉螨、尘螨和革螨等。

1. 粉螨

粉螨如图 1-38 所示，属于粉螨科，为世界性分布，种类很多，孳生于温暖潮湿的场所，主要为害粮食、油料、面粉、饼干、食糖、干果、蘑菇、干酪、腊肉和火腿等食品，常常携带霉菌孢子污染食品，引起食品霉烂及霉菌毒素残留，尤其对花生、玉米及其制品为害严重。粉螨的代谢产物和排泄物具有毒性，如果人与被污染的食品接触可发生皮炎，人误食或吸入后可引起肠道、呼吸道、泌尿生殖道等部位的病变，患者发生螨病，并可引起孕妇流产。

食品中常见的粉螨有腐食酪螨和粗脚粉螨，为世界性分布，主要分布于热带和亚热带，我国各地皆有。腐食酪螨为害脂肪和蛋白质含量较高的贮藏食品，易在蛋粉、干酪、干鱼、干菜、油料、果仁和坚果中生长，也可为害粮食及其制品。粗脚粉螨是最重要的仓储螨类，易为害粮食及其制品。腐食酪螨和粗脚粉螨能在消化道和体外携带霉菌孢子，将霉菌从一个粮堆传播到另一个粮堆，而且可引起人的皮炎和肠螨症，对人体健康危害严重。

2. 尘螨

尘螨（图 1-39）属于蚍螨科，有 30 余种，其中与食品和人类过敏性疾病有关的主要是粉尘螨，常存在于面粉厂、食品仓库，以面粉、棉籽饼和霉菌为食物，常与粉螨孳生一处。尘螨是一种强烈过敏原，对人体健康危害很大，特别是儿童，可引起尘螨性哮喘、过敏性鼻炎和皮炎。

3. 革螨

革螨（图 1-40）属于革螨总科，存在于面粉厂和动物室，可引起革螨皮炎，传播出血热、乙型脑炎和森林脑炎等人兽共患病。

图 1-38　粉螨　　　　　　　图 1-39　尘螨　　　　　　　图 1-40　革螨

四、食品害虫的防治措施

防治食品害虫，必须遵守"以防为主，综合防治"的原则，采用清洁卫生防治、物理与机械防治、生物防治、化学防治、习性防治、检疫防治等措施。

1. 加强食品卫生管理

保持食品加工间和贮藏库清洁卫生和干燥，妥善保藏食品，防止害虫孳生。及时清理垃圾和废弃物，可有效防止苍蝇和蟑螂孳生。使用风幕、纱幕和双道门等会防止苍蝇进入食品加工车间。

2. 防虫、灭虫和灭鼠

使用生物、物理和化学方法杀灭害虫和鼠类。改善仓储条件，控制库内温度、湿度，采用低温贮藏、气调贮藏、辐照技术或药剂熏蒸食品，防治害虫孳生。

3. 加强食品害虫检疫

食品在入库前、贮藏中和进出口时，要进行食品害虫检验检疫。

4. 提高食品质量

保持食品完整、减少杂质、提高食品质量、增强食品抗虫性能，可抑制害虫发生。

小　结

被寄生虫污染的食品和水源、被昆虫污染的粮食均会危害人民身体健康，并导致至少1/5的粮食浪费，因此防止和控制食源性寄生虫和食品害虫在保证食品安全与卫生方面具有重要的意义。通过学习寄生虫和食品害虫的传播途径、流行特征等，学习如何防治寄生虫与食品害虫，是本节的学习重点。

思考题

1. 防止寄生虫污染的主要关键点是什么？

2. 如何贮藏粮食以防止昆虫的污染？其主要措施是什么？

3. 假设你是食品生产厂商，请结合其他专业课内容，简述如何从招聘、选址、采购、生产、贮藏等环节控制风险，防止寄生虫与其他生物性污染。

第二章　食品中化学性污染对食品安全的影响

现代农业和工业的快速发展带动了化学药品和试剂的广泛使用，同时也给食品中引入了大量化学性污染。食品"从农场到餐桌"各环节中产生的化学性污染主要有农药和兽药残留、有毒重金属和环境中污染物等，对食品安全产生重要影响，严重威胁人体健康。因此，学习了解食品中化学性污染相关知识，采取有效措施降低或去除食品中的污染，是实现食品安全的重要保证。

本章将从影响食品安全的农药、兽药、重金属和环境中污染物等几个方面进行阐述，重点介绍食品中主要化学性污染的来源和性质，分析其可能对人类存在的风险危害和控制措施。

第一节　食品原料的农药残留

一、农药的分类

农药是在农业生产中用于保护农作物、林果及其产品免受病菌、害虫和杂草的危害，以及调节植物生长发育的所用药剂的统称。目前，世界各国的化学农药品种有1 400多种，作为基本品种使用的有40种左右。我国2005年超过美国成为世界第一的农药生产大国。

根据农药防治对象不同，可分为杀虫剂、杀螨剂、杀菌剂、除草剂、杀鼠剂、植物生长调节剂等。按其来源不同可分为由矿物原料加工制成的无机农药、用天然植物或微生物加工制成的生物源农药和有机合成农药等。有机合成农药按其化学组成分为有机氯、有机磷、有机氮、有机硫、有机砷、有机汞、氨基甲酸酯、拟除虫菊酯类等。

农药残留是指由于农药的使用而残存于生物体、食品、农副产品、饲料和环境中的农药母体及其具有毒理学意义的衍生物、代谢物、降解物和杂质的总称。

二、农药残留的来源

1. 施用农药直接污染

在农业生产及贮藏过程中，作为食品原料的农作物、农产品和畜禽因直接施用农药而被污染得较为严重，直接施用农药是农药残留的最主要来源，其中以蔬菜和水果所受的污染最为严重。农业生产中农药直接喷洒于农作物的茎、叶、花和果实等表面，造成农产品表面黏附污染和内吸性污染。部分农药被作物吸收进入植株内部，经过生理作用运转到植物的根、茎、叶和果实，代谢后残留于农作物中，尤其以皮、壳和根茎部的农药残留量高。农产品贮藏中施用农药以防治其霉变、腐烂或发芽，如在粮食贮藏中使用熏蒸剂，柑橘和香蕉用杀菌剂，马铃薯、洋葱和大蒜使用抑芽剂等，均可导致食品中农药残留。

2. 周围环境污染

农药喷洒后仅有一部分直接作用于植株，还有将近一半的农药降落在土壤里或挥发在大气中，造成土壤和水源污染，逐渐累积引起农作物和鱼、虾、贝、藻类等水生生物组织内农药残留，进而导致农产品、畜产品和水产品农药残留。

3. 食物链富集污染

环境中农药的残留浓度一般较低，但污染环境的农药经食物链传递时，通过食物链的富集可成千上万倍地提高生物体内的农药残留浓度，且越接近食物链的顶端，农药残留越严重，受到的影响越大，造成食品中农药的高浓度残留。

4. 加工、储运中污染

食品在加工生产和储藏运输过程中使用被农药污染的容器和运输工具，或者与农药混放、混装均可造成农药污染。

5. 意外污染

拌过农药的种子被误食，施用农药时用错品种或剂量而致农药高浓度残留，农药化工厂泄漏等意外事故或人为投毒等均可造成农药污染。

6. 非农用杀虫剂污染

各种驱虫剂、灭蚊剂和杀蟑螂剂逐渐进入食品厂、医院、家庭和公共场所，使人类食品受农药污染的机会增多，范围不断扩大。此外，高尔夫球场和城市绿化地带也经常大量使用农药，经雨水冲刷和农药挥发均可污染环境，进而污染食物和饮用水。

三、食品中常见的农药及其毒性

有机合成农药是农业生产中的主要用药，具有药效高、见效快、用量少和用途广等特点，但其可以污染环境，易使有害生物产生抗药性，对人、畜安全性相对较低。

（一）有机氯农药

有机氯农药主要是以苯为原料或以环戊二烯为原料制成的农药，是一类最早使用的广谱高效杀虫剂。有机氯农药具有高度的物理、化学和生物学稳定性，在自然界不易分解，属高残留品种，具有广谱、高效、残效期长、价廉和急性毒性小等特

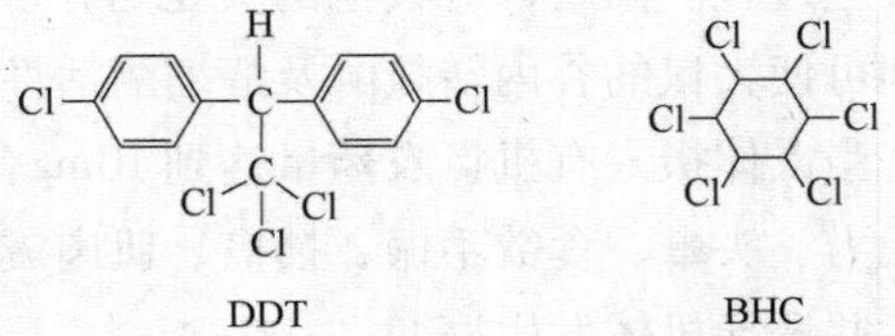

图 2-1　几种有机氯农药的结构

点。以 DDT（滴滴涕，二氯二苯基三氯乙烷）和 BHC（六六六）毒性最强，其次是艾

氏剂、异艾氏剂、狄氏剂、异狄氏剂、毒杀芬、氯丹、七氯、开篷、林丹等。国家已明令禁止使用 BHC、DDT、毒杀芬、艾氏剂、狄氏剂农药。有机氯农药 DDT 和 BHC 的化学结构如图 2 - 1 所示。

1. 理化性质

DDT 和 BHC 具有高脂溶性，不溶或微溶于水，对外界环境及生物体内的蓄积有高度的选择性、多贮存在机体的脂肪组织或结合脂较多的部位。DDT 和 BHC 具有高度的物理、化学和生物学稳定性，在自然界不易分解，在土壤中消失 95% 所需要的时间可达数年甚至数十年。但在碱性环境或在铁、铅和铬等盐类作用下容易分解失效。

2. 污染分布

现在几乎全球任何地区的环境中均可检出有机氯的污染，因此，目前在各类食品中大多可检出不同程度的有机氯残留。有机氯农药因脂溶性强，多蓄积于动植物的脂肪或含脂肪多的组织，特别是在动物性食品如乳制品、畜禽肉、蛋和水产品中残留量较高，显著高于植物性食品。动物性食品中 DDT 和 BHC 残留量顺序一般为蛋类 > 肉类 > 鱼类，植物性食品中 DDT 和 BHC 残留量顺序一般为植物油 > 粮食 > 蔬菜和水果。

3. 体内代谢

有研究发现 DDT 在雌性动物体内的蓄积量高于雄性动物。DDT 进入机体 3h 后在血液中达到高浓度，约有 90% 代谢为其衍生物，其中体内 60% ~ 70% 的 DDT 转变成 1，1 - 双（对氯苯基） - 2，2 - 二氯乙烯（DDE），蓄积在脂肪中，还有部分转变为 2，2 - 双（对氯苯基） - 1，1 - 二氯乙烷（DDD）。它们最终都转变成邻 - （4 - 氯苯基） - 4 - 氯苯乙酸（DDA）由肾脏随尿排出，或与胆汁酸、氨基酸结合通过肠道排出，或随乳汁排出，DDT 仅有 1% 以原形通过肠道排出体外。

4. 对人体的危害

有机氯农药蓄积性强，其远期危害备受人们的关注。随食物摄入人体内的有机氯农药主要在肝、肾、心脏和中枢神经系统中蓄积，可影响机体酶的活性引起代谢紊乱，干扰内分泌功能。有机氯农药大多可以诱导肝细胞微粒体氧化酶类，从而改变体内某些生化反应过程。同时，对其他酶类也可产生影响。如 DDT 可对 ATP 酶产生抑制作用，艾氏剂可使大鼠的谷丙转氨酶及醛缩酶活性增高等。

当人体摄入有机氯农药量达到 10mg/kg 体重时，即可出现中毒症状。人中毒后有四肢无力、头晕、食欲不振、抽搐、肌肉震颤和麻痹等症状。有机氯农药还会损害免疫系统，并诱导机体发生癌变。

（1）急性毒性　DDT 和 BHC 对动物的急性毒性属中毒或低毒。DDT 经口摄入引起的急性中毒，主要表现为中枢神经系统的症状，中毒动物初期出现易激惹性，肌肉震颤，继之出现阵发性及强制性抽搐，最后可因全身麻痹而死亡。中毒死亡的动物可见肝脏肿大、肝细胞脂变和坏死，不同动物还可见到肾、肌肉及胃肠道黏膜坏死等病变。工业品 BHC 引起的急性中毒，其症状类似 DDT，常见有震颤、抽搐、麻痹和虚弱，并伴有刺激性呼吸。BHC 急性中毒致死的尸体解剖发现死者肝脏有严重坏死，肾脏等器官也受到严重损害。

（2）慢性毒性　　DDT 与 BHC 的慢性毒理作用主要是影响神经系统和侵害肝脏，有肌肉震颤、肝肿大、肝细胞变性、中枢神经系统及骨髓障碍等，肾及脑组织的变化以及甲状腺、副甲状腺发生病变也有报道。

（3）致癌性　　有研究报道 DDT 具有致癌性，以 200～800mg/kg 剂量饲料喂大鼠，两年后有肝脏致瘤的趋势。DDT 在体脂中的主要代谢物 DDE 还可能有致畸性。据调查，在使用有机氯农药较多的棉产区，孕妇畸胎率和死胎率比用有机氯农药少的非棉产区均高出 10 倍以上，多种癌症发病率高 1.5 倍。

5. 常见有机氯农药

（1）DDT（滴滴涕）　　DDT 为低毒性杀虫剂，原粉为白色、淡灰色或淡黄色固体，纯品为白色结晶，不溶于水，易溶于某些有机溶剂，对热稳定性好，对酸稳定，在碱性介质中易水解。DDT 降解缓慢，可经食物链的生物富集作用在动植物脂肪中蓄积。

DDT 属神经与实质脏器毒物。中毒症状大多较轻微，主要表现为乏力、失眠、眩晕、恶心、呕吐、腹泻和手指震颤等。长期小剂量摄入或摄入量多时，可造成中枢神经系统、肝脏和肾脏等实质器官损害，发育停滞，体重下降，甚至引起组织细胞畸变、癌变等。

（2）氯丹　　氯丹是一种高效、中等毒性和高残留的杀虫剂，其纯品为无色或淡黄色液体，不溶于水，易溶于有机溶剂，遇碱迅速分解失效。

长期摄入含高残留量氯丹的食品，可导致慢性中毒。轻度中毒时可出现全身不适、乏力、失眠、头疼、眩晕、视力模糊、流涎和呕吐等症状；中度中毒时，还可有腹痛、四肢酸痛、抽搐、震颤、共济失调和呼吸困难等症状；重度中毒可出现体温升高、血压下降、心率紊乱、神经系统兴奋性升高、反射亢进、眼球震颤、昏迷、肺水肿、呼吸衰竭和肝肾损伤等症状。慢性中毒时可发生植物神经紊乱。

（3）林丹　　林丹是一种低毒性农药，其纯品为无色结晶，微溶于水，可溶于大多数有机溶剂。在碱性和酸性条件下不稳定。林丹具有很强的胃毒作用、高触杀性和一定的熏蒸活性，主要用于防治粮食作物、蔬菜、果树、烟草、森林和粮仓等方面的多种病虫害。施用后可在蔬菜、瓜果及粮油等作物中残留。

林丹属于神经和实质脏器毒物。中毒症状大多较轻微，长期摄入可损害中枢神经系统及肝脏组织，出现神经衰弱症状，多发性神经炎，肝、肾功能损害，贫血、淋巴细胞减少等症状。

6. 使用情况

2009 年 4 月 16 日，环境保护部会同发展和改革委员会等 10 个相关管理部门联合发布公告，决定自 2009 年 5 月 17 日起，禁止在我国境内生产、流通、使用和进出口滴滴涕（DDT）、氯丹、灭蚁灵及六氯苯（DDT 用于可接受用途即用于疟疾防治除外）。

（二）有机磷农药

图 2-2　有机磷农药的结构通式

有机磷类农药多为广谱、高效和低残留的杀虫剂，大部分为磷酸酯类或硫代磷酸酯类化合物，在分子结构中含有多种有机官能团，可构成不同的有机磷农药，其结构通式如图 2-2 所示。图中 R 多为甲基或乙基，X 为氧（O）或硫（S）原子，R_1 为烷氧基、苯氧基或其他更复杂的取代基团。

有机磷类农药由于其杀虫效果显著，在作物中残留时间短，不易在生物体内蓄积，在环境中降解迅速，得到了广泛的应用，目前是我国使用量最大的一类农药。由于大量广泛用于农作物的杀虫、杀菌和除草，因此植物性食品（粮谷、薯类和蔬果类）中均可发生此类农药残留，尤其是含有芳香物质的水果和蔬菜等，污染比较严重，且残留量也高。

有机磷农药中属高毒性的主要有对硫磷、内吸磷、甲拌磷、甲胺磷、久效磷等；中等毒性有敌敌畏、乐果、甲基内吸磷、倍硫磷、二嗪磷等；低等毒性有马拉硫磷、杀螟硫磷、乙酰甲胺磷和敌百虫等。甲胺磷急性毒性强，属高毒低残留农药，其残留期一般为 15～30d，不允许用在蔬菜作物上，但由于滥用造成的残留问题比较突出。为此，农业部发出通知，从 2007 年 1 月 1 日起，对甲胺磷、对硫磷、甲基对硫磷、久效磷和磷胺 5 种高毒高残留有机磷农药在国内全面禁销禁用，所有含甲胺磷等 5 种高毒有机磷农药产品的登记证和生产许可证（生产批准证书）都已撤销，仅保留出口和应急所需的生产能力。

1. 理化性质

有机磷农药除敌百虫外，多为无色或黄色的油状液体，微溶于水，易溶于有机溶剂或动植物油，具有挥发性和大蒜臭味，化学性质不稳定，毒性大。对光、热和氧较稳定，遇碱易分解，降解半衰期一般在几周至几个月，曾认为无论在土壤或水体中的作物上和动物体内，都能较快地分解，不致长期残留；但有研究表明，在某些环境条件下也会有较长的残存期，并在动物体内产生蓄积作用。

2. 降解性

有机磷农药的降解速度受许多外界条件的影响。温度越高，降解速度越快，酸度的影响也十分显著。除某些特殊情况，有机磷酸酯类化合物一般在酸性介质中降解速度较慢，在碱性介质中降解较快。

许多有机磷农药在氧化剂作用下或生物酶的催化作用下易被氧化，生成的氧化产物一般具有较高的水溶性、内吸性和较强的毒性。有机磷农药加热在200℃即发生分解。

3. 体内代谢

有机磷农药可经呼吸道、皮肤、黏膜及消化道侵入人体，进入机体后可通过血液、淋巴迅速分布全身各组织器官，经6～12h后血中浓度达到高峰，其中以肝脏含量最高，其次为肾、肺和脾。逐渐分解至24h后已经很难查出，48h内可完全消失。

4. 对人体的危害

有机磷酸酯为神经毒素，中毒以急性中毒为主，中毒作用机制主要是抑制体内的胆碱酯酶进行水解乙酰胆碱的活性，导致乙酰胆碱在体内大量积聚形成乙酰胆碱中毒，从而引发相应的神经系统功能紊乱。

（1）急性中毒　主要出现中枢神经系统功能紊乱症状，主要表现为：①轻度中毒：血中胆碱酯酶活力下降20%～30%，头晕、无力、多汗、胸闷、恶心、食欲不振和瞳孔缩小；②中度中毒：血中胆碱酯酶活力下降50%～75%，除上述症状加重外，还有流涎、大汗、呕吐、腹痛、腹泻、气管分泌物增多、神志不清和肌肉纤颤；③重度中毒：血中胆碱酯酶活力下降75%以上，表现为语言失常、瞳孔缩小、肌肉痉挛、紫绀、肺水肿、大小便失禁和呼吸麻痹甚至窒息死亡。

（2）慢性中毒　某些有机磷农药具有迟发性神经毒性，可使急性中毒患者在"康复"之后又发生肌肉无力、下肢发软、共济失调和记忆力减退等症状，重者可导致永久性肢体瘫痪，可伴有脑神经损坏，有些病程可持续多年。

5. 常见有机磷农药

（1）高毒性有机磷农药

①对硫磷：对硫磷又名一六〇五，为无色无臭液体或白色针状结晶，不溶于水，易溶于有机溶剂，是一种高效高毒的广谱杀虫剂，有触杀、胃毒和熏蒸作用。10～20mg对硫磷纯品即可引起成人死亡，几毫克即可导致儿童死亡。对硫磷污染食品后，可经口进入人体而引起中毒。虽然对硫磷对胆碱酯酶只有轻度抑制作用，但被机体吸收后，其可发生氧化而产生对氧磷，后者可对胆碱酯酶产生强烈的抑制作用，因此临床中毒的潜伏期和病程较长。

②甲基对硫磷：甲基对硫磷又名甲基一六〇五，纯品为无色无味的白色晶体，微溶于水，易溶于芳烃，也是一种高效高毒的有机磷杀虫剂，其残效期比对硫磷短。中毒者主要表现为头痛、恶心、呕吐、多汗、流涎、无力、兴奋和幻觉等精神症状。长期摄入可发生慢性中毒，表现为胆碱酯酶活性持续地显著下降，并出现不同程度的植物神经调节障碍，如迷走神经兴奋性增高等。少数中毒者可产生迟发性神经损伤，主要表现为下肢共济失调、肌无力与食欲丧失等。严重者症状可持续发展，出现下肢麻痹。

③内吸磷：内吸磷又名一〇五九，为无色黏稠液体，有大蒜臭味，微溶于水，易溶

于甲苯、乙醇和丙二醇等有机溶剂，是一种高毒性农药，用于防治蚜虫、红蜘蛛和线虫等效果较好。施用后，可在粮食、棉花等作物上发生内吸磷残留。经呼吸道、消化道和皮肤吸收而进入人体，食入后可发生急性中毒。严重急性中毒者可出现中毒性肝炎、阵发性房颤及精神后遗症。本品在作物上的残效期比一般有机磷杀虫剂长，一般不用于蔬菜、烟和茶等作物上。

④久效磷：纯品久效磷为白色结晶，溶于水、醇和丙酮等，不溶于石油醚，是一种高毒农药，具有触杀和内吸作用，主要用于防治棉花、水稻和烟草的病虫害。食品中久效磷残留进入机体后，可抑制胆碱酯酶活性而引起中毒，主要有头晕、多汗、流涎、瞳孔缩小和呼吸道分泌液增多等症状，重者可发生肺水肿。

（2）中等毒性有机磷农药

①敌敌畏：敌敌畏为无色略带芳香味的油状液体，微溶于水，易溶于有机溶剂，中等毒性，兼有熏蒸、胃毒和触杀作用的广谱杀虫剂，主要用于粮谷、薯类和蔬果等作物的病虫害防治及仓库、室内杀虫。因此，粮谷、薯类和蔬果等食品均可能产生农药残留。敌敌畏一次性大剂量摄入可发生严重的急性中毒，因其化学性质不稳定、分解快、残留时间极短，慢性中毒较少见。

②倍硫磷：倍硫磷为无色液体，难溶于水，易溶于有机溶剂，是一种中等毒性的高效、广谱有机磷杀虫剂，残效期长。主要用于防治蔬菜、水稻、豆类、果树和棉花的虫害。对于蚊蝇等卫生害虫也有良效，常用于疟区灭蚊。蔬菜、水果、粮食等因污染倍硫磷而发生残留，摄入其污染的食品后可引起中毒。倍硫磷为间接胆碱酯酶抑制剂，中毒症状出现较晚，持续时间长。慢性中毒可引起神经衰弱综合征及迷走神经兴奋。

③乐果：乐果为白色有光泽的针状结晶，微溶于水，易溶于有机溶剂，是一种高效、低毒和低残留农药，对害虫有触杀和内吸作用。主要用于蔬菜、果树、茶、棉花及油料作物，防治多种刺吸和咀嚼口器的害虫。施用乐果后，水果、蔬菜及油料作物中有微量残留，通过食品摄入较多时可引起中毒。进入人体内的乐果氧化后可成为氧化乐果，毒性增加。中毒后可出现头痛、乏力、恶心等症状。与其他农药混用时，毒性会增加。

（3）低等毒性有机磷农药　主要有马拉硫磷、乙酰甲胺磷、杀螟硫等。

（三）氨基甲酸酯类农药

20世纪70年代以来，由于有机氯农药受到禁用或限用，且抗有机磷农药的昆虫品种日益增多，针对有机磷农药的缺点而研制出了氨基甲酸酯类农药。氨基甲酸酯类农药克服了有机氯农药高残留和有机磷农药耐药性的缺点，广泛用于杀虫、杀线虫、杀菌和除草等方面。

氨基甲酸酯类农药具有速效、低毒、易分解和低残留的特点，在环境和生物体内易分解，不易蓄积，在食品中大多数氨基甲酸酯农药残留量很低，除了特殊情况外，一般含量均不超过国家含量标准，被认为是理想的有机氯农药取代剂之一。这类农药被微生物分解后产生的氨基酸和脂肪酸，还可作为土壤微生物的营养来源，促进微生物的繁殖，同时还可提高水稻的蛋白质和脂肪含量，改善大米品质。

1. 理化性质

氨基甲酸酯为氨基甲酸的 N – 甲基取代酯类，其结构通式如图 2 – 3 所示，其中 R_1、R_2 和 X 可为烷基或芳香基，组成的差异决定着不同的用途。因此，氨基甲酸酯类农药可分为两类：一类为具 N – 烷基的化合物，用作杀虫剂；另一类为 N – 芳香基的化合物，用作除草剂。

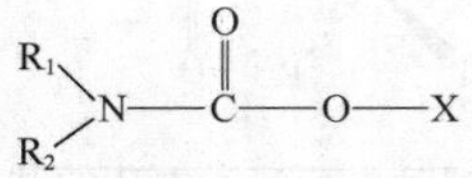

图 2 – 3 氨基甲酸酯类农药的结构通式

多数氨基甲酸酯类农药的纯品为无色或白色结晶，在水中的溶解度小，约为 50mg/L，易溶于多种有机溶剂，只有少数如涕灭威、灭多虫等例外；一般没有腐蚀性，其贮存稳定性很好，在室温下对光、热及酸性物质以及空气中氧气的作用比较稳定，但在水中能缓慢分解，提高温度或在碱性条件时分解速度加快。

2. 体内代谢

氨基甲酸酯类农药在农作物上的残留时间一般是4d，最多不超过14d，残留量很低，半衰期短。氨基甲酸酯类在体内分解和代谢的速度快，水解成氨基甲酸及其他含碳基团，最终氧化成 CO_2。其原形及其代谢产物以游离状态或与硫酸根、葡萄糖醛酸结合的形式通过尿液排泄，代谢产物较原形的毒性低。氨基甲酸酯类农药代谢迅速，一般在24h 内可排出摄入量的 70% ~80% 。

3. 对人体的危害

氨基甲酸酯类农药在体内的降解速度快，一般在体内不蓄积，因此它们的毒性作用以急性毒性为主。氨基甲酸酯类农药中涕灭威、克百威的急性毒性较大，属高毒农药，不得用于蔬菜、果树、茶叶、中草药材上。西维因和速灭威为中毒农药。急性中毒时患者出现精神沉郁、流泪、肌肉无力、震颤、痉挛、呼吸困难和心功能障碍等症状，但恢复较快，一般在24h 内完全恢复（极大剂量中毒者除外），无后遗症。据推断氨基甲酸酯类农药慢性毒性具有致癌、致畸和致突变作用，但还有待近一步研究证实。

（四）拟除虫菊酯类农药

拟除虫菊酯是一类模拟文菊花中天然成分除虫菊酯的化学结构而合成的仿生农药，其结构通式如图 2 – 4 所示。根据结构式可知拟除虫菊酯分子结构的共同特点之一是含有数个不对称碳原子，因而包含多个光学和立体异构体，这些异构体又具有不同的生物活性，其杀虫效果也不相同。目前拟除虫菊酯类农药已有近千个品种，其中效果较好的有20 多种。

拟除虫菊酯类农药具有广谱、高效、低毒和低残留的特点，因而被广泛使用，是近

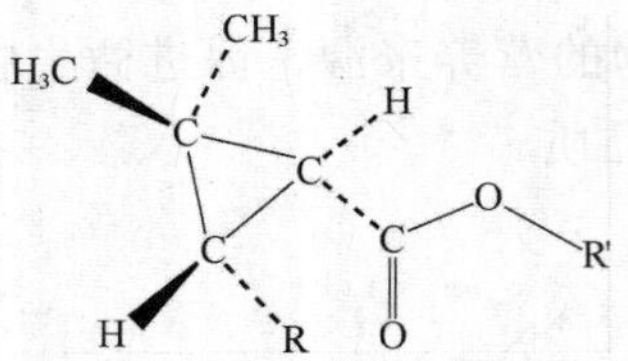

图2-4 拟除虫菊酯类农药的结构通式

年发展较快的农药。主要有氯氰菊酯、溴氰菊酯（敌杀死）、氰戊菊酯、甲氰菊酯等，被广泛用于蔬菜、水果、粮食、棉花和烟草等农作物。

1. 理化性质

拟除虫菊酯类农药大多以无色晶体的形式存在，一部分为较黏稠的液体。在水中的溶解度小，可溶于多种有机溶剂。在酸性条件下比较稳定，在碱性介质中易分解。拟除虫菊酯农药在环境和人体内易降解，对哺乳动物的毒性较小，但对鱼类、贝类等水生生物毒性大，生产A级绿色食品时，禁止用于水稻和其他水生作物。

2. 对人体的危害

拟除虫菊酯类农药属中等毒性或低毒性。拟除虫菊酯农药污染食品后，经消化道进入机体，被吸收后可迅速分布到全身各组织器官，其中在中枢神经系统的含量较高。该类农药在体内代谢较快，主要通过尿液和粪便排出体外。几乎没有生物蓄积效应，一般对人的毒性不强。人的急性中毒多因误食或在农药生产和使用中接触所致，中毒后主要表现为神经系统障碍相关症状。

拟除虫菊酯类农药属于中枢神经毒物。中毒者可出现头痛、乏力、流涎、惊厥、抽搐、痉挛、共济失调、呼吸困难、血压下降、恶心和呕吐等症状。该类农药还具有致突变作用。

3. 常见拟除虫菊酯类农药

（1）氯苯醚菊酯 氯苯醚菊酯为低毒性农药，纯品为无色结晶，难溶于水，可溶于丙酮、乙醇、乙醚和二甲苯等有机溶剂，在碱性介质中能水解。该类农药杀虫力强，击倒迅速，残效期长，主要用于防治棉花、蔬菜、茶叶、果树、烟草和小麦中的害虫。中毒者主要表现为头痛、恶心、呕吐、腹痛、腹泻、血便、血尿、抽搐等，有的个体可在食入后十几分钟即表现出中毒症状。

（2）溴氰菊酯 溴氰菊酯为中等毒性农药，其原药为白色粉末，难溶于水，溶于丙酮及二甲苯等有机溶剂。主要用于防治农作物病虫害、仓储及生活害虫，对家畜体外寄生虫也有良好的防治效果。人食入污染严重的食品后，局部皮肤黏膜可出现烧灼感、刺痛、瘙痒和红肿，水洗后加重。伴有头痛、头晕、流涎、呕吐、肌肉震颤和视力模糊等症状。严重者可出现肺水肿、昏迷、抽搐和痉挛。特别严重者可出现强直性抽搐，因呼吸困难、循环障碍而死亡。

（五）有机砷农药（已禁止使用）

我国使用的有机砷类农药主要是用于防治水稻纹枯病的稻脚青（甲基胂酸锌）农药，如果频繁高剂量使用，不仅会造成水稻药害，而且污染土壤，在稻谷中残留，影响人畜安全。

砷在体内排泄很慢，有蓄积作用，但较汞低，主要蓄积于毛发，其次为肾、肠和淋巴，可引起慢性中毒，大部分砷随粪尿排出体外。有机砷进入人体后可被还原成三价砷而增加毒性作用，也可能引起癌症。

随着我国农药管理工作重点由质量、效果向食品安全和环境安全管理的转移，含砷农药对农产品质量安全和生态环境具有潜在风险被禁用已然成为大势所趋。含砷农药福美胂和福美甲胂产品已撤销登记，标志着有机砷类农药将彻底退出农药历史舞台。

（六）有机汞农药

农业生产中使用的有机汞农药主要是用于防治稻瘟病及麦类赤霉病，对高等动物均具有剧毒，在土壤中残留的时间很长，半衰期可达10~30年，是污染环境、造成食品残毒的主要农药。

常用的有机汞农药品种有西力生（氯化乙基汞）、赛力散（醋酸苯汞）、富民隆（磺胺汞）和谷仁乐生（磷酸乙基汞）。

有机汞对人的毒性，主要是侵犯神经系统和肝脏，不仅能引起急性中毒，而且可在人体内蓄积，长期不能排出，从而造成慢性中毒。特别是西力生和谷仁乐生等烷基汞的毒性最强，95%以上可通过肠道被吸收，在生物体内与血液中的红细胞结合，与含—SH蛋白质有很强的结合力。

有机汞农药于20世纪70年代就已禁止使用，并已停止生产。

四、控制食品中农药残留的措施

1. 加强农药生产经营管理

我国很重视农药的生产和经营管理，逐步加强了农药管理的法制化和规范化。其中农药登记制度是农药管理的核心制度，其他各项立法要素都以农药登记为核心加以开展。我国先后发布了《农药登记规定》（1982年）、《中华人民共和国农药管理条例》（1997年）、《国务院关于修改〈农药管理条例〉的决定》（2001年）等文件。根据《农药管理条例》（正式）规定，由农业行政主管部门实行农药的监督管理工作，实行农药登记制度、农药生产许可证制度、产品检验合格证制度和农药经营许可证制度，未取得农药登记和农药生产许可证的农药不得生产、销售和使用。

2. 科学合理使用农药

农药的使用必须严格按照《农药安全使用规定》（1982年）、《农药安全使用标准》（GB 4285—1989）和《农药合理使用准则》（GB/T 8321.1—2000）等国家标准和相应行业标准规定执行，严格控制施药量和安全间隔期，以免产生药害。严禁在蔬菜、水果和茶叶等农产品的生产中使用高毒、高残留的农药。为了合理安全使用农药，各级政府也纷纷出台政令，停止生产和使用部分剧毒、高毒农药。

3. 完善标准，加强农药残留限量监控

我国政府非常重视食品中的农药残留，制定了食品中农药残留限量标准和相应的残留限量检测方法，确定了部分农药的 ADI 值，并对食品中的农药进行监测；正在进一步完善和修订农产品和食品中农药残留限量标准，健全各级食品卫生监督检验机构，加强食品卫生监督管理工作，建立先进的农药残留分析监测系统，加强食品中农药残留的风险分析。

4. 合理加工烹调，降低农药残留

农产品中的农药主要残留于粮食糠麸、蔬菜表面和水果表皮，在加工或烹调时可用洗涤、浸泡、去壳、去皮、加热和生物酶等处理方法予以减少或消除。

5. 其他控制措施

农药的残留在很多的食品原料或产品中都有，大力开发农残快速检测方法、开发高效低毒低残留及在环境中不持久存在的农药新品种仍将是未来一段时间主要的任务，同时积极研制和推广使用低毒、低残留和高效的农药新品种，尤其是开发和利用生物农药，逐步淘汰传统农药。此外，还须加强农药在贮藏和运输中的管理工作，防止农药污染食品，或者被人畜误食，避免中毒的发生。

第二节　食品原料的兽药残留

一、兽药的分类

兽药在狭义上是指用于预防和治疗畜禽疾病的药物，广义上一些化学的、生物的药用成分被开发成具有某些功效的动物保健品或饲料添加剂，也属于兽药的范畴。这些兽药主要用于防病治病、促进生长、提高生产性能和改善动物性食品的品质等。

兽药残留是指给动物使用兽药或饲料添加剂后，动物产品的任何可食部分所含兽药的母体化合物及（或）其代谢物，以及与兽药有关的杂质。所以兽药残留既包括原药，也包括药物在动物体内的代谢产物和兽药生产中所产生的杂质。

兽药在动物体内的残留量与兽药种类、给药方式及器官和组织的种类有很大关系。不同种类药物的理化性质不同，而且药物经生物转化后的代谢产物也极为复杂，因而动物组织中的药物残留组分也各不相同。在动物性食品中游离的原药及其代谢物是对人体而言最为重要的兽药残留。

目前对人畜危害较大的兽药及药物饲料添加剂主要有：①抗生素类药物：用于防治动物传染病，如氯霉素、四环素、土霉素和青霉素等；②磺胺类药物：用于抗菌消炎，如磺胺嘧啶、磺胺脒和磺胺甲基异恶唑等；③硝基呋喃类药物：用于抗菌消炎，如呋喃唑酮、呋喃西林和呋喃妥因等；④抗寄生虫类药物：用于驱虫或杀虫，如左旋咪唑、苯并咪唑、克球酚和吡喹酮等；⑤激素类药物：用于提高动物的繁殖和生产性能，如己烯雌酚、孕酮、睾酮和雌二醇等。

二、兽药残留的来源

为了预防和治疗畜禽疾病、促进动物生长，动物饲养中使用兽药和饲料添加剂都可能使动物体内引入兽药。动物养殖过程中用药不当是食品中兽药残留超标的最主要原因，动物性食品中兽药残留来源大致有以下几个方面。

1. 违规使用违禁或淘汰药物

如 β - 兴奋剂（如瘦肉精）、类固醇激素（如己烯雌酚）和镇静剂（如氯丙咳、利血平）等是常见的滥用违禁药品。

2. 滥用或乱用兽药

我国养殖业存在着滥用新的或高效兽药，还大量使用人用药物；随意加大药物用量或把治疗药物当作添加剂使用，实行药物与口粮同步；由于耐药菌的存在，不仅任意加大剂量，而且还任意复配使用；有时甚至把治疗量当作添加量长期使用。这些滥用或乱用兽药行为均可造成动物性食品中兽药残留超标。

3. 不按规定执行应有的休药期

畜禽屠宰前或畜禽产品出售前需停止兽药和药物添加剂，通常规定的休药期为 4 ~ 7d，经过停药期的休养，畜禽可通过新陈代谢将大多数残留的药物排出体外，使药物的残留量低于限量。而相当一部分养殖场（户）使用含药物添加剂的饲料后很少按规定执行休药期，也有个别养殖场（户）屠宰前使用兽药用来掩饰有病畜禽临床症状以逃避宰前检验，均造成了严重的兽药残留问题。

4. 加工过程污染导致药物残留

部分食品生产者在加工贮藏过程中，非法使用抗生素以达到灭菌、延长食品保藏期的目的，也可导致兽药在食品中残留；食品在生产、加工、运输和贮藏过程中因意外情况导致食品被未妥善保存的兽药污染等，都可能造成最终食品的兽药残留超标。

三、食品中常见的兽药及其毒性

（一）抗生素类药物

1. 概述

抗生素类药物来自细菌的代谢物或通过化学合成制得，会有选择性地抑制致病微生物的生长，尤其是细菌，从而用于防治动物的传染病。抗生素药物是临床应用最多的一类抗菌药物，根据用途可分为两类：作为临床治疗用药而短期使用的抗生素，主要品种有青霉素类、四环素类、杆菌肽、庆大霉素、链霉素、红霉素、新霉素和林可霉素等；作为饲料添加剂低水平连续饲喂的抗生素，主要品种有盐霉素、马杜霉素、黄霉素、土霉素、金霉素、潮霉素、伊维菌素、庆大霉素和泰乐菌素等。

抗生素对食品安全的危害主要是在动物饲料中不合理地使用抗生素，致使细菌产生抗药性，同时造成食物中抗生素残留。抗生素作为饲料添加剂长期应用较为普遍，极容易在动物体内蓄积，造成兽药残留。

2. 常见抗生素

抗生素根据化学结构可分为β-内酰胺类、胺苯醇类、大环内酯类、氨基糖苷类和四环素类等几大类，下面对这几类常用抗生素的性质做以简单介绍。

（1）β-内酰胺类抗生素 β-内酰胺类抗生素是指分子结构中含有β-内酰胺环的一类抗生素。根据β-内酰胺环是否连接有其他杂环及其连接杂环的化学结构差异，该类抗生素又分为青霉素类、头孢菌素类以及非典型的β-内酰胺类抗生素。常见的β-内酰胺类抗生素的化学结构如图2-5所示。

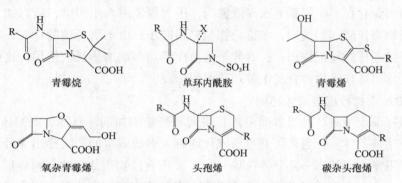

图2-5 常见的β-内酰胺类抗生素的化学结构

β-内酰胺类抗生素是发展最早、临床应用最广、品种数量最多和近年研究最活跃的一类抗生素，包括天然青霉素、半合成青霉素、天然头孢菌素、半合成头孢菌素以及一些新型的β-内酰胺类。β-内酰胺类抗生素多为有机酸性物质，具有旋光性，难溶于水，与无机碱或有机碱生成盐后易溶于水，但难溶于有机溶剂，分子结构中的β-内酰胺环不稳定，可被酸、碱、某些重金属离子或细菌的青霉素酶所降解。

（2）胺苯醇类抗生素 胺苯醇类抗生素包括氯霉素及其衍生物，如甲砜霉素、氟苯尼考、琥珀氯霉素、棕榈氯霉素和乙酰氯霉素等，其中氯霉素、甲砜霉素和氟苯尼考为这类抗生素的代表性药物。常见的胺苯醇类抗生素结构式如图2-6所示。

氯霉素　　　　　　氟苯尼考　　　　　　甲砜霉素

图2-6 常见的胺苯醇类抗生素的化学结构

胺苯醇类抗生素易溶于甲醇、乙腈等有机溶剂，微溶于水。它们具有广谱抗菌作用，其中氯霉素的化学结构含有对硝基苯基、丙二醇与二氯乙酰胺三个部分，分子中还含有氯，可干扰蛋白质的合成，属抑菌性广谱抗生素。氯霉素对伤寒杆菌、流感杆菌、副流感杆菌和百日咳杆菌的作用比其他抗生素强，但是多种细菌都对氯霉素产生了耐药性。其中以大肠杆菌、痢疾杆菌和变形杆菌等的耐药性较强。

（3）大环内酯类抗生素　大环内酯类抗生素是由两个糖基与一个巨大内酯结合而成的一大类抗生素的总称，其对革兰阳性菌和支原体有较强的抑制作用。该类抗生素广泛用于畜禽细菌性和支原体感染的治疗及动物促生长。代表品种有红霉素、竹桃霉素、螺旋霉素和吉他霉素等及其衍生物，动物专用品种有泰乐菌素等。红霉素 A 的结构式如图2-7所示。

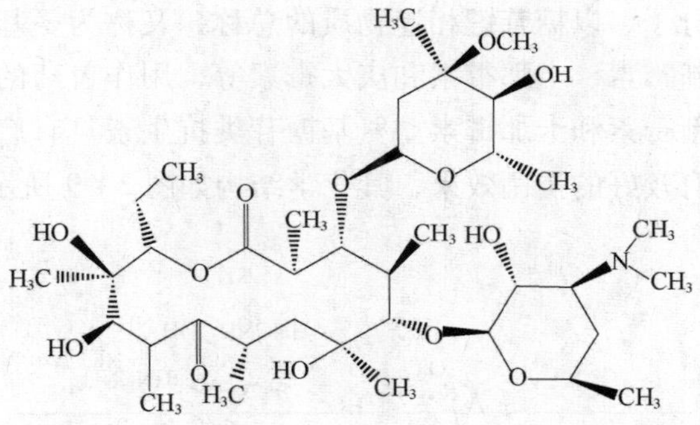

图2-7　红霉素 A 的分子结构

大环内酯类抗生素均为无色、弱碱性化合物，易溶于酸性水溶液和极性溶剂，如甲醇、乙腈和乙酸乙酯等。在干燥状态下相当稳定，但其水溶液稳定性差。大环内酯类抗生素口服吸收良好，由于其具有弱碱性和脂溶性，在组织中的浓度较血浆中的高。大环内酯类抗生素在组织中浓度的一般顺序为肝＞肺＞肾＞血浆，肌肉和脂肪中浓度最低。由于大环内酯类抗生素大部分原形药物或其代谢产物经胆汁排泄，所以胆汁中浓度较组织中高数十倍至上百倍。给药的途径对残留药物的分布也有影响，如泰乐菌素口服时在肝组织中残留水平最高，而注射时在肾组织中残留水平最高。

（4）四环素类抗生素　四环素类抗生素是一类具有菲烷结构的广谱快效抑菌剂，主要有金霉素（又称氯四环素）、土霉素（又称为地霉素或氧四环素）和四环素等，高浓度时有杀菌作用，对多种革兰阳性菌和革兰阴性菌以及立克次体属、支原体属、螺旋体等均有较好的抗菌效果，其基本结构式如图2-8所示。

四环素类抗生素为黄色结晶性粉末，味苦，在醇（如甲醇和乙醇）中的溶解性较好，而在乙酸乙酯、丙酮和乙腈等有机溶剂中溶解性较差；是酸、碱两性化合物，易溶于酸性或碱性溶液。四环素类抗生素在干燥条件下比较稳定，但遇光易变色；在弱酸性

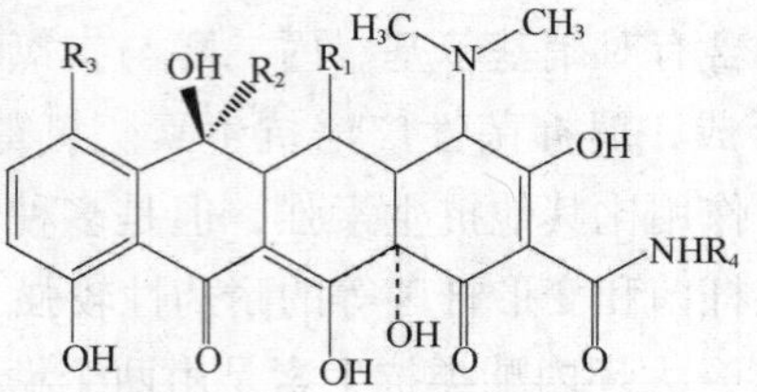

图2-8 四环素类抗生素的基本化学结构

溶液中相对稳定；在酸性溶液中（pH<2）易脱水，反式消除生成橙黄色脱水物，抗菌活性减弱或完全消失；在碱性（pH>7）条件下，可开环生成具有内酯的异构体。

（5）氨基糖苷类抗生素　氨基糖苷类抗生素是一类分子结构中含有一个氨基环己醇和一个或多个氨基糖分子、以糖苷键相连物质的总称，又称为氨基环醇类化合物。该类抗生素包括链霉素、新霉素、卡那霉素和庆大霉素等，用作兽药的主要有链霉素、双氢链霉素、庆大霉素、新霉素和卡那霉素。氨基糖苷类抗生素具有广谱抗菌性，对革兰阴性菌和革兰阳性菌都有较好的抗菌效果，其化学结构如图2-9所示。

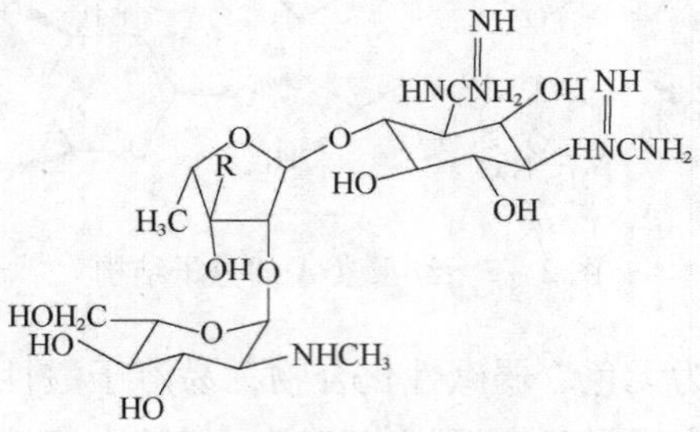

R=CHO，链霉素；R=CH₂O，双氢链霉素

图2-9 氨基糖苷类抗生素的基本化学结构

氨基糖苷类抗生素属于碱性化合物，水溶性好，难溶于有机溶剂，化学性质稳定。该类化合物多为结构差异性小的化合物的混合物，如庆大霉素由氨基糖基团甲基化程度不同的三种化合物组成，新霉素由立体化学异构的化合物组成。

3. 对人体的危害

一般而言动物性食品中残留的抗生素对人并不表现出急性毒性作用，但如果长期摄入低剂量的含抗生素类兽药残留的肉、蛋、奶、鱼类等动物性食品，对人体的危害较大，一定时间后抗生素可能在人体内蓄积而导致各种慢性毒性作用，主要危害如下。

（1）一般毒性作用　抗生素类药物在机体的各个系统、器官、组织的亲和能力不同，其毒性表现也不同。多数抗生素停止摄入后，其导致的毒性反应可以逐渐消退。但有的抗生素的毒性作用是不可逆的，如链霉素对儿童的致聋作用，停止链霉素摄入后，其对听力的损害作用不可恢复。

长期食入氯霉素残留的动物性食品，由于它可以破坏人体的骨髓造血功能，导致食入者发生不可逆的再生障碍性贫血和可逆性的粒细胞减少症等疾病。如果人体内氯霉素残留过高，还可能导致肝衰竭而死亡。儿童如果长期摄入氯霉素残留食品，可能出现致命的"灰婴综合征"。长期食入四环素类药物还能与骨骼中的钙结合，抑制骨骼和牙齿的发育，可造成妊娠期妇女严重的肝损伤，甚至死亡。有研究发现土霉素可导致肝脏肿大、黄疸和脂肪肝等。红霉素、泰乐菌素等易导致肝损害和听觉障碍；链霉素、庆大霉素和卡那霉素等氨基糖苷类抗生素共有的毒副作用是耳毒和肾脏毒，可能导致食用者晕眩和听力减退，它们还能透过血–胎屏障直接损害胎儿的听觉，还会损伤肾脏近曲小管上皮细胞，出现蛋白尿、管型尿、血尿甚至无尿，导致肾功能失调。

（2）引发超敏反应　青霉素类是最容易引发超敏反应的一类抗生素。青霉素作为一种半抗原进入机体后与体内蛋白质结合成完全抗原，刺激机体产生 IgE。IgE 吸附到肥大细胞与嗜碱性粒细胞上。当青霉素再次进入机体后与肥大细胞和嗜碱性粒细胞上 IgE 结合致脱颗粒释放生物活性介质。释放的介质作用于效应的靶器官与组织，引起平滑肌收缩，小血管通透性增加、扩张，腺体分泌增加，临床上出现以血压下降为主的过敏性休克的表现。轻者表现为接触性皮炎和皮肤反应，严重者可表现为致死性过敏性休克。这主要是由于用青霉素类药物治疗奶牛、羊乳房炎和动物的全身性感染时不遵守弃乳期或休药期的要求，造成乳或动物性食品中药物残留而引起的。

四环素、链霉素的超敏反应比青霉素低，过敏发生率低于青霉素。但四环素可引起Ⅰ型超敏反应，即过敏和荨麻疹，四环素类抗生素所致的过敏性休克、哮喘和紫癜等也偶有发生。极度敏感的人可能出现过敏性休克，表现为头昏、无力、面色苍白、出汗和昏迷等，甚至死亡，但其发生率极低。

（3）导致耐药菌株形成　动物频繁地摄入某种抗菌药物后，体内将有一部分敏感菌株逐渐产生耐药性，形成耐药菌株。这些耐药菌株可通过动物性食品进入人体，当人发生某些感染性疾病时，就会给临床治疗带来一定的困难。长期食用低剂量的抗生素能导致金黄色葡萄球菌耐药菌株的出现，也能引起大肠杆菌耐药菌株的产生。

（4）破坏肠道微生态环境，造成正常菌群失调，导致二重感染　长期摄入抗生素类残留超标的动物性食品后，人体内的敏感菌将受到抑制，非敏感菌可大量繁殖生长，引发二次感染；有些能够合成人体所需 B 族维生素和维生素 K 的有益菌群被破坏，可引起长期腹泻或维生素缺乏症。

（二）激素类药物

1. 概述

激素是由机体分泌的可影响其功能活动并协调机体各部分作用的特种有机物，主要用于提高动物繁殖性能、促进动物体生长、加速催肥和增加瘦肉率等生理效应。激素类药物按化学结构可分为固醇或类固醇和多肽以及多肽衍生物两类，按来源可分为天然激素和人工合成激素。

激素残留是指在畜牧业生产中应用激素作为动物饲料添加剂或埋植于动物皮下，达到促进动物生长发育、增加体重和肥育的目的而导致所用激素在动物性食品中残留。由于激素类药物残留在动物性食品中导致的中毒事件频繁发生，我国农业部规定，禁止使用所有激素类及有激素类作用的物质作为动物促生长剂使用。

2. 常见激素及其危害

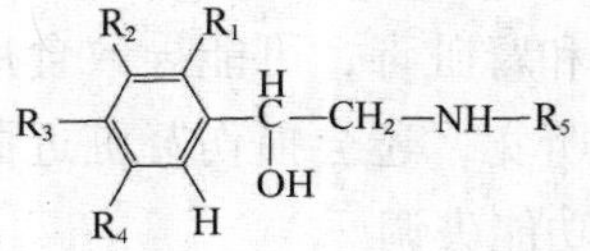

（1）β－受体激动剂　β－受体激动剂又称β－兴奋剂，是一组化学结构和药理性质与肾上腺素相似的化合物，属拟肾上腺素类药物，因其能与动物机体内绝大多数组织细胞膜上的β－受体结合而得名。β－兴奋剂的基本结构如图2－10所示。

图2－10　β－兴奋剂的基本结构

国内外常用的β－兴奋剂主要有克伦特罗、沙丁胺醇、莱克多巴胺等。β－兴奋剂的化学性质比较稳定，易被吸收，难分解，并且易在内脏等动物组织中蓄积，可以通过食物而进入人体，严重危害人类健康。目前国内报道的动物兽药残留中毒事件主要由克伦特罗引起，其化学结构如图2－11所示。

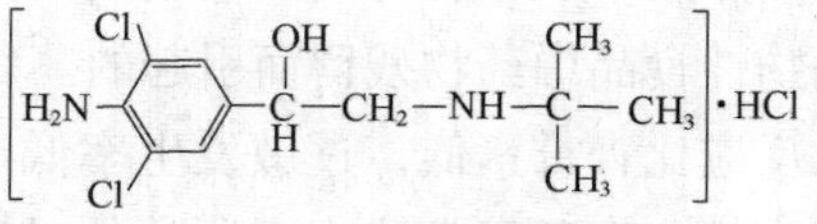

图2－11　盐酸克伦特罗的基本结构

严格地说，盐酸克伦特罗既不是食品添加剂，也不是兽药，而是一种"β－肾上腺素类激素"神经兴奋剂，是用于治疗哮喘病的人类处方药。将盐酸克伦特罗用于生猪喂养是西方国家在第二次世界大战后期的一项发明，可明显地提高生猪瘦肉率，降低脂肪含量。

食用添加"瘦肉精"的猪肉对人体健康危害很大，有资料显示盐酸克伦特罗在猪肉及可食组织中人为污染，存在着潜在急慢性中毒的危害。急性中毒一般在食用"瘦肉精"含量较高的动物组织后15min～6h内出现症状，持续时间在90min～2d。主要表现为心慌、心跳加快、手颤、头晕、头痛、脸色潮红、胸闷、四肢发抖和血压升高等症状，有的还伴有呼吸困难和恶心呕吐等症状；原有心律失常的患者更容易发生反应，心动过速、室性早搏，原有交感神经功能亢进的患者，如有高血压、冠心病和甲状腺功能亢进者上述症状更易发生。盐酸克伦特罗还可通过胎盘屏障进入胎儿体内，产生蓄积，对胚胎产生严重危害。

（2）性激素　性激素是一类由动物性腺分泌或者人工合成的低分子质量、强亲脂性的生物活性物质，有雄性激素和雌性激素两类，根据其化学结构和来源可分为：①内源性性激素，包括睾酮、孕酮、雌酮和雌二醇等；②人工合成类固醇激素，包括丙酸睾酮、甲烯雌醇、苯甲酸雌二醇和醋酸群勃龙等；③人工合成的非类固醇激素，包括己烯雌酚、己烷雌酚等。

性激素及其衍生物具有促进动物生长、增加体重、提高饲料转化率等作用，这些功效对反刍动物最为明显。此类激素及其类似物曾是应用最为广泛且效果显著的一类生长促进剂。

在正常生产情况下，如果畜牧业从业人员严格按照 GB/T 20014—2005《良好农业规范》规定的用药方法和剂量使用激素类兽药，动物性食品中天然存在的性激素含量是很低的，食入后再经胃肠道的消化作用，性激素的大部分活性已经丧失，因而一般不会干扰消费者的激素代谢和生理机能，应该是安全的。但是如果在畜牧业生产中不适当地大量使用人工合成性激素及其衍生物，它们则会残留于动物源性食品中。如果长期大量摄入性激素残留的动物性食品，这些激素残留对人体生殖系统和功能可造成严重影响，可能导致儿童早熟、儿童发育异常和儿童异性趋向，雌激素能引起女性早熟、男性女性化，雄性激素能导致男性早熟、第二性征提前出现、女性男性化等。多数激素类药物具有潜在的致癌性，如果长期经食物摄入雌激素可引起子宫癌、乳腺癌和睾丸肿瘤等癌症的发病率升高，性激素对肝硬化甚至肝癌的发生也有一定的影响。

（3）肾上腺皮质激素　肾上腺皮质激素中具有代表性的一类就是糖皮质激素，属于类固醇化合物，具有调节糖、蛋白质和脂肪代谢的功能，可影响葡萄糖的合成和利用、脂肪的动员及蛋白质合成，并能提高机体对各种不良刺激的抵抗力。糖皮质激素可分为内源性糖皮质激素及人工合成糖皮质激素两大类。

人工合成的糖皮质激素由于对家畜的炎症反应、免疫性疾病、牛的酮病等有治疗作用和促进动物生长作用而被广泛用于畜牧业生产中。长期摄入糖皮质激素残留的食品，可造成药物在体内蓄积。当它们蓄积达到一定浓度后，将对人体产生毒性作用，主要症状为向心型肥胖、多毛、无力、低血钾和水肿等，还可能抑制机体的免疫反应，抑制生长素分泌和造成负氮平衡，从而可引起一系列的并发症，并可直接危及人的生命。

【案例】"瘦肉精"中毒事件

我国农业部于 1997 年 3 月规定严禁所有激素类及有激素类作用的物质作为动物促进生长剂使用，但在实际生产中违禁使用者还很多。近年来，我国沿海和中部养殖业较发达的华东、华南地区如浙江、广东等省，频繁发生猪饲养中使用"瘦肉精"引起的中毒案件，危害非常严重。2001 年 11 月，广东省河源市发生特大"瘦肉精"中毒事件，共484 人中毒，所幸无人死亡。2002 年 3 月，苏州市 26 人食用猪内脏后发病，经检测是"瘦肉精"所致。2003 年 10 月辽阳市 62 人"瘦肉精"中毒。2004 年 3 月，佛山市近百名群众中毒，罪魁祸首依然是"瘦肉精"。2006年9月，一批来自浙江海盐县的"瘦肉精"超标猪肉和内脏导致上海市9个区336人次中毒。2009年2月18、19日，广州市发生多起因食用来源于广州市天河畜产品交易市场经营业户销售的含盐酸克伦特罗生猪导致多人中毒的事件。2011年3月，河南发生了"瘦肉精"的猪肉事件。

（三）磺胺类药物

1. 概述

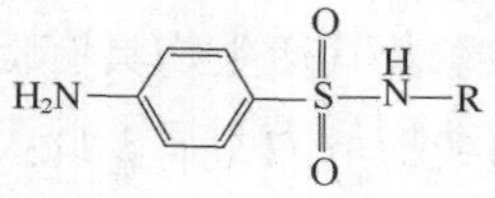

磺胺类药物是用于预防和治疗细菌感染性疾病的一类广谱抗菌药物，对大多数革兰阳性和阴性菌都有良好的抑制作用。磺胺类药物具有对氨基苯磺酰胺结构，其分子母核结构如图2-12所

图2-12 磺胺类药物分子的母核结构

示，图中R被不同的基团取代，则生成不同的磺胺类药物。目前常用品种主要有磺胺嘧啶、磺胺脒、磺胺异恶唑（菌得清）和磺胺甲基异恶唑（新诺明）等。

磺胺类药物一般为白色或淡黄色结晶粉末，遇强光颜色逐渐变深。除乙酰磺胺外，多数磺胺类药物难溶于水，但其钠盐均易溶于水并使水溶液呈强碱性。因为它们的母核中含有伯胺基和磺酰胺基而使整个化合物呈酸碱两重性，可溶解于酸、碱溶液中。

根据其应用情况可分为三类，即用于全身感染的磺胺药物（如磺胺嘧啶、磺胺甲基嘧啶、磺胺二甲嘧啶）、用于肠道感染的磺胺药物和用于局部的磺胺药物（如磺胺醋酰）。因为该类药物费用低，用药方便（口服）且有效，联合使用抗菌增效剂可使其抗菌效果提高数倍，还可以促进动物生长，在养猪场里以亚治疗剂量作为饲料添加剂的使用尤为普遍。它们能控制血液感染所导致的肺炎，可避免病猪在冬季几个月内体重大幅减轻。

磺胺类药物进入动物体后可转移到肉、蛋和乳等动物性食品中，大部分以原形态自机体排出，在自然环境中不易降解，易导致动物再污染引起动物性食品中兽药残留超标。

2. 对人体的危害

近年来的研究发现，磺胺类药物在动物体内的残留现象在所有兽药当中是最严重的，多在猪、禽、牛等动物中发生。如果人摄入超过限量的动物性食品，对人体可产生毒性作用，甚至引起超敏反应和造血系统的损害。

（1）毒性作用 动物摄入的磺胺类药物主要以原形及乙酰磺胺的形式经肾脏排出，因此在尿中浓度较高，由于其溶解度又较低，尤其当尿液偏酸性时，可在肾盂、输尿管或膀胱内析出结晶，产生刺激和阻塞，造成泌尿系统损伤，引起结晶尿、血尿、管型尿、尿痛、尿少甚至尿闭。

（2）超敏反应 经常食用含低剂量磺胺类药物残留的食品，能使易感的个体出现超敏反应、光敏性皮炎、药热等，个别严重者可发生剥脱性皮炎、结节性多发性动脉炎等。

（3）造血系统损害　长期摄入含磺胺药的动物性食品，对造血系统损害很大，可抑制骨髓而出现白细胞减少症、粒细胞减少症、血小板减少症、再生障碍性贫血和溶血性贫血等。

（四）硝基呋喃类药物

1. 概述

硝基呋喃类药物是人工合成的具有 5 - 硝基呋喃基本结构的广谱抗菌药物，主要包括呋喃唑酮（痢特灵）、呋喃它酮、呋喃西林和呋喃妥因。4 种呋喃类代谢物主要包括呋喃唑酮代谢物 3 - 氨基 - 2 - 唑烷酮、呋喃妥因代谢物 1 - 氨基乙内酰脲、呋喃它酮代谢物 5 - 甲基吗啉 - 3 - 氨基 - 2 - 唑烷酮和呋喃西林代谢物氨基脲。因呋喃类药物具有广谱抗菌、不易使细菌产生耐药性和促进动物生长作用，该类药物常应用于家畜、家禽和水产养殖业中。

2. 对人体的危害

通过食品摄入的硝基呋喃类药物，主要危害是胃肠反应和超敏反应，剂量过大或肾功能不全者，可引起严重毒性反应，主要表现为周围神经炎、药热、嗜酸性粒细胞增多和溶血性贫血等。长期摄入可引起不可逆性神经损害，如感觉异常、疼痛及运动障碍等，研究发现其也有致癌、致畸和致突变等危险。目前为止，还没有硝基呋喃类物质对人致癌的证据，因此国际癌症研究组织将它定为 "2 类 B" 致癌物，即可疑致癌物。

（五）苯并咪唑类药物

1. 概述

苯并咪唑类药物是在兽医临床上广泛应用的一类广谱抗蠕虫药，对人和动物体内的多种蠕虫（如蛔虫、吸虫和绦虫等）均具有良好的驱杀作用。动物养殖业中常用的苯并咪唑类药物有丙硫苯咪唑、丙氧咪唑、噻苯咪唑、甲苯咪唑、丁苯咪唑等。在放牧地区，以粉剂或片剂形式每年定期给牛和羊等短期投药，以驱除其体内的寄生虫，促进动物生长。

2. 对人体的危害

苯并咪唑类药物残留的累积对动物和人都有毒性作用。动物经口摄入该类药物后，通过血液循环将药物运到机体各组织器官，其中以肝脏中药物浓度最高。

若在药物尚未完全排出体外之前将动物宰杀，则可能在动物各组织中存在大量的药物残留，这类动物性食品被食用后，超量的苯并咪唑类药物残留就会进入消费者体内，积累到一定量时，就会对消费者产生毒害。食用其残留的动物性食品，对人主要的潜在危害也是其致畸作用和致突变作用。如果经常食入含超量苯并咪唑类药物残留的动物性食品，可能由于其致突变作用使消费者发生癌变和性染色体畸变，其后代有畸形的危险。

（六）喹诺酮类药物

1. 概述

喹诺酮类药物是新近人工合成的含 4 - 喹诺酮基本结构的抗生素，对细菌的 DNA 螺旋酶具有选择性抑制作用。我国批准在兽医临床应用的喹诺酮类抗生素有诺氟沙星（氟哌酸）、培氟沙星（甲氟哌酸）、氧氟沙星（氟嗪酸）、环丙沙星（环丙氟哌酸）、洛美沙星、恩诺沙星（乙基环丙氟哌酸）、达氟沙星（单诺沙星）、二氟沙星（双氟哌酸）和沙拉沙星等，其中后面4种是动物专用的氟喹诺酮类药物。

喹诺酮类抗菌药物一般为白色或淡黄色晶型粉末，多数属于酸碱两性化合物，对光照、温度、酸和碱均具有极好的稳定性，无论是长时间室温存放或是在强烈光照、高温或高湿条件下均具有极其良好的稳定性。它对多种耐药菌株有较强的敏感性，其杀菌力强、吸收快、分布广、不良反应少，而且与其他抗微生物药之间无交叉耐药性，不受质粒传导耐药性影响。

2. 对人体的危害

喹诺酮类药物虽然具有毒副作用小、安全范围大的优点，但在动物体内分解缓慢。若过量使用或使用不当，将导致在动物源性食品中残留。人若长期摄入残留喹诺酮类药物的动物源食品，可能产生下面一些不良反应：影响中枢神经系统，主要表现为头痛、头晕、焦虑、烦躁、失眠、步态不稳和神经过敏等；影响消化系统，如高剂量累积可导致恶心、呕吐、食欲下降、腹痛和腹泻等；过敏反应，特别是阳光直射时可能导致瘙痒、红斑和光敏性皮炎等；若使用剂量过大可在尿中形成结晶损伤尿道等。

四、控制食品中兽药残留的措施

1. 加强兽药与饲料生产监督管理

从源头抓起，加强立法工作，强化兽药和饲料企业的监管，控制好兽药生产环节和饲料添加环节，把好兽药品质关和添加合理科学规范关。对饲料企业，应严格监管兽药违法添加量和种类，严格监管药品添加质量，严格监管饲料混合和调配工艺程序、包装材料、包装标识、贮存、运输和销售等环节的规范性；对兽药生产企业，应严防其生产质劣品差的兽药，严禁生产和销售违禁药物，严格监控违禁药物相关替代品的生产和销售，狠抓兽药GMP制度，强化兽药GMP体系认证，引导、鼓励和政策性支持兽药企业积极开展高效、低残留新兽药与新制剂和饲料添加剂的研发与推广。

2. 科学合理使用药物及饲料添加剂

严格遵守法律法规、接受专家指导、科学用药，是养殖业能有效控制兽药残留的前提。只有农户、养殖场户、饲料厂严格按照《兽药管理条例》（国务院令第404号）、《兽药标签和说明书管理办法》（农业部令第22号）和《饲料药物添加剂使用规范》（农业部公告第168号）等规范，合理生产、经营、使用兽药和饲料添加剂，主动科学用药，合理配伍用药、使用兽用专用药，能用一种药的情况下不用多种药，特殊情况下一般最多不超过三种抗生素，严格执行兽药和添加剂的休药期，才能守住第一道防线，有效控制和降低兽药残留。

3. 加强兽药残留的监测与管理

为保证给予药物在动物组织中的残留浓度能降至安全范围，必须建设有效的监督管理和检测体系，严厉查处违禁药物用作饲料添加剂，加强药物的合理使用规范。我国已启动推广饲料安全工程，采用大批量尖端仪器装备了国家、部省级饲料质检机构。同时农业部和全国饲料工业标准委员会加快了制标力度，抓紧组织制定饲料中药物残留和违禁药物检测方法标准，严格规定休药期并制定动物性食品药物的最高残留限量，加强兽药残留的监测与管理。

4. 开发新型绿色安全的饲料添加剂

加速开发应用高效低毒的饲料添加剂，减少致残留的药物和药物添加剂的使用，是解决目前动物性食品安全问题的一项重要举措。目前这类新型添加剂主要有微生态制剂、酶制剂、酸化剂、中草药制剂、天然生理活性物质、糖萜素、甘露寡糖、大蒜素等。

第三节　食品原料的重金属污染

自然环境中存在的密度大于 4.5g/cm^3 的金属元素称为重金属，如铜、铅、锌、铁、钴、镍、锰、镉、汞、钨、钼、金和银等。环境中约有 80 余种金属元素可以通过食物和饮水摄入，以及呼吸道吸入和皮肤接触等途径进入人体。

在食品安全领域中，重金属一般是指对生物有显著毒性的一类元素，其概念和范围并不十分严格，从毒性这一角度出发，重金属既包括如铅、镉、汞等有毒金属和铬、锰、锌、铜等摄入过量可对人体产生毒性作用的某些必需元素，通常也包括铍、铝等轻金属和砷、硒等类金属以及氟等非金属元素。

一、重金属污染食品的途径

1. 自然环境本底高

生物体内的元素含量与其所生存的大气、土壤和水环境中这些元素的含量呈明显的正相关，由于某些地区某种金属元素的本底值高于其他地区，因而导致该地区生产的食用动植物中这种金属元素含量相对较高。

2. 农药化肥和工业"三废"污染

农业上施用含重金属的农药和化肥等，未经处理的工业废水、废气、废渣及汽车尾气的排放，是汞、铜、铅、砷等重金属元素及其化合物对食品造成污染的主要渠道。农畜产品在种植养殖环节，通过大气、土壤及灌溉水从环境中吸收这些工业排放物中的有害金属元素。

3. 生产加工环节污染

食品在加工、贮藏、运输各环节都在与重金属紧密接触，如食品加工使用的原料、添加剂、加工机械、管道、容器、包装材料等与食品摩擦接触，会造成微量的金属元素掺入食品中，使食品受到污染。

二、重金属的毒性作用特点

人体摄入的重金属，不仅其本身表现出毒性，而且可在人体微生物的作用下转化为毒性更强的金属化合物，另外水产品等生物还可以从环境中摄取重金属，经过食物链的生物放大作用在体内千万倍地富集，并随食物进入人体。重金属形成的化合物在体内不易分解、半衰期较长、有蓄积性，严重危害健康。重金属在体内的毒性作用受许多因素影响，如与侵入途径、浓度、溶解性、存在状态、膳食成分、代谢特点及人体的健康状况等因素密切相关。

一般认为重金属的中毒机理是重金属离子与蛋白质分子中的巯基、羧基、氨基和咪唑基等形成重金属配合物，产生使酶阻断或使膜变性等生理毒害作用，引起急性或慢性中毒反应，还有可能产生致畸、致癌和致突变作用。

三、预防重金属污染食品的一般措施

重金属污染食品后不易去除，因此解决重金属污染问题的根本在于积极采取有效措施防止重金属对食品的污染。

1. 严格控制污染

加强环境保护，严格按照环境标准执行工业废气、废水、废渣的处理和排放，加强污水处理，定期监测大气、土壤、水体中重金属含量，避免有毒金属元素污染农田、水源和食品；禁止使用含汞、砷、铅的农药、化肥等化学物质和劣质食品添加剂；严格控制食品生产加工、贮藏、包装食品的容器、工具、器械、管路和材料等卫生质量，对镀锡、焊锡中的铅含量应当严加控制；金属和陶瓷管道的表面应做必要的处理，限制使用含砷、含铅等材料；积极推广使用无毒或低毒的食品包装材料等。

2. 加强监督管理

制定和健全各类食品中有毒金属的最高允许限量标准，加强食品安全卫生监督管理；加强经常性的监督检测工作，监测各类食品中重金属的含量，保证一些有毒化学元素含量（如镉、铬、铅等）不得超过国家卫生标准；妥善保管有毒、有害金属及化合物，防止误食、误用以及意外或人为污染食品等。

四、几种有害金属对食品的污染及毒性

1. 镉（Cd）

（1）镉污染食品的途径　镉在工业上的应用十分广泛，主要用于生产塑料、颜料、化学试剂、不锈钢、雷达、电视机荧光屏和电镀等工业生产，因此镉污染源主要来自于

工业"三废"，尤其是含镉废水的排放，此外某些含镉量较高的化肥施用过程中可造成农作物的污染。

一般食品中均能检出镉，含量范围在 0.004 ~ 5mg/kg。镉可通过食物链的富集作用而在某些食品中达到很高的浓度。一般而言，海产品（尤其是贝类）、动物性食品（尤其是肾脏、肝脏）含镉量高于植物性食品，而植物性食品中以谷类、洋葱、豆类和萝卜等蔬菜含镉较多。

采用表面镀镉处理的食品加工设备、器皿及含镉包装材料等也可造成严重的食品镉污染，所以严禁使用涂有含镉瓷釉的陶瓷器皿盛装酸性食品或饮料。此外烟草中也含有镉，每支香烟含镉约 2μg，一般长期吸烟者的肾、肝和肺中含镉量较对照人群要高。

（2）对人体的危害　目前认为镉不是人体必需的微量元素，正常情况下婴儿出生时体内并无镉，随着年龄增长人体内镉逐渐增加，50 岁时人体内镉含量最高可达 80mg。

镉中毒主要是由于镉对体内含巯基酶的抑制，慢性中毒损害肾脏、骨骼、神经系统以及生殖系统。镉对骨骼的损伤主要表现为"疼痛病"，潜伏期 10 ~ 30 年，表现为背和腿疼痛、消化不良，严重者多发生病理性骨折。镉在肾脏中的蓄积慢性中毒可导致肾小管功能障碍，临床出现多尿、蛋白尿、氨基酸尿、糖尿、高钙尿和酸性尿等症状。国内外也有不少研究表明，镉及含镉化合物对动物和人体有一定的致畸、致癌和致突变作用。此外，摄入较多的镉还可能引起高血压、动脉硬化和心脏病变。

【案例】镉中毒

日本神通川流域曾发生的典型公害病"疼痛病"，就是由于锌矿造成了镉污染，其潜伏期 2 ~ 8 年，受害者多为 50 岁以上的绝经妇女，患者肾皮质中镉含量达 0.6 ~ 1.0mg/g，尿镉达 30μg/g。

（3）食品中镉的限量　根据《食品中污染物限量》（GB 2762—2012）的规定，食品中镉的限量指标见表 2 - 1。

表 2 - 1　　　　　　　　　　　　食品中镉限量指标

食品类别（名称）	限量（以 Cd 计）/（mg/kg）
谷物及其制品	
谷物（稻谷除外）	0.1
谷物碾磨加工品（糙米、大米除外）	0.1
稻谷、糙米、大米	0.2
蔬菜及其制品	
新鲜蔬菜（叶菜蔬菜、豆类蔬菜、块根和块茎蔬菜、茎类蔬菜除外）	0.05
叶菜蔬菜	0.2
豆类蔬菜、块根和块茎蔬菜、茎类蔬菜（芹菜除外）	0.1

续表

食品类别（名称）	限量（以 Cd 计）/（mg/kg）
芹菜	0.2
水果及其制品	
新鲜水果	0.05
食用菌及其制品	
新鲜食用菌（香菇和姬松茸除外）	0.2
香菇	0.5
食用菌制品（姬松茸制品除外）	0.5
豆类及其制品	
豆类	0.2
坚果及籽类	
花生	0.5
肉及肉制品	
肉类（畜禽内脏除外）	0.1
畜禽肝脏	0.5
畜禽肾脏	1.0
肉制品（肝脏制品、肾脏制品除外）	0.1
肝脏制品	0.5
肾脏制品	1.0
水产动物及其制品	
鲜、冻水产动物	0.1
鱼类	0.5
甲壳类	
双壳类、腹足类、头足类、棘皮类	2.0（去除内脏）
水产制品	
鱼类罐头（凤尾鱼、旗鱼罐头除外）	0.2
凤尾鱼、旗鱼罐头	0.3
其他鱼类制品（凤尾鱼、旗鱼制品除外）	0.1
凤尾鱼、旗鱼制品	0.3
蛋及蛋制品	0.05
调味品	
食用盐	0.5
鱼类调味品	0.1
饮料类	
包装饮用水（矿泉水除外）	0.005mg/L
矿泉水	0.003mg/L

2. 汞（Hg）

（1）汞污染食品的途径　汞又称水银，是一种毒性较强的有色金属，是在常温下唯一为液体的金属，具有易蒸发特性，常温下易形成汞蒸气。一般情况下，食品中的汞含量通常很少，由于汞及其化合物被广泛应用于电气仪表、化工、制药、造纸、油漆和颜料等工农业生产和医药卫生行业，可通过废水、废气和废渣等污染环境，从而污染食品。随着环境污染的加重，食品中汞的污染也越来越严重，主要途径有：①含汞的工业污水污染水体中的鱼、虾和贝类等水产品；②含汞废水、淤泥和含汞农药对农产品或其他水生生物的污染。由于水体的汞污染而导致其中生活的鱼、贝类体内含有大量的甲基汞，是影响水产品安全性的主要因素之一。由于食物链的生物富集和生物放大作用，鱼体中甲基汞的浓度可以达到很高的水平。如日本水俣湾的鱼、贝含汞量可以达到 20 ~ 40mg/kg，是其生活水域汞浓度的数万倍。

（2）对人体的危害　汞在自然界中可分为金属汞、无机汞和有机汞 3 种，有机汞的毒性比无机汞大。食品中的汞以元素汞、二价汞的化合物和烷基汞三种形式存在。食入的无机汞 90% 以上随粪便排出体外；而脂溶性强的有机汞是强蓄积性毒物，吸收的汞迅速分布到全身组织和器官，在肝、肾和脑等器官中含量最多。被汞污染的鱼、贝等水产品是人类食物中汞的主要来源，鱼体内污染的汞中 80% 以上是甲基汞，贝类中占 50% 左右，汞在鱼体内与巯基（—SH）结合，难以被分解和破坏。

甲基汞有很强的神经毒性，主要侵犯神经系统，特别是中枢神经系统，损害最严重的是大脑和小脑，表现为精神和行为障碍，能引起感觉异常、共济失调、智力发育迟缓、语言和听觉障碍等临床症状。汞在肝脏和肾脏中产生蓄积，可造成器官营养障碍和功能衰竭。甲基汞中毒的病人在 6 个月左右体内毒性达到高峰而死亡，或留下后遗症。甲基汞还可以通过胎盘屏障而对生物体产生致畸作用，导致胎儿和新生儿的汞中毒。

【案例】汞中毒

20 世纪 50 年代，在日本发生的典型公害病"水俣病"，就是由于含汞工业废水严重污染水俣湾，当地居民长期食用该水域捕获的鱼类而引起的甲基汞中毒。20 世纪 50 ~ 70 年代日本共发生 3 次"水俣病"，患者达 900 人，有 2 万人受到潜在威胁。

（3）食品中汞的限量　根据《食品中污染物限量》（GB 2762—2012）的规定，食品中汞的限量指标见表 2 - 2。

3. 铅（Pb）

（1）铅污染食品的途径　一般来说，动物性食品中含铅相对较少，但如果饲养环节用含铅高的饲料，也会使动物制品含铅。农产品中铅污染的来源主要是通过以下四个途径。

①工业"三废"的排放：在工业生产中铅矿的开采及冶炼，蓄电池、交通运输、印刷、塑料、涂料、焊接、陶瓷、橡胶、汽油防爆剂和农药等很多行业均使用铅及其化合

物，这些工业生产中产生的含铅废气、废水、废渣灌溉农田或排放到自然环境中等，都可使农作物遭受铅污染。

表 2 - 2　　　　　　　　　　　　食品中汞限量指标

食品类别（名称）	限量（以 Hg 计）/（mg/kg）	
	总汞	甲基汞*
水产动物及其制品（肉食性鱼类及其制品除外）	—	0.5
肉食性鱼类及其制品		1.0
谷物及其制品		
稻谷、糙米、大米、玉米、玉米面（渣、片）、小麦、小麦粉	0.02	—
蔬菜及其制品		
新鲜蔬菜	0.01	—
食用菌及其制品	0.1	—
肉及肉制品		
肉类	0.05	—
乳及乳制品		
生乳、巴氏杀菌乳、灭菌乳、调制乳、发酵乳	0.01	—
蛋及蛋制品		
鲜蛋	0.05	—
调味品		
食用盐	0.1	—
饮料类		
矿泉水	0.001 mg/L	—
特殊膳食用食品		
婴幼儿罐装辅助食品	0.02	—

注：*水产动物及其制品可先测定总汞，当总汞水平不超过甲基汞限量值时，不必测定甲基汞；否则，需再测定甲基汞。

②含铅农药的使用：砷酸铅等含铅农药目前仍被用于果园杀虫，致使水果上有少量残留。

③食品中含铅添加剂的使用：有些含有铅及其他杂质非食品用化工产品用作食品添加剂时可造成食品污染，例如加工皮蛋（松花蛋）时使用的黄丹粉（氧化铅）量少时仍会透过蛋壳迁移到食品中。

④含铅食具容器和包装材料的使用：陶瓷、搪瓷、锡壶和马口铁等食具容器的原材料中含有铅，在某些条件（如酸性）下可成为食品的污染源。

（2）对人体的危害 铅在自然界中主要以化合物的形式存在，金属铅及氧化铅、氯化铅、铬酸铅、硫化铅、硫酸铅、铬酸铅等化合物不易溶于水，毒性小，但部分可溶于酸性胃液中，所以口服有毒性；醋酸铅、砷酸铅、硝酸铅易溶于水，易被吸收，毒性强；四乙基铅较无机铅毒性大。

几乎所有的食品中都含有铅，但含量较多的是罐装饮料、饮用水、谷物、植物的根茎和果实及动物性食品。经食物摄入的铅在人体内的吸收受食物中蛋白质、钙和植酸等因素的影响，在人体的生物半衰期为 4 年，吸收入血的铅中 90% 以上与红细胞结合，随后逐渐以磷酸铅盐的形式蓄积于骨骼中，取代骨中的钙，在骨骼中可达十年，因此铅进入人体后较难排出。

铅对人体内许多器官组织都具有不同程度的损害作用，尤其是对造血系统、神经系统和肾脏的损害更为明显，以慢性损害为主。

铅中毒常见的症状有食欲不振、胃肠炎、口腔金属味、失眠、头昏、关节痛、肌肉酸痛、腹痛、便秘或腹泻和贫血等，严重者可发生休克或死亡。慢性中毒后期可能出现急性腹痛和瘫痪症状。少数患者有动脉粥样硬化或动脉硬化性肾炎。铅还可损害人体的免疫系统，导致机体抵抗力明显下降。儿童对铅的毒害较成人更敏感，过量铅摄入可影响其生长发育，主要损害儿童脑组织，造成智力发育迟缓等。动物实验中发现铅有致畸、致突变和致癌作用，但铅对人无致癌性。

（3）食品中铅的限量 食品中铅的限量指标见《食品中污染物限量》（GB 2762—2012）。

4. 砷（As）

砷由于其许多理化性质类似于金属，故常将其归为"类金属"之列，元素砷不溶于水，因此基本上无毒性。砷的化合物以无机砷（主要是三价砷和五价砷）和有机砷两种形式存在，常见的无机砷有三氧化二砷（砒霜）、砷酸钠、亚砷酸钠、砷酸钙、亚砷酸和砷酸铅等。有机砷除了天然存在的一甲基砷、二甲基砷等以外，还有农业制剂如对氨基苯胂酸、甲胂酸和甲基胂酸锌（稻脚青）等。通常无机砷的毒性大于有机砷，三价砷的毒性大于五价砷，如砒霜（As_2O_3）是剧毒的。

（1）砷污染食品的途径

①含砷矿石的开采：砷与许多有色金属如铅、锌和铜等是伴生的，砷矿本身及其他矿产的开采、运输和加工、矿井水和矿渣的排放是造成环境中砷污染的重要途径。

②含砷化工生产污染：燃烧砷及其化合物是化工生产中的常用原料，含砷废水灌溉可能造成农作物的砷污染。

③含砷农药、兽药污染：有机砷类杀菌剂甲基胂酸锌（稻脚青）、甲基胂酸铁胺（田安）等和含砷（+5 价）的动物饲料添加剂的使用，均可对动植物产品造成砷污染。

④加工过程污染：食品在加工过程中使用某些化学添加剂因含有较多的金属砷，造

成食品污染导致中毒。此外用盛放过含砷农药的容器盛放食物，也可引起砷中毒。

（2）对人体的危害　砷是对人体和其他动物体有毒害作用的致癌物质，世界卫生组织已确认无机砷化合物可诱发多种肿瘤。也有研究证实，许多砷化合物具有致突变性。

砷可通过饮水、食物经消化道吸收分布到全身，最后蓄积在肝、肺、肾、脾、皮肤、指甲及毛发内，砷在人体内的生物半衰期为 80～90d。体内砷主要以亚砷酸的形式，经肾脏、肠道排出，小部分经胆汁、汗腺和乳腺排泄。砷也可通过胎盘进入胎儿体内。五价砷酸盐、有机砷在体内很少蓄积，摄入 4d 后可排泄 98%，三价砷在体内因与硫基有高度亲和力，因此摄入 4d 后只排泄 21%。

急性砷中毒通常是由于误食而引起，三氧化二砷口服中毒后，主要是胃肠炎症状，严重者可致中枢神经系统麻痹而死亡，并可出现七窍出血等现象。慢性中毒主要表现为神经衰弱综合征、皮肤色素异常（白斑或黑皮症）、皮肤过度角化和末梢神经炎症状。长期受砷的毒害时，皮肤出现白斑，后逐渐变黑，角化增厚呈橡皮状，出现龟裂性溃疡。我国台湾西南沿海地区的"乌脚病"即是慢性砷中毒所致。

【案例】砷中毒

1. 1955 年日本的森永奶粉事件是因添加剂污染砷造成的。当时森永奶粉公司在加工奶粉中所用的稳定剂磷酸氢二钠，是几经倒手的非食品用原料，其中砷含量较高，结果造成 12 000 余名儿童发热、腹泻、肝肿大和皮肤发黑，死亡 130 名。为此，森永公司负担了 6 亿多日元的赔偿费用。事情并未到此结束，14 年后的调查表明，多数受害者有不同程度的后遗症，社会上再次起诉，至事发 20 年后原生产负责人被判 3 年徒刑，森永公司再次承担约 3 亿日元的责任赔偿。

2. 1960 年英国曼彻斯特发生的含砷啤酒中毒事件，患者 6 000 人，死亡 71 人。主要原因是啤酒发酵用的葡萄糖用硫酸处理时，硫酸含亚砷酸 1.4%，因而葡萄糖含砷量达数百毫克每千克，导致生产的啤酒中含砷，造成严重的中毒后果。

（3）食品中砷的限量　食品中砷的限量指标见《食品中污染物限量》（GB 2762—2012）。

5. 铬（Cr）

铬（Cr）属于过渡系金属，白色，坚硬。铬以金属铬和二价、三价及六价化合物最常见，其中金属铬和二价铬的毒性小。常见的铬化合物有氧化铬（Cr_2O_3）、三氧化铬（CrO_3）、重铬酸钠（$Na_2Cr_2O_7$）、重铬酸钾（$K_2Cr_2O_7$）、铬酸钠（Na_2CrO_4）、铬酸钾（K_2CrO_4）和氯化铬（$CrCl_3$）。

（1）铬污染食品的途径

①含铬废水和废渣是食品中铬的主要来源，尤其是皮革厂的下脚料，含铬量极高。

②食品中铬也可由于与含铬器皿接触而增加，不锈钢食具和容器中均含有铬，当含铬食品器皿与酸性食物接触，容器中所含的微量铬可被释放出来，使食品中铬含量

增加。

（2）对人体的危害　铬主要是以食物途径进入人体。食物中铬经口进入体后主要分布在肝、肾、脾和骨内。三价铬是机体的必需微量元素，在机体的糖代谢和脂代谢中发挥特殊作用，成人每天需要三价铬约100mg，缺少时糖耐量受损，严重时可导致糖尿病和高血压。六价铬的毒性比三价铬高100倍，铬盐在血液可形成氧化铬，使血红蛋白变为高铁血红蛋白，从而造成红细胞携氧能力发生障碍，血氧含量减少，发生窒息。有研究显示肿瘤患者肝、肺和肾中的铬较正常人高，但肿瘤是否与铬有直接相关，尚不能确定。

（3）食品中铬的限量　食品中铬的限量指标见《食品中污染物限量》（GB 2762—2012）。

6. 铝（Al）

（1）铝污染食品的途径

①铝制厨具的侵蚀：食物烹调和贮存时使用铝制品作炊具、餐具和食品包装材料等，在酸性或碱性食物的侵蚀下以及磨损中，可使铝溶出到食物和饮水中。

②含铝添加剂的使用：在制作食品时使用一些含有铝化合物的食品添加剂，如人工合成色素苋菜红、胭脂红、诱惑红、柠檬黄、日落黄和亮蓝等和它们的铝色淀；再如磷酸铝钠用作发酵粉、明矾用作净水剂，会使食物中铝含量增加。

国家卫生计生委等五部门联合发文，对含铝食品添加剂的使用做出了重大调整。从2014年7月1日开始，三种含铝的食品添加剂（酸性磷酸铝钠、硅铝酸钠和辛烯基琥珀酸铝淀粉）不能再用于食品加工和生产，馒头、发糕等面制品（除油炸面制品、挂浆用的面糊、裹粉、煎炸粉外）不能添加含铝膨松剂（硫酸铝钾和硫酸铝铵），而在膨化食品中也不再允许使用任何含铝食品添加剂。

③铝生产场所的粉尘等造成的环境污染也是食物和饮水中铝的重要来源。含铝化合物的工业使用，如烷基铝用作聚乙烯的催化剂、氧化铝用作陶瓷填料、氢氧化铝用作抗酸收敛药物等，也可能间接造成食品中铝污染。

（2）对人体的危害　铝的化合物毒性与其溶解性有关，其中铝的氟化合物溶解度大，其毒性也较大。长期摄入含铝食品后，在体内可造成铝的蓄积，导致慢性中毒，影响磷的代谢，使肝、肾、脾中的磷脂、DNA和RNA均减少。人长期摄入含铝食品后可能会引起神经毒性，与发生阿尔茨海默病有关，可表现为运动失调、记忆力差、抽象推理能力减退和心情抑郁等。铝中毒患者临床表现为语言障碍、定向障碍、肌肉痉挛、癫痫发作、幻觉和痴呆，多数在出现症状后6~8个月死亡。

（3）食品中铝的限量　我国建议饮用水中铝的限量指标为0.2mg/L，根据《食品中污染物限量》（GB 2762—2005）的规定，面制食品中铝限量指标为100mg/kg，《食品中污染物限量》（GB 2762—2012）中取消了铝的限量规定，《食品添加剂使用标准》（GB

2760—2011）已明确规定了面制品中含铝食品添加剂的使用范围、用量和残留量，因此新的 GB 2762—2012 不再重复设置铝限量规定。

第四节　食品原料的其他化学物质污染

一、N - 亚硝基化合物污染

N - 亚硝基化合物是一类具有亚硝基结构的有机化合物，自然界中生产和应用不多，但其前体物广泛存在，是一种强致癌物，其中以二甲基亚硝胺的毒性最大。目前已合成的 N - 亚硝基化合物有 100 多种，其中 80% 被证明可使动物致癌，主要导致食管癌、肝癌、鼻咽癌和膀胱癌等。

1. 理化特性

根据分子结构，可将 N - 亚硝基化合物分为 N - 亚硝胺和 N - 亚硝酰胺两大类，它们的基本结构如图 2 - 13 所示。

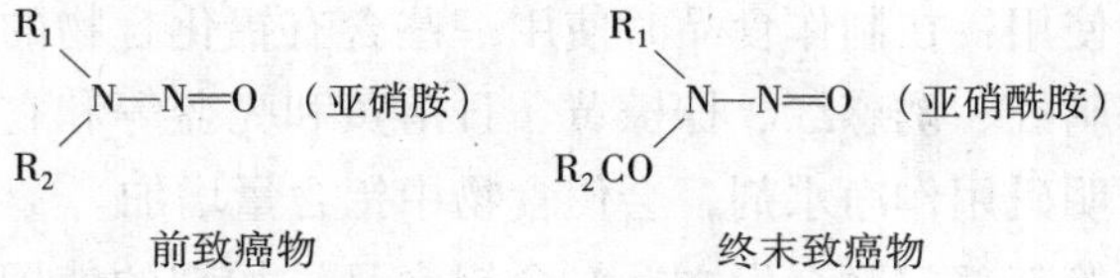

$$\begin{array}{cc} R_1 & R_1 \\ \diagdown & \diagdown \\ N—N{=}O \ （亚硝胺） & N—N{=}O \ （亚硝酰胺） \\ \diagup & \diagup \\ R_2 & R_2CO \\ \text{前致癌物} & \text{终末致癌物} \end{array}$$

图 2 - 13　N - 亚硝基化合物的分子结构

通常条件下，N - 亚硝胺在中性和碱性环境中较稳定，但在特定条件下可发生水解、形成氢键及加成、转亚硝基、氧化、还原和光化学反应；而亚硝酰胺类化学性质活泼，在酸性或碱性条件下均不稳定。在酸性条件下，亚硝酰胺分解为相应的酰胺和亚硝酸，在碱性条件下，亚硝酰胺快速分解为重氮烷。

2. N - 亚硝基化合物前体物

食物中 N - 亚硝基化合物天然含量极微，但其前体物质广泛存在于食品和环境中。N - 亚硝基化合物前体物包括 N - 亚硝化剂和可亚硝化的含氮化合物。

（1）亚硝化剂　包括亚硝酸盐和硝酸盐以及其他氮氧化物，还包括与卤素离子或硫氰酸盐产生的复合物。硝酸盐因在硝酸还原菌的作用下转化为亚硝酸盐，故也被看作 N - 亚硝基化合物前体物。膳食中硝酸盐和亚硝酸盐来源很多，主要包括食品添加剂的使用、农作物从自然环境中摄取、生物机体氮的利用、含氮肥料和农药的使用、工业废水和生活污水的排放等。

谷物、蔬菜中的硝酸盐与食品中添加的硝酸盐和亚硝酸盐随食物进入人体，其中的硝酸盐主要在口腔和胃部转化为亚硝酸盐。硝酸盐和亚硝酸盐还可以由机体内源性形

成。机体内存在一氧化氮合酶，可将精氨酸转化成为一氧化氮和瓜氨酸，一氧化氮可以形成过氧化氮，后者与水作用释放亚硝酸盐。

（2）可亚硝化的含氮化合物　这类含氮化合物主要涉及胺、氨基酸、多肽、脲、脲烷、呱啶和酰胺等。作为食品天然成分的蛋白质、氨基酸和磷脂，都可以是胺和酰胺的前体物，或者本身就是可亚硝化的含氮化合物。另外，一些药物、化学农药和化工产品原料中的胺类也有可能作为亚硝基化合物的前体物。

3. N–亚硝基化合物的形成

N–亚硝基化合物是一类对动物致癌性很强的化合物，目前已有的研究结果显示，鱼类、肉类、蔬菜类、啤酒类和发酵制品中，尤其是腌制和高温加热等食品中含有较多的 N–亚硝基化合物。

（1）植物性食品中 N–亚硝基化合物的形成　土壤和肥料中的氮在土壤中微生物（硝酸盐生成菌）的作用下可转化为硝酸盐。新鲜蔬菜中硝酸盐含量主要与作物种类、栽培条件（如土壤和肥料的种类）以及环境因素（如光照等）有关。新鲜蔬菜水果运输不当或长期储存，或腌制蔬菜、咸菜和酸菜时，硝酸盐在细菌及硝酸盐还原酶的作用下可转化为亚硝酸盐，在适宜的条件下，可与自身含有的胺类物质发生反应，在腐烂蔬菜水果和酸菜等植物性食品中就会有大量的亚硝基化合物产生。

（2）动物性食品中 N–亚硝基化合物的形成　动物性食品中含有丰富的蛋白质、脂肪和少量胺类物质，在烹调、腌制、烘烤加工过程中，尤其是煎炸过程中，可产生较多的亚硝基化合物。腌制动物性食物时用硝酸盐或亚硝酸盐作为防腐剂和护色剂，往往会生成亚硝胺和亚硝酰胺。腐烂变质的鱼肉类也可产生大量胺类，并可与食品中的亚硝酸盐反应生成亚硝胺。

（3）发酵食品中 N–亚硝基化合物的形成　发酵食品，如酱油、醋、啤酒和酸菜中，也含有亚硝基化合物，一般含量较低。啤酒中 N–亚硝基化合物含量与加工工艺有关，传统工艺生产中大麦芽在窑内直接用火加热可生成二亚基亚硝胺。现在多数大型啤酒企业生产工艺改进，生产的啤酒很难检出亚硝基化合物。

4. 对人体的危害

N–亚硝基化合物对健康的危害主要是其急性毒性、致癌性、致畸作用和致突变作用，迄今已研究过的 300 多种亚硝基化合物，90% 以上对人和动物有不同程度的致癌作用，其中亚硝酰胺是直接致癌物，而亚硝胺为间接致癌物，能诱发胃癌、食管癌、肝癌、鼻咽癌等多种疾病，并且尚未发现任何一种动物对 N–亚硝基化合物的致癌作用有抵抗力。

5. 食品中亚硝酸盐、硝酸盐的限量

根据《食品中污染物限量》（GB 2762—2012）规定，食品中亚硝酸盐、硝酸盐的限量指标见表 2–3。

表 2 – 3　　　　　　　　　　　　食品中亚硝酸盐、硝酸盐的限量指标

食品类别（名称）	限量/（mg/kg）	
	亚硝酸盐（以 NaNO₂ 计）	硝酸盐（以 NaNO₃ 计）
蔬菜及其制品		
腌渍蔬菜	20	—
乳及乳制品		
生乳	0.4	
乳粉	2.0	
饮料类		
包装饮用水（矿泉水除外）	0.005mg/L（以 NO₂⁻ 计）	—
矿泉水	0.1 mg/L（以 NO₂⁻ 计）	45 mg/L（以 NO₃⁻ 计）
特殊膳食用食品		
婴幼儿配方食品		
婴儿配方食品	2.0ᵃ（以粉状产品计）	100（以粉状产品计）
较大婴儿和幼儿配方食品	2.0ᵃ（以粉状产品计）	100ᵇ（以粉状产品计）
特殊医学用途婴儿配方食品	2.0（以粉状产品计）	100（以粉状产品计）
婴幼儿辅助食品		
婴幼儿谷类辅助食品	2.0ᶜ	100ᵇ
婴幼儿罐装辅助食品	4.0ᶜ	200ᵇ

注：a. 仅适用于乳基产品。
　　b. 不适合于添加蔬菜和水果的产品。
　　c. 不适合于添加豆类的产品。

二、多环芳烃化合物污染

多环芳烃化合物（polycyclic aromatic hydrocarbons，PAHs）是含有两个或两个以上苯环的碳氢化合物，是重要的环境和食品污染物，具有致癌、致畸、致突变和生物难降解特性，是发现最早而且数量最多的一类有机致癌物，其中以苯并（a）芘致癌作用最强。

1. 理化性质

苯并（a）芘 [B(a)P] 是由 5 个苯环构成的多环芳烃，其分子式结构式如图 2 – 14 所示。在常温下为浅黄色的针状结晶，沸点 310～312℃，熔点 178℃，在水中溶解度仅为 0.5～6μg/L，稍溶于甲

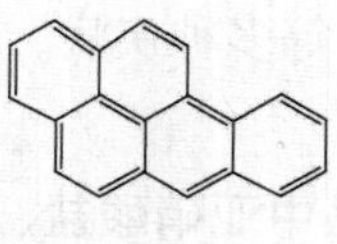

图 2 – 14　苯并（a）芘的结构式

醇和乙醇，易溶于脂肪、丙酮和苯等有机溶剂，在苯溶液中呈蓝色或紫色荧光，性质比较稳定。

2. 多环芳烃化合物的来源

食品中的多环芳烃污染与不适当的食品加工过程或包装有关，其主要来源有：用木炭、煤等烘烤熏制食品，导致食品直接遭到污染，或食品成分在高温烹调加工时发生热解或热聚反应形成多环芳烃；植物性食品污染主要是由于植物在生长过程中吸收了土壤、水和大气中由煤、柴油、汽油及香烟等各种有机物不完全燃烧产生的多环芳烃污染物；水产品从污染的水质中受到污染；食品包装材料中的油墨和石蜡油等的污染；在柏油马路上晒粮食使粮食受到污染。

3. 对人体的危害

多环芳烃化合物不溶于水，但对脂肪组织有迁移能力，几乎都能直接通过呼吸道、消化道和皮肤直接吸收，致癌作用不易发现，潜伏期长。食品中苯并（a）芘含量与胃癌、肺癌和白血病等疾病的发生有关。

在人组织培养试验中发现苯并（a）芘有组织和细胞毒性作用。主要表现为神经毒、肺毒、血液毒、肝毒和心肌损伤及致敏等。神经毒主要是导致头晕、恶心、呕吐和运动共济失调等；肺毒主要见于吸入染毒，其刺激性引起呼吸道的炎症，甚至肺水肿。某些多环芳烃，如苯并（a）芘有明显的血液毒性，可引起红细胞数和血红蛋白量降低，白细胞数增加，血清清蛋白和球蛋白的比值下降等。苯并蒽酮对人有皮肤致敏作用。

人群流行病学研究也表明，食品中B（a）P含量与胃癌等多种肿瘤的发生有一定关系。一些地区胃癌的高发与当地居民经常食用苯并（a）芘含量较高的家庭自制熏肉、熏鱼等熏制食品有关。

三、杂环胺类化合物污染

杂环胺类化合物（heterocyclic amines，HCAs）是烹调和热加工高蛋白质食物时，由蛋白质和氨基酸热裂解产生的一类杂环芳烃类化合物。目前已从烹调的食品中分离鉴定了近20种杂环胺，包括氨基咪唑氮杂芳烃（amino - imidazoaza - arenes，AIAs）和氨基咔啉（amino - carbolines）两类，其典型结构如图2－15所示。

1. 杂环胺的形成

食品中的杂环胺类化合物主要产生于高温烹调加工过程，尤其是蛋白质含量丰富的鱼、肉类食品在高温烘烤、煎炸过程中更易产生。食品中杂环胺的形成主要受烹调方式和温度、烹调时间、食物成分等因素的影响。

（1）烹调条件的影响　加热温度是杂环胺形成的重要影响因素。一般来讲，当温度高于100℃开始生成杂环胺，且杂环胺的浓度随温度的升高和时间的延长而增加。

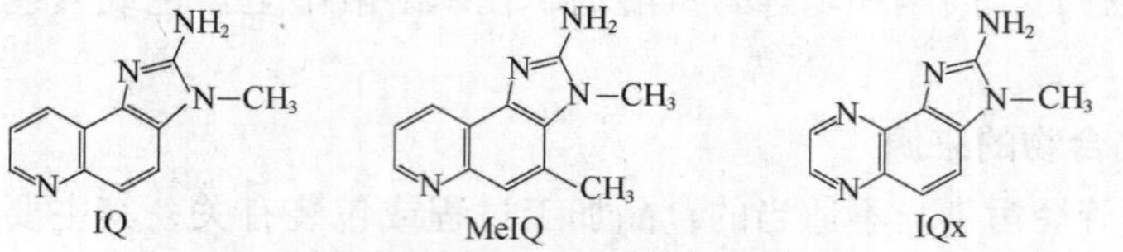

(1)氨基咪唑氮杂芳烃（AIAs）类杂环胺

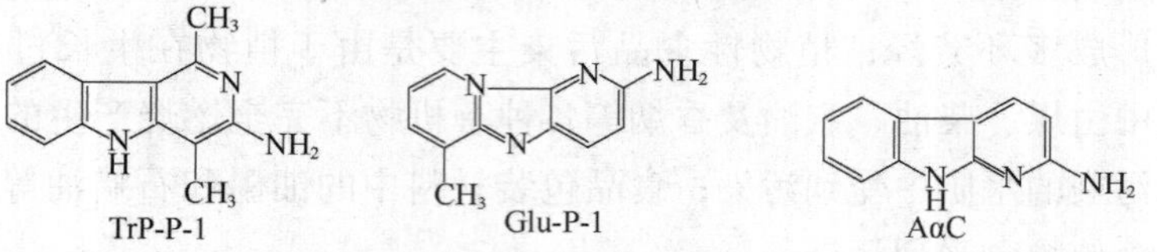

(2)氨基咔啉类杂环胺

图 2 – 15　杂环胺类化合物的典型结构

　　食品中的水分是杂环胺形成的抑制因素，因此当长时间高温加热食物时，水分含量越少，食品中产生的杂环胺越多。故在烧烤、煎炸烹调加工中，由于食物水分很快丧失且温度较高，产生杂环胺的数量远远大于炖、焖、煨、煮及微波炉烹调等烹调方法。

　　（2）营养成分的影响　营养成分不同的食物在烹调温度、时间和水分相同的情况下，产生的杂环胺种类和数量有很大差异。一般而言，正常烹调食品中都含有一定量的杂环胺，但高蛋白质食物产生杂环胺较多，而蛋白质的氨基酸构成则直接影响所产生的杂环胺种类。一般来讲，含有肌肉组织的食品，如鱼和肉类，可检测到具有较强致突变性的杂环胺，而用蔬菜产品制成的食品和以水解植物蛋白为主要成分的食品中却检测不到杂环胺。

2. 对人体的危害

　　杂环胺经过代谢活化后产生具有致突变性和致癌性的活性代谢产物 N – 羟基化合物，具有强致癌性和致突变活性，其致突变性的强度远远高于多环芳烃和黄曲霉毒素。杂环胺对哺乳动物细胞、啮齿动物有不同程度的致癌性，其主要靶器官为肝脏，其次是血管、肠道、前胃、乳腺、阴蒂腺、淋巴组织、皮肤和口腔等。

四、氯丙醇类化合物污染

　　氯丙醇是在用盐酸水解法生产水解植物蛋白（HVP）的过程中产生的对人体有害的污染物，是丙三醇上的羟基被氯原子取代而产生的一类化合物的总称，主要包括 3 – 氯 – 1，2 – 丙二醇（3 – MCPD）、2 – 氯 – 1，3 – 丙二醇（2 – MCPD）、二氯丙醇 1，3 – DCP 和 2，3 – DCP。

1. 氯丙醇的来源

　　食品中氯丙醇的污染主要存在于以酸水解蛋白为原料生产的调味品，如快餐和方便面调料、蚝油、鸡精、酱油和膨化食品等休闲食品中，其中 3 – MCPD 是污染食品的主要成分，其次是 1，3 – DCP。3 – MCPD 为无色透明的液体，可溶于水、乙醇和乙醚，其相对密度为 1.132，沸点为 160~162℃。

酸水解蛋白的氯丙醇污染是由于用酸水解的蛋白质原料中含有脂肪，脂肪在高温分解出的甘油与盐酸反应，甘油发生氯化反应生成氯丙醇。

2. 对人体的危害

（1）急慢性毒性作用　大鼠的 3 – 氯丙醇（3 – MCPD）经口 LD_{50} 为 150mg/kg 体重，二氯丙醇 1，3 – DCP 的大鼠经口 LD_{50} 为 120~140mg/kg 体重。在大鼠的亚急性毒性试验中发现 3 – 氯丙醇的主要靶器官是肾脏，主要表现为肾脏组织改变以及肾重量增加和尿参数改变，二氯丙醇 1，3 – DCP 的主要靶器官是肝脏，表现在肝重增加、组织改变等。

（2）遗传毒性　早在 20 世纪 70 年代，人们就发现氯丙醇能够使动物精子减少和精子活性减低，并有抑制雄性激素生成的作用，使生殖能力减弱，甚至有人将 3 – MCPD 作为男性避孕药开发。有研究表明，1，3 – DCP 具有明显的致突变作用和遗传毒性。

3. 食品中氯丙醇的限量

《食品中污染物限量》（GB 2762—2012）规定添加酸水解植物蛋白的液态调味品中 3 – MCPD 含量不得超过 0.4mg/kg，添加酸水解植物蛋白的固态调味品中 3 – MCPD 含量不得超过 1.0mg/kg。

五、丙烯酰胺类化合物污染

丙烯酰胺（acrylamide，AA）从 20 世纪 50 年代开始就是一种重要的化工原料，是已知的致癌物，并能引起神经损伤。

1. 理化性质

丙烯酰胺（AA）为不饱和酰胺，是一种结构简单的小分子化合物，其分子结构式为 $CH_2 = CH—CONH_2$。丙烯酰胺沸点 125℃，熔点 84~85℃，单体为无色透明片状结晶，溶于水、乙醇、乙醚、丙酮和氯仿，不溶于苯及庚烷。其单体在室温下稳定，但在熔点或以上温度及在紫外线的作用下发生聚合反应，加热熔解时可释放出强烈的腐蚀性气体和氮的氧化物类化合物。

2. 丙烯酰胺的形成

丙烯酰胺是在食品加热时形成的，尤其在一些高温油炸和焙烤的淀粉类食品中存在，是一种污染物，主要是由天门冬氨酸与还原糖在高温加热的过程中发生美拉德反应生成的，因此丙烯酰胺的形成可能与食物中碳水化合物、蛋白质、氨基酸、脂类和其他食品成分的相互作用有关。

食品的种类以及加工的方式、温度和时间均影响食品中丙烯酰胺的形成，高温加工的淀粉含量高的食品，尤其是炸薯片、炸薯条等油炸薯类食品，及炸鸡、爆玉米花、咖啡、饼干、面包等食品中丙烯酰胺的含量也较高。

3. 对人体的危害

丙烯酰胺对人和动物的神经系统毒性作用已被广泛认可，它可以引起人体神经损害甚至可以使人瘫痪，但是食物中的丙烯酰胺尚未达到足以引起神经毒性作用的水平。丙烯酰胺对大鼠具有致癌力，其致癌力与食物中其他致病物类似，有研究表明丙烯酰胺与大鼠甲状腺癌、肾上腺癌、乳腺癌和生殖系统癌症的发病存在剂量暴露关系，不过丙烯酰胺的摄入（染毒）水平似乎较高。除此之外，鼠胚胎细胞实验结果显示丙烯酰胺具有潜在的遗传毒性。

六、二噁英及其类似物的污染

1. 二噁英

（1）二噁英的结构　二噁英是很多含氯产品生产中的副产品，是一类氯代含氧三环芳烃化合物，包括氯代二苯并 – 对 – 二噁英（PCDDs）和氯代二苯并呋喃（PCDFs）两大类，共210多种化合物。二噁英的基本化学结构如图2 – 16所示。

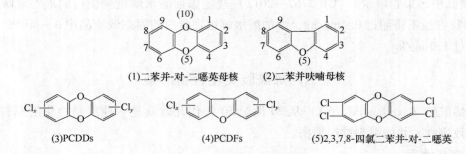

图2 – 16　二噁英的基本结构

（2）理化性质　二噁英化学性质极为稳定，难于生物降解，并能在食物链中富集。二噁英对热极为稳定，800℃以上才开始降解，1 000℃以上才会被大量破坏。其脂溶性很强，可蓄积于动植物体内的脂肪组织中，在环境中的半衰期约为9年，在人体中长达7～11年。

（3）二噁英污染食品的途径

①环境污染：二噁英主要是在工业生产过程中无意被合成且无任何用途的副产物，广泛存在于大气及飘尘、水体及底泥和土壤中。垃圾和医疗废弃物的焚烧，特别是不完全燃烧或在较低温度下燃烧以及有PVC塑料时，是环境中二噁英的主要来源。发泡聚苯乙烯、PVC塑料以及纸制品作为食品包装材料也可将其中的二噁英及其类似物迁移到食品中。

②生物富集：食品中的二噁英主要来自于环境污染，经食物链富集作用，可在动物

性食品中达到较高的浓度。二噁英主要污染动物性食品，特别是鱼类。食用生长在二噁英及其类似物污染水体中的鱼类、贝类是人类摄入二噁英的主要途径。家畜、家禽及其产品蛋、乳、肉和鱼类是最易被污染的食品，多数样品中均可检出不同量的二噁英。有资料显示，二噁英人体总暴露量的90%来自于膳食摄入。

③包装材料迁移和意外事故污染：食品包装材料中二噁英污染物的迁移以及意外事故等，也可造成食品中的二噁英污染。包装软饮料及乳制品的纸质材料在氯漂白过程中可产生二噁英类污染物，由于迁移可能造成食品中二噁英类化合物污染。

（4）对人体的危害　二噁英具有极强的致癌性、免疫毒性和生殖毒性等多种毒性作用，WHO将二噁英列为与滴滴涕杀虫剂毒性相当的剧毒物质，它的毒性相当于氰化钾的1 000倍以上，被人们称为"地球上毒性最强的毒物"。二噁英不仅具有强烈的致癌性，而且具有生物毒性、免疫毒性和内分泌毒性，其生物半衰期长，目前也没有促进二噁英排泄的有效手段。因此一次染毒也可在体内长期存在，如果长期接触二噁英还可造成体内蓄积，可能造成严重损害。

2. 二噁英类似物

多氯联苯（PCBs）是人工合成的含氯联苯化合物，是一种持久性有机污染物，也是典型的环境内分泌干扰物，主要来源于垃圾焚烧、含氯工业产品的杂质、纸张漂白以及

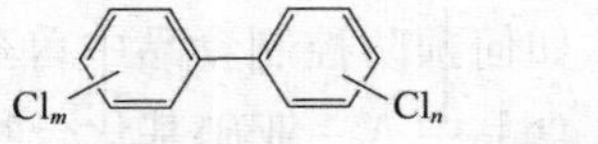

图2-17　多氯联苯（PCBs）的化学结构式

汽车尾气排放等。此外，光化学反应和某些生化反应也会产生多氯联苯污染物。多氯联苯的化学结构式如图2-17所示，依据氯的取代位置和数量不同，异构体有200多种，其理化性质和毒性与二噁英相似，它和多溴联苯、氯代二苯醚等其他一些卤代芳烃化合物被称为二噁英类似物。

多氯联苯在环境中循环造成广泛的危害，其毒性不但能引起人体痤疮、肝损伤乃至致癌等危害，而且还能干扰人和动物机体内分泌系统，使人和动物机体的生殖系统发生严重的病变，所以被列入优先检测的"环境激素"。现在许多国家已经禁止生产、使用多氯联苯，并积极研究多氯联苯的无害代用品。

（1）对人体的危害　多氯联苯极难溶于水，但易溶于脂肪和有机溶剂，亲脂性强，在机体内具有很强的蓄积性，很难分解，因而能通过食物链在生物体内富集，对人畜均有致癌、致畸等毒性作用，即使在极低浓度下也可对人的生殖、内分泌、神经和免疫系统造成不利影响。动物实验表明，多氯联苯对皮肤、肝脏、神经系统、生殖系统和免疫系统的病变甚至癌变都有诱导效应。据调查食用多氯联苯污染的油120d就会产生中毒症状，可见人对多氯联苯污染相当敏感。

（2）食品中多氯联苯的限量　《食品中污染物限量》（GB 2762—2012）规定水产动物及其制品中多氯联苯含量不得超过0.5mg/kg。

小 结

本章主要介绍了农药残留、兽药残留、重金属、N-亚硝基化合物、杂环胺、多环芳烃、丙烯酰胺、氯丙醇、二噁英、多氯联苯等危害食品安全的各种化学性污染，对其代表性品种的理化性质、毒性、使用范围及使用限量进行了介绍，着重阐述了食品中各种化学性污染的来源及危害。

总之，保证食品安全是一项需要全社会共同努力的系统工程。只有科学生产、切实环保、安全加工、合理食用，才能从根本上控制化学性污染，防止化学性污染对食品安全产生危害。

思考题

1. 简述硝酸盐和亚硝酸盐的来源及危害。
2. 食品中农药、兽药残留的来源及危害有哪些？
3. 如何预防控制食品中农药残留量在安全水平范围内？
4. 如何预防控制食品中兽药残留量在安全水平范围内？
5. 食品中 N-亚硝基化合物的来源有哪些？
6. 长期大量摄入油炸、烧烤、熏制和腌制食品有何危害？
7. 农药的使用有哪些规定和限制？
8. 影响食品安全的重金属有哪些？简述其污染食品的途径。
9. 简述铅、汞、镉、砷对人体的主要危害。
10. 如何有效防止兽药残留物对人体的危害？
11. 简述多氯联苯的毒性。
12. 简述二噁英的毒性特点。

第三章 生产加工中的污染对食品安全的影响

第一节 概 述

一、食品加工

食品加工是指直接以农、林、牧、渔业产品为原料进行的谷物磨制、饲料加工、植物油和制糖加工、屠宰及肉类加工、水产品加工，以及蔬菜、水果和坚果等食品的加工活动，是广义农产品加工业的一种类型。其目的在于使食品获得良好的保藏性并使食品更加美味可口和易于消化吸收。在当代，食品加工技术还运用于开发新食品，赋予食品更多的功效，提高食品的营养价值和口感，保证食品的安全性。

大多数的食品加工操作旨在通过减少或消除微生物活性而延长产品的货架期，总的目标是加工操作应满足确保与微生物有关的人类健康安全的最低要求。必须指出的是，大多数食品加工操作会影响产品的物理和感官特性。目前，在食品工业中普遍的做法是用加工操作作为提高食品物理和感官特性的一种方式。

二、食品加工中的污染

食品加工污染是指食品及其原料在生产和加工过程中，因加工条件、加工工艺等差异造成的污染，相对于农药、致病菌等生物及化学引起的污染，食品加工污染主要与加工过程控制点、加工材料及加工工艺紧密相连，是食品安全生产中另一主要的污染来源。

第二节 食品加工过程对食品安全的影响

一、加工工艺对食品安全的影响

烟熏、油炸、焙烤、腌渍等贮藏及加工技术，在改善食品的外观和质地、增加风味、延长保存期、钝化有毒物质（如酶抑制剂、红细胞凝集素）、提高食品的可用度等方面直接发挥了重大作用。但随之还产生了一些有毒有害物质，如 N – 亚硝基化合物、多环芳烃、丙烯酰胺等，造成相应食品的安全隐患。

（一）热处理产生的有害物质

热处理制备的食品安全性较高。热处理对食品的变化从三个方面进行考察：感官性状、营养成分及卫生质量。热处理的有利作用是杀灭微生物，使导致食品腐败的酶失活，期望有适宜的风味和香气产生，且利于消化。但热处理同样会导致有害影响，主要是营养成分的破坏和抗营养组分及有毒复合物的形成。目前与食品安全关系密切的是在加热过程中发生的毒理变化，即导致无毒食品组分转变为有毒物质。

1. 多环芳烃类化合物

多环芳烃（polycyclic aromatic hydrocarbons，PAHs）为煤、石油、煤焦油、烟草和一些有机化合物的热解或不完全燃烧产生的一系列化合物。苯并（a）芘通常被认为是 PAH 存在的指标，也是食品中最普遍可检测到的 PAH。一些食品的苯并（a）芘含量见表 3 – 1。

表 3 – 1　　　　　　　　　　一些食品的苯并（a）芘含量　　　　　　　　单位：μg/kg

食品种类	苯并（a）芘	食品种类	苯并（a）芘
熏鱼	1.30 ~ 15.20	烤牛肉	0.41 ~ 1.58
熏香肠	0.80	烤羊肉串	1.00 ~ 2.84
熏火腿	3.20	烤鸭皮	0.75 ~ 2.39
油条	1.40 ~ 11.00	烤鹅	0.06
烤饼	3.00 ~ 7.00	熏排骨	0.34 ~ 5.00

许多国家规定了苯并（a）芘相应的膳食摄入量和食品的限量标准，见表 3 – 2。

表 3 – 2　　　　　一些国家苯并（a）芘每人每日膳食允许摄入量最大值　　　　　单位：μg

国家	苯并（a）芘	国家	苯并（a）芘
美国	0.16 ~ 1.60	荷兰	0.12 ~ 0.42
英国	0.48	意大利	0.10 ~ 0.30
德国	0.02 ~ 0.14	奥地利	0.36

详细内容参见第二章第四节。

2. 杂环胺类化合物

杂环胺（heterocyclic amines）是在食品加工、烹调过程中由于蛋白质、氨基酸热解产生的一类化合物。到目前为止，已经发现了 20 多种杂环胺，由于它们具有强烈的致突变性，有些还被证明可以引起实验动物多种组织的肿瘤，所以它们对食品的污染以及所造成的健康危害已经成为食品安全领域关注的热点问题之一。

在食品加工过程中，加工方法、加热温度和时间对杂环胺的形成影响很大。一些烹调食品中杂环胺的含量见表 3 - 3。

表 3 - 3　　　　　　　　　　　部分食品中杂环胺的含量

食品种类	烹调方法	含量/（ng/g）				
		PhIP	MeIQx	DiMeIQx	IQ	AαC
羊肉	烤	42.0	1.00	0.67	未检出	2.50
牛排	烤或煎	39.0	5.90	1.80	0.19	6.80
猪肉	烤	6.6	0.63	0.16	未检出	未检出
鸡肉	烤	38.0	2.30	0.81	未检出	0.21
鱼	烤	69.0	1.70	5.40	2.10	73.00
鱼	煎	35.0	5.20	0.10	0.16	6.30

所测试的杂环胺对啮齿动物均具有致癌性。除了 PhIP 外，杂环胺致癌的靶器官主要是肝脏，且大多数杂环胺还可以诱发其他多种部位的肿瘤。需要指出，试验所用剂量已经接近最大耐受量，超过食品中实际含量的 10 万倍。为了便于比较致癌能力，将其诱导 50% 动物发生肿瘤所需要的剂量（TD_{50}）列于表 3 - 4 中。

表 3 - 4　　　　　　　诱导 50% 动物发生肿瘤所需要的剂量（TD_{50}）

化合物	动物	饲料中浓度/%	TD_{50}/（mg/kg）	靶器官
IQ	大鼠	0.03	0.7	肝、大小肠、皮肤、阴蒂腺
	小鼠	0.03	14.7	肝、前胃、肺
4 - MeIQx	大鼠	0.03	0.1	肝、皮肤、口腔、乳腺、Zymbal 腺
	小鼠	0.04	8.4	肝、前胃
8 - MeIQx	大鼠	0.04	0.7	肝、皮肤、阴蒂腺、Zymbal 腺
	小鼠	0.06	11.0	肝、肺、造血系统
Trp - P - 1	大鼠	0.015	0.1	肝
	小鼠	0.02	8.8	肝、肺（转移）
Trp - P - 2	大鼠	0.02	0.7	肝、肺
	小鼠	0.02	2.7	肝、阴蒂腺
Glu - P - 1	大鼠	0.05	0.8	肝、大小肠、阴蒂腺、Zymbal 腺
	小鼠	0.05	2.7	肝、血管
Glu - P - 2	大鼠	0.05	5.7	肝、大小肠、阴蒂腺、Zymbal 腺

续表

化合物	动物	饲料中浓度/%	TD$_{50}$/（mg/kg）	靶器官
	小鼠	0.05	4.9	肝、血管
AαC	小鼠	0.08	15.8	肝、血管
MeAαC	小鼠	0.08	5.8	肝、血管
PhIP	大鼠	0.04	<1.0	结肠、乳腺
	小鼠	0.05	31.3	肝、肺、淋巴

尽管化学致癌物所诱发的肿瘤很少发生转移，但 8 – MeIQx 诱发的小鼠前胃磷癌的肝转移率却很高。特别引人注意的是，IQ 对灵长类实验动物也具有致癌性，提示杂环胺也可能对人致癌。

详细内容参见第二章第四节。

3. 丙烯酰胺

（1）结构与性质　丙烯酰胺是结构简单的小分子化合物，分子式为 $CH_2CHCONH_2$，相对分子质量 71.08，相对密度 1.122，熔点 84～85℃，沸点 125℃。水中溶解度为 204g/100mL（25℃），溶于甲醇、丙酮，不溶于苯。其聚合物聚丙烯酰胺可作为水处理中的絮凝剂，广泛用于纺织、化工、冶金、农业等行业。

（2）食品污染来源　丙烯酰胺的主要前体物为游离天门冬氨酸与还原糖，二者发生美拉德反应生成丙烯酰胺。主要是高碳水化合物、低蛋白质的植物性食物加热（120℃以上）烹调过程中形成丙烯酰胺，140～180℃为其生成的最佳温度。加热温度、时间、羟基化合物、氨基酸种类、含水量都是影响丙烯酰胺形成的因素。

（3）毒性及危害　丙烯酰胺与神经、睾丸组织中的蛋白质可发生加成反应，可能与丙烯酰胺对这些组织的毒性有关。丙烯酰胺对小鼠、兔子和大鼠的 LD_{50} 为 100～150mg/kg 体重。

①神经毒性和生殖发育毒性：丙烯酰胺对于人的神经毒性已得到了许多试验的证明，神经毒性作用主要为周围神经退行性变化和脑中涉及学习、记忆和其他认知功能部位的退行性变化；早期中毒的症状表现为皮肤皲裂、肌无力、手足出汗、麻木、震动觉减弱、膝跳反射的丧失、感觉器官动作电位的降低、神经异常等周围神经损害，如果时间延长，还可损伤中枢神经系统的功能，如小脑萎缩。生殖毒性作用表现为雄性大鼠精子数目和活力下降、形态改变和生育能力下降。

②遗传毒性：丙烯酰胺表现有致突变作用，可引起哺乳动物体细胞和生殖细胞的基因突变和染色体异常。丙烯酰胺的代谢产物环氧丙酰胺是其主要致突变活性物质。

③致癌性：每天饮水中加入 0、0.5、1、2 mg/kg（以体重计）的丙烯酰胺，经过两年的喂养，发现实验大鼠体内对激素敏感的组织中癌症的发病率显著升高。国际癌症研

究中心（IARC）1994年将丙烯酰胺列为Ⅱ类致癌物（2A）即人类可能致癌物，其主要依据为丙烯酰胺在动物和人体均可代谢转化为致癌活性代谢产物——环氧丙酰胺。

（二）膜分离对食品的影响

1. 膜分离技术

膜分离是利用流体中各组分对半透膜渗透率的差别，以外界能量或化学位差为动力，实现组分分离的技术。根据过程推动力的不同，可分为以压力为推动力的膜分离过程（超滤和反渗透）和以电力为推动力的膜分离过程（电渗析）两类。膜分离技术也可以和常规的其他分离方法结合使用，使分离技术投资更为经济。

膜分离技术具有以下优点：不发生相变化，能耗低；在常温下进行，适用于热敏性物质；适用于有机物和无机物的分离、许多特殊溶液体系的分离以及一些共沸物或近沸点体系的分离等；装置简单、操作容易、易于控制和维修。

2. 膜分离食品存在的安全卫生问题

在膜分离过程中，膜污染是造成膜分离食品质量变化的主要因素。膜污染是处理物料中的微粒、胶体离子或溶质大分子，由于与膜存在物理化学相互作用和机械作用而引起的在膜表面或膜孔内发生吸附沉积，造成膜孔径变小或堵塞，使膜的透过通量与分离特性出现不可逆变化。膜在长期使用时，尽管操作条件保持不变，但其通量仍会逐渐下降。膜污染和浓度差极化都会引起膜性能的变化，使膜的实用性能降低，使膜分离食品出现安全卫生问题。

（1）生物性污染 微生物依靠吸附在膜上的腐殖质、聚糖、聚酯和细菌菌体中的营养物质进行生长和繁殖，最后在膜的表面形成一层生物膜，侵蚀膜表面，影响膜的质量。在膜被污染之后若继续使用，会使食品受到微生物污染，严重的污染会引起食物中毒。

（2）化学性污染 膜分离食品的化学性污染主要是有毒有害物质污染、农药污染和氯污染。

①有毒有害物质污染：随着工农业生产的发展，导致空气、水和土壤都受到了污染，而且日常使用的化学物质日益增多，这些对食品造成了直接或间接的污染。另外，食品在加工、贮存、运输销售过程中使用或接触的机械、管道、容器以及添加剂中含有的有毒有害物质导致食品的污染。

②农药污染：农药一般呈酸性，若食品原料中残留有农药，则会在生产膜分离食品的时候腐蚀膜，造成膜的质量迅速下降，从而使得食品受到污染。

③氯污染：膜分离过程中，有时为了除去水中的微生物会使用氯进行消毒，但是，各种膜对于氯的耐受程度有限，一旦杀菌后的剩余氯过量，不但会影响膜的质量，还使氯沉积在膜上，从而使食品受到氯污染。

（3）其他污染 利用膜分离技术处理的食品大部分是液态食品。进行包装后，包装材料对气味的通透性使得食品中的挥发性芳香物质流失，导致风味变化。由于部分包装材料的透氧性、透气性会引发食品氧化、褐变以及腐败变质，从而导致食品质量降低。同时，包装材料含有的小分子物质也会向食品中迁移。

（三）蒸馏过程影响因素

在蒸馏的过程中，由于高温及化学酸碱试剂的作用，产品容易受到金属蒸馏设备溶出重金属离子的污染。设备的设计不当或技术陈旧，蒸馏出的产品可能存在副产品污染的问题，比较典型的例子就是酒精生产过程中的馏出物有甲醇、杂醇油、铅的混入。

（四）清洗过程影响因素

《食品安全法》规定严格禁止有毒及有害的物质混入食品中，因此在食品清洗过程中含有害成分的洗涤剂被严格限制使用。生鲜食品是以水和有机物为主要成分的，而且在一定条件下能保持生物活性，但也是一类很容易受到外界的物理、化学变化而影响其性质的脆弱物质。清洗生鲜食品既要保持食品的品质不受损害，又要去除食品上的杂质使其达到卫生标准的要求。

1. 用清水清洗

在常温下用符合饮用标准的清水清洗是生鲜食品最安全的清洗方法，也是最广泛采用的方法。用这种方法可以方便地将泥土及附着的动植物和杂物去除干净，但要把油性污垢和附着在清洗对象表面的寄生虫卵和微生物完全去除干净是困难的。可是由于农作物上的有害微生物多是在土壤中生活的，当沾在植物上的土壤颗粒被去除之后，附着在土壤上的微生物也被大部分去除，所以经过清水清洗基本上能符合卫生和保持食品品质的要求。

2. 用表面活性剂水溶液清洗

虽然表面活性剂水溶液的清洗效果较清水为高，但由于清洗后会有微量表面活性剂黏附残留在食物表面，因此只有经卫生检验确认安全无毒的表面活性剂才可以在极低浓度下短时间浸泡清洗，而且清洗后还要充分冲洗干净才行。

（1）以石油为原料的表面活性剂　洗涤水果蔬菜的以石油为原料的表面活性剂主要是烷基苯磺酸钠等。日本卫生部门在 20 世纪 50 年代曾推荐使用它来清除蔬菜中的寄生虫卵。关于这种洗涤剂的毒性问题，经过有关卫生检测单位多次试验证明，在一定限度内使用是安全无毒的。但对其是否在食品中残留毒性的问题却依然存在争论，因此在工厂中使用这种洗涤剂时应充分引起注意。

（2）以脂肪酸为原料的表面活性剂　以天然产品为原料制得的脂肪酸甘油酯、脂肪酸山梨糖醇和脂肪酸蔗糖酯这类非离子表面活性剂被认为是无毒的、可不限量使用的。虽然这些表面活性剂洗涤时去污力比清水要大，但是它们与以石油为原料制备的表面活性剂组成的洗涤剂相比，不仅去污力要差些而且价格也高，只有特殊情况下才使用。

（3）用其他洗涤剂清洗　除了清水和表面活性剂洗涤剂之外，还可以用碱剂和酶来清洗。食品加工设备时常使用碱剂清洗，但是碱剂清洗的机械中残留碱剂会造成食物的品质下降，在使用中应注意碱剂的用量及清洗。酶对食物是无害的，一些生鲜食物可以尝试用酶液清洗。

二、食品添加剂对食品安全的影响

（一）食品添加剂的定义

1983 年国际食品法典委员会（CAC）规定："食品添加剂是指其本身不作为食品消费，也不是食品特有成分的任何物质，而且不管其有无营养价值；在食品的制造、加工、调制、处理、装填、包装、运输或贮藏过程中，由于技术的目的有意加入食品中的物质，但不包括污染物或为提高食品营养价值而加入食品中的物质"。此定义既不包括污染物，也不包括食品营养强化剂。

《中华人民共和国食品安全法》规定：食品添加剂是指为改善食品品质和色、香、味以及防腐和加工工艺的需要，加入食品中的人工合成或天然物质。营养强化剂、食品香料、加工助剂也包括在内。

（二）食品添加剂的分类

1. 按来源分类

（1）天然食品添加剂　　如盐、蔗糖。

（2）半天然食品添加剂　　如味精、柠檬酸。

（3）化学合成食品添加剂　　如苯甲酸钠。

2. 按目的用途分类

（1）食品保存目的　　保鲜料、抗氧化剂、杀菌剂。

（2）食品加工目的　　着色剂、保色剂、漂白剂、甜味剂、调料剂、香料。

（3）食品制造目的　　品质改良用剂、酿造用剂、食品制造用剂、膨胀剂。

（4）食品营养目的　　营养添加剂，如赖氨酸。

3. 按效能分类

可分为防腐剂、杀虫剂、抗氧化剂、漂白剂、保色剂、膨胀剂，品质改良用、酿造用及食品制造用剂，营养添加剂、着色剂、香料、调味剂、黏稠剂（糊料）、凝固剂、食品工业用化学药品、溶剂、乳化剂及其他等 17 大类。

4. 按安全性分类

联合国粮农组织/世界卫生组织（FAO/WHO）下设的食品添加剂联合专家委员会（JECFA）为了加强对食品添加剂安全的审查与管理，制定出相应的每日容许摄入量（ADI），并向各国政府建议。该委员会建议把食品添加剂分为如下四大类。

（1）第一类为安全使用的添加剂，即一般认为是安全的添加剂，可以按正常需要使用，不建立 ADI 值。

（2）第二类为 A 类，是 JECFA 已经制定 ADI 值的添加剂，它又分为两类。

A_1类：经过 JECFA 评价认为毒理学资料清楚，已经制定出 ADI 值的添加剂。

A_2类：JECFA 已经制定出暂定 ADI 值，但毒理学资料不够完善，暂时允许用于食品。

（3）第三类为 B 类，JECFA 曾经进行安全评价，因毒理学资料不足，未建立 ADI 值，或未进行安全评价者，它又分为两类。

B_1类：JECFA 曾经进行安全评价，因毒理学资料不足，未建立 ADI 值。

B_2类：JECFA 未进行安全评价。

（4）第四类为 C 类，JECFA 进行安全评价，根据毒理学资料认为应该禁止使用的食品添加剂或应该严格限制使用的食品添加剂，它又分为两类。

C_1类：JECFA 根据毒理学资料认为，在食品中应该禁止使用的食品添加剂。

C_2类：JECFA 认为应该严格限制，作为某种特殊用途使用的添加剂。

《食品添加剂使用标准》GB 2760—2011 根据主要功能的不同将食品添加剂归纳为 23 类，它们是：酸度调节剂（01）、抗结剂（02）、消泡剂（03）、抗氧化剂（04）、漂白剂（05）、膨松剂（06）、胶基糖果中基础剂物质（07）、着色剂（08）、护色剂（09）、乳化剂（10）、酶制剂（11）、增味剂（12）、面粉处理剂（13）、被膜剂（14）、水分保持剂（15）、营养强化剂（16）、防腐剂（17）、稳定剂和凝固剂（18）、甜味剂（19）、增稠剂（20）、食品用香料（21）、食品工业用加工助剂（22）及其他（23）。本分类根据凌关庭主编的《食品添加剂手册》（第二版）（1997）采用 5 位数字表示法，其中前两位数字为分类号，小数点以后为三位数字表示分类号下的分类代码，如柠檬酸（01.101），01 为酸度调节剂，101 为柠檬酸编号代码。

（三）常见的食品添加剂

食品添加剂是现代食品工业的重要组成部分，也是食品工业新的增长点，而食品工业的飞速发展，也带动了食品添加剂工业的蓬勃发展。食品添加剂在食品加工生产中的作用实际上是画龙点睛，少量使用即可明显改变其性状。也正是由于市场对食品需求程度的提高，才促使食品工业对食品添加剂需求的增长。

1. 甜味剂

甜味剂（sweetener）是指赋予食品甜味的食品添加剂。按其来源可分为天然和人工合成甜味剂；以其营养价值可分为营养型和非营养型甜味剂；按化学结构和性质可分为糖类和非糖类甜味剂。蔗糖、葡萄糖、果糖、麦芽糖、蜂蜜等物质虽然也是天然营养型甜味剂，但一般被视为食品，不作食品添加剂看待。我国《食品添加剂使用标准》（GB 2760—2011）规定使用的甜味剂有糖精钠、甜蜜素、阿斯巴甜、木糖醇、乳糖醇及三氯蔗糖等 15 种。

（1）糖精钠（sodium saccharin）

①理化性质：糖精是世界各国广泛使用的一种人工合成的非营养型甜味剂，由于糖精在水中溶解度低，故实际使用的是糖精钠。糖精钠为无色结晶或稍带白色的结晶性粉末，无臭或微有香气，在空气中缓慢风化失去一部分结晶水后成为白色粉末；其甜度约相当于蔗糖的300~500倍；易溶于水，水溶液呈微碱性，于100℃加热2h无变化。

②代谢及毒性：一般认为糖精在体内不能被利用，大部分从尿中排出且不损害肾功能，不供给能量，全世界广泛使用数十年，尚未发现对人体的毒害作用。其小鼠口服 LD_{50} 为17.5g/kg体重，ADI为0~5mg/kg体重（FAO/WHO，1997）。

由于20世纪70年代初发现糖精对试验动物有致膀胱癌的可能而受到限制，为此美国国家癌症研究所于70年代末作了大规模的流行病学调查，结果未观察到使用糖精有增高膀胱癌发病率的危险。1993年JECFA重新对糖精的毒性进行评价，认为其对人类无生理危害。

③使用范围及使用量：我国GB 2760—2011《食品添加剂使用标准》规定，糖精钠可用于饮料、酱菜类、复合调味料、蜜饯、配制酒、雪糕、冰淇淋、冰棍、糕点、饼干、面包等，最大使用量为0.15g/kg（以糖精计）；高糖果汁（果味）饮料按稀释倍数80%加入；话梅、陈皮的最大使用量为5.0g/kg等。

（2）环己基氨基磺酸钠（sodium cyclamate）

①理化性质：环己基氨基磺酸钠商品名为甜蜜素，是人工合成的非营养型甜味剂，为白色结晶或结晶性粉末，无臭；甜度约为蔗糖的50倍；易溶于水，水溶液呈中性，几乎不溶于乙醇等有机溶剂；对酸、碱、光、热稳定。

②代谢及毒性：甜蜜素食用后由尿（40%）和粪便（60%）排出。其毒性较低，小鼠口服 LD_{50} 为10~15g/kg体重，ADI为0~11mg/kg体重（FAO/WHO，1994）。

③使用范围及使用量：我国GB 2760—2011《食品添加剂使用标准》规定，甜蜜素可用于酱菜、调味酱油、配制酒、糕点、饼干、面包、雪糕、冰淇淋、冰棍及饮料等，最大使用量为0.65g/kg；蜜饯中最大使用量为1.0g/kg；陈皮、话梅、话李、杨梅干中最大使用量为8.0g/kg。

（3）乙酰磺胺酸钾（acesulfame potassium）

①理化性质：乙酰磺胺酸钾又称安赛蜜、AK糖，是人工合成的非营养型甜味剂，为无色至白色结晶性粉末，无臭；甜度约为蔗糖的200倍，味质好；易溶于水，无吸湿性；对热、酸很稳定。

②代谢及毒性：安赛蜜不参与任何代谢活动，进入机体后很快被吸收，但迅速通过尿排出体外，不提供热量。小鼠口服 LD_{50} 为2.2g/kg体重，ADI为0~15mg/kg体重（FAO/WHO，1997）。

③使用范围及使用量：我国1992年正式批准安赛蜜用于食品、饮料等领域。可单独使用，也可与其他甜味剂混合使用。在与天门冬酰苯丙氨酸甲酯（1:1）或环己基氨基

磺酸钠（1:5）混合使用时，有明显的增效作用。常用于饮料、冰淇淋、糖果、酱菜等食品中，最大使用量0.3g/kg。

2. 防腐剂

防腐剂（preservatives）是能防止食品腐败、变质，抑制食品中微生物繁殖的物质。我国允许使用的防腐剂有30多种，主要有酸型防腐剂、酯型防腐剂和生物防腐剂三类。

（1）苯甲酸（benzoic acid）与苯甲酸钠（sodium benzoate）

①理化性质：苯甲酸（苯甲酸钠）又名安息香酸（安息香酸钠），为酸型防腐剂。苯甲酸为白色有气味的鳞片或针状结晶，微有安息香气味，熔点122℃，沸点249.2℃，100℃开始升华，可以用蒸气蒸馏。难溶于常温水，溶于热水；性质稳定，有吸湿性。苯甲酸钠为白色颗粒或结晶性粉末，无臭或微有安息香气味，在空气中稳定；有较好的水溶性，水溶液呈弱碱性，在酸性条件下（pH 2.5~4）能转化为苯甲酸。由于苯甲酸难溶于水，因此实际中多用苯甲酸钠。

②代谢及毒性：苯甲酸在人体内不产生蓄积，大部分在9~15h内与甘氨酸结合生成马尿酸（苯甲酰甘氨酸），其余的与葡萄糖醛酸结合生成葡萄糖苷酸而解毒，最后通过尿排出体外。所以选用苯甲酸及其盐是比较安全的。苯甲酸大鼠口服LD_{50}为2.53g/kg体重，苯甲酸钠的大鼠口服LD_{50}为4.07g/kg体重，ADI为0~5mg/kg体重（苯甲酸及其盐类之和，以苯甲酸计，FAO/WHO，1996）。

③使用范围及使用量：我国GB 2760—2011《食品添加剂使用标准》规定，碳酸饮料的最大使用量为0.2g/kg；低盐酱菜、酱类、蜜饯、食醋、果酱（不包括罐头）、果汁饮料、塑料桶装浓缩果蔬汁最大限量以苯甲酸计为1.0g/kg；苯甲酸及苯甲酸钠在酸性条件下防腐效果较好，适宜用于偏酸的食品（pH 4.5~5）。

（2）山梨酸（sorbic acid）与山梨酸钾（potassium sorbate）

①理化性质：山梨酸又名花楸酸，化学名称2，4-己二烯酸。山梨酸为无色针状结晶或白色结晶性粉末，熔点134℃，沸点228℃，无臭或微带刺激性臭味；耐光、热，但山梨酸为不饱和脂肪酸，在空气中长时间放置易被氧化而失效；山梨酸难溶于水，溶于乙醇、冰醋酸和花生油等；属于酯性防腐剂，在pH 8以下防腐作用稳定。因山梨酸水溶性差，故实际使用时多为山梨酸钾。山梨酸钾为白色或淡黄色鳞片状结晶，无臭或稍有臭味，极易溶于水；长期暴露在空气中易吸潮、易氧化分解；山梨酸钾毒性低，酸性条件下防腐作用充分。

②代谢及毒性：山梨酸在人体和动物体内与其他脂肪酸一样进行正常代谢，被氧化成二氧化碳和水，释放热量，故对人体没有毒性，是比苯甲酸更安全的防腐剂。山梨酸大鼠口服LD_{50}为10.5g/kg体重，山梨酸钾的大鼠口服LD_{50}为4.2g/kg体重；以山梨酸计，山梨酸和山梨酸钾的ADI为0~25mg/kg体重（FAO/WHO，1996）。

③使用范围及使用量：我国GB 2760—2011《食品添加剂使用标准》规定，山梨酸

和山梨酸钾可用于肉、鱼、禽类制品，最大限量为 0.075g/kg；葡萄酒为 0.2g/kg；胶原蛋白肠衣、低盐果酱、酱类、蜜饯、果汁饮料、果冻为 0.5g/kg；果酒为 0.6g/kg；塑料桶装浓缩果蔬汁、软糖、鱼干制品、即食豆制食品、糕点、面包、即食海蜇、乳酸菌饮料等为 1.0g/kg。

（3）对羟基苯甲酸酯类（para – hydrobenzoate）

①理化性质：对羟基苯甲酸酯类包括甲、乙、丙、异丙、丁、异丁、庚酯等，均为苯甲酸的衍生物，属酯型防腐剂。大多数表现为无色细小结晶或白色晶体粉末，无臭、无味或有轻微的特殊香气；一般难溶或微溶于水中，但易溶于乙醇、丙酮等，多数可溶于花生油中；在 pH 4~8 防腐效果很好。

②代谢及毒性：对羟基苯甲酸酯类在胃肠内能迅速完全吸收，并水解成对羟基苯甲酸从尿中排出，不在体内蓄积，其毒性低于苯甲酸，而高于山梨酸。我国目前允许使用对羟基苯甲酸乙酯和丙酯。对羟基苯甲酸乙酯的小鼠口服 LD_{50} 为 5.0g/kg 体重，对羟基苯甲酸丙酯的小鼠口服 LD_{50} 为 6.7g/kg 体重，其 ADI 均为 0~10mg/kg 体重（指对羟基苯甲酸的甲、乙、丙酯之和，FAO/WHO，1996）。

③使用范围及使用量：对羟基苯甲酸酯类对霉菌、酵母菌和细菌有广泛的抗菌作用。我国 GB 2760—2011《食品添加剂使用标准》规定，对羟基苯甲酸乙酯与丙酯可用于果蔬保鲜，最大使用量为 0.012g/kg；碳酸饮料、蛋黄馅为 0.20g/kg；果汁饮料、果酱（不包括罐头）、酱油、食醋等为 0.25g/kg；糕点馅为 0.5g/kg（以对羟基苯甲酸计）。

3. 发色剂

发色剂（color fixative）又名护色剂或呈色剂，是指能够使肉与肉制品呈现良好色泽的物质，主要有硝酸盐和亚硝酸盐。硝酸盐则在微生物的还原作用下转化为亚硝酸盐，而后起发色作用。

（1）亚硝酸钠（sodium nitrite）

①理化性质：亚硝酸钠为白色至淡黄色结晶性粉末，有咸味，易吸潮，易溶于水，水溶液呈碱性（pH 9）。能缓慢吸收空气中的氧，逐渐氧化为硝酸钠。

②代谢及毒性：亚硝酸钠在众多食品添加剂中是引起急性中毒，且毒性较强的物质之一。小鼠经口的 LD_{50} 为 0.22g/kg 体重，大鼠经口的 LD_{50} 为 85mg/kg 体重，ADI 为 0~0.2mg/kg 体重（FAO/WHO，1994）。

③使用范围及使用量：我国 GB 2760—2011《食品添加剂使用标准》规定，亚硝酸钠可用于腌制畜、禽肉类罐头、肉制品，最大使用量为 0.15g/kg。残留量以亚硝酸钠计，肉类罐头中不得超过 0.05g/kg，腌制盐水火腿中不得超过 0.07g/kg。

（2）硝酸钠（sodium nitrate）

①理化性质：硝酸钠为白色结晶，有时为带有浅灰色或淡黄色的粉末，味咸且苦，

易潮解，易溶于水溶液呈中性。

②代谢及毒性：硝酸钠因在食品和体内还原成亚硝酸钠而呈现毒性。硝酸钠对大鼠经口的 LD_{50} 为 1.0～2.0g/kg 体重，硝酸钠的 ADI 为 0～5mg/kg 体重（FAO/WHO，1994）。

③使用范围及使用量：我国《食品添加剂使用标准》（GB 2760—2011）规定，硝酸钠可用于肉制品，最大用量为 0.5g/kg。残留量以亚硝酸钠计，不得超过 0.03g/kg。

4. 漂白剂

漂白剂（bleaching agents）是指能破坏或抑制食品中呈色组分，使其转变为无色物质，从而使食品免于褐变并提高质量的一类物质。其有还原型漂白剂和氧化型漂白剂两类，我国使用的大都是以亚硫酸及其盐类为主的还原型漂白剂。亚硫酸及其盐类的分解产物二氧化硫具有还原作用，可使食品褪色，同时还具有抑菌和抗氧化作用，因而亚硫酸及其盐类被广泛使用于漂白与保藏。

（1）理化性质　硫黄为黄色或淡黄色粒（粉）状、片状或块状，略带沙性，可升华，易燃烧；不溶于水，可溶于二硫化碳、四氯化碳、苯等有机溶剂。

常用的亚硫酸盐包括亚硫酸钠、低亚硫酸钠、次亚硫酸钠、亚硫酸氢钠、焦亚硫酸钠、焦亚硫酸钾等，它们都是通过产生二氧化硫发挥漂白、杀菌、防腐、抗氧化作用的。它们一般都为无色、白色至灰白色结晶或结晶性粉末，有二氧化硫气味，具有易氧化、易分解等特性。

（2）代谢及毒性　硫黄中含有微量砷、硒等有害杂质，在熏蒸时可变成氧化物随二氧化硫进入食品，食用后可产生蓄积毒性。食品中残留的亚硫酸盐进入人体后，可被氧化成为硫酸盐，并与 Ca^{2+} 结合生成 $CaSO_4$，通过正常解毒后随尿排出体外，因此代谢过程中可引起体内钙损失。亚硫酸盐对维生素 B_1 有破坏作用，不适用于肉类、谷物、乳制品及坚果类食品。以亚硫酸钠为例，小鼠经静脉注射的 LD_{50} 为 115mg/kg 体重（以 SO_2 计）。1994 年 FAO/WHO 规定了亚硫酸盐的 ADI 为 0～0.7mg/kg 体重（所有亚硫酸盐，均以 SO_2 计）。

（3）使用范围及使用量　我国 GB 2760—2011《食品添加剂使用标准》规定，亚硫酸盐可用于蜜饯，最大使用量 2.0g/kg；用于葡萄糖、食糖、冰糖、糖果、液体葡萄糖、竹笋、蘑菇及蘑菇罐头，最大使用量为 0.40～0.60g/kg。残留量以 SO_2 计，蜜饯、竹笋、蘑菇及蘑菇罐头不得超过 0.05g/kg；饼干、食糖不得超过 0.1g/kg；葡萄、黑加仑浓缩汁不得超过 0.05g/kg。同时还规定，硫黄用于蜜饯残留量不得超过 0.05g/kg；干果、干菜、粉丝、食糖残留量不得超过 0.1g/kg。

5. 抗氧化剂

抗氧化剂（antioxidants）是能阻止或延缓食品氧化变质，提高食品稳定性和延长储藏期的食品添加剂。目前常使用的抗氧化剂有丁基羟基茴香醚（BHA）、二丁基羟基甲苯（BHT）、特丁基对苯二酚（TBHQ）、没食子酸丙酯（PG）等脂溶性抗氧化剂，主要用于油脂及含油脂的食品中，可以延缓该类食品的氧化变质。

（1）丁基羟基茴香醚

①理化性质：丁基羟基茴香醚（butylated hydroxyanisole，BHA）为酚型油溶性抗氧化剂，白色或微黄色结晶粉末或蜡状固体；具有酚类的特殊异臭和刺激性气味；不溶于水，易溶于油脂和有机溶剂；对热稳定性高，在弱碱性条件下不易被破坏，遇铁离子不变色。

②代谢及毒性：BHA 可引起慢性过敏反应和代谢紊乱，还可造成试验动物胃肠道上皮细胞损伤。BHA 具有防癌和致癌的双重作用，但还需要进一步研究。由于其毒性小，较为安全，目前许多国家都允许使用 BHA。BHA 小鼠经口 LD_{50} 为 2.0g/kg 体重，ADI 为 0～0.5mg/kg 体重（FAO/WHO，1996）。

③使用范围及使用量：我国 GB 2760—2011《食品添加剂使用标准》规定，BHA 可用于食用油脂、油炸食品、干鱼制品、饼干、方便面、速煮面、果仁罐头、腌腊肉制品、早餐谷类食品。其单独使用时，最大使用量为 0.2g/kg，与 BHT、PG 混合使用时，BHA 和 BHT 总量不得超过 0.1g/kg，PG 不得超过 0.05g/kg。

（2）二丁基羟基甲苯

①理化性质：二丁基羟基甲苯（butylated hydroxyl toluene，BHT）为酚型油溶性抗氧化剂，白色结晶或结晶性粉末，无味，无臭或稍有特殊气味；易溶于乙醇和各种油脂，不溶于水和甘油；化学稳定性好，对热稳性高，抗氧化作用较强，遇金属离子不变色。

②代谢及毒性：BHT 被认为具有致癌性，还可能抑制人体呼吸酶的活性。BHT 的急性毒性比 BHA 稍大，雄大鼠经口的 LD_{50} 为 1.97g/kg 体重，1996 年 FAO/WHO 重新将其 ADI 定为 0～0.3mg/kg 体重。

③使用范围及使用量：我国 GB 2760—2011《食品添加剂使用标准》规定，BHA 的使用范围和使用量与 BHA 相同。另外，BHT 也可用在包装焙烤食品、速冻食品及其他方便食品的包装材料中，用量为 0.2～1kg/t 包装材料。

（3）没食子酸丙酯

①理化性质：没食子酸丙酯（propyl gallate，PG）为白色至淡褐色结晶性粉末或灰乳白色针状结晶，无臭，稍有苦味，水溶液无味；对热比较稳定，抗氧化效果好，易与铜离子、铁离子发生呈色反应，变为紫色或暗绿色；具有吸湿性，见光易分解。

②代谢及毒性：PG 对猪油的抗氧化作用较 BHA、BHT 强，但毒性相对较高。大鼠经口 LD_{50} 为 2.5g/kg 体重，ADI 为 0～1.4mg/kg 体重（FAO/WHO，1994）。

③使用范围及使用量：我国 GB 2760—2011《食品添加剂使用标准》规定，PG 的使用范围与 BHA、BHT 相同，单独使用时最大使用量为 0.1g/kg，与 BHA、BHT 混合使用

时，BHA、BHT 总量不得超过 0.1g/kg，PG 不得超过 0.05g/kg（按脂肪计）。

6. 着色剂

着色剂（food color）又称色素，是使食品着色和改善食品色泽的食品添加剂。可分为食用天然色素和食用合成色素两大类。

（1）食用合成色素   食用合成色素主要是用人工合成方法所制得的有机色素。合成色素具有稳定性好、色泽鲜艳、附着力强等优点，因而得到广泛应用。但由于许多合成色素本身或其代谢产物有一定毒性、致泻性和致癌性，因此使用中要严格限制其使用范围和使用量。食用合成色素种类多，国际上允许使用的有 30 多种，我国允许使用的主要有苋菜红、胭脂红、赤藓红、新红、诱惑红、玫瑰红、柠檬黄、日落黄、亮蓝、靛蓝、牢固绿等。

①苋菜红（amaranth red）：苋菜红为水溶性偶氮类色素。急性毒性较低，慢性毒性试验对肝脏、肾脏的毒性均较低，多年来被认为是安全性高的食用合成色素。目前使用的争议主要在致癌性方面，因其在胃肠道内还原产物为亚胺类致癌物。其小鼠经口 LD_{50} 为 10g/kg 体重，ADI 定为 0 ~ 0.5g/kg 体重（FAO/WHO，1994）。

我国 GB 2760—2011《食品添加剂使用标准》规定，苋菜红及其色淀可用于碳酸饮料、配制酒、罐头、浓缩果汁、蜜饯、果酒、果味软饮料等食品，最大使用量为 0.05g/kg。

②胭脂红（ponceau 4R）：胭脂红为水溶性偶氮类色素。胭脂红急性毒性较低，大鼠经口 LD_{50} 为 8g/kg 体重，ADI 为 0 ~ 4mg/kg 体重（FAO/WHO，1994）。目前全世界除个别国家外，均允许使用。

我国 GB 2760—2011《食品添加剂使用标准》规定，胭脂红及其色淀可用于果汁及果味饮料、碳酸饮料、配制酒、糖果、糕点上彩装、山楂制品、腌制小菜，最大使用量为 0.05g/kg。其他食品中，红绿丝、染色樱桃罐头为 0.10g/kg；豆奶饮料、红肠肠衣、冰淇淋为 0.025g/kg；虾味片为 0.05g/kg；糖果包衣为 0.10g/kg。

③柠檬黄（tartrazine）：柠檬黄属于水溶性偶氮类色素，其安全性较高，小鼠经口 LD_{50} 为 12.75g/kg 体重，ADI 为 0 ~ 7.5mg/kg 体重（FAO/WHO，1994）。

我国 GB 2760—2011《食品添加剂使用标准》规定，果汁（果味汁）饮料、碳酸饮料、配制酒、糖果、糕点上彩装、西瓜酱罐头、青梅、虾味片中最大使用量为 0.10g/kg；糖果包衣及红绿丝中最大使用量为 0.2g/kg；植物蛋白饮料、乳酸饮料中最大使用量为 0.05g/kg。

④赤藓红（erythrosine）：赤藓红为水溶性非偶氮类色素。急性毒性作用较其他食用合成色素稍大，可抑制甲状腺的脱碘作用和在高水平时激活垂体中促甲状腺激素的分泌。小鼠经口 LD_{50} 为 6.8g/kg 体重，ADI 为 0 ~ 0.1mg/kg 体重（FAO/WHO，1994）。

我国 GB 2760—2011《食品添加剂使用标准》规定，果汁（果味汁）饮料、碳酸饮料、配制酒、糖果、糕点上彩装、糖果包衣等，最大使用量为 0.05g/kg；红绿丝、染色樱桃罐头最大使用量为 0.10g/kg；调味酱，最大使用量为 0.05g/kg。

⑤日落黄（sunset yellow）：日落黄为水溶性偶氮类色素，安全性较高，可能会引起过敏反应。大鼠经口 LD_{50} 为 2.0g/kg 体重，ADI 为 0~2.5mg/kg 体重（FAO/WHO，1994）。

我国 GB 2760—2011《食品添加剂使用标准》规定，日落黄可使用于果汁（果味汁）饮料、碳酸饮料、配制酒、糖果、糕点上彩装、西瓜酱罐头、青梅、乳酸菌饮料、植物蛋白饮料、虾味片，最大使用量为 0.10g/kg；用于糖果包衣、红绿丝，最大使用量为 0.2g/kg；用于冰淇淋，最大使用量为 0.09g/kg。

（2）食用天然色素　食用天然色素是指利用一定的加工方法从天然物质中获得的有机着色剂。它们主要是由植物组织中提取的，也有的来源于动物和微生物。

食用天然色素一般成本较高，着色力和稳定性通常不如合成色素。但因天然色素的安全性较高，因而发展很快，世界各国允许使用的天然色素品种和用量均在不断增加。国际上已开发的天然色素达 100 种以上，我国允许使用的天然色素主要有越橘红、萝卜红、红米红、黑豆红、高粱红、玫瑰茄红、甜菜红、辣椒红、辣椒橙、红花黄、栀子黄、菊花黄、玉米黄、姜黄、β - 胡萝卜素、叶绿素铜钠盐、可可色素、焦糖色、紫胶红、红曲红等。

①焦糖色素（caramel）：焦糖色素俗称酱色，是蔗糖、饴糖、淀粉等在高温下分解和聚合而成的混合物，生产方法分为普通法和加催化剂氨、铵盐及亚硫酸铵法。一般普通焦糖色素安全性高于氨法焦糖色素和亚硫酸铵焦糖色素。加铵盐生产的焦糖色素可能含有致惊厥的 4 - 甲基咪唑，对中枢神经系统有强烈的毒性。不加铵盐生产的焦糖安全性高，大鼠口服 LD_{50} 为 1.9g/kg 体重。FAO/WHO 于 1994 年将焦糖色素的 ADI 规定为：普通焦糖色素（不加铵盐）无需规定；氨法和亚硫酸铵焦糖色素为 0~0.2g/kg 体重。

我国 GB 2760—2011《食品添加剂使用标准》规定，普通焦糖色素、氨法及亚硫酸铵焦糖色素允许使用于食品中。普通焦糖色素和氨法焦糖色素可根据生产需要量用于糖果、果汁（味）饮料类、饼干、酱油、食醋、雪糕、冰棍、调味酱、调味类罐头和冰淇淋；亚硫酸氨焦糖色素可按生产需要量用于碳酸饮料、黄酒、葡萄酒。

②红曲红（monoscus red）：红曲红又称红曲色素，是红曲霉产生的色素。红曲红为粉末或结晶状，色暗红，带油脂状，无臭、无味；溶于热水及酸、碱溶液；耐光、热，具有抗氧化和还原作用。对蛋白质含量高的食品染色性好，一旦染着，经水洗不褪。经安全性毒理评价，红曲红无致突变性，粉末状色素小鼠经口 LD_{50} 为 20.0g/kg 体重。

我国 GB 2760—2011《食品添加剂使用标准》规定，红曲红可用于配制酒、糖果、熟肉制品、腐乳、饼干、冰棍、雪糕、调味酱、膨化食品、果冻，最大使用量根据生产需要添加；用于风味酸奶，最大使用量 0.8g/kg 体重。

（四）食品添加剂的毒性与危害

尽管食品添加剂在用于食品之前已进行了毒理学安全性评价，但因添加剂不是食品固有的正常成分，添加剂的安全性问题仍然是人们关注的焦点。食品添加剂的滥用、超量使用或超范围使用，对食用者健康安全构成严重的威胁。由于检测技术的进步以及食品毒理学研究、人类流行病学调查研究的深入，食品添加剂的慢性毒害和蓄积性毒害作用不断被发现，世界各国皆加强了食品添加剂的立法和管理，甚至对各种食品添加剂进行了再评价。近年来许多以前批准使用的食品添加剂从食品添加剂的名单中删除而被禁用。目前食品添加剂的安全问题主要有以下几个方面。

1. 急性中毒和慢性中毒

部分经批准使用的食品添加剂，如亚硝酸盐、漂白剂、色素等，食用后仍可引起急性、慢性中毒。20 世纪 40 年代，中国曾使用 β – 萘酚、奶油黄等防腐剂和色素用作食品添加剂，而后证实它们是具致癌作用的物质。日本使用多年的防腐剂 AF – 2，后来也证实是致畸物质。各国食品添加剂安全名单中删除的添加剂日益增多，如金胺、奶油黄、碱性菊橙、苏丹红、品红、硼砂、硼酸、氯酸钾、溴化植物油、碘酸钙（钾）等均已被禁止用于食品。2005 年 8 月，日本又新禁止 38 种天然添加剂，包括曲酸、花生衣红、鲸蜡、巴拉塔树胶、大麦壳抽提物、甜菜皂角苷、L – 岩藻糖、槟榔果抽提物、加拿大香脂、无花果树叶抽提物、莫内林、奇异果抽提物、柑橘种子抽提物、可食美人蕉抽提物等。

2. 引起变态反应

近年来添加剂引起变态反应的报道也日益增多，有的变态反应已经查明与添加剂有关。例如，糖精可引起皮肤瘙痒症、以脱屑性红斑及浮肿性丘疹为主的日光性过敏皮炎；偶氮类染料及苯甲酸皆可引起哮喘等一系列过敏症状；香料中很多物质可引起呼吸道器官发炎、咳嗽、喉头水肿、支气管哮喘、皮肤瘙痒、皮肤划痕症、荨麻疹、血管性浮肿、口腔炎等；柠檬黄、二氧化硫等可引起荨麻疹、支气管哮喘等。

3. 体内蓄积

在儿童食品中加入维生素 A 作为营养强化剂，如蛋黄酱、奶粉、饮料中加入这些营养强化剂，经摄入后 3 ~ 6 个月总摄入量达到 25 万 ~ 84 万国际单位时，则出现食欲不振、便秘、体重停止增加、失眠、兴奋、肝脏肿大、脱毛、脂溢、脱屑、口唇龟裂、痉挛，甚至出现神经症状，如头痛、复视、视神经乳头浮肿、四肢疼痛、步行障碍等。动物实验表明大量食用维生素 A 会诱发畸形胎。偶氮类染料在体内蓄积可呈现致癌的毒性作用。还有些脂溶性添加剂，如二丁基羟基甲苯（BHT）过量也可在体内蓄积而产生毒害。

4. 食品添加剂转化产物问题

食品添加剂在生产过程中会产生有毒有害杂质，食品添加剂也可能同食品中的某些成分发生反应生成有害化合物。制造过程中产生的一些杂质，如邻苯甲酰磺酰亚胺（糖精）中产生的杂质邻苯磺酰胺有毒；用氨法生产的焦糖色中的 4 - 甲基咪唑等；食品贮藏过程中添加剂的转化，如赤藓红素转变为荧光素等。同食品成分起反应的物质，如焦糖酸二乙酯形成强烈致癌物质氨基甲酸乙酯，亚硝酸盐形成亚硝基化合物等，又如偶氮染料形成游离芳香族胺等。

以上这些都是已知的有害物质，某些添加剂共同使用时能否产生有害物质还不太清楚，有待进一步研究。

三、发酵菌剂对食品安全的影响

发酵菌剂是指能够利用食品等原料进行微生物发酵生产的一类制剂。利用微生物的作用而制得的食品都可称为发酵食品。近年来，我国发酵食品工业化水平逐年提高，白酒、啤酒、葡萄酒、酸奶等产品的工业化生产发展迅速，同时，其他传统产品如腐乳、豆豉、酱油、发酵肠等，随着工业化进程逐步加快，对发酵菌剂的使用和菌种的质量要求也逐年提升。

（一）发酵菌剂的分类

从种属上分类，微生物发酵剂种类主要有细菌、霉菌和酵母菌，这三大类微生物中以细菌应用最普遍，这些微生物对于食品品质有着重要的作用。

如中国的著名大曲酒——茅台酒，其发酵所用的大曲由大麦、小麦等粮食原料保温培菌制得。曲中的微生物由曲霉、红曲霉、根霉等霉菌，假丝酵母、汉逊酵母等酵母菌，以及乳酸菌、丁酸菌、耐高温芽孢杆菌等细菌组成。酸奶及发酵乳饮料是由乳酸杆菌、乳酸球菌、双歧杆菌等发酵制得；啤酒发酵是利用酵母菌；发酵肉制品主要的微生物有乳酸菌、片球菌、霉菌等；黄酒发酵利用毛霉、根霉、酵母；酱油生产则利用米曲霉、酵母菌、乳酸菌；醋的生产主要是醋酸菌的作用。

从应用范围分类，微生物发酵菌剂可分为应用于新资源食品、婴幼儿食品和保健食品三大类。表 3 - 5 ~ 表 3 - 8 列出了食品中允许使用的发酵菌剂的菌种名称。

表 3 - 5   **食品中允许使用的菌种**

名称	拉丁学名
双歧杆菌属	*Bifidobacterium*
青春双歧杆菌	*Bifidobacterium adolescentis*
动物双歧杆菌（乳双歧杆菌）	*Bifidobacterium animalis*（*Bifidobacterium lactis*）
两歧双歧杆菌	*Bifidobacterium bifidum*
短双歧杆菌	*Bifidobacterium breve*

续表

名称	拉丁学名
婴儿双歧杆菌	*Bifidobacterium infantis*
长双歧杆菌	*Bifidobacterium longum*
乳杆菌属	*Lactobacillus*
嗜酸乳杆菌	*Lactobacillus acidophilus*
干酪乳杆菌	*Lactobacillus casei*
卷曲乳杆菌	*Lactobacillus crispatus*
德氏乳杆菌保加利亚亚种	*Lactobacillus delbrueckii subsp. Bulgaricus*
德氏乳杆菌乳亚种	*Lactobacillus delbrueckii subsp. lactis*
发酵乳杆菌	*Lactobacillus fermentium*
格氏乳杆菌	*Lactobacillus gasseri*
瑞士乳杆菌	*Lactobacillus helveticus*
约氏乳杆菌	*Lactobacillus johnsonii*
副干酪乳杆菌	*Lactobacillus paracasei*
植物乳杆菌	*Lactobacillus plantarum*
罗伊氏乳杆菌	*Lactobacillus reuteri*
鼠李糖乳杆菌	*Lactobacillus rhamnosus*
唾液乳杆菌	*Lactobacillus salivarius*
链球菌属	*Streptococcus*
嗜热链球菌	*Streptococcus thermophilus*

表 3 – 6   新资源食品中允许使用的微生物

产品名称	英文名	批准文号	使用范围
肠膜明串珠菌肠膜亚种	*Leuconostoc mesenteroides subsp. mesenteroides*	卫生部公告 2012 年第 8 号	乳酸菌饮料
植物乳杆菌（菌株号ST – Ⅲ）	*Lactobacillus plantarum*	卫生部 2009 年第 12 号公告	乳制品、乳酸菌饮料
鼠李糖乳杆菌（菌株号 R0011）	*Lactobacillus rhamnosus*	卫生部 2008 年第 20 号公告	保健食品原料
嗜酸乳杆菌（菌株号 R0052）	*Lactobacillus acidophilus*	卫生部 2008 年第 20 号公告	保健食品原料

续表

产品名称	英文名	批准文号	使用范围
副干酪乳杆菌（菌株号 GM080、GMNL－33）	*Lactobacillus paracasei*	卫生部 2008 年第 20 号公告	乳制品、保健食品、饮料、饼干、糖果、冰淇淋
植物乳杆菌（菌株号 299v）	*Lactobacillus plantarum*	卫生部 2008 年第 20 号公告	乳制品、保健食品
植物乳杆菌（菌株号 CG-MCC NO.1258）	*Lactobacillus plantarum*	卫生部 2008 年第 20 号公告	饮料类、冷冻饮品、保健食品
嗜酸乳杆菌（菌株号 DSM13241）	*Lactobacillus acidophilus*	卫生部 2008 年第 12 号公告	乳制品、保健食品

表 3－7　　　　　　　　　　　　　保健食品菌种

名称	拉丁文
两歧双歧杆菌	*Bifidobacterium bifidum*
婴儿双歧杆菌	*Bifidobacterium infantis*
长双歧杆菌	*Bifidobacterium longum*
短双歧杆菌	*Bifidobacterium breve*
青春双歧杆菌	*Bifidobacterium adolescentis*
德氏乳杆菌保加利亚种	*Lactobacillus delbrueckii* subsp. *Bulgaricus*
嗜酸乳杆菌	*Lactobacillus acidophilus*
干酪乳杆菌干酪亚种	*Lactobacillus casei* subsp. *Casei*
嗜热链球菌	*Streptococcus thermophilus*
罗伊氏乳杆菌	*Lactobacillus reuteri*

表 3－8　　　　　　　　　　婴幼儿配方食品中允许使用的菌株

菌种名称	拉丁学名	菌株号
嗜酸乳杆菌	*Lactobacillus acidophilus*	NCFM
动物双歧杆菌	*Bifidobacterium animalis*	Bb－12
乳双歧杆菌	*Bifidobacterium lactis*	HN019
		Bi－07
鼠李糖乳杆菌	*Lactobacillus rhamnosus*	LGG
		HN001

注：仅限用于 1 岁以上幼儿的食品。

（二）发酵菌剂的安全使用规范

我国对发酵菌剂的使用有着严格的规范，对不同种类的发酵菌剂的使用范围、适用对象及使用方法均有规定。在菌种特性方面，发酵菌剂的安全使用应具备以下几点。

（1）有益于人体健康　发酵菌剂特别是益生菌类应能够促进肠道菌群生态平衡，为对人体起有益作用的微生态产品。

（2）生物安全性明确　必须安全可靠，即食用安全，无不良反应；生产用菌种的生物学、遗传学、功效学特性明确和稳定。

（3）安全可验证性　产品配方及配方依据中应包括确定的菌种属名、种名及菌株号。菌种的属名、种名应有对应的拉丁学名。

在发酵菌剂的加工安全性方面，发酵菌剂的安全使用应具备以下几点。

（1）加工许可合法性　具备国家食品药品监督管理总局确定的鉴定机构出具的菌种鉴定报告；菌种的安全性评价资料（包括毒力试验）。

（2）安全检测可靠性　以死菌和/或其代谢产物为主要功能因子的保健食品，应提供功能因子或特征成分的名称和检测方法；具有生产的技术规范和技术保证。

（3）健康作用的验证性　使用《可用于保健食品的益生菌菌种名单》（卫法监发〔2001〕84号附件）之外的益生菌菌种的，还应当提供菌种具有功效作用的研究报告、相关文献资料和菌种及其代谢产物不产生任何有毒有害作用的资料。

（4）安全生产规范性　试制单位应有专门的部门和人员管理生产菌种，建立菌种档案资料，内容包括菌种的来源、历史、筛选、检定、保存方法、数量、开启使用等完整的记录。从活菌类益生菌保健食品中应能分离出与报批和标识菌种一致的活菌。

（5）菌种保藏完善性　必须有专门的厂房或车间、有专用的生产设备和设施；必须配备益生菌实验室，菌种必须有专人管理，应由具有中级以上技术职称的细菌专业的技术人员负责；制定相应的详细技术规范和技术保证。

（三）发酵菌剂的相关法规

发酵菌剂的安全使用目前仍在不断的评价和改进中，联合国及各个国家均对发酵菌剂的针对性使用采用不同的规范，比如依据美国的《共用安全使用物质》；加拿大的《天然健康产品安全性和有效性评价》；日本的《特定保健用食品》；欧盟的《益生菌食品营养功能性的证明》、《欧盟营养健康声称法规》及中国的《新食品原料安全性审查管理办法》、《微生物遗传资源管理法规》等。

传统上用于食品生产加工的菌种允许继续使用，卫生部2010年颁发了《可用于食品的菌种名单》（卫办监督发〔2010〕65号），食品级的产品在使用菌种过程中应严格依照相关法规和规范。同时参照《关于批准嗜酸乳杆菌等7种新资源食品的公告》（卫生部2008年第12号）、《中华人民共和国食品安全法》、《保健食品注册管理办法》、《新食品原料安全性审查管理办法》、《农业部微生物肥料和食用菌菌种》、NY/T 883—2004《农用微生物菌剂生产技术规程》等法规进行使用和管理。

第三节　食品包装材料对食品安全的影响

为在流通过程中保护产品、方便运输、促进销售，需要用适当的容器和材料来包装商品。食品容器、包装材料是指包装、盛放食品用的纸、竹、木、金属、搪瓷、陶瓷、塑料、橡胶、天然纤维、化学纤维、玻璃等制品和接触食品的涂料。为了适合食品固体、液体和半流体的不同状态，适合耐冷冻、耐高温、耐油脂、防渗漏、抗酸碱、抗盐渍、防霉、防潮、保香、保色、保味等不同性能的要求，包装材料及包装容器的发展速度很快，新的包装材料越来越多。在与食品接触时，某些成分可能迁移到食品中，造成食品的化学性污染，给人体带来危害，所以应严格注意它的卫生质量，防止产生有害物质向食品迁移，以保证人体健康。

一、塑料材料的卫生与安全

塑料是以由大量小分子的单体通过共价键聚合成的高分子树脂为基本成分，添加适量的增塑剂、稳定剂、填充剂、抗氧化剂等助剂，在一定条件下塑化而成的高分子材料。根据塑料在加热及冷却时呈现的性质不同，把塑料分为热塑性和热固性两类。热塑性塑料主要具有链状的线性结构，在特定温度范围内能反复受热软化和冷却硬化成型。这类塑料包装性能良好，可反复成型，但刚硬性低，耐热性不高。食品包装上常用的热塑性塑料有聚乙烯、聚丙烯、聚氯乙烯、聚碳酸酯、聚乙烯醇、聚酰胺和聚偏二氯乙烯等。热固性塑料受热不能软化，只能分解，因此不能反复塑制。这类塑料耐热性好、刚硬、不熔，但较脆。食品上常用的热固性塑料有氨基塑料、酚醛塑料等。

塑料因其原材料来源丰富、成本低廉和性能优良等特点而受到食品包装业的青睐。目前塑料包装材料广泛应用于包装，逐步取代了玻璃、金属、纸类等传统包装材料，成为最主要的食品包装材料。塑料包装材料用于食品包装的主要缺点是存在着某些卫生安全问题，如塑料包装材料中残留的有毒单体、裂解物及老化产生的有毒物质，以及制造过程中添加的稳定剂、增塑剂、着色剂等添加剂产生的毒性。不同塑料制品由于其树脂、助剂种类和用量、加工工艺以及使用条件不同，卫生标准也不相同（表3-9）。

（一）增塑剂

增塑剂可以增加塑料制品的可塑性和稳定性，在塑料制品中常用的增塑剂有邻苯二甲酸酯类、磷酸酯类、柠檬酸类酯、脂肪酸酯类及脂肪族二元酸酯类等。

表 3 – 9	常用塑料的卫生标准			单位：mg/L	
项　目	PE	PP	PVC	PS	MF
蒸发残渣 4% 醋酸	30	30	30	30	—
蒸发残渣 20% 乙醇	—	—	30	—	—
蒸发残渣 65% 乙醇	30	—	—	30	—
正己烷	60	30	150	—	—
水	—	—	—	—	30
高锰酸钾消耗量	10	10	10	10	10
重金属 4% 醋酸	1	1	1	1	1
褪色实验	阴性	阴性	阴性	阴性	阴性

资料来源：GB 9681—1988《食品包装用聚氯乙烯成型品卫生标准》，GB 9685—2008《食品容器、包装材料用添加剂使用卫生标准》，GB 9687—1988《食品包装用聚乙烯成型品卫生标准》，GB 9688—1988《食品包装用聚丙烯成型品卫生标准》及 GB 9690—2009《食品容器、包装材料用三聚氰胺 – 甲醛成型品卫生标准》等。

邻苯二甲酸酯类增塑剂中有不少品种长期以来一直被允许用于食品包装，但其中的一些品种现在正引起争议。如用途十分广泛的邻苯二甲酸二辛酯（DOP）以前认为是无毒的，大白鼠和家兔经口 $LD_{50} > 30g/kg$ 体重。但有报道用含有 DOP 的聚乙烯输血袋给病员输血，血液在 PVC 袋中保存时间越长，肺源性休克的出现概率就越大。1980 年美国国家癌症研究所（National Cancer Institute，NCI）根据用高剂量 DOP 对大鼠和小白鼠进行毒理实验的研究结果，认为高剂量 DOP 有致癌作用，这一结论引起很大争议，目前还没有得到明确结论。邻苯二甲酸酯类能通过各种途径进入环境污染土壤，影响植物生长，并有明显的富集作用，一旦进入了食物链，对人有较强的毒性，具有致癌、致畸、致突变作用。增塑剂可通过饮水、进食、皮肤接触和呼吸等途径进入人体。

（二）稳定剂

稳定剂是一类防止塑料制品在长期受光的作用或长期在较高温度下降解的物质，多为金属盐类，如三盐基硫酸铅、二盐基硫酸铅、硬脂酸铅盐、钡盐、锌盐及镉盐，其中铅盐耐热性强。铅盐、钡盐和镉盐对人体危害大，一般不用于食品用具及容器。

由于铅和镉对人体健康有严重危害，尽管目前全球上没有一个完全禁止使用铅和镉稳定剂的法规，但 20 世纪 90 年代以来，一些工业发达国家和地区相继出台了限制铅和镉甚至钡作为塑料添加剂的有关法规，世界范围及领域研究开发的热点是铅、镉、钡的替代产品，并不断推动其工业化生产。多元复合"一包装"式产品成为市场发展趋势，但在不同的稳定剂之间，稳定剂、增塑剂、润滑剂、抗氧化剂等其他助剂之间，有时存在协同效应，有可能增加毒性作用，在有关研发和使用过程中，应注意加强毒理学方面的研究。有机锡稳定剂是目前聚氯乙烯最佳和最有发展前景的热稳定剂品种，但其毒性作用也是需要特别注意的。

（三）其他添加剂

1. 润滑剂

润滑剂是在塑料成型加工中为减少摩擦，增加其表面润滑性能而加入的一种添加剂，种类很多，其中大部分毒性较低。润滑剂主要是一些高级脂肪酸、高级醇类或脂肪酸酯类。可用于食品包装材料的品种为：硬脂酰胺、油酸酰胺、硬脂酸、食品级石蜡、白油、低分子聚丙烯。

2. 着色剂

着色剂除赋予塑料各种色彩外，还对食品有遮光的作用。由于大部分着色剂都有不同程度的毒性，有的还有强致癌性，因此，接触食品的塑料最好不着色。当非要着色不可时，也一定要选用无毒的着色剂。使用了着色剂的食品包装一般不要直接与食品接触。

3. 油墨

用于塑料印刷的油墨大都是聚酰胺油墨，也有苯胺油墨和醇溶性酚醛油墨。聚酰胺本身无毒，但所使用溶剂多为含有甲苯和二甲苯的有机溶剂，具有一定的毒性，所以包装材料的印刷层不宜与食品直接接触。塑料薄膜在印刷前一般需要经表面活性处理，如火焰或电晕处理，从而使油墨的附着力增加，但这也可能使薄膜出现微细毛孔使油墨溶剂容易渗入至包装内而污染食品。因此，凡经过印刷的食品包装材料必须充分干燥，使溶剂充分挥发干净，以免污染食品。另外，由于纸的通透性较好，应禁止食品在不加合格内包装的情况下，将食品直接装入用油墨印刷的纸盒制品包装中。

二、橡胶制品的卫生与安全

橡胶制品一般以橡胶基料为主要原料，配以一定助剂加工而成。橡胶系高分子化合物，可分为天然橡胶与合成橡胶。橡胶制品常用作奶嘴、瓶盖、高压锅垫圈及输送食品原辅料的管道等。橡胶中的毒性物质来源于橡胶基料和添加的助剂。

橡胶加工成型时，往往需要加入大量加工助剂，如促进剂、防老化剂、活性剂、填充剂、着色剂等。食品用橡胶制品中加工助剂占 50% 以上，添加的助剂一般都不是高分子化合物，有些并没有结合到橡胶的高分子化合物结构中，这些助剂可能对人体造成不良影响，例如，婴儿用奶嘴吮奶时，奶嘴中的活性剂锌化物就可溶出而进入婴儿体内造成危害。实验证明高压锅圈中的填充剂及防老剂（苯基 $-\beta-$ 萘胺）能迁移至食品中去。澳大利亚曾将含有 $\alpha-$ 巯基咪唑啉（橡胶促进剂）的橡胶塞，用在木糖醇注射液的小瓶上，造成数名患者死亡。因此，对食品包装用橡胶制品的助剂应严加控制，必须选择毒性小、不致畸、不致癌的助剂。

1. 促进剂

橡胶促进剂具有促进橡胶硫化的作用，可以提高橡胶的硬度、耐热性和耐浸泡性，分为无机促进剂和有机促进剂两类。无机促进剂有氧化锌、氧化镁、氧化钙等，少量使用对人体较安全。有机促进剂包括硫脲类、噻唑类、醛胺类和秋兰姆类等。目前食品用橡胶制品中允许使用的促进剂有二硫化四甲基秋兰姆、二乙基二硫代氨基甲酸锌、N – 氧联二亚乙基 – 2 – 苯并噻唑次磺酰胺。其他的促进剂毒性较大，如乌洛托品能产生甲醛而对肝脏有毒性，乙撑硫脲有致癌性，二苯胍对肝脏、肾脏有毒性。

2. 防老化剂

防老化剂具有防止橡胶制品老化的作用，提高橡胶制品的耐热、耐酸、耐臭氧、耐曲折烧裂等性能，食品用橡胶制品中允许使用的防老化剂有叔二丁基羟基甲苯、防老剂 BLE（丙酮二苯胺高温反应物）。一般芳香胺类衍生物均有明显的毒性，禁止用于食品用橡胶制品中。如苯基 – β – 萘胺中含有 $1 \sim 20 mg/kg$ β – 萘胺，β – 萘胺能引起膀胱癌；N，N' – 二苯基对苯二胺在人体内可代谢转化为 β – 萘胺。

3. 填充剂

填充剂是橡胶制品中使用量最多的助剂。食品用橡胶制品容许使用的填充剂有碳酸钙和滑石粉。一般橡胶制品常用的炭黑中含有较多的 3，4 – 苯并芘，炭黑的提取物有明显的致突变作用。有些国家规定去除 3，4 – 苯并芘的炭黑才能用于食品用橡胶制品中，例如法国和意大利规定炭黑中 3，4 – 苯并芘含量 <0.01%。

三、纸类包装材料的卫生与安全

纸类包装材料品种多样，成本低廉，加工和印刷性能好，具有一定的机械性能，废弃均可回收利用，无环境污染，因此在包装领域独占鳌头。纸类产品分为纸与纸板两大类。

造纸的原料包括纸浆和助剂。纯净的纸浆是无毒的，但由于原材料受到污染或加入纸料，纸中通常会有一些杂质、细菌和其他化学残留物，从而影响包装食品的安全性。食品包装纸主要的卫生问题有：纸浆中的农药残留，回收纸和油墨颜料中的铅、镉、多氯联苯等有害物质，劣质纸浆漂白剂的毒性，造纸加工助剂的毒性以及成品纸表面的微生物和微尘杂质污染。

1. 纸浆

造纸用纸浆有木浆、草浆（稻草、麦籽、甘蔗渣等）和棉浆等，其中以木浆最佳。由于作物在种植过程中使用农药、化学等物质，因此在稻草、麦秆、甘蔗渣等制纸原料中往往含有残留农药及重金属等有毒化学物，但从经济和目前实际情况出发，用木浆制作食品包装纸的极少，多数是采用草浆和棉浆，有的还掺入了一定比例的回收纸。回收纸经脱色可将油墨颜料脱去，但铝、镉、多氨联苯等仍留在纸浆中，因此制作食品包装用纸不采用废旧回收原料。

2. 助剂

造纸过程中添加的助剂有硫酸铝、氢氧化钠、亚硫酸钠、次氯酸钠、松香等。一些造纸厂为了防止循环水中微生物作用而添加杀菌剂和防霉剂，应防止其在包装纸中残留；对废弃再生纸，为增加其洁白度，往往添加荧光增白剂。荧光增白剂对大白鼠经口 LD_{50} 为 $2\sim3g/kg$ 体重，有致癌的可能性，应禁止在食品包装纸或餐巾纸中添加荧光增白剂。

3. 印刷和涂蜡

由于目前我国尚无食品包装材料印刷专用油墨颜料，一般工业印刷用油墨及颜料中含有铅、镉等有害金属和二甲苯或多氯联苯等有机溶剂，这些物质均有一定毒性。为了防止其污染食品，应对油墨的配方加以审查，选用安全的颜料和溶剂。要求食品包装纸印刷油墨牢固、不脱落，并印在包装纸的正面，印在反面时油墨处应涂塑或包装食品时内垫符合卫生要求的衬纸。

有的食品常使用拖蜡纸包装，由于石蜡中含多环芳烃，故各国都比较重视，如法国规定用正石蜡，美国规定用板状蜡。我国虽未制定食品包装蜡标准，但食品包装纸拖蜡应采用食品级规格的石蜡。

四、金属食具容器的卫生与安全

金属材料用于食品包装已有 200 多年的历史，由于金属包装材料有良好的包装特性和包装效果，使其在食品包装上的应用越来越广泛。

（一）铝制包装材料

1. 一般性能与特点

铝属轻金属，密度为 $2.7g/cm^3$，约为钢料的 1/3，铝质食具轻巧耐用，导热性能好，具有良好的耐大气腐蚀和光屏蔽性，光反射率可达 80% 以上，在生活中使用非常普遍。制作铝制食具的原料应选用精铝，不得采用废旧回收铝作原料，因为回收铝中杂质和其他有毒元素难以控制，容易造成食品的污染。

2. 对食品安全的影响

铝可在神经细胞中大量滞留引起神经递质缺乏症，若铝在人体内积累过多，可引起智力下降、记忆力减弱，导致阿尔茨海默病；另外，铝的毒性也可表现为对肝、骨、造血和细胞的毒性。用铁锅配铝铲、铝勺，会使食品中铝含量增加。这不仅因为两者易发生摩擦，还由于铝和铁是两种化学活性不同的金属，当它们以食物作为电解质时，铝和铁能形成一种化学电池，使铝离子进入食品。此外，不宜用铝制餐具久存饭菜或长期盛放含盐食物。

3. 卫生标准

《中华人民共和国食品安全法》规定，适用于以铝为原料，冲压或浇铸成型的各种餐具及其他接触食品的容器、材料，感官要求表面光洁均匀、无碱渍、无油斑，底部无气泡；浸泡液应无异味，理化标准要求（4% 乙酸浸泡液中）：精铝中铅 ≤0.2mg/L，回收铝中铅≤5mg/L，镉≤0.02mg/L，砷≤0.04mg/L。

（二）不锈钢食具容器

1. 一般性能与特点

不锈钢是由铁镉合金再掺入镍、铅、钛、矾等微量元素而制成的各种不同性能、型号的不锈钢材料。由于其金属性能良好，并具有极好的耐锈蚀性，制成的器具美观、耐用、易清洗，因此，被越来越多地用于制造食品容器和餐具。

2. 对食品安全的影响

不锈钢材料中掺入的镍、铅、钛、矾等微量元素以及铬在食品中的溶出量可造成食品污染，由于不锈钢的型号不同，有害金属在食品中的溶出量也不同。将奥氏体型不锈钢和马氏不锈钢两种型号的不锈钢食具用4%乙酸浸泡煮沸30min，再在温室放置24h后，浸泡液中铅的溶出量均低于1mg/L；奥氏体型不锈钢在浸泡液中铬的溶出量为0～4.5mg/L，镍为0～9.76mg/L；而马氏不锈钢在浸泡液中铬的溶出量为0.003～370mg/L，镍低于1mg/L。

3. 卫生标准

GB 9684—2011《不锈钢制品》规定了各种存放食品的容器和加工机械应选用奥氏体型不锈钢（1Cr18Ni9Ti、0Cr19Ni9、1Cr18Ni9），各种餐具应选用马氏不锈钢（0Cr13、1Cr13、2Cr13、3Cr13），4%乙酸浸泡煮沸30min，室温下浸泡24h的浸泡液中，奥氏体型不锈钢食具容器中的有害金属溶出量（mg/L）为 ρ（Pb）≤1.0，ρ（Cr）≤0.5，ρ（Ni）≤3.0，ρ（Cd）≤0.02，ρ（As）≤0.01；马氏不锈钢餐具容器中的有害金属溶出量（mg/L）为 ρ（Pb）≤1.0，ρ（Ni）≤1.0，ρ（Cd）≤0.02，ρ（As）≤0.04。

五、陶器和瓷器的卫生与安全

陶器和瓷器以黏土为主要原料，加入长石、石英，经过配料、细碎、除铁、炼泥、成型、干燥、上釉等工序，经高温烧结而成。根据选用的原料和加工工艺不同，有陶器与瓷器之分，其中又有精陶、粗陶和细瓷、粗瓷之分，瓷器的烧结温度为1 200～1 500℃，陶瓷为1 000～1 200℃。

一般陶、瓷器本身没有毒性，其卫生问题主要是釉彩。釉彩中加入铅盐可降低釉彩的熔点，从而降低烧釉的温度。陶、瓷器的釉彩均为金属颜料，如硫化镉、氧化铅、硝酸锰等，陶器、瓷器食具容器中铅和镉的含量应分别控制在0.7mg/L、0.5mg/L以下。根据陶、瓷器彩饰工艺不同，分为釉上彩、釉下彩和粉彩，其中釉下彩最安全，金属的迁移量最少，粉彩的金属迁移最多，瓷器的花饰一般为花纸印花，应当采用无铅或低铅花纸，接触食品的部位不应有花饰。

六、玻璃制品的卫生与安全

玻璃是以二氧化硅为主要原料，加入辅料经高温熔融制成的，二氧化硅的毒性很小，经消化道摄入几乎不被人体吸收，因此玻璃本身没有毒性。但有些玻璃辅料的毒性很大，如红丹粉、三氧化砷，尤其是中高档玻璃器皿，如高脚酒杯的加铅量可达 30% 以上。铅和砷的毒性都比较大，是玻璃制品的主要卫生问题。

玻璃制品有不少采用贴花，或把颜料混入原料中制成彩色玻璃，所用颜料多为金属盐类，使用不当接触食品后易向食品中迁移。据报道，刚制成的玻璃器皿表面有一层游离的碱性物质，使用时可溶出，影响食品的口味，但未见引起中毒的报道。玻璃容器表面应光滑，厚薄均匀，无明显气泡，无裂缝；贴花应牢固、不脱落，或在不接触食品的部位。

七、容器内涂料的卫生与安全

食品是一种较好的溶剂，尤其是饮料、酒类、调味品等对包装材料和容器的腐蚀性较大。因此对食品容器、包装材料耐腐蚀性的要求较高。为了防止食品对包装材料和容器内壁的腐蚀，以及包装材料和食品容器中的有害物质向食品中的迁移，常常在包装材料和食品容器的内壁上涂上一层耐酸碱、抗腐蚀的薄膜。另外，根据有些食品加工工艺的特殊要求，也需要在加工机械上涂有特殊材料。根据涂料使用的对象以及成膜条件，分为大池内壁非高温成膜涂料和罐头容器内壁高温成膜涂料两大类。

（一）非高温成膜涂料

非高温成膜涂料一般用于贮藏酒（包括白酒、黄酒、葡萄酒、啤酒等）、酱、酱油、醋等的大池（罐）的内壁。这类涂料经喷涂后，在自然环境条件下常温固化成膜，成膜后必须用清水冲洗干净后方可使用。常用的有聚酰胺环氧树脂涂料、过氯乙烯涂料、漆酚涂料等。

1. 聚酰胺环氧树脂涂料

聚酰胺环氧树脂涂料属于环氧树脂涂料。环氧树脂涂料是一种加固化剂固化成膜的涂料，环氧树脂一般由双酚 A 与环氧氯丙烷聚合而成。根据聚合程度不同，环氧树脂的相对分子质量也不同，相对分子质量越大越稳定，越不易溶出迁移到食品中去，因此其安全性越高。聚酰胺作为聚酰胺环氧树脂涂料的固化剂，其本身是一种高分子化合物，未见有毒性报道。聚酰胺环氧树脂涂料的主要卫生问题是环氧树脂的质量、与固化剂的配比、固化度，以及环氧树脂中未固化物质向食品的迁移。聚酰胺环氧树脂涂料在各种溶剂中的蒸发残渣应控制在 30mg/L 以下。

2. 过氯乙烯涂料

过氯乙烯涂料是以过氯乙烯树脂为原料，配以增塑剂、溶剂等助剂，经涂刷或喷涂后自然干燥成膜。对增塑剂的选择和要求与塑料相同，严禁采用多氯联苯、磷酸三甲酚酯等有毒的增塑剂。溶剂应安全、易挥发。过氯乙烯树脂中含有氯乙烯单体，氯乙烯是一种致癌的有毒化合物。成膜后的过氯乙烯涂料中仍可能有氯乙烯残留，成膜后氯乙烯单体残留量应控制在 1mg/kg 以下。

3. 漆酚涂料

漆酚涂料是以我国传统的天然生漆为主要原料，经精炼加工成清漆，或在清漆中加入一定量的环氧树脂，并以醇、酮为溶剂稀释而成。漆酚涂料含有游离酚、甲醛等杂质，成膜后会向食品迁移，它们的残留量应分别控制在 0.1mg/L 和 5mg/L 以下。

（二）高温固化成膜涂料

高温固化成膜涂料一般喷涂在罐头、炊具的内壁和食品加工设备的表面，经高温烧结固化成膜。常用的高温固化成膜涂料有环氧酚醛涂料、水基改性环氧涂料、有机硅防粘涂料等。

1. 环氧酚醛涂料

环氧酚醛涂料为环氧与酚醛的聚合物，常常喷涂在罐藏容器内壁，经高温烧结成膜，具有抗酸、抗碱特性。成膜后的聚合物中仍有少量游离酚、甲醛等未聚合的单体和低分子聚合物，与食品接触后向食品中迁移。酚醛树脂和环氧酚醛涂料中游离酚的含量应分别低于 10% 和 3.5%，成膜后游离酚和甲醛的残留量均应控制在 0.1mg/L 以下。

2. 水基改性环氧涂料

水基改性环氧涂料以环氧树脂为主要原料，配以一定的助剂，主要喷涂在啤酒、碳酸饮料等全铝二片易拉罐的内壁，经高温烧结成膜。由于水基改性环氧涂料中含有环氧酚醛树脂，也含有游离酚和甲醛等。涂料中游离酚的含量应低于 1%；涂膜中游离酚和甲醛的残留量均应控制在 0.1mg/L 以下。

3. 有机硅防粘涂料

有机硅防粘涂料是以含羟基的聚甲基硅氧烷或聚甲基苯基硅氧烷为主要原料，配以一定的助剂，喷涂在铝板、镀锡铁板等食品加工设备的金属表面，经高温烧结固化成膜，具有耐热性、防粘等特性，主要用于面包、糕点等具有防粘要求的食品模具表面。有机硅防粘涂料是一类高分子化合物，无毒，经口 $LD_{50} > 10g/kg$ 体重，致突变试验（Ames 试验、微核试验和精子畸变分析）均阴性，是一种比较安全的食品容器内壁防粘涂料。

4. 氟涂料

氟涂料包括聚氟乙烯、聚四氟乙烯、聚六氟丙烯涂料等。这些涂料以氟乙烯、四氟乙烯、六氟丙烯为主要原料聚合而成，并配以一定助剂，喷涂在铝材、铁板等金属表面，经高温烧结成膜，具有防粘的特性，但耐酸性较差，主要用于不粘炊具、麦乳精烧结盘等有防粘要求等物的表面，其中以聚四氟乙烯最常用。聚四氟乙烯是一种高分子化合物，化学性质稳定，$LD_{50} > 10g/kg$ 体重，致突变试验（Ames 试验、微核试验和精子畸变分析）均阴性，是一种比较安全的食品容器内壁涂料。由于坯料在喷涂前常用铬酸盐处理，从而造成涂膜中有铬的残留。涂膜中铬和氟的迁移量应分别控制在 0.01mg/L

和 0.02mg/L 以下。另外，聚四氟乙烯在 250℃时会发生裂解，产生挥发性很强的有毒氟化物，所以，聚四氟乙烯涂料的使用温度不要超过 250℃。

八、食品包装材料、容器的卫生管理

食品包装材料、容器的种类繁多，且与食品直接接触、其成分有可能迁移于食品中，造成对人类健康的损害。为加强对食品包装材料、容器的卫生管理，以避免或降低其对食品的污染及对人体健康的危害，我国已制定相应的法律法规和卫生标准，《中华人民共和国食品安全法》规定：食品容器、包装材料和食品用工具、设备必须符合卫生标准和卫生管理办法的规定，食品容器、包装材料和食品用工具、设备的生产必须采用符合卫生要求的原材料，产品应当便于清洗和消毒。相关部门也制定了具体的管理方法，内容涉及原材料、配方、生产工艺、品种审批、抽样及检验、包装、运输、储存、销售以及食品卫生监督的各个环节。

（1）食品包装容器材料必须符合相应的国家标准和其他有关卫生标准，并经过检验合格后才能出厂。

（2）利用新原料生产食品容器包装材料，在投产前必须提供产品卫生评价所需的资料（包括配方、检验方法、毒理学安全评价、卫生标准等）和样品，按照规定的食品卫生标准审批程序报请审批，经审查同意后方可投产。

（3）生产过程中必须严格执行生产工艺和质量标准，建立健全产品卫生质量检验制度。产品必须有清晰完整的生产场名、场址、批号、生产日期的标识和产品卫生质量合格证。

（4）销售单位在采购时，要索取检验合格证或检验证书，凡不符合卫生标准的产品不得销售。食品生产经营者不得使用不符合标准的食品容器、包装材料与设备。

（5）食品容器包装材料设备在生产、运输、贮运过程中，应防止有毒有害化学品的污染。

（6）食品卫生监督机构对生产经营与使用单位应加强经常性卫生监督，并根据需要采取样品进行检验。对于违反管理办法者，应根据《中华人民共和国食品安全法》的有关规定追究法律责任。

小　结

食品加工是食品从原料到商品过程中的重要一环，也是容易产生食品安全问题的环节。本章主要分析了食品加工过程及食品包装材质对食品可能造成的污染，介绍了热处理等工艺流程中食品发生的物理化学变化及由此产生的污染。同时还分析了食品添加剂及发酵菌剂等二次添加的材料造成的污染，介绍了食品添加剂及发酵菌剂的种类及各自的安全使用规范。最后通过对食品直接接触的包装材料的使用范围和限制的介绍，阐述了包装材料在食品安全中的重要性和意义。

思考题

1. 简述如何确保食品添加剂的使用安全。
2. 比较分析食品主要包装材料的安全性问题。
3. 简述食品加工过程中形成的主要有害物质。
4. 简述食品加工中发酵菌剂对食品安全的影响。
5. 热处理技术对食品品质有哪些影响，是否与食品安全相关？
6. 化学包装品在食品加工中应注意哪些问题？
7. 按照安全性评价，对食品添加剂是如何分类的？
8. 简述食品添加剂的危害以及安全现状。

第二部分　食品安全分析与检测

第四章　食品安全基础检测概论

第一节　概　　述

一、食品安全检测的任务和范围

食品是我们赖以生存的物质基础，食品应当无毒、无害、符合应有的营养要求，而且对人体健康不造成任何急性、亚急性或者慢性的危害。

食品安全的重要不言而喻，而食品安全检测的范围甚广，其重点在于积极的预防，消除并降低其潜在的安全隐患，保障人民群众的饮食安全。同时，发现隐患之后，需要快速有效地采取应对措施。两手都要狠抓，才能够真正体现食品安全的作用，确保食品"从农田到餐桌"的安全性。

食品安全检测的任务就是将大量现代检测的标准及技术引入到食品安全的监测体系中，从而积极开展对食品的每一环节进行有害残留的检测和控制研究，尽早地发现食品中现有的或者潜在的危害物质及因素，从而保证食品安全、维护公共卫生安全和保证人民群众身体健康。

二、食品安全检测技术的种类

目前食品安全问题主要集中于四大方面：微生物危害、化学危害、生物毒素和食品掺假。而这些污染的来源主要包括农产品种植生长过程中使用农药、化肥、兽药，造成残留超标；农作物采收、存储、运输不当，发生霉变或微生物污染；食品腐败变质；还有一些非法经营、为图私利，在食品中添加劣质有害物质，危害人体健康。

按照食品问题及污染来源，食品安全检测技术主要应用在以下几个方面。

（一）食品中残留危害物质检测

食品中的残留物质是指在食品原料的生产过程中，由于各种原因引入食品中的、对消费者健康存在安全性问题的有害化学物质，比如农药、化肥和饲料添加剂等。

农药残留的来源主要有：①农田使用农药药剂后对农作物的直接污染；②因水质的污染从而进一步污染水产品；③土壤中沉积的农药通过农作物的根系吸收到作物组织内部，造成污染；④大气中漂浮的农药随风向、雨水对地面作物、水生生物产生影响；⑤饲料中残留的农药转入人、禽、畜体内，造成此类加工食品的污染。

农药残留会对人、畜及有益生物产生急性或慢性中毒，损害神经系统和肝、肾等实质性脏器，出现倦怠、食欲不振、头痛及震颤等全身症状。某些农药还具有致癌、致畸、致突变的作用。

兽药残留来源主要有：①预防和治疗畜禽疾病的药物；②作为饲料添加剂的药物；③作为动物食品保鲜用的药物；④人为无意或有意加入的药物。

兽药残留的主要危害体现在：急慢性毒性作用；致癌、致畸、致突变的"三致"作用；过敏反应；激素作用；耐药性；破坏人类胃肠菌群平衡。

食品中的药物残留检测主要是对持久性有机氯、有机磷、有机菊酯类农残、氨基甲酸酯、兽药、抗生素和重要激素的检测。有机氯的检测技术主要有气相色谱法检测技术和薄层色谱法检测技术。有机磷的检测技术主要有气相色谱法检测技术和酶抑制率法检测技术。氨基甲酸酯检测技术主要有高效液相色谱法检测技术和气相色谱法检测技术。抗生素检测技术主要包括青霉素类兽药残留检测技术、四环素类抗生素残留检测技术、磺胺类兽药残留检测技术和氯霉素类兽药残留检测技术。激素类药物残留的检测方法有生物学法、组织学法、免疫学法、薄层色谱法、荧光分析法、气相色谱及高效液相色谱法等方法，主要有多种雌激素残留的高效液相色谱法测定技术、克伦特罗残留的液相色谱法测定技术和酶联免疫法测定技术。

（二）食品中有害金属检测

重金属的污染主要来源于大气、水和土壤。重金属的生物累积性、生物有效性和生物毒性是当前重金属评价研究的主要问题之一。对重金属的生物评价主要在三方面：一是通过测定生物体内重金属的含量来判断重金属污染程度，并获得不同生物体对不同重金属的不同富集能力的数据；二是通过毒理试验，研究重金属元素对生物的联合作用、生物颉颃作用以及环境因子对重金属元素化学毒性的影响，并为致毒机理的研究积累资料；三是通过生态学分析，研究重金属与生物群落之间的相互关系，并对重金属污染进行生态危害评价。

对重金属的形态分析常用的方法有冷原子吸收法、原子荧光光度法、分光光度法、气相色谱法、高效液相色谱法、等离子发射光谱法和质谱技术及分子生物学法等。

重金属检测，主要是对汞、砷、铅、镉、硒、锡和铝及其有机化合物进行检测。其中对汞及有机汞化合物的检测技术主要有原子荧光光谱法检测技术、冷原子吸收光谱法检测技术和气相色谱法检测技术；对砷及有机砷化合物的检测技术主要有原子荧光光谱法检测技术、银盐法检测技术、离子色谱－原子荧光光谱法检测技术和高效液相色谱－等离子发射光谱法检测技术；对铅及有机铅化合物的检测技术主要有原子吸收光谱法检测技术、原子荧光光谱法检测技术和极谱法检测技术；对镉及有机镉化合物的检测技术主要有原子吸收光谱法检测技术、原子荧光光谱法检测技术和镉－金属硫蛋白酶联免疫吸附分子生物学法检测技术；对硒及有机硒化合物的检测技术主要有原子荧光光谱法检测技术、荧光光度法检测技术和示波极谱法检测技术；对锡及有机锡化合物的检测技术主要有分光光度法检测技术、原子荧光光谱法检测技术和对三苯基锡的气相色谱法检测技术；对铝及有机铝化合物的检测技术主要有分光光度法检测技术和色谱法检测技术。

（三）食品添加剂检测

食品添加剂（food additives）指为改善食品品质和色、香、味以及为防腐、保鲜和加工工艺的需要而加入食品中的人工合成或天然物质。它是食品加工必不可少的主要基础配料，主要作用有：①有利于食品的保藏，防止食品腐败变质；②改善食品的感官性状；③保持或提高食品的营养价值；④增加食品的品种和方便性；⑤有利于食品的加工处理，适应生产的机械化和自动化；⑥满足其他特殊需要。

在添加剂的使用中，除了保证其发挥应有的功能和作用外，最重要的一点就是保证食品的安全卫生。在国内外，对食品添加剂的安全性评价是根据有关法规与卫生要求，以食品添加剂的理化性质、质量标准、使用效果、使用范围、使用量和毒理学评价等为依据做出的综合性评价。其中最重要的就是毒理学评价，通过毒理学评价来确定食品添加剂在食品中无害的最大限量，并对有害物质提出禁用或放弃的理由。它是制定食品添加剂使用标准的重要依据。

食品添加剂的检测技术，主要是对防腐剂、抗氧化剂、甜味剂、乳化剂、稳定剂和一些非法添加物的检测技术。在主要防腐剂中，对苯甲酸、山梨酸及其盐的检测技术主要有高效液相色谱法检测技术、气相色谱法检测技术和薄层色谱法检测技术，对硼酸、硼砂的检测技术主要有姜黄试纸法和焰色反应；在主要抗氧化剂中，对丁基羟基茴香醚（BHA）与二丁基羟基甲苯（BHT）的检测方法主要有气相色谱法检测技术和薄层色谱法检测技术；在主要甜味剂中，对糖精钠的检测技术主要是薄层色谱法检测技术，对环己基氨基磺酸钠（甜蜜素）的检测技术主要有气相色谱法检测技术、比色法检测技术和薄层层析法检测技术，对乙酰磺胺酸钾的检测技术是高效液相色谱法检测技术；在主要乳化剂和稳定剂中，对甘油脂肪酸酯的检测技术主要是气相色谱法，对蔗糖脂肪酸酯的检测技术主要是薄层扫描定量法检测技术；而在食品非法添加物的检测技术中，对于苏丹红染料的检测技术主要是高效液相色谱法，对甲醛次硫酸氢钠（吊白块）的检测技术主要是分光光度法检测技术，对水产品中的孔雀石绿和结晶紫残留量的检测技术主要是高效液相色谱法检测技术，对奶粉中的三聚氰胺的检测技术主要有固相萃取－液相色谱－质谱法检测技术和液相色谱－质谱/质谱法检测技术。

（四）食品中天然毒素物质检测

食品中天然存在的毒性物质、致癌物质、诱发过敏物质和非食品用的动植物中天然存在的有毒物质一般称为天然毒素。天然毒物的种类繁多，按来源可分为动物性天然毒素、植物性天然毒素和微生物性天然毒素。

在我国食品中检测到的天然毒素物质有真菌毒素、细菌毒素、有毒蛋白类和生物碱类等。真菌毒素直接的危害是由于毒素的暴露而引发急性疾病或许多慢性症状，如生长减慢、免疫功能下降、抗病能力差等。目前，真菌毒素检测的标准方法主要还是利用薄层色谱法、酶联免疫吸附法、高效液相色谱法、气相色谱法和气－质联用、液－质联用等。细菌毒素是由细菌分泌产生于细胞外或存在于细胞内的致病性物质，一般分为内毒素和外毒素，是食品中的主要天然毒素物质之一，主要有细胞毒素、肠毒素、肉毒毒素和 Vero 毒素。细菌毒素的检测方法主要有生物学检测法、免疫学方法、聚合酶链技术、超抗原方法和生物传感器法等，其中生物学检测方法使用最为普遍，主要包括免疫琼脂扩散法、反向间接血凝试验、免疫荧光法和 ELISA 方法等。

（五）食品中持久性有机污染物检测

持久性有机污染物（POPs）是指具有毒性、生物蓄积性和半挥发性，难降解、可发生长距离迁移，并能在环境中持久存在的天然或人工合成的有机污染物质。

持久性有机污染物有以下四个特点：①稳定性强，毒性持久性长，无法通过排泄系统排出，只能随生物的食物链和生命延续不断传递；②危害潜伏期长，即使浓度极低，也可以绕过人体血液的自然保护与受体结合；③危害范围宽，工业发展迅速，许多物质已经造成区域性或全球性的环境和生态威胁；④毒性的协调效应大，持久性有机污染物与内分泌系统的相互作用复杂。

对于持久性有机污染物的分析程序主要包括溶剂提取、净化和仪器测定三个步骤：①样品的提取。样品的提取方法主要有索氏提取、液－液萃取、加速溶剂萃取、微波萃取、超声提取和超临界流体提取等；②样品的净化。样品提取液的净化方法主要有氧化铝净化方法、弗罗里硅土方法、硅胶净化方法、凝胶渗透方法、去硫方法和硫酸－高锰酸钾方法等；③仪器测定。气相色谱－高分辨质谱的分辨率可以达到 10 000 以上，具有很高的灵敏度，被广泛应用于检测之中。

（六）食品加工中的污染物检测

在食品加工、包装、运输和销售过程中，由于食品添加剂的使用、采取不恰当的加工贮藏条件或者由于环境的污染，使食品携带有毒有害的污染物质。随着科学技术的发展，食品中不断发现潜在的新的有毒有害污染物，所以国家必须建立高灵敏的检测分析方法来监测食品中有毒有害物质的污染水平，采取各种控制措施来减少或消除食品中有毒有害物质对人体的损害，确保食品安全。

在食品中的潜在污染物中，N－亚硝基化合物的检测技术主要有分光光度法检测技术、薄层层析法检测技术和气相色谱－质谱法检测技术；杂环胺类的检测技术主要有固相萃取－高效液相色谱法检测技术；氯丙醇的检测技术主要有气相－质谱法检测技术；丙烯酰胺的检测技术主要是高效液相色谱－串联质谱法检测技术；甲醛的检测技术主要有高效液相色谱法检测技术。

（七）食品接触材料迁移试验检测

食品接触材料是指与食品接触的材料或物品，包括包装材料、餐具、器皿、食品加工设备和容器等，一般指食品容器及包装材料，也包括活性和智能性食品接触材料。食品容器和包装材料对于保障食品安全具有重大意义：一方面，合适的包装方式和材料可以保护食品不受外界的污染，保持食品本身的水分、成分、品质等性质不发生改变；另一方面，包装材料本身的化学成分会向食品中发生迁移，如果迁移的量超过一定的界限，则会影响到食品的卫生安全。

食品包装材料对于食品是非常重要的，所以对食品包装材料的检测是保证食品包装安全的技术基础，也是贯彻执行相关包装标准的保证。对食品包装材料的安全指标主要包括：蒸发残渣（乙酸、乙醇、正己烷）、高锰酸钾消耗量、重金属和残留毒素等。

（八）食品中有害微生物的快速检测

当今的食品行业，有许许多多的有害微生物在严重危害食品的品质和人们的健康，有些甚至还会引起严重的疾病，我国微生物性食物中毒发病人数历来在食物中毒发病人数构成中占较大的比重。食品中有害微生物对人体造成的危害主要存在三种方式：①食源性感染，这类主要发生于微生物本身随食品被摄入之后，微生物繁殖并危害人的健康；②食源性中毒，这类主要发生于某些特定的细菌在食品中生长并产生毒素之后才被摄入人体内的；③中毒性感染，这类是两者的结合，细菌为非侵袭性的，是由细菌在肠道内生长产生毒素所致。

近几年来，世界各国的许多机构融合了生理学、生物化学、免疫学、材料学、分子生物学和电子技术等多种学科，创立了先进的检测技术，如免疫学技术、代谢学技术和分子生物学技术等，具有快速、简单和微量的优点，这些先进的检测技术克服了传统检测方法操作烦琐、检测时间较长的缺点，被广泛应用于食物的监测工作中。典型的检测技术是有害微生物 PCR 快速检测技术，这种技术的检测对象为 DNA，所以该技术不受其生长期及产品形式的影响。

三、食品安全检测技术的重要性和发展趋势

近二十年来，伴随着我国国民经济的持续增长，我国的各种副食品的供应和消费也在快速增长，这样一来，食品安全的问题也变得越来越突出。而在食品的三要素（安全、营养、食欲）中，安全是消费者选择食品首要的也是最重要的标准。解决食品安全问题的最好办法就是尽早地发现并找出问题的根源，将它消灭在摇篮之中，而要达到这

个目的，能在现场快速并准确测定食品中有害有毒物质含量的技术、方法和仪器是不可或缺的。通过一些检测技术，也可以有效地检验当前的食品安全标准是否能够最大限度的保证食品安全，是否适应食品安全市场管理的需求，这样才能真正的起到监管作用。

现代科学技术的飞速发展带来了分析仪器的更新和分析技术的进步，一般食品安全中分析仪器的发展趋势主要有以下六个特点：①大量采用高新技术，仪器性能不断改善，新方法、新技术不断涌现；②仪器的微型化、自动化与智能化发展；③对仪器的检测灵敏度要求越来越高；④分析仪器中的仿生技术的发展；⑤多维数硬件技术及多维软件数据采集处理技术的发展；⑥联用技术的发展应用。

第二节　理化性质检验

一、食品理化性质检验的概念和任务

食品是人类最基本的生活资料，也是维持人类生命和身体健康不可缺少的能量源和营养源。食品的好坏主要取决于它的品质，而食品的品质则直接关系到人类的健康与生活质量。一般而言，食品品质的好坏由食品口味的好坏、所含营养素的多少、是否有有毒有害物质等各方面因素决定，这些关系食品品质的因素需要通过理化检验结果来判定。所以，食品理化检验对于食品产业来讲，是非常重要的。

食品理化检验是食品加工、贮存及流通过程中质量保证体系的一个重要组成部分，它是依据物理、化学和生物化学的一些基本理论和国家食品卫生标准，运用现代科学技术和分析手段，对各类食品（包括原料、辅助材料、半成品及成品）的主要成分和含量进行检测，以保证生产出质量合格的产品。食品理化检验所得的检验结果是判定对象是否合乎标准的依据，也是食品研究和开发的重要依据。

食品理化检验的主要任务有以下三点：

①按照相关技术标准对生产原料、辅料、半成品和成品进行检验，判断其是否合乎标准的要求，即是否合格。

②通过对食品原料、辅料、半成品及成品的检验，指导与控制生产工艺过程，保证食品质量，避免产品对人类产生危害。

③指导与帮助生产和研发部门改进生产工艺、提高产品质量以及开发新的产品。

二、食品理化性质检验的内容

食品理化检验技术是预防和减少食源性疾病的基础方法和手段，其主要内容是研究各类食品组成及其物理、化学和生物学性质的检测方法和实验技术以及相关应用性理论。通过各个方面的检测，才能够真正保证食品的安全性，对于食品中主要成分的分析一般包括以下三个方面的内容。

（1）食品的营养成分分析　食品中存在着多种多样的营养成分，对这些成分的检测是食品分析的主要内容。

（2）食品中污染物质的分析　食品中的污染物质一般是指食物中原先存在的或在加工、贮藏时由于被污染而混入的，对人体造成急性或慢性危害的物质。加强对污染物质的检测和控制，是保障人类健康的重要措施，同时也符合现在保证食品安全的趋势。

（3）食品添加剂的分析　食品添加剂多是化学合成的物质，如果使用的品种或者数量不当，将会影响食品的质量，有的甚至还会危害食用者的健康。所以，对食品添加剂的鉴定和检测也具有相当重要的意义。

除了以上三个重要的方面的检测，食品的色泽、组织形态、风味、香味以及有无杂质等感官特征也是食品的重要技术指标，食品分析通常也包括这些内容。

三、食品理化性质检验的方法

食品检测的主要功能就是运用物理、化学和生物等学科的基本理论及各类科学技术，对食品工业生产中的物料，包括原料、辅助材料、半成品、成品和副产品等的状态和主要成分含量及微生物状况进行分析检测。在食品检测过程中，由于检测目的的不同，检测对象的性质和状态的差异，选择的检测方法也各不相同。传统的食品检测方法主要有物理分析法、化学分析法和仪器分析法等。

（一）物理分析法

物理分析法是通过对被检测食品的某些物理性质的测定，可以间接地求出食品中某些成分的含量，进而判断被检食品的纯度和品质。一般而言，物理分析法比较简单、实用，在实际工作中用途也比较广泛。其具体的检测方法有以下五种。

（1）密度法　密度是指物质的质量与体积的比值。相对密度是指在一定的条件下，一种物质的密度与参考物质密度的比值。测定液体食品相对密度的方法有很多，主要有密度瓶法、密度计法和密度天平法，一般密度瓶法和密度计法在日常检测中较为常用。密度瓶法测定的结果比较准确，但是比较耗时；密度计法简易迅速，但是测定的结果准确性相对较差。

（2）折光法　通过测量物质的折射率来鉴别物质的组成，从而确定物质的浓度及判断物质品质的分析方法称为折光法。蔗糖溶液的折射率会随着浓度的增大而升高，所以含糖饮料、糖水罐头、果汁和蜂蜜等的食品都可以利用这一关系来测定糖度或者可溶性固形物含量，还可以测定生长期及贮存期果蔬的折射率，来判断果蔬成熟度及贮藏品质的质量。

（3）旋光法　应用旋光仪测量旋光性物质的旋光度来确定物料的浓度、含量及纯度的分析方法称为旋光法。某些食品的比旋光度值在一定的范围内，如蔗糖的糖度、味精的纯度、淀粉和某些氨基酸的含量与旋光度成正比，可以根据这一特征通过测定旋光度来控制产品的质量。

（4）黏度法　黏度，就是液体的黏稠程度，它是液体在外力作用下发生流动时，分子间所产生的内摩擦力。黏度的大小是判断液态食品品质的一项非常重要的物理常数。黏度可以分为绝对黏度、运动黏度、条件黏度和相对黏度。黏度的大小随温度变化，温度越高，黏度越小。测定黏度可以了解液体样品的稳定性，也可以揭示干物质的量与其相应的浓度。黏度的测定方法按测量手段分为毛细管黏度计法、旋转黏度计法等。

（5）电导法　电导是物质传递电力的能力，是电阻的倒数，在液体中常用它来衡量其导电能力的大小。通过测定溶液的电导率来分析电解质在溶液中的溶解度。一般而言，强酸的电导率最大，强碱及其与强酸生成的盐类次之，而弱酸和弱碱的电导率最小。

（二）化学分析法

化学分析法主要是以物质的化学反应为基础的分析方法，主要包括容量分析法和质量分析法两大类。化学分析法主要适用于食品中常量组分的测定，仪器设备相对比较简单，测定结果比较准确，是食品分析中应用最为广泛的方法。同时，化学分析法也是其他分析方法的基础，随着现代科技的发展，虽然目前有许多高灵敏度、高分辨率的大型仪器应用于各类食品分析中，但是现代仪器分析经常需要化学方法来处理样品，并且仪器分析测定的结果必须与已知的标准进行对比，所用的标准都是需要化学方法进行测定的，因此经典的化学分析法在目前看来仍然是现代食品分析中最重要的方法之一。

（1）容量分析法　容量分析法是将已知准确浓度的标准溶液，用滴定管加到被测溶液中，直到所用试剂与被测物质的物质的量相等为止，反应的终点通过指示剂的变色或者仪器来指示，根据标准溶液的浓度和消耗的体积来计算被测物质的含量。根据反应性质的不同，容量分析法可以分为酸碱滴定法、沉淀滴定法、氧化还原滴定法和配位滴定法。在食品的检验过程中，酸度、酸价、油脂碘价、油脂过氧化值、碳水化合物、蛋白质、氨基酸态氮和部分微量元素等都可以采用容量分析法。

（2）质量分析法　质量分析法是将被测组分与样品中的其他成分分离，然后称取该成分的质量，按相应公式计算出被测组分的含量。它是化学分析法中最基础、最直接的定量方法。尽管这个方法操作比较费时、麻烦，但是准确度较高，常常作为检验基础方法。

（三）仪器分析法

仪器分析法是以物质的物理或者化学性质为基础，利用光、电等仪器来测定物质含量的方法。此类方法需要借助特殊的仪器，通过测量样品溶液的光学性质或者电化学性质来求出被测组分的含量。食品理化检验中常用的仪器分析法主要有电化学分析法、电位分析法、紫外光光度法、可见光光度法、原子吸收光谱法、原子荧光光谱法、等离子发射光谱法、近红外光谱法、气相色谱法、高效液相色谱法、离子色谱法、薄层色谱法、高效毛细管电泳、气相色谱－质谱法和气相色谱－红外光谱法等。

（1）电化学分析法　电化学分析是食品生产控制、理论研究的重要工具。但是由于电极的品种限于一些低价离子（通常是指阳离子），所以在一些实际的应用当中还是会受到限制。电极电位的重要性还受实验环境条件的影响，它的标准曲线也不如光度法测定的曲线稳定。但是在现代科技的快速发展之下，阳极溶出法和极谱催化技术的发展应用大大提高了极谱法的检测能力，使极谱法的检测下限增加了 2～3 个数量级，这是一个非常重要的突破，所以这种检测方法特别适用于分析痕量金属离子分析，同时表面活性剂的加入也能显著提高分析的灵敏度、选择性和重现性，甚至还具有改善极谱波形和消除干扰等作用。

（2）紫外－可见分光光度法　紫外－可见分光光度法可以提供物质分子中有无芳香结构和共轭体系存在的信息，为物质的定性提供比较可靠的依据，被广泛应用于物质的常量、微量组分的定量分析，已经成为现代分析化学中最通用的检测方法。另外，紫外－可见分光光度法具有仪器结构简单、成本低廉、操作快速、方便和具有一定的选择性、灵敏度较高、相对误差在 1%～3% 等优点。在目前的检测方法中，很多食品的营养成分、限制性成分及有害成分分析的检测方法及标准大多采用该种方法。

（3）原子吸收分光光度法　原子吸收分光光度法（AAS）主要基于蒸气相中被测元素的基态原子对其原子共振辐射的吸收强度来测定样品中被测元素含量的。通过含有被测元素的光源发射一组特征谱线，再将被测样品溶液中的被测元素在原子化器中原子化，原子化的被测元素自由原子与这组特征光谱产生共轭吸收，再通过光学系统、单色器、检测器，检测出被测样品中被测元素的含量。原子吸收分光光度法具有灵敏度高、选择性好、抗干扰能力强、精密度好、操作简便快速等优点。采用原子分析方法，可以分析几十种元素，在食品分析领域内已经有着相当重要的地位。

（4）原子荧光光谱法　原子荧光光谱法（AFS）是一种利用线光源或者连续光源将原子激发到较高的电子能级，并测量被激发的电子返回到基态时所发射出的荧光辐射的分析方法。它主要根据荧光的光谱和强弱，可以对待测物质进行定性和定量分析。它具有原子吸收和原子发射光谱两种技术的优势，并且很好地克服了他们存在的不足之处，具有分析灵敏度高、选择性强、干扰少、线性范围宽、样品用量少等优点，是一种优良的痕量分析技术。

（5）等离子发射光谱法　等离子发射光谱法主要克服了原子吸收光谱法的三元素分析、火焰原子化温度较低、谱线重叠、干扰严重、无法实现真空紫外分析等缺点，可以进行多元素分析，具有分析灵敏度高、选择性强、干扰少、线性范围宽、样品用量少等优点，可以与质谱联用。这种等离子发射光谱法非常适合痕量元素的分析。

（6）近红外光谱法　近红外光的波长在 780～2 526nm 范围内，是人们最早发现的一种非可见光。而近红外光光谱法具有分析灵敏度高、干扰少、线性范围宽等优点，多用于对食品的内在品质进行样品无损快速检测。除此之外，近红外光谱法也可以对农产品中的有害成分进行检测和分析。

（7）气相色谱法　气相色谱法（GC）是以惰性气体为流动相，对混合物中各组分进行分离、分析的方法。这种分离方法基于物质的溶解度、蒸气压、吸附能力、立体化学等的物理性质的微小差异，使其在流动相和固定相之间的分配系数有所不同，而当两相做相对运动时，组分在两相间进行连续多次分配，达到彼此分离的目的。根据固定相的不同，气相色谱法可以分为气－固色谱和气－液色谱。根据色谱柱的不同，又可以分为填充柱色谱和毛细管色谱两大类。气相色谱具有高速、高效、高灵敏度、稳定性好等优点，但是此类方法的样品需要经过复杂的前处理过程。气相色谱法用途十分广泛，已成为当今食品检验中必不可少的检验方法之一。

（8）高效液相色谱法　高效液相色谱（HPLC）是从经典的柱层析、纸层析和薄层层析发展而来的，在技术层面上采用了高压泵、高效固定相和高灵敏度检测器，其固定相颗粒度小，具有分析速度快、分离效率高等特点。高效液相色谱法可以分为液－固吸附、液－液分配、离子交换和空间排阻色谱分析方法，液－液分配可以分为正相分配色谱、反相分配色谱两种。流动相极性比固定相极性小时，称为正相色谱；反之，称为反相色谱。在现在的检测技术中，大概有80%的有机化合物是用高效液相色谱法来测定的。

（9）薄层色谱法　薄层色谱法（TLC）是以薄层吸附剂为固定相，溶剂为流动相的分离、分析技术。高效薄层色谱法（HPTLC）已经发展为高精度、重现性良好的分析方法。由于此类方法的成本较低、速度快、干扰少、易于推广普及、实用性强，所以许多国家的药典和药品规范都采用了这类技术。根据固定相的性质和分离机能的不同，薄层色谱法可以分为吸附薄层法、分配薄层法、离子交换薄层法及凝胶薄层法等类型。其中，以吸附薄层法、分配薄层法的应用最为广泛。

（10）高效毛细管电泳　毛细管电泳（CE）又称高效毛细管电泳（HPCE），是近年来才发展起来的一种高效、快速的分离技术，是经典电泳技术和现代毛细管微色谱柱分离技术相结合的产物。相对于经典电泳技术，HPCE具有高效、快速、简便、微量、自动化程度比较高等特点，它不再局限于生物大分子分离鉴定，而且还可以在一次分析中实现阳离子、阴离子以及中性物质的分离。HPCE的线性范围小于HPLC，此外，其检测光程较短，样品的含量一般在微克每毫升的数量级或者更低。

除了以上十种比较典型的检测技术外，近几年来，我国质检系统不断完善了食品的检测技术，还有一些新型先进的检测技术也用于食品的检测中，包括离子色谱、气－质色谱仪、液－质色谱仪、生物芯片检测技术、ELISA技术、氨基酸自动化分析仪等，这些仪器具备了对食品中所有理化指标、关键质量控制指标的检测能力。

四、案例分析

【案例】鱼糜制品贮藏过程中品质的评价指标研究

一般而言，鱼糜制品是将鱼肉绞碎，经配料、擂溃，成为稠而富有黏性的鱼肉浆，再做成一定形状后进行水煮、油炸、焙烤烘干等加热或干燥处理而制成的一类食品，是全球生产、消费量最大的水产食品之一。近年来，我国鱼糜及鱼糜制品的产量增幅明显，年均增长 27.7%。与鲜水产品相比，鱼糜制品的结构、成分及其中微生物的数量和种类已有很大改变，因而其腐败模式与鲜水产品也有很大差异。挥发性盐基氮（TVB－N）值是水产品及肉类的常用鲜度指标，是在酶和微生物的作用下，蛋白质分解产生的氨和胺类等碱性含氮物质，与在腐败过程中同时分解产生的有机酸结合而成的盐基态氮的总称。而硫代巴比妥酸（TBA）实验一般用于测定肉类的脂肪氧化程度，也作为评价鱼糜脂质氧化的指标。

在实验过程中，鱼丸样品制成后，应立即密封包装，并分别于 15℃、5℃、0℃、－18℃下贮藏，定期取样进行 TVB－N 值、TBA 值和总酸度的测定。每次随机取样三袋，取平均值。一般检测的方面主要包括以下 3 个方面。

1. TVB－N 值测定

称取绞碎均匀样品 10g 于锥形瓶中，加水 50mL，浸渍 30min，过滤，取滤液按 GB/T 5009.44—2003《肉与肉制品卫生标准的分析方法》微量扩散法测定。标准盐酸浓度为 0.01mol/L。

2. TBA 值测定

先称取绞碎均匀样品 10g 于凯氏蒸馏瓶中，加入 20mL 蒸馏水搅拌均匀，加入盐酸溶液（1:1）2mL，液体石蜡 2mL，采用水蒸气蒸馏，收集 50mL 蒸馏液，再准确定容至 50.00mL。移取 5.00mL 蒸馏液于比色管中，加入 0.02mol/L TBA 的醋酸溶液 5.00mL 混合，于 95℃ 水浴加热 40min，冷却后，在 520nm 处测吸光度。TBA 值 $= 7.80A_{520nm}$，以丙二醛（MDA）的含量来表示，单位为 mg MDA/kg 样品。

3. 总酸度测定

取绞碎均匀的样品 20g 于锥形瓶中，加 80mL 水，浸渍 30min，离心，取上清液 5mL 用 0.01mol/L 的标准 NaOH 溶液直接滴定。

一般而言，鱼糜制品在贮藏过程中都会因细菌分解和氧化等作用产生胺类、有机酸类以及醛类等物质。通过对之前鱼丸贮藏过程中细菌总数、TVB－N 值、TBA 值的检测研究结果可以了解到在不同贮藏温度下，随着贮藏时间的延长，样品的鲜度和感官品质下降，细菌总数增加，TVB－N 值、TBA 值也相应上升，且上升速度随贮藏温度的升高而加快；细菌总数、TVB－N 值、TBA 值与贮藏时间呈显著性相关，TVB－N 值、TBA 值与细菌总数之间也具有明显的相关性，细菌总数越高，TVB－N 值和 TBA 值越大。所以可将细菌总数与 TVB - N 值、TBA 值、总酸度相结合，作为鱼丸等鱼糜制品的质量卫生评价指标，这也是理化检验在实际生活中的实质性案例。

第三节　微生物检验

一、食品微生物检验的概念和任务

食品是人类赖以生存所必需的物质之一，是保证人类生存和身体健康的基本要求。食品在生产、加工、储存、运输和销售等各个环节都有可能受到环境中各种因素的影响和污染，微生物污染尤为常见，因此对食品微生物的检验至关重要。食品微生物检验是一门应用微生物学理论与实验方法的科学，是对食品中微生物的存在与否及其种类和数量的验证。

食品微生物检验的任务主要包括以下几个方面：研究各类食品中微生物的种类、分布及其特性；研究食品的微生物污染及其控制，提高食品的卫生质量；研究微生物与食品保藏的关系；研究食品中的致病性、中毒性、致腐性微生物；研究各类食品中微生物的检验方法及标准。

通过对食品微生物的检验，我们能够对食品被微生物污染的程度做出评价，为其卫生管理提供科学根据。微生物的检验结果是衡量食品卫生质量的主要指标之一。微生物的检测不仅有利于保障人民的身体健康，而且对扩大世界贸易与对外交流具有重大的政治和经济意义。

二、食品微生物检验的内容

（一）食品卫生细菌学检验

1. 菌落总数的测定

（1）测定原理　食品中的细菌数量，通常是以每克或每毫升食品中或每平方厘米食品表面积上所含有的细菌个数来表示。我国的食品卫生标准中采用的测定食品中细菌数量的方法，是在严格规定的培养方法和培养条件下进行的，适应这些条件的每一个活菌细胞都能够生成一个肉眼可见的菌落，所生成的菌落总数即是该食品的细菌总数。用此方法测得的结果，常用菌落形成单位（clony forming unit，CFU）表示。

食品中细菌的种类很多，它们的生理特性和所需要的培养条件不尽相同。如果要采用培养的方法计数食品中所有的细菌种类和数量，必须采用不同的培养基及培养条件。然而尽管食品中的细菌种类很多，但其中以异养、中温、好氧或兼性厌氧的细菌占绝大多数，同时它们对食品的影响也最大，所以对食品的细菌总数检测时采用 GB 4789.2—2010《食品微生物学检验　菌落总数测定》规定的方法是可行的，而且已经得到公认。

（2）主要步骤

①检样稀释及培养：在此步骤中，要注意是无菌操作。

②菌落计数方法：做平板菌落计数时，可用肉眼观察，必要时用放大镜检查，以防遗漏。在记下各平板的菌落数后，求出同稀释度的各平板平均菌落总数。

③菌落计数的报告：菌落计数的报告，菌落数在 100 以内时，按实有数值报告；大于 100 时，采用二位有效数字，在二位有效数字后面的数值以四舍五入法修约。为了缩短数字后面的零的个数，可用 10 的指数来表示。在报告菌落数为"不可计"时，应注明样品的稀释度。

2. 大肠菌群的检测

（1）检测原理及卫生学意义　大肠菌群系指一群能发酵乳糖、产酸、产气、需氧和兼性厌氧的革兰阴性无芽孢杆菌。大肠菌群主要包括肠杆菌科中的埃希菌属、柠檬酸细菌属、克雷伯菌属和肠杆菌属。它以埃希菌属为主，埃希菌属被俗称为典型大肠杆菌。

大肠菌群最初作为肠道致病菌而被用于水质检验，现已被我国和国外许多国家广泛用作食品卫生质量检验的指示菌。大肠菌群的食品卫生学意义是作为食品被粪便污染的指示菌，食品中粪便的含量只要达到 10^{-3} mg/kg 即可检出大肠菌群。一般认为，作为食品被粪便污染的理想指示菌应具备以下特征：①仅来自于人或动物的肠道，并在肠道中占有极高的数量；②在肠道以外的环境中，具有与肠道病原菌相同的对外界不良因素的抵抗力，能生存一定时间，且生存时间应与肠道致病菌大致相同或稍长；③培养、分离、鉴定比较容易。大肠菌群比较符合以上要求。

保证食品中不存在大肠菌群实际上并不容易做到，所以重要的是控制污染程度。对于食品中大肠菌群的数量，我国和许多国家均用每 100g 或每 100mL 检样中大肠菌群最近似数（MPN）来表示，这是按照一定检样方法得到的估计数值。我国统一采用一个样品，3 个稀释度各接种 3 个管，乳糖发酵、分离培养和复发酵试验，然后根据大肠菌群 MPN 检索表报告结果。

（2）主要步骤　大肠菌群的主要检测步骤分为五步：检样稀释、乳糖发酵试验、分离培养、证实试验、报告，见 GB 4789.3—2010《食品微生物检验　大肠菌群计数》。

（二）致病菌检验

在 GB 29921—2013《食品中致病菌限量》中，已明确规定某些微生物的数量，所以除了要检测食品污染程度指示菌，如菌落总数、大肠菌群（MPN）外，还有致病菌如金黄色葡萄球菌、沙门菌、副溶血性弧菌、单增李斯特菌、大肠 O157：H7 等。能引起疾病的微生物称为病原微生物或致病菌（pathogenic bacteria），包括细菌、病毒、螺旋体、立克次氏体、衣原体、支原体、真菌及放线菌等。一般所说的致病菌指的是病原微生物中的细菌。细菌的致病性与其毒力、侵入数量及侵入门户有关。虽然绝大多数细菌是无害甚至有益的，但还是有相当大一部分可以致病。条件致病菌只在特定条件下才致病，如有伤口可以允许细菌进入血液，或者免疫力降低时。例如，金黄色葡萄球菌和链球菌也是正常菌群，常可以存在于体表皮肤、鼻腔而不引起疾病，但可以潜在引起皮肤感染、肺炎（pneumonia）、脑膜炎（meningitis）、败血症（sepsis）。下面以金黄色葡萄球菌为例来阐述对食品中致病菌的检测。

1. 主要检测步骤

目前金黄色葡萄球菌的检测多采用国标法（GB 4789.10—2010《食品微生物学检验 金黄色葡萄球菌检验》），其定性检验程序见图 4-1。

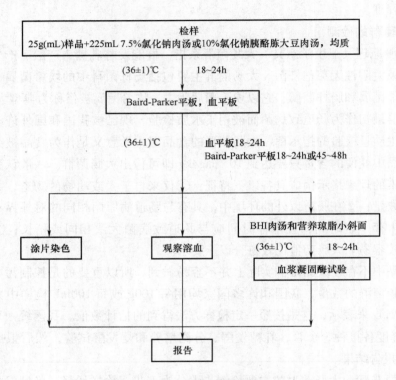

图 4-1　金黄色葡萄球菌定性检验

2. 操作步骤

（1）样品的处理　称取 25g 样品至盛有 225mL 7.5%氯化钠肉汤或 10%氯化钠胰酪胨大豆肉汤的无菌均质杯内，8 000 ~ 10 000r/min 均质 1 ~ 2min，或放入盛有 225mL 7.5%氯化钠肉汤或 10%氯化钠胰酪胨大豆肉汤的无菌均质袋中，用拍击式均质器拍打 1 ~ 2 min。若样品为液态，吸取 25mL 样品至盛有 225mL 7.5%氯化钠肉汤或 10%氯化钠胰酪胨大豆肉汤的无菌锥形瓶（瓶内可预置适当数量的无菌玻璃珠）中，振荡混匀。

（2）增菌和分离培养

①将上述样品匀液于（36 ± 1）℃培养 18 ~ 24h。金黄色葡萄球菌在 7.5%氯化钠肉汤中呈混浊生长，污染严重时在 10%氯化钠胰酪胨大豆肉汤内呈混浊生长。

②将上述培养物分别划线接种到 Baird - Parker 平板和血平板，血平板 (36 ±1)℃培养 18~24h。Baird - Parker 平板 (36 ±1)℃培养 18~24h 或 45~48h。

③金黄色葡萄球菌在 Baird - Parker 平板上，菌落直径为 2~3mm，颜色呈灰色到黑色，边缘为淡色，周围为一混浊带，在其外层有一透明圈。用接种针接触菌落有似奶油至树胶样的硬度，偶然会遇到非脂肪溶解的类似菌落，但无混浊带及透明圈。长期保存的冷冻或干燥食品中所分离的菌落比典型菌落所产生的黑色较淡些，外观可能粗糙并干燥。在血平板上，形成菌落较大，圆形、光滑凸起、湿润、金黄色（有时为白色），菌落周围可见完全透明的溶血圈。

（3）鉴定　挑取上述菌落进行革兰染色镜检及血浆凝固酶试验。

①染色镜检：金黄色葡萄球菌为革兰阳性菌，排列呈葡萄球状，无芽孢，无荚膜，直径为 0.5~1μm。

②血浆凝固酶试验：挑取 Baird - Parker 平板或血平板上可疑菌落 1 个或 1 个以上，分别接种到 5mL BHI 和营养琼脂小斜面，(36 ±1)℃培养 18~24h。取新鲜配置血浆 0.5mL，放入小试管中，再加入 BHI 培养物 0.2~0.3mL，振荡摇匀，置 (36 ±1)℃保温箱或水浴箱内，每 0.5h 观察一次，观察 6h，如呈现凝固（即将试管倾斜或倒置时，呈现凝块）或凝固体积大于原体积的 1/2，判定为阳性结果。同时以血浆凝固酶试验阳性和阴性葡萄球菌菌株的肉汤培养物作为对照。也可用商品化的试剂，按说明书操作，进行血浆凝固酶试验。结果如可疑，挑取营养琼脂小斜面的菌落到 5mL BHI，(36 ±1)℃培养 18~48h，重复试验。

3. 结果与报告

（1）结果判定　符合步骤（2）③、（3），可判定为金黄色葡萄球菌。

（2）结果报告　在 25g（mL）样品中检出或未检出金黄色葡萄球菌。

（三）食品病毒学检验

1. 传代细胞制备及培养

在病毒研究和生产中，经常需要应用大量的细胞为实验材料，这就需要扩大原代培养物，通过传代培养即可获得大量长期使用的稳定的细胞材料。传代细胞制备包括二倍体细胞株的制备和传代细胞的培养，都要经过原代培养→传代培养过程，但应用时可直接购买传代细胞株。

（1）二倍体细胞株的制备　二倍体细胞株可来自动物和人的多种组织，但应用最多的是来自于人胚肺建立的二倍体株。由于二倍体细胞株是有限传代培养，又无致癌性，是生产病毒疫苗的安全细胞，在病毒学研究的其他方面也是良好的工具。

（2）细胞传代方法　传代细胞可来自人或动物的肿瘤组织或正常组织细胞，其染色体为非整倍体，在体外具有无限传代能力，仍保留种属特性，但已丧失了分化成组织的能力。传代细胞繁殖快，易于获取，易于保存，对多数病毒敏感，在病毒学研究方面应用广泛。有的传代细胞为贴壁生长，有的为悬浮生长。

（3）细胞的冻存、复苏及运输　细胞在体外培养，多次传代易引起细胞株发生变异、衰退，甚至污染，为了保持细胞生物学性状和恒定性，一般在10代内即需要对细胞进行冷冻低温保存。当需要独用细胞时，再对冷冻细胞株进行复苏。有时实验室间会有细胞株交换，还涉及细胞运输问题。掌握细胞冻存、复苏及运输过程中的相关技术对于细胞培养非常重要。

2. 病毒分离与鉴定

病毒的分离和鉴定是指从患者、带毒者、外界环境中采集标本经过适当的处理，采用一系列物理、化学、生物学等手段，将病毒从标本中分离出来，并通过有关特异性方法鉴定属于何种病毒。它在病毒学研究、流行病学传染源的确定等领域发挥着极其重要的作用。

（1）病毒的分离　不同的病毒分离时采用不同的分离方法，这主要取决于目的病毒的生物学特性。主要有细胞培养法、鸡胚接种法、动物接种法等；而对细胞、鸡胚不敏感，又没有合适动物模型的病毒，可采用基因克隆的方法。

（2）病毒的鉴定　病毒通过上述各种方法分离后，到底是何种病毒，尚需要进一步的鉴定方能确定。病毒的鉴定可以分为下列几个步骤。

①初步鉴定：

A. 临床表现、流行病学特征与标本来源：根据病人的临床表现、流行病学特点以及分离标本的来源，可以初步判定属于哪一类病毒。

B. 生物学特性：分离出的病毒表现出的生物学特性对病毒的初步鉴定起到重要作用。

a. 细胞病变效应　所谓细胞病变效应是接种病毒或分离标本后，细胞出现的病理性变化。不同的病毒具有不同的敏感细胞，而又能引起不同的细胞病变效应。

b. 血吸附和血凝作用　有些病毒感染细胞后，细胞膜上可镶嵌着病毒基因编码产生的糖蛋白，其中有些能吸附特定种类的红细胞，或将培养细胞单层刮下后，经过适当处理，可以凝集特定种类的红细胞，此类糖蛋白在细胞表面形成刺突，称为血凝素，这种现象称为血吸附现象。

c. 干扰现象　一种病毒感染细胞后，可以干扰另一种病毒在该细胞内的增殖，这种现象称为干扰现象。利用干扰现象可以检查出一些不引起细胞病变、血凝、血吸附的病毒。

C. 理化特性：根据病毒的理化性质也可对标本中的病毒做出初步鉴定。

a. 核酸类型鉴定　将接种标本的细胞分成两组，一组细胞维持液中加入能抑制 DNA 病毒增殖的 5 - 氟脱氧尿苷，另一组中不加入此药物，作为对照组。如果加入药物组与对照组相比，病毒的增殖受到明显抑制，则为 DNA 病毒；反之则为 RNA 病毒。

b. 脂溶剂敏感实验　乙醚、氯仿、脱氧胆酸钠等脂溶剂能破坏病毒的脂质包膜。所以，有包膜的病毒对脂溶剂敏感，脂溶剂的处理能使病毒失去感染性；无包膜的病毒往往对脂溶剂有抵抗力。因此，用乙醚等可以鉴定所分离的病毒是否有包膜。

c. 耐酸性试验　通过肠道传播的病毒对酸有抵抗力，借此可鉴别某些病毒。如肠道病毒与鼻病毒同为 RNA 病毒，肠道病毒对酸有抵抗力，而鼻病毒则没有。

②接种动物的观察：根据动物的感染范围，可初步推断属于何种病毒。接种动物的观察是非常重要的，通过观察试验动物的反应有时也可初步鉴定病毒种类。每天都需要观察，有时一天需要观察数次。

观察指标：a. 动物发病的潜伏期。病毒感染都有一定的潜伏期，因此，潜伏期在病毒的初步鉴定方面也是非常重要的，如乙脑小鼠脑内接种潜伏期一般为 4d，狂犬病脑内接种潜伏期一般为 6~8d。b. 接种后受试动物的症状。接种动物的饮食情况是否变化、活动与饮食能力是否发生变化、粪便是否发生变化；每天在同一时间测量动物的体重和体温，比较接种前后变化情况；观察局部或全身性反应，如出现毛松、软弱无力、震颤、不安、抽搐、甚至死亡等全身症状，可考虑神经系统感染的可能性。

对照组不接种病毒，用生理盐水代替，其他步骤和观察指标与试验组完全相同。

③最终鉴定：病毒的最终鉴定需要免疫学方法、电子显微镜与免疫电子显微镜技术等特异性方法加以鉴定。

3. 病毒的保存

病毒是具有生物活性的最小微生物，由于其结构复杂，各种类型的病毒对物理、化学作用的反应有所不同（温度、pH、盐类等）。保存病毒首先必须了解各种病毒的性质，才能恰当的选择保存剂和保护方法。常用的保存方法有以下两种。

（1）低温及超低温保存法　用低温（-60~-25℃）、超低温（-70℃以下）冰箱或液氮罐（-196~-150℃）保存微生物，是适用范围最广的微生物保存法，也是目前保存病毒较理想的方法。低温条件可降低病毒变异率，保持原种的性状。温度越低，保存时间越长。这种方法需要加保护剂，常用的保护剂为脱脂牛奶溶液、5% 蔗糖、血清等。用保护剂配制病毒悬液，无菌分装，然后置低温冰箱或液氮罐中保存。

（2）冷冻干燥保存法　含水物质首先经过冷冻，然后在真空中使水分升华、干燥，在这种低温、干燥和缺氧环境下，微生物的生长和代谢暂时停止，因而保存期较长，便于运输。该法需要冻干机等设备，并需保护剂。保护剂一般采用脱脂牛奶或血清等。保护剂的作用机理是在冷冻干燥的脱水过程中维持病毒结构，防止细胞膜受冷冻或干燥而造成损伤。真空冻干病毒比较稳定，可于室温短期保存，4~8℃长期保存。此法综合利用了各种有利于毒种保留的因素，具有成活率高、变异性小等优点，是常用的、较理想的毒种保存方法之一。

三、案例分析

1. 案情简介

（1）1994 年 5 月 10 日，某豆奶厂生产了专供学生的豆奶（150g/袋）8 600 余袋，于 11 日凌晨 3 时许向各学校送货，学校一般在第一节课后（约 9 时）饮用。自 11 日中午 11 点 30 分左右起，开始有少数小学生感到腹部不适。到晚上 17 点以后中毒症状加重，部分呈剧烈腹绞痛，多次腹泻，于是陆续有家长将中毒的学生送往医院治疗。从 5 月 11 日中午至 5 月 15 日相继有 1 345 名学生发病，其中 413 人住院，无一人死亡。分别采集 5 月 10 日生产的豆奶 12 份，豆奶生产工人大便 8 份，患者大便 31 份进行检验，结果在 1 名有腹泻症状的磨浆工和 6 名患者大便中检出志贺痢疾杆菌和致病性大肠杆菌，另 2 名患者大便及 8 份豆奶中检出致病性大肠杆菌。后调查得知，5 月 10 日该厂管式杀菌器出现故障，未能达到规定的杀菌温度；一名磨浆工已腹泻数天，仍每天上岗操作；8 名豆奶生产工人的手和所用的容器、用具、管道等生产前均未消毒。另外，储存豆奶的冷库太小，豆奶未能及时冷却。

（2）1996 年 9 月 17 日晚某市某国际学校，学生均住宿在校并统一在该校食堂进餐，当晚菜谱为青椒茭白肚丝、芋头炒肉片、炒白菜和香菇木耳茭白汤。其中肚丝为中午剩余且放在无冷藏设备的熟食间内（当时气温较高），直至下午 4 时才与已煮熟的茭白炒成菜肴供应学生食用。9 月 18 日凌晨 1 时许出现首例病人，大部分学生集中在食用后 8~10h 发病，主要症状为腹痛、腹泻、呕吐，少数伴轻度发热，共有 75 名学生送医院后当天出院，其中 3 例较重，5 天后痊愈。采集 17 日晚供应学生的半成品芋头及 18 日在相同条件下加工的肴肉炒茭白、厨师操作中使用的抹布，均检出副溶血性弧菌。该校食堂自起用至案发一直未领取食品卫生许可证，厨房工作人员均无健康证，厨房布局不合理。

2. 案情分析

两起中毒案例的共同特点：食物中毒案均发生于在校学生，中毒人数多，社会反响大，发病时间相对集中，预后均良好，引起中毒的食品控制后，发病人数很快减少。中毒原因均是食品生产者卫生知识缺乏，导致致病菌污染食品，在冷藏设施不足的情况下，细菌迅速繁殖，达到中毒量而造成中毒事件发生。

两案例的不同点见表 4 - 1。

3. 案情反思

（1）密切注意外源食品引发的学生集体食物中毒。从 1990~1997 年统计的学生集体食物中毒案来看，外源食品主要来源于学生课间加餐及学校食堂内使用的食品原料。如豆奶厂案就是因校方未把住向厂方索取同批产品化验单这一关，致使带致病菌的豆奶出售到学校，导致上千名学生食物中毒。因此，加强以各种形式对学生课间餐进行管理迫在眉睫。各级卫生行政执法部门应加强课间餐生产销售部门的经常性卫生监督和卫生许可证的审批，对已办证的要加强管理。

表 4 - 1	两案例的区别	
项　目	豆奶中毒案	某国际学校中毒案
来　源	从校外购买的豆奶	本校食堂内剩菜
致病菌	致病性大肠杆菌为主	副溶血性弧菌
中毒人数	1 345	75
控制结果	未及时控制中毒食品，持续时间长	及时控制
食品生产者持证情况	已办理	未申办

（2）学校食堂内部必须加强管理，厨师需持有效健康证方可上岗，有腹痛、腹泻者停止操作。卫生监督部门要视学生集体用餐单位为重点监督对象，加大监督检查力度，提高监督覆盖率，实行管帮结合、培训与处罚相结合的方法，规范学校食堂卫生管理。

（3）学校主管部门要加快学生集体用餐单位建设步伐，建议设立学校食堂建设专项基金，专款专用，为学生集体用餐单位配备良好的硬件设施。

小　结

食品理化检验的主要内容是研究各类食品组成及其物理、化学和生物学性质的检测方法和实验技术以及相关应用性理论。在食品检测过程中，由于检测目的的不同、检测对象的性质和状态的差异，选择的检测方法也各不相同。

食品微生物检验的内容包括食品卫生细菌学检验、食品真菌及真菌毒素检验、食品病毒学检验。细菌总数又被称为菌落总数，指食品及生活饮用水检样经过处理，在一定条件下经过培养后，所得每克或每毫升检样中所含细菌菌落个数，是判断食品及生活饮用水被污染程度的重要指标。大肠菌群系指一群在 37℃培养 24h 后能发酵乳糖、产酸、产气、需氧或兼性厌氧的革兰染色阴性无芽孢杆菌。其主要来源于人和牲畜的粪便，所以研究中经常采用粪便污染指标菌来评价生活饮用水及食品的卫生质量。

思考题

1. 理化检验的概念及内容是什么？
2. 食品微生物检验的内容分为哪两方面？
3. 简述金黄色葡萄球菌的生理学特性。
4. 何谓菌落总数？何谓大肠菌群？

第五章　色谱及波谱技术在食品安全中的应用

色谱技术和波谱技术是化合物结构测定和成分分析采用的重要手段。色谱法是利用混合物中各组分在两相中（分别为固定相和流动相）不同程度地分布，流动相流经固定相，使各组分以不同速度移动，从而达到分离目的的分析方法。波谱法主要是以光学理论为基础，以物质与光相互作用为条件，建立物质分子结构与电磁辐射之间的相互关系，从而进行物质分子几何异构、立体异构、构象异构和分子结构分析和鉴定的方法。目前，色谱技术和波谱技术在食品安全分析中发挥着越来越重要的作用。

在样品前处理和测定中，有机分析方法主要采用色谱技术，其中，柱色谱是传统的净化技术，仍为最普遍应用的手段。采用色谱技术对激素如盐酸克伦特罗等进行检测，也从运动员兴奋剂检测领域向食品禁用兽药监控的确证技术发展。多环芳烃类和亚硝基化合物类两大类致癌物的分析方法皆采用色谱法。同时，对食品添加剂和保健食品中功能性成分的分析也多采用色谱技术。目前，测定方法向多种类、多组分分析方法发展。农药残留的检测已从单个化合物的检测发展到可以同时检测数十种甚至上百种化合物的多组分残留系统分析，兽药残留的检测也向此类方向发展。上述分析都是有针对性的对食品中目标物的分析。

对于食品中未知毒物的研究，多在生物试验指导下，再借助其他仪器分析技术来鉴定和测定。例如，杂环胺的发现主要是借助 Ames 致突变试验与高效液相色谱法（HPLC），经波谱分析鉴定证实其结构。此外，可将各种色谱/波谱手段和同位素示踪技术相结合，进行农药杀虫双代谢毒理学研究，分离、鉴定代谢产物的结构，阐明其代谢途径，为制定食品中杀虫剂最大残留限量提供科学依据。

色谱技术还是食品样品复杂基质中微量、痕量目标物分离、富集和测定的有力工具。鉴于某些化学污染物的高度危害性，以及在环境和生物体内难降解造成的在食品和人体中蓄积，2001 年 5 月被列入斯德哥尔摩公约规定限制或禁止的环境持久性有机污染物有 12 种，其中 3 种为二噁英及其类似物（包括多氯联苯），检测方法灵敏度的要求为超痕量水平（$10^{-12} \sim 10^{-15}$g），需要用高分辨气相 - 质谱进行分析。此外，色谱技术也是食源性疾病病因和代谢毒理学研究的重要手段。

近五十年来，质谱、紫外光谱、红外光谱和核磁共振等波谱技术已被广泛用于有机化合物的结构鉴定，从这些方法得到的各种相互补充的结构信息为有机物结构鉴定提供了可靠的依据。波谱技术已经迅速取代或部分取代了传统的结构鉴定方法，成为化学研究强有力的工具。与经典的分析方法相比，波谱方法不仅具有快速、灵敏、准确和重复性好等优点，而且测试时只需要微量样品，因此波谱技术已经迅速渗透到生物化学、植物化学、药物学、医学和食品科学等各学科及农业和商业等各行业的研究领域，在科学研究和国民经济各个部门得到广泛应用。波谱技术的应用，大大缩短了复杂化合物结构测定的时间，也使过去许多难以解决的问题，如生命及食品科学中蛋白质、核酸、多糖等的结构测定等迎刃而解，促进了学科的发展。波谱法在科研、生产、公共卫生等众多领域有广泛的应用，主要用于化合物的结构解析和表征、化合物的定性和定量分析、反应机理的研究、材料结构与物性的研究、商品的检验等。波谱法在不少领域的应用是其他分析方法无法替代的，其最大的应用是化合物和材料的结构分析和表征，尤其是质谱法与色谱技术（如气相色谱和液相色谱等）的联合应用，在食品安全分析中发挥着不可取代的作用。

第一节　色谱技术概述

一、气相色谱法

气相色谱法（gas chromatography，GC）采用气体作为流动相。根据所用的固定相不同又可将气相色谱法分为两种，一种用固体吸附剂作固定相，称为气固色谱，另一种是用涂有固定液的单体或键合的固定液作固定相，称为气液色谱。气相色谱法是 20 世纪 50 年代的一项重大科学技术成就，是最早实现仪器商品化的一种色谱分析方法。

1. 基本原理

气相色谱可对气体物质或在一定温度下汽化的物质进行分离、分析。当载气带着汽化后的试样进入色谱柱后，虽然载气流速相同，但由于各组分在气相与色谱柱固定相之间的分配系数不同，试样中的各组分在两相之间进行反复多次分配，使得各组分在色谱柱中的运行速度不同，经过一定时间后便彼此分离，按顺序离开色谱柱进入检测器，产生信号转换成各组分的色谱峰。根据出峰时间进行定性，根据峰面积或峰高进行定量。

2. 仪器组成

按照功能单元，气相色谱仪包括：载气系统、进样系统、分离系统、检测系统和记录系统。

（1）载气系统　载气系统包括气源和流量控制系统。气源就是为 GC 仪器提供载气、辅助气体的高压钢瓶或气体发生器。GC 对各种气体的纯度要求很高，比如用作载气的氮气、氢气或氦气的纯度都要求大于 99.99％。若辅助气体不纯，则会使背景噪声增大，检测器的线性范围缩小，严重的则会污染检测器。因此，实际工作中要在气源与仪器之间连接气体净化装置。目前，仪器大都带有流量控制系统，可通过色谱工作站设定气体流量，并有气体泄漏报警功能。

（2）进样系统　气相色谱分析中，要求液体样品进样量少，并保证进样的准确、快速，且要有较高的重现性。进样方式的选择需要根据样品中待测组分的含量、样品各组分的沸点和热稳定性、待测组分的性质、进样方式的实用性等进行综合考虑。液体进样通常有分流进样、不分流进样、柱头进样和程序升温进样四种进样方式。

①分流进样：先将液体样品注入气化室中，气化室内的高温使样品瞬间汽化，在大流速载气的吹扫下，样品与载气迅速混合，混合气通过分流口时排出大部分的混合气体，使少量的混合气体进入色谱柱，进行分析。采用分流进样的目的一是减少载气中样品的含量，使进样量符合毛细管色谱进样量的要求；二是可以使样品以较窄的带宽进入色谱柱。但是采用分流进样只有 1%~5% 的样品可以进入色谱柱，故不适合样品中痕量组分的分析。

②不分流进样：将样品注入高温气化室后使之迅速汽化，这时关闭分流管将样品导入色谱柱中，在 20~60 s 后开启分流阀排出加热衬管中的微量蒸汽，开启分流阀的时间可根据具体样品调节。由于溶剂效应，待测组分在较低的柱温下在色谱柱顶端再次富集，这样，样品则以较窄的带宽进行分离。但是由于样品需要在气化室中停留更长的时间，所以不分流进样模式的热分解效应比分流进样更明显。与分流进样模式相比，不分流进样更适于分析痕量组分。

③柱头进样：在不加热的状态下将液体样品直接注入毛细管色谱柱内，中间不经过蒸发过程。柱头进样能将分析样品全部导入色谱柱中，分析样品中的痕量组分和热不稳定性物质可以采用这种技术。尽管柱头进样有如此多的优点，但是由于技术和操作的特殊性，使得这种进样方式还不能广泛应用于日常的分析工作中。

④程序升温进样：将多功能的样品导入装置，结合了传统的分流/不分流进样技术，并增加了温控系统。程序升温进样能实现热分流/不分流进样，冷分流/不分流进样，冷柱头进样。将冷进样和温度控制蒸发技术联用，从而克服了传统的热进样技术的缺点。在冷进样模式中，导入色谱柱的液态样品没有发生热歧视效应。另外，采用程序升温进样方式也使热分解反应的发生几率得以减少。除了上述进样方式外，程序升温进样系统还可以实现大体积进样，这种进样方式也称作溶剂排除进样。程序升温进样系统可以分析一些常用进样技术不适合分析的样品，如待测组分含量较少和使用极性溶剂溶解的样品。

（3）分离系统　色谱柱是分离的核心。最初使用的色谱柱是填充柱，但由于填充柱柱效低，只有在分析某些大体积气体样品时才会使用，目前已被毛细管色谱柱代替。毛细管色谱柱柱效很高，常备三种极性的柱子就能解决大部分样品分析问题。色谱柱的极性是指固定液的极性，通常分为非极性柱、中等极性柱和极性柱。对于同一种极性的色谱柱，通常还有不同的固定液。有关毛细管气相色谱柱的选择可遵循以下规律：

分析样品前，首先要选择色谱柱的极性，一般根据相似相溶的原则，即非极性或弱极性样品可选非极性的色谱柱，比较常见的非极性固定液有 OV-1、SE-30、OV-101、

SE－52、SE－54；中极性样品可选中等极性色谱柱，常见固定液有 OV－17、OV－1701、XE－60、OV－225、OV－210；极性样品则选极性色谱柱，常见的固定液为PEG－20M、FFAP、OV－275、DEGS。

色谱柱的极性确定之后，要根据需要选择适宜的色谱柱柱长。色谱柱的分辨率与柱长的平方根成正比。在其他条件不变的情况下，采用增加四倍柱长的方法来取得加倍的分辨率，短的柱子适宜于较简单的样品，尤其适于由那些在结构、极性和挥发性上相差较大的组分组成的样品。一般来说，15m 的短柱可以用来快速分离较简单的样品，也可用于扫描分析；最常用的是柱长为 30m 的柱子，用此长度的柱子可以完成大多数分析；50～60m 或更长的柱子，可用于分离较复杂的样品。

色谱柱的柱径直接影响柱子的效率、保留特性和样品的容量。小口径的柱子的柱效率要高于大口径的柱子，但是其柱容量较小。0.25mm 的柱径具有较高的柱效，但柱容量低，分离复杂的样品较好；0.32mm 的柱径，其柱效略低于 0.25mm 的色谱柱，但柱容量比 0.25mm 柱子高出约 60%；0.53mm 的柱径，其柱容量与填充柱的柱容量类似，可用于分流进样，也可以用于不分流进样。当柱容量为主要考虑的因素时（如痕量分析、气体分析），选择大口径毛细管柱较为合适。

（4）检测系统　气相色谱检测器要求通用性强或专用性好；响应范围宽，可用于常量和痕量分析；稳定性好、噪声小；死体积小、响应快；操作简便耐用。气相色谱检测器按其检测特性可分为浓度型检测器和质量型检测器。气相色谱常用的检测器包括热导检测器（thermal conductivity detector，TCD）、氢火焰离子化检测器（hydrogen flame ionization detector，FID）、氮磷检测器（nitrogen phosphorus detector，NPD）、电子捕获检测器（electron capture detector，ECD）、火焰光度检测器（flame photometric detector，FPD）等。

①热导检测器（TCD）：是一种通用的非破坏性浓度型检测器，理论上可应用于任何组分的检测，但因其灵敏度较低，故一般用于常量分析。它由热导池与电阻组成惠斯通电桥。热敏电阻消耗电能所产生的热与载气热传导和强制对流等散失的热达到热动平衡后，当被测组分与载气一起进入热导池时由于混合气的导热系数与纯载气不同，热平衡被破坏，热敏电阻温度发生变化，其电阻值也随之发生变化，惠斯通电桥输出电压不平衡的信号，记录该信号从而得到色谱峰。此外，载气种类对 TCD 的灵敏度影响较大。原则上，载气与被测物的传热系数之差越大越好，故氢气或氦气作载气比氮气作载气时的灵敏度要高。

②氢火焰离子化检测器（FID）：是典型的破坏性质量型检测器。FID 因其对烃类化合物有很高的灵敏度和选择性，故一直作为烃类化合物的专用检测器。FID 的工作原理是以氢气在空气中燃烧为能源，载气（N_2）携带被测组分和可燃气（H_2）从喷嘴进入检测器，助燃气（空气）从四周导入，被测组分在火焰中被解离成正负离子，在极化电

压形成的电场中，正负离子向各自相反的电极移动，形成的离子流被收集极收集、输出，经阻抗转化，放大器（放大 $10^7 \sim 10^{10}$ 倍）便获得可测量的电信号。FID 虽然是准通用型检测器，但有些物质在此检测器上的响应值很小或无响应，包括永久气体、卤代硅烷、H_2O、NH_3、CO、CO_2、CS_2、CCl_4 等。所以，这些物质的检测不能用 FID。

③电子捕获检测器（ECD）：是浓度型检测器，具有选择性。对负电性的组分能给出极显著的响应信号，用于分析卤素化合物、多核芳烃、一些金属螯合物和甾族化合物。响应的差别是由化合物的种类决定的，电负性越强的物质，其检测灵敏度越高。ECD 的检测室内有正负电极与 β 射线源，目前所使用的最佳的放射源是 ^{63}Ni，产生的 β 射线能量低，半衰期长，可用到 400℃。放射源放出 β 射线粒子（初级电子），与通过检测室的载气碰撞产生次级电子和正离子，在电场作用下，分别向与自己极性相反的电极运动，形成检测室本底电流，当具有负电性的组分（即能捕获电子的组分）进入检测室后，捕获了检测室内的电子，产生带负电荷阴离子，这些阴离子和载气电离生成的正离子结合生成中性化合物，被载气带出检测室外，从而使基流降低，产生负信号，形成倒峰，倒峰大小（高低）与组分浓度呈正比。其最小检测质量浓度可达 $10^{-14}g/mL$，线性范围为 10^3 左右。

④氮磷检测器（NPD）：是在 FID 基础上发展起来的，它与 FID 的不同之处在于增加了一个热离子源（由铷珠构成），在热离子源通电加热的条件下，大大提高了含氮和含磷化合物的离子化效率，因而可选择性地检测这两类化合物。对于检测的化合物灵敏度非常高，为其他检测器所不及。使用时要注意由于使用了氢气，所以 NPD 的安全问题与 FID 相同。检测灵敏度受热离子源的温度影响极大。温度高灵敏度就高，但会缩短铷珠的寿命。增加热离子源的电压、加大氢气流量，均可提高检测灵敏度。而增加空气、载气或尾吹气流量会降低灵敏度。

⑤火焰光度检测器（FPD）：是选择性质量型检测器，主要用于测定含硫、含磷化合物，其信号比碳氢化合物几乎高一万倍。石油产品中微量硫化合物及农药中有机磷化合物的分析通常使用此检测器进行检测。FPD 由火焰燃烧室、滤光片和光电倍增管等组成。组分在富氢（$H_2:O_2 > 3$）的火焰中燃烧时不同程度地变为碎片或原子，其外层电子由于互相碰撞而被激发，由激发态返回低能态或基态的电子发射出特征波长的光谱，通过滤光片可测量这种特征的光谱。含有磷、硫、硼、氮、卤素等的化合物均能产生这种光谱，如硫在火焰中产生 $350 \sim 430nm$ 的光谱，磷产生 $480 \sim 600nm$ 的光谱。

3. 定量方法

气相色谱常用的定量方法有归一化法、内标法和外标法。

（1）归一化法　归一化法即峰面积百分率法，是以色谱中所得各种成分的峰面积的总和为 100，按各成分的峰面积与总和之比，求出各成分的组成比率。其计算公式如下：

$$P_i/\% = (m_i/m) \times 100 = A_i f'_1/(A_1 f'_1 + A_2 f'_2 + \cdots + A_n f'_n) \times 100$$

式中 P_i——被测组分 i 的百分含量，%

A_1、$A_2\cdots A_n$——组分 $1\sim n$ 的峰面积

f'_1、$f'_2\cdots f'_n$——组分 $1\sim n$ 的相对校正因子

当 f'_i 为质量相对校正因子时，得到质量分数（%）；当 f'_i 为摩尔相对校正因子时，得到摩尔分数（%）。

归一化法的优点是简单，操作条件变化时对定量结果影响不大。但要求样品的所有组分必须全部流出，且出峰。某些不需要定量的组分也必须测出其峰面积及 f'_i 值。此外，测量低含量尤其是微量杂质时，误差较大，因此归一化法在实际工作中有一些限制。

（2）内标法 当样品各组分不能全部从色谱柱流出，或有些组分在检测器上无信号，或只需对样品中某几个组分进行定量时可采用内标法。

内标法是将一定量的纯物质作为内标物加入到准确称量的试样中，根据试样和内标物的质量以及被测组分和内标物的峰面积求出被测组分的含量。以被测成分质量和内标物质量之比，或标准被测成分质量为横坐标，以被测成分的系列峰面积（峰高）和内标物质的峰面积（峰高）的比例为纵坐标，绘制标准曲线。由于被测组分与内标物质量之比等于峰面积之比，即 $m_i/m_s = A_i f'_i/A_s f'_s$，所以 $m_i = m_s A_i f'_i/A_s f'_s$。式中下标 s 代表内标物，i 代表组分。若试样质量为 m，则 $P_i/\% = (m_i/m)\times 100 = m_s A_i f'_i/A_s f'_s m\times 100$。

内标法是气相色谱定量分析中首先采用的方法，定量准确，操作简单，特别是多组分检测时分析效率更高。但首要条件是要找到合适的内标物质。内标物的选择原则：①内标物应是试样中原来不存在的纯物质，性质与被测物相近，能完全溶解于样品中，但不能与样品发生化学反应。②内标物的峰位置应尽量靠近被测组分的峰，或位于几个被测物峰的中间并与这些色谱峰完全分离。③内标物的质量应与被测物质的质量接近，能保持色谱峰大小相近。

内标法在定量方面具有很好的优势，因为 m_s/m 比值恒定，所以对进样量要求不高；又因为该法是通过测量 A_i/A_s 比值进行计算的，操作条件的变化对结果影响小，因此定量结果比较准确。该法适宜于低含量组分的分析，且不受归一法使用上的局限。

（3）外标法 外标法实际上就是常用的标准曲线法。首先用纯物质配制一系列不同浓度的标准试样，在一定的色谱条件下准确进样，测量峰面积（或峰高），绘制标准曲线。进样品测定时，要在与绘制标准曲线完全相同的色谱条件下准确进样，根据所得的峰面积（或峰高），从曲线查出被测组分的含量。

二、高效液相色谱法

高效液相色谱法是以液体作为流动相的一种高压液相色谱法，要求样品能制成溶液，不受样品挥发性的限制，流动相可选择的范围宽，固定相的种类繁多，因而热不稳

定和非挥发性的、离解的和非离解的以及各种分子量范围的物质可用此法分离。由于 HPLC 具有高分辨率、高灵敏度、速度快，流出组分易收集等优点，使它能够分离复杂基质中的微量成分，目前被广泛应用到食品分析、生物化学、医药研究、环境分析等各领域中。

1. 基本原理

高压泵将储液器中的流动相泵入系统，样品溶液经进样器进入流动相，流动相载其进入色谱柱（固定相）内，由于样品溶液中的各组分在流动相和固定相中的分配系数不同，其在两相中作相对运动，经过反复多次的吸附、解吸的分配过程，各组分在移动速度上产生较大的差别，被分离成单个组分依次从柱内流出，被检测器检测，以色谱图形式记录分离结果。

2. 分离方式

常见的液相色谱分离方式有正相色谱、反相色谱、离子交换色谱和空间排阻色谱法四种。

正相色谱采用极性固定相和相对非极性流动相。由于极性固定相容易保留极性化合物，故正相液－液色谱系统一般可用于分离极性化合物。正相色谱的流出顺序是极性小的先流出，极性大的后流出。

反相色谱采用相对非极性固定相和极性流动相。一般情况下，非极性或弱极性化合物适于用反相液－液色谱系统分离。反相色谱的流出顺序与正相色谱正好相反，极性大的先流出，极性小的后流出。

离子交换色谱主要用于可电离化合物的分离。离子交换色谱中的固定相是一些带电荷的基团，通过静电相互作用，这些带电基团可与带相反电荷的离子结合。如果流动相中存在其他带相反电荷的离子，按照质量作用定律，这些离子将与结合在固定相上的反离子进行交换。固定相基团带正电荷时，其可交换离子为阴离子，这种离子交换剂为阴离子交换剂；固定相的带电基团带负电荷时，可用来与流动相交换的离子就是阳离子，这种离子交换剂叫做阳离子交换剂。阴离子交换剂的功能团主要是—NH_2 及—NH_3；阳离子交换剂的功能团主要是—SO_3H 及—$COOH$。其中—NH_3 离子交换剂及—SO_3H 离子交换柱属于强离子交换剂，它们在较宽的 pH 范围内都有离子交换能力；—NH_2 及—$COOH$离子交换剂属于弱离子交换剂，只有在一定的 pH 范围内，才有离子交换能力。

空间排阻色谱法又名尺寸排阻色谱法，是按分子大小进行分离的一种色谱方法，被广泛应用于分析大分子物质相对分子质量的分布。空间排阻色谱法的固定相为凝胶，起到类似分子筛的作用，但凝胶的孔径与分子筛相比要大得多，一般在数纳米到数百纳米之间。溶质在两相之间的分离不是靠其相互作用力的不同，而是按分子大小进行分离。分离只与凝胶的孔径分布和溶质的流动力学体积或分子大小有关。试样进入色谱柱后，随流动相在凝胶外部间隙以及孔穴旁流过。试样中一些分子由于太大而不能进入胶孔进而受到排阻,因此就直接通过柱子,首先出现在色谱图上,一些很小的分子可以进入所有胶孔并渗透到颗粒中,这些组分在柱上的保留值最大,最后出现在色谱图上。

3. 仪器组成

高效液相色谱仪一般由输液泵、进样器、色谱柱、检测器、数据记录及处理装置等组成。其中关键部位包括输液泵、色谱柱、检测器。有的仪器还有梯度洗脱装置、在线脱气机、自动进样器、柱温控制器等,制备型 HPLC 仪还备有自动馏分收集装置。

(1)输液泵　输液泵是 HPLC 系统中最重要的部件之一。泵的性能好坏直接影响到分析结果的可靠性。输液泵应具备如下性能:流量稳定;流量范围宽;输出压力高;液缸容积小,密封性能好且耐腐蚀。

输液泵的种类很多,按输液性质可分为恒压泵和恒流泵。恒流泵按结构又可分为螺旋注射泵、柱塞往复泵和隔膜往复泵。恒压泵流量不稳定,螺旋泵缸体太大,这两种泵已被淘汰,目前柱塞往复泵应用最多。柱塞往复泵的液缸容积小,可至 0.1mL,特别适合于梯度洗脱;通过改变电机转速可方便地调节流量,泵压可达 39.2MPa(400kg/cm^2)。柱塞往复泵主要缺点是输出的脉冲性较大,现多采用双泵系统来克服。

(2)进样器　六通进样阀是 HPLC 分析中常用的进样装置,其关键部件由圆形密封垫(转子)和固定底座(定子)组成。由于阀接头和连接管死体积的存在,柱效率比隔膜进样低,但耐高压,进样量准确,重复性好,操作方便。六通阀进样方式分为部分装液法和完全装液法两种。用部分装液法进样时,进样量应不大于定量环体积的 50%(最多 75%),并要保证每次进样体积准确、相同。此法进样的准确度和重复性是由进样针取样的熟练程度决定的,而且易产生由进样引起的峰展宽。用完全装液法进样时,进样量应不小于定量环体积的 5 ~ 10 倍(最少 3 倍),这样才能完全置换定量环内的流动相,消除管壁效应,确保进样的准确度及重复性。

使用时要注意样品溶液进样前必须用 0.45μm 滤膜过滤,以减少微粒对进样阀的磨损;转动阀芯时不能太慢,更不能停留在中间位置,否则会阻碍流动相,使泵内压力剧增,甚至超过泵的最大压力,过高的压力会损坏柱头;为防止缓冲盐和样品残留在进样阀中,每次分析结束后应冲洗进样阀。通常可用水冲洗,或先用能溶解样品的溶剂冲洗,再用水冲洗。

(3)色谱柱　色谱柱担负着重要的分离工作,称为色谱系统的心脏。对色谱柱的要求是柱效高、选择性好、分析速度快等。用于 HPLC 的各种微粒填料有多孔硅胶以及以硅胶为基质的键合相、氧化铝、有机聚合物微球(包括离子交换树脂)、多孔碳等,其粒度一般为 3、5、7、10μm 等,柱效理论值可达 5 万 ~ 16 万/m。对于一般的分析只需 5 000 塔板数的柱效;对于同系物分析,只要 500 即可;对于较难分离的物质可采用高达 2 万的柱子,因此一般 10 ~ 30cm 的柱长就能满足复杂混合物分析的需要。

液相色谱的柱子通常分为正相柱和反相柱。正相柱的填料大多为硅胶,或是在硅胶表面键合—CN、—NH₃等官能团的键合相硅胶柱；反相柱填料主要以硅胶为基质，在其表面键合非极性的十八烷基官能团（ODS），称为 C18 柱。常见的规格有（4.6mm × 250mm，5μm）、（4.6 mm × 150mm，5μm）、（3.9mm × 250mm，5μm）、（3.9mm × 150mm，5μm），前者为柱径和长度，后者为柱填料粒径。其他常用的反相柱还有 C8、C4、C2 和苯基柱等。另外还有离子交换柱、GPC 柱、聚合物填料柱等。

（4）检测器　目前开发的高效液相色谱检测器有十几种，常用的有紫外可见吸收检测器、光电二极管阵列检测器、示差折光检测器、蒸发光散射检测器等。

紫外 – 可见吸收检测器（ultraviolet – visible detector，UV – Vis）与紫外可见分光光度仪的检测原理相同，以流通池代替比色池，有单紫外检测器，也有紫外 – 可见全波长检测器。可以检测有紫外和可见光吸收的物质，根据待测组分的紫外吸收特性设定检测波长，得到某一设定波长下的色谱图。

二极管阵列检测器（diode array detector，DAD）和普通的紫外 – 可见分光检测器不同的是进入流动池的光不再是单色光，而是复色光。复色光通过样品池被组分选择性吸收后再进入单色器，照射在二极管阵列装置上，用一组光电二极管同时检测透过样品的所有波长紫外光，而不是某一个或几个波长，可得任意波长的色谱图，也可同时得任意时间的光谱图，相当于与紫外联用，可进行光谱图检索，可用于色谱峰纯度鉴定，提供组分的定性信息。但 DAD 检测器的灵敏度比通常的 UV – Vis 检测器约低一个数量级。所以单纯用于含量测定或杂质检查时，还是采用 UV – Vis 检测器为好。

示差折光检测器（differential refraction detector，RID）是液相中最先使用且用途最广泛的通用型检测器。可用于检测在紫外光范围内吸光度不高的化合物，如聚合物、糖、有机酸和甘油三酸酯。它是利用物质的折射率进行定量分析的。折射率是所有化合物都拥有的物理性质，从理论上说任一化合物至少可在中等浓度范围进行检测。但因流动相成分等会显示明显的折光响应，因此不能使用 RID 作梯度洗脱。另外痕量分析的灵敏度不够也限制了 RID 的许多日常应用。

蒸发光散射检测器（evaporative light – scattering detector，ELSD）是近十几年开发应用的一种通用型检测器。柱洗脱液首先雾化形成气溶胶，然后在加热的漂移管中将溶剂蒸发，最后余下不挥发性溶质颗粒在光散射检测池中，穿过激光光束，被溶质颗粒散射的光通过光电倍增管进行收集。ELSD 采用低温蒸发模式，维持了颗粒的均匀性，对半挥发性物质和热敏性化合物同样具有较好的灵敏度。溶质颗粒在进入光检测池时被辅助载气所包封，避免溶质在检测池内分散或沉淀在壁上，极大增强了检测灵敏度，并极大地降低了检测池表面的污染。ELSD 的通用检测方法不同于紫外和荧光检测器，ELSD 的响应不依赖于样品的光学特性，任何挥发性低于流动相的样品均能被检测，不受其官能团的影响。ELSD 的响应值与样品的质量成正比，因而能用于测定样品的纯度或者检测未知物。ELSD 的应用有被测物不挥发和流动相挥发的限制。然而，因为 ELSD 可用于梯度洗脱，在有些方法中，尤其是杂质分析中使用较多。

三、色谱－质谱联用技术

色谱－质谱联用技术就是把色谱的分离能力与质谱的定性功能结合起来，实现对复杂混合物更准确的定量和定性分析的技术。色谱－质谱联用技术简化了样品的前处理过程，使样品分析更简便。色谱质谱联用包括气相色谱－质谱联用（GC－MS）和液相色谱质谱联用（LC－MS），GC－MS与LC－MS互为补充，可用于分析不同性质的化合物，目前在实际检测工作中得到了广泛的应用。

1. 气相色谱－质谱联用技术

气相色谱－质谱检测实质上是气相色谱分离与质谱检测结合的一种检测方法。各组分在色谱柱中彼此分离，按顺序进入质谱仪被检测、记录下来。气相色谱－质谱联用仪器（GC－MS）是分析仪器中较早实现联用技术的仪器。在所有联用技术中，GC－MS发展最完善，应用最广泛。目前从事有机物分析的实验室几乎都把GC－MS作为主要的定性确认手段之一，在很多情况下又用GC－MS进行定量分析。

（1）仪器组成　气相色谱－质谱联用仪包括气相色谱仪和质谱仪两大部分。GC－MS联用仪的接口是解决气相色谱和质谱联用的关键组件。理想的接口是能除去全部载气，同时把待测物无损失地从气相色谱仪传输到质谱仪。目前常用的各种GC－MS接口主要有直接导入型、开口分流型和喷射式分离器等。

（2）GC－MS分类　按照质谱技术，GC－MS通常是指四极杆质谱或磁质谱，GC－ITMS通常是指气相色谱离子阱质谱，GC－TOFMS是指气相色谱飞行时间质谱等。按照质谱仪的分辨率，又可以分为高分辨（通常分辨率高于5 000）、中分辨（通常分辨率在1 000～5 000）、低分辨（通常分辨率低于1 000）气－质联用仪。

（3）GC－MS与GC区别　GC－MS联用后，气相色谱仪部分的气路系统和质谱仪的真空系统几乎不变，仅增加了接口的气路和接口真空系统；GC－MS联用后，整机的供电系统变化不大，除了向原有的气相色谱仪、质谱仪和计算机及其外部设备各部件供电以外，还需向接口及其传输线恒温装置和接口真空系统供电。GC－MS与气相色谱法相比，其定性参数增加，定性可靠，同时对多种化合物进行测量而不受基质干扰，定量精度较高，灵敏度更高。

（4）GC－MS分析条件　GC－MS分析的关键是设置合适的分析条件，使各组分能够得到满意的分离，得到很好的重建离子色谱图和质谱图，在此基础上才能得到满意的定性和定量分析结果。GC－MS分析可得到以下三个主要信息：样品的总离子流图或重建离子色谱图、样品中每一个组分的质谱图、每个质谱图的检索结果。此外，还可以得到质量色谱图、三维色谱质谱图等。对于高分辨率质谱仪，还可以得到化合物的精确分子量和分子式。

GC－MS 分析条件要根据样品进行选择，在分析样品之前应尽量了解样品的情况，比如样品组分的多少、沸点范围、分子量范围、化合物类型等，这些是选择分析条件的基础。根据样品类型选择不同的色谱柱固定相，如极性、非极性和弱极性等。与气相色谱中的分析一样，气化温度一般要高于样品中最高沸点 $20 \sim 30℃$。柱温可根据样品的具体情况来设定，如有必要也可采用程序升温技术，选择合适的升温速率，以使各组分都实现基线分离。有关 GC－MS 分析中的色谱条件与普通的气相色谱条件相同。

2. 液相色谱－质谱联用技术

在液相色谱分析中，样品是在液相状态下进行分离分析的，这就使得其应用不受沸点的限制，并能对热稳定性差的样品进行分离分析。然而，液相色谱的定性能力较弱，因此液相色谱与质谱的联用比气相色谱与质谱的联用更有实际的价值。简单的说，就是利用 HPLC 的分离技术，将混合的组分分离成单一的物质，依次进入质谱，打成碎片，然后从物质的结构分析，可以大体判断键的断裂方式，然后通过质荷比对照相应的对照图库大概判断碎片的分子结构，从而对未知物质做定性分析。

（1）仪器组成 由于液相色谱的一些特点，在实现联用时所遇到的困难比 GC－MS 大得多。LC－MS 接口技术需要解决的问题主要有两方面：①液相色谱流动相对质谱工作条件有影响，液相色谱流动相流速一般为 $1mL/min$，如果流动相为甲醇，其气化后换成常压下的气体流速为 $560mL/min$，这比气相色谱流动相的流速大几十倍，而且一般溶剂还含有较多的杂质。因此，在进入质谱前必须要先清除流动相及其杂质对质谱的影响。②质谱离子源温度对液相色谱分析源有影响，液相色谱的分析对象主要是难挥发和热不稳定物质，这与质谱仪中常用的离子源要求样品汽化是不相适应的。

为了解决上述两个矛盾以实现联用，实际过程中一般是选用合适的接口。常用于液相色谱质谱联用技术的接口主要有移动带技术、热喷雾接口、粒子束接口、快原子轰击、电喷雾接口等。电喷雾接口的应用极为广泛，它可用于小分子药物及其各种体液内代谢产物的测定，农药及化工产品的中间体和杂质的鉴定，大分子蛋白质和肽类分子量的测定，氨基酸测序及结构研究以及分子生物学等许多重要的研究和生产领域。

接口主要由大气压离子化室和离子聚焦透镜组件构成。喷口一般由双层同心管组成，外层通入氮气作为喷雾气体，内层输送流动相及样品溶液。某些接口还增加了"套气"设计，其主要作用为改善喷雾条件以提高离子化效率。离子化室和聚焦单元之间由一根内径为 $0.5mm$、带惰性金属（金或铂）包头的玻璃毛细管相通。它的主要作用为形成离子化室和聚焦单元的真空差，造成聚焦单元对离子化室的负压，传输由离子化室形成的离子进入聚焦单元并隔离加在毛细管入口处的 $3 \sim 8kV$ 的高电压。此高电压的极性可通过化学工作站方便地切换以造成不同的离子化模式，从而适应不同分析物的需要。离子聚焦部分一般由两个锥形分离和静电透镜组成，并可以施加不同的调谐电压。

以一定流速进入喷口的样品溶液及液相色谱流动相，经喷雾作用被分散成直径为

1～3μm 的细小的液滴。在喷口和毛细管入口之间设置的几千伏特的高电压的作用下，这些液滴由于表面电荷的不均匀分布和静电引力破碎成为更细小的液滴。在加热的干燥氮气的作用下，液滴中的溶剂快速蒸发，直至表面电荷密度增大，库仑排斥力大于表面张力发生爆裂，产生带电的子液滴。子液滴中的溶剂继续蒸发引起再次爆裂。此过程循环往复直至液滴表面形成很强的电场，而将离子由液滴表面排入气相中。进入气相的离子在高电场和真空梯度的作用下进入玻璃毛细管，经聚焦单元聚焦，被送入质谱离子源进行质谱分析。

在没有干燥气体设置的接口中，离子化过程也可进行，但流量必须限制在数 μL/min，以保证足够的离子化效率。如接口具备干燥气体设置，则此流量可大到数百 μL/min 乃至 1 000 μL/min 以上，这样的流量可满足常规液相色谱柱良好分离的要求，实现与质谱的在线联机操作。电喷雾接口的主要缺点是它只能接受非常小的液体流量（1～10μL/min），这一缺点可以通过采用最新研制出来的离子喷雾接口（ISP）来克服。

（2）LC－MS 与 GC－MS 的区别　气－质联用仪（GC－MS）是最早商品化的联用仪器，适宜分析小分子、易挥发、热稳定、能汽化的化合物，用电子轰击方式（EI）得到的谱图，可与标准谱库对比。液－质联用（LC－MS）主要可用于不挥发性化合物、极性化合物、热不稳定化合物、大分子量化合物（包括蛋白、多肽、多聚物等）的分析测定，但 LC－MS 没有商品化的谱库可对比查询，只能自己建库或自己解析谱图。

第二节　色谱技术应用

新中国成立以来，我国根据需要曾陆续颁布过单项食品卫生标准和管理办法。20 世纪 70 年代初，我国食品污染情况不明，尚无系统制定标准。1973 年卫生部制定了食品卫生科研规划，组织全国卫生防疫站、医学院校与有关部门协作，制定了我国第一部食品卫生标准，共 14 类 54 项卫生标准和 12 个卫生管理办法，经国务院批准，国家标准局发布，于 1978 年执行。与此同时，颁布了食品卫生检验方法，1978 年完成了第一部部颁食品卫生理化检验方法。1985 年修订颁布了国家标准 GB/T 5009—1985《食品卫生检验方法　理化部分》。1996 年再次修订，即 GB/T 5009—1996《食品卫生检验方法　理化部分》。2001—2002 年对《食品卫生检验方法　理化部分》再次修订、增订，由 1996 版检测 71 项（仅指 1996 版 GB/T 5009，散的标准方法未计在内）扩展到 202 项，并于 2003 年颁布在新版中，元素分析方法皆以原子吸收分光光度法或原子荧光法为第一法（仲裁法）。有机分析方法如农药残留测定方法以色谱法为主，删除了个别不适用的方法。适时地增订了克仑特罗和氯丙醇的检测方法，其第一法皆为当前国际公认的稳定性同位素为内标的 GC－MS 法。

在 2003 年，将"食物成分测定方法"并入 GB/T 5009—2003《食品卫生检验方法理化部分》。在新版中，维生素 A、胡萝卜素、维生素 E 和维生素 K 测定方法的第一法皆为高效液相色谱法（HPLC）。色谱技术在食品分析中应用极为广泛，根据目标物的物理化学性质而采用不同的色谱法，见表 5 – 1。

表 5 – 1　　　　　　　　　　　　食品分析中常用色谱法

固定相	流动相	操作方式	方法名称	检测器	主要应用范围
液体	气体	柱	气相色谱	FID、FPD、NPD、ECD、TEA、MSD 或与 MS 联用	含碳化合物，如食品添加剂、脂肪酸等；含硫或磷化合物，如农药；含氮或磷化合物，如农药；含卤素或其他电负性化合物；亚硝基化合物、多氯联苯、二噁英、氯丙醇、农药等定量分析和其他方法确证
固体	液体	柱	高效液相色谱	UVD、DAD、FD 与 MS 联用 ELSD	如农药、兽药、真菌毒素、多环芳烃及食品添加剂等，功效成分如皂苷类、黄酮类和糖类等
		柱	离子色谱	脉冲安培检测器	氨基酸、食品添加剂
		柱	毛细管电泳色谱	UVD、FD	功效成分、食品添加剂
		柱	凝胶渗透色谱		样品前处理
		柱	超临界流体色谱		样品前处理、农药
		平面	薄层色谱	VIS – UVD、FD 目视法	应用广泛
		柱	亲和色谱	UVD	样品前处理（兽药、真菌毒素）、免疫球蛋白 IgG

一、食品中农药残留的检测

农药是防治植物病虫害、去除杂草、调节农作物生长、实现农业机械化和提高农产品产量和质量的主要措施。但是，它们的毒性太大，作物上残留的农药或滥用农药造成的污染可以通过生物富集或食物链在人体内积累，会对人体产生不良影响，在生产和使用中产生环境污染和食品农药残留问题。目前，食品中农药残留已成为全球性的共性问题和一些国际贸易纠纷的起因，也是当前我国农畜产品出口的重要限制因素之一。因此，对食品中农药残留进行检测对于保证食品安全和人体健康意义重大。

1. 样品前处理

食物样品组成复杂，基质成分与目标物含量相差悬殊，且存在农药的同系物、异构体、降解产物、代谢产物以及轭合物的影响。由于环境的迁移作用，环境中残留的各种化学污染物也可能在农作物组织中蓄积，从而增加了食品农药残留分析的难度。因此，农药残留测定之前要有适合于各种食品和目标物物理化学性质的萃取、净化、浓缩等预处理步骤。食品样品中农药萃取、净化等前处理方法有其特殊性，对于不同性质样品中的不同目标物需要采用不同的前处理技术。

食品农药残留分析中，食品样品的净化要尽可能的除去与目标物同时存在的杂质，以减少色谱图中的干扰峰，同时避免杂质对色谱柱和检测器的污染。食品样品的净化，尤其是含脂质较多的食品样品净化，一直是分析工作者研究的重点。除采用常规的吸附柱分离、液－液分配、吹蒸法等净化措施外，更多的采用现代分离分析技术。

（1）样品分组　分析用的样品必须具有充分的代表性，或是根据分析目的选定的部分。样品的质地和结构的差异使得样品的萃取和净化方法有所不同。一般将样品分为三组：中度和高含水量样品、干样品、油脂类样品。第一组中，一些方法称其为含 5%～15% 或 15%～30% 糖的样品。中度和高含水量的样品又分三小类：根和鳞茎类（如胡萝卜和洋葱），叶绿素含量低的蔬菜、水果，叶绿素含量高的农作物（如叶菜和豆类蔬菜）。各类样品的前处理有所不同。美国 FDA 也将样品分为三类：脂肪 <2%，水 >75%；脂肪 <2%，水 <75%；脂肪 >2%。依各类样品脂肪和水的含量，推荐有不同的样品前处理步骤。

（2）溶剂的选择　在样品前处理中，萃取和净化皆涉及溶剂的选择。萃取时所选用的溶剂必须适合能从不同水分、脂肪、糖含量以及其他物质的样品基质中提取出具有各种极性的目标物。为了将目标物从样品中转移到溶剂中，分析样品需和一种溶剂或混合溶剂在高速均化器中捣匀；或将溶剂与样品振荡萃取；或均化后振荡萃取。

在 MRPs 中，传统的萃取溶剂为丙酮和乙腈，二者皆可与水混合。因而，实际上是溶剂与样品中的水分的混合物。乙腈的优点在于食品样品中大多数亲脂性物质如油脂和蜡质不能被萃取，所以萃取液中仅含少量共萃取物；其缺点是价格高、有毒性、净化困难，若在测定前需要除去乙腈的话，有一定困难。与之相比，丙酮无上述缺点。丙酮挥发性强，能用于含糖量高的样品，因为它在高糖分存在时不会与水形成两相。然而，丙酮得到的萃取液会含有更多的共萃取物，必须在净化过程中除去。鉴于此，采用丙酮作为溶剂萃取食品样品更为普遍。

溶剂萃取后，得到的粗萃取液含有从食品样品中萃取出来的水。由于农药残留物和水一起蒸发会有损失，萃取液不能直接蒸发至干，因而要将农药残留物转移到与水不相溶的低沸点的溶剂中。通常采用低极性的石油醚、己烷、环己烷或中等极性的二氯甲烷。

根据相似相溶原理选择萃取溶剂。对于非极性农药残留物采用石油醚进行液－液分配。采用二氯甲烷进行液－液分配净化效果较差，但是对于不溶于石油醚的极性较强的农药需要用它，以得到满意的回收。如粗萃取液仅用二氯甲烷稀释，能形成可分离的水层，此方法可最大限度地回收几乎所有的农药，甚至高水溶性农药，但净化效果很低。

此外，也曾使用过其他一些溶剂，主要用于萃取有机磷农药。乙酸乙酯的主要优点是由于水在乙酸乙酯中有限的溶解度，因此干燥过的萃取液可以直接使用，所以过程极快，不需要分配步骤就能得到比使用丙酮更纯净的萃取液。早期有些方法曾使用苯、氯仿，但是它们的毒性限制了它们的应用。可用含35%水的乙腈或二氯甲烷萃取粉状样品中的农药。粉状样品与硅藻土（Celite 545）混合装柱，用氯仿 – 甲醇（1:1，V/V）萃取。这种方法效果虽好，但是由于溶剂的毒性使此方法的应用受到限制。

对于大多数化合物和中等与高含水量的样品，在色谱柱中进行萃取是很有效的。一部分浆液与已于450℃活化了的弗罗里矽土混合，弗罗里矽土和水比例为1.67。将此混合物装入已有5mm无水硫酸钠柱中，用100mL二氯甲烷 – 丙酮（9:1，V/V）混合溶剂萃取农药。有时需要进一步净化，此浓缩了的萃取液是纯净的，可直接用于有机磷农药测定。对于酸性农药，最好使用略带碱性的水溶液。从有机相分配进入略带碱性的水溶液，酸化并再萃取进入有机层，这是分离残留物和共萃取物有效的手段。

（3）萃取和净化　除传统的索氏萃取、振荡萃取、液 – 液分配和各种柱色谱等处理样品外，更现代的萃取和净化技术有：固相萃取、盘状固相萃取、自动化固相萃取、固相微萃取、基质固相分散和膜过滤。应用于农药残留分析的现代萃取方法还有溶剂萃取流动注射、小型液 – 液萃取、加速溶剂萃取（ASE）或加气液体萃取（PLE）、微波辅助萃取和超临界流体萃取。萃取效率是萃取方法的重要参数。用给定的方法分析任何新化合物，应特别注意萃取效率。

2. 测定方法

色谱法是农药残留分析的常用方法。对于挥发性农药常用GC测定；对于挥发性差、极性和热不稳定的农药则采用LC测定。目前，在农药残留分析中使用的方法有GC、HPLC、TLC、GC – MS、LC – MS、SFC、CE和ELISA等方法，可见色谱法在农药残留分析中发挥了主导作用。GC仍是农药残留分析最广泛使用的方法，质谱法已成为农药残留分析的常用方法，串联质谱（MS – MS）可以减少干扰物的影响，提高仪器的灵敏度，而MS – MS是化合物结构分析及确证的有效手段。

但由于许多有机化合物的强极性、热不稳定性、高分子量和低挥发性等原因，不能直接或不适合用GC分析，从而推动了液相色谱技术的发展。大多数HPLC分析仍用常规的RPC8或C18柱和固定的或可变的UV或荧光检测器进行。然而，使用更频繁的是增强效率和减少溶剂用量的细口径柱、聚合物柱、新一代的键合硅胶柱、分离农药对映体的手性柱、二极管阵列检测器和带柱后衍生的荧光检测器。其他新发展的还有HPLC与电喷雾离子化MS（HPLC/ESI – MS）、离子阱MS（HPLC – ITMS）和串联MS（HPLC – MS/MS）。HPLC与SFE联用可以提高分析方法的选择性，并使净化与分析过程相结合，减少中间步骤造成的分析组分的丢失。HPLC和LC – MS广泛应用于不易挥发及热不稳定化合物的分析，是农药残留定性、定量分析的有效手段。食品中常见农药残留的检测方法见表5 – 2。

表 5 - 2　　　　　　　　　　食品中常见农药残留的检测方法

常见农药	样品种类	样品前处理	检测方法
BHC、艾氏剂、狄氏剂、DDT、DDE、DDD	蛋	GPC 和弗罗里矽土柱净化	GC - ECD/GC - MS
邻联苯酚、二苯胺、克螨特	苹果、柑橘、菠萝、桃	乙腈萃取转移于丙酮中	GC/SIM - MS
甲基立枯磷	莴苣	乙烷萃取；弗罗里矽土 SPE 净化	GC - ECD/GC - MS
咪鲜胺和其代谢物	蔬菜、水果、小麦	氯化吡啶水解，萃取产物 2，4，6 - 三氯酚；用重氮甲烷衍生化	GC - ECD
除虫脲	苹果	二氯甲烷萃取，用七氯丁酐衍生化；硅胶 SPE 净化	GC - ECD
杀菌剂嘧菌酯、氟啶胺、苯氧菌酯、氟醚唑	葡萄、葡萄酒	丙酮 - 乙烷（1∶1，V/V）在线微萃取，不净化	GC - NPD 和 GC - MS
苯基脲类除草剂	马铃薯、胡萝卜、混合蔬菜	GPC 和弗罗里矽土 SPE 净化	HPLC - UVD
除虫脲、氟羚尿、氟苯脲、氟虫脲、氯芬奴隆	胡椒、番茄、茄子、黄瓜、柑橘	丙酮萃取；二氯甲烷石油醚分配，氨基柱 SPE 净化	C8 柱，HPLC - UVD（254nm）
马拉硫磷	药用植物	固相萃取；弗罗里矽土 SPE 净化	HPLC - UVD（254nm）测定，GC - MA 确定
草不绿、去草胺、乙草胺	小麦、玉米、大豆	水 - 乙腈萃取；强碱水解，蒸汽蒸馏分离形成的苯胺；Supelclean ENVI - Chrom SPE 净化；甲基化	C8 柱，HPLC - 电化学检测器
氨基甲酸酯类农药	苹果、梨、莴苣	石油醚 - 二氯甲烷 - 丙酮萃取，氨基柱体 SPE 净化	C8 柱，HPLC - DAD - UV
杀铃脲、四螨嗪、氟虫脲	食品	GPC 净化	HPLC
磷化氢	原粮、大豆	转为磷酸盐	HPLC - 离子色谱电导检测器
杀菌剂双苯三唑醇	草莓	用阴离子交换和氨丙基柱的串联 SPE	HPLC - FD 测定和 GC - MS 确定
二硫代氨基甲酸酯杀菌剂	水果、蔬菜	表面萃取，直接进样	反相离子对 HPLC - UVD 和电化学检测器

续表

常见农药	样品种类	样品前处理	检测方法
草甘膦	橄榄等植物	水 – CH_2Cl_2 萃取，FMOC – Cl 衍生化，生成荧光物质	LC/LC – FD（双柱）
矮壮素	梨	水萃取，不净化	LC – MS，LC/MS – MS
苯并咪唑类、吡虫啉	水果、蔬菜	乙酸乙酯萃取，不净化	LC – MS
有机磷、氨基甲酸酯类	果汁	硅藻土 MSPD	LC/MS – MS

3. 应用示例

植物性食品样品用乙腈超声波振荡提取，用 GC – NPD 测定 35 种果蔬、粮食及茶叶中有机磷农药和氨基甲酸酯类农药残留。

（1）萃取

①水果、蔬菜样品：准确称取捣碎样品 10g 左右，加入 20mL 乙腈，超声波萃取 10min，再加入 2.5g 氯化钠，继续超声波萃取 10min，静置 2min，过滤。准确吸取 10mL 上清液，在 80℃ 水浴中加热，用氮气流吹干。加入 1mL 乙酸乙酯 – 环己烷（1∶1）溶解残留物。

②粮食、茶叶样品：将大米、小麦等粮食用粉碎机粉碎（茶叶样品在研钵中研成粉末），准确称取 5g 样品，加入 20mL 乙腈，超声波萃取 20min，过滤。准确吸取 10mL 萃取液，在 80℃ 水浴中加热，用氮气流吹干。加入 1mL 乙酸乙酯 – 环己烷（1∶1）溶解残留物。

（2）净化　凝胶色谱柱：用浸泡过夜的 Bio – Beads S – X3（聚苯乙烯凝胶）以湿法装柱，柱床高约 23cm，柱床一直保持在乙酸乙酯 – 环己烷（1∶1）中。

①水果、蔬菜、粮食样品：将样品溶液加到已准备好的凝胶色谱柱上，用乙酸乙酯 – 环己烷（1∶1）洗脱，前 22mL 洗脱液弃去，继续接收 19mL 洗脱液，在吹氮装置上，水浴温度 55℃，通氮气缓缓蒸发至干，用丙酮准确定容至 2.0mL，留待 GC – NPD 分析。

②茶叶样品：操作步骤同水果、蔬菜、粮食样品。凝胶色谱柱净化茶叶样品后，需要再用 50mL 乙酸乙酯 – 环己烷（1∶1）洗脱柱中残留的干扰物，以免影响下一次样品的净化。

（3）测定

①测定参数设定：色谱柱：HP – 5（30m × 0.32mm，0.25μm）；载气（氮气）流速：3.0mL/min，恒流方式；氢气流速：4.0mL/min；空气流速：70mL/min；进样量：1μL；进样口温度：250℃；检测器温度：300℃；柱温程序：柱温 45℃，恒温 1min 以后以 20℃/min 的速率程序升温至 140℃，再以 13℃/min 的速率程序升温至 230℃，再以

20℃/min 的速率程序升温至 250℃，恒温 5min。

②测定：得到相应的色谱图，并确定检测限、准确度和精密度。对样品进行有机磷农药和氨基甲酸酯类农药添加回收试验，每个样品在同一添加水平重复三次，见图5-1。

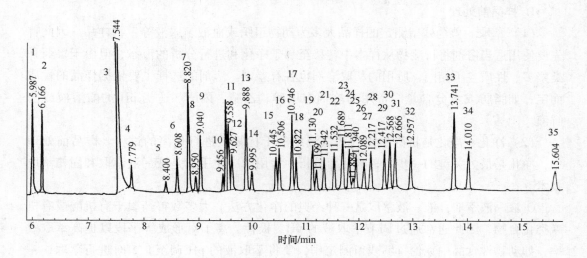

图5-1　有机磷农药和氨基甲酸乙酯类农药多组分残留分析标准色谱图

1—甲胺磷　2—敌敌畏　3—乙酰甲胺磷　4—速灭威　5—异丙威　6—灭多威　7—氧化乐果

8—仲丁威　9—异吸硫磷　10—恶虫威　11—治螟磷　12—甲拌磷　13—乐果　14—克百威

15—二嗪磷　16—乙拌磷　17—异稻瘟净　18—抗蚜威　19—甲基对硫磷　20—甲萘威　21—皮蝇磷

22—杀螟硫磷　23—马拉硫磷　24—倍硫磷　25—粉锈宁　26—水胺硫磷　27—溴硫磷　28—甲基异硫磷

29—喹硫磷　30—胺草磷　31—杀扑磷　32—克线磷　33—乙硫磷　34—三硫磷　35—伏杀磷

二、食品中兽药残留的检测

兽药残留分析的任务主要是为动物和动物性食品中的兽药残留监控提供分析手段，包括食品残留的含量测定与结构鉴定以及组织分布与代谢。兽药残留分析属于痕量分析范畴，具有以下特点：残留物质的含量低，且其含量波动范围大（μg/kg～mg/kg），实际残留测定或监控通常在 MRL 水平（μg/kg）进行；样品基质复杂，干扰物质多；兽药残留分析测定的样品多数为生物材料样品，而且不同种属动物的样品以及同种动物的不同组织间在成分上也有显著差异，因此导致干扰物质多且方法的通用性差；对于残留检测，不仅要求检测原型化合物，而且要求检测代谢物，如禁用兽药硝基呋喃类由于代谢很快，只能检测代谢产物。鉴于此，残留分析对方法的灵敏度、准确度要求极高，相应要求具有分离能力强和线性范围宽、灵敏度高、特异性强的定量检测方法，其中严格的样品前处理过程（即样品分离）是残留分析的核心。

目前，我国仅有39种兽药及其有害化学物质在动物可食性组织中残留的检测方法发布执行。能够检测的主要品种有克伦特罗、己烯雌酚、呋喃唑酮、氯羟吡啶、土霉素、金霉素、庆大霉素、新霉素、盐霉素等，且大多以高效液相色谱法定量检测为主，缺少快速筛选和确证检测方法。

1. 样品前处理

（1）萃取　兽药残留测定的样品大多为动物组织或血液、尿液等生物样品。因此首先要使用适当溶剂将待测物从样本中转移至易于净化和进行分析的液态，但由于兽药种类繁多、性质各不相同，所用的萃取溶剂也各有差别。溶剂的选择主要依据样品的性质而定，如脂肪或水分含量。常用的溶剂有甲醇、乙腈、丙酮、适当 pH 的酸溶液或酶解液。

（2）净化　净化是将待测物与萃取液中的干扰物质进行分离的过程。样品前处理中，净化是最为关键的一步。兽药残留分析中常用的净化手段是液－液萃取和固相萃取技术。

①液－液萃取：液－液萃取是一种经典的净化方法。大多数兽药属于有机酸或有机碱类化合物，因此通常通过调节萃取液的 pH、极性、离子对形成等手段以提高萃取效率，如动物性食品中克伦特罗残留测定中，要将萃取液的 pH 调至 9.5 时进行萃取，一方面可提高萃取效率，另一方面在调节 pH 的过程中会将蛋白类物质沉淀。

②固相萃取技术：固相萃取技术是兽药残留分析中常用的净化手段。样品与柱细颗粒填料接触面积大，使得固相萃取技术净化速度快、分离效能高、操作简便、溶剂用量小、回收率高。常用柱有硅胶柱、氧化铝柱、弗罗里矽土柱、大孔树脂柱、离子交换柱等。对于复杂样品的净化有时在进行液－液萃取后再采用柱进行净化，有时在进行液－液萃取后再采用 SPE 柱进行净化，有时采用不同柱串联进行净化。

③超临界流体萃取：超临界流体萃取是一种近年来新兴的固相萃取技术，因其特殊的物化性和萃取效率高、传质快等优点，在残留分析中的应用越来越广泛。尤其是采用超临界状态二氧化碳的超临界流体萃取技术，具有无毒、无害、无残留、无污染、惰性环保、可避免产物氧化和萃取温度低等优点，更适合脂溶性、高沸点、热敏性物质和生物活性物质的萃取和净化。

④基质固相分散：基质固相分散技术也是兽药残留分析采用的另一新技术。基质固相分散技术将试样与吸附剂（如 C18 键合硅胶颗粒）均匀混合后填柱，用不同溶剂对杂质和目标分析物进行洗脱。由于其具有直接处理样品的能力，分离过程快速以及具有较高的分离效能，已在近 40 种兽药残留分析中得以应用，并特别适用于多组分兽药残留的分析测定。但基质固相分散技术处理的样品量较小，要求检测仪器具有较高的灵敏度。

⑤免疫亲和色谱：免疫亲和色谱技术是将惰性基质填柱并联上抗体，利用被测物与填料的抗原－抗体特异性反应将其吸附，后用适当溶剂将被测物洗脱。它是特异性吸附

某种或某类残留组分，对复杂基质中的极稀组分进行选择性净化富集的最有效手段之一。

此外，用于兽药残留分析的净化手段还有双相渗析膜分离技术、分子印迹技术、凝胶渗透色谱技术等。

2. 浓缩和衍生化

经过萃取和净化的待测物溶液经过浓缩富集后以适当溶剂复溶进行上机测定。但以气相或液相进行测定的残留组分有时需要进行衍生化反应才能满足测定要求。

多数药物及其代谢产物极性高，热稳定性差，一般不能直接用 GC 进行分离，要进行衍生化反应才能测定。衍生化方法在药物的气相分析中占重要地位。衍生化的目的主要是将待测物中的极性官能团如羟基、氨基、羧基、酮基等通过活泼氢反应等生成极性较弱的物质，从而改善挥发性、热稳定性、分离、峰形和灵敏度，或增加检测基团以提高检测的灵敏度或选择性。GC 衍生化一般为柱前衍生，衍生化方法主要有硅烷化、酰化和酯化。

有些药物由于没有特征性发色结构，HPLC 检测灵敏度低，需要通过衍生化使待测物结构上连接强紫外可见吸收基团和荧光基团，从而改变组分的可测性，提高测定的灵敏度和选择性。HPLC 衍生化有柱前衍生和柱后衍生。

3. 测定方法

（1）抗生素类药物残留分析

①萃取和净化：氯霉素类抗生素残留测定的萃取溶剂有乙酸乙酯、甲醇或乙腈，其中最常用也是萃取效率最高的是乙酸乙酯。血清、血浆及尿液中的氯霉素、甲砜霉素和氟甲砜霉素经乙酸乙酯萃取后可直接进行测定。牛奶、肌肉和组织样品等需要采用液 – 液分配或固相萃取柱进一步净化，或两者结合进行净化。

典型的样品前处理步骤如下：将试样粉碎，用乙酸乙酯萃取，萃取液浓缩后以水溶液溶解，用正己烷进行液 – 液分配脱脂，水相过 C18 柱，用甲醇洗脱，进行后续测定。或者用正己烷液 – 液分配，除去正己烷后再用乙酸乙酯把氯霉素类残留从水相中反萃取出来，将乙酸乙酯浓缩至干，以适当溶剂溶解残渣后再过固相萃取柱进行净化。常用的 SPE 柱有 C18 柱、氧化铝柱、硅藻土柱、硅胶柱、固相萃取柱等。也有其他的净化技术用于氯霉素类残留的测定。

②测定方法：由于上述原因，近年来氯霉素类抗生素药物（CAPs）的分析方法一直很多。目前，食品中的氯霉素、甲砜霉素、氟甲砜霉素等残留主要采用 HPLC 和 GC 测定。但伴随着灵敏度和特异性要求的提高，免疫分析法成为食品中 CAPs 残留测定的主要筛选方法，而 GC – MS、LC – MS 成为测定 CAPs 常用的定量和确证方法。GC – MS 灵敏度高，可利用的碎片离子多，所以目前食品中氯霉素类残留确证主要用 GC – MS 法。而 LC – MS 确证方法不需进行衍生化，因此比 GC – MS 法确证简便快速。LC – MS/MS 由

于已经具可备了与 GC – MS 相当的结构信息量，因此将会发展成为重要的确证方法。

（2）激素类药物残留分析

①萃取：激素残留的样本主要包括动物的排泄物（尿、粪等）以及动物的胆汁、肝、肾、皮下埋植部位的组织。这些生物样品中的激素残留水平低，内源性干扰物质多，而且采用 GC – MS 测定前需要衍生化，因此对样品前处理的要求就更高。样品前处理过程一般包括复杂的常规液 – 液分配（LLE）和固相萃取（SPE），而且还较多地采用 HPLC 和 IAC 等高效、高选择性的分离方法。典型样品处理过程如下：水解蛋白质→水解轭合物→LLE（乙腈 – 二氯甲烷 – 正己烷三相分配）→SPE（C18、XAD – 2、LH – 20、硅胶柱、氧化铝柱、IAC）→HPLC→衍生化待测定。

尿液、胆汁以及肝、肾、肌肉等组织中含有大量的葡萄糖苷酸轭合物及少量硫酸轭合物，测定前要用蛋白酶将轭合物水解释放出待测激素。常用的水解酶有枯草杆菌蛋白酶、葡萄糖 – 硫酸酶、β – 葡萄糖苷酸酶，其中以葡萄糖 – 硫酸酶最为常用。液体样品如尿液、胆汁、血浆等调节 pH 后，用葡萄糖 – 硫酸酶或 β – 葡萄糖苷酸酶水解，然后进行后续的萃取和净化步骤。固体组织样品首先进行组织捣碎，然后可以用有机溶剂乙腈或甲醇等进行萃取，也可以在匀浆后用蛋白酶水解。激素残留组分一般存在于细胞内部，与组织结合紧密，使用蛋白酶水解可以提高回收率。

样品萃取液进一步进行脱脂、脱蛋白和去除高极性及水溶性杂质。用于激素残留的萃取溶剂有乙醚、叔丁基甲醚、氯仿、乙酸乙酯等。脱脂常用的有机溶剂为正己烷或石油醚。三相液 – 液萃取系统（乙腈 – 二氯甲烷 – 正己烷）在激素残留分析中被广泛应用。萃取液先用乙腈萃取，向萃取液中加入正己烷 – 二氯甲烷（8:2），振荡萃取，静置后形成正己烷（上）– 乙腈 + 二氯甲烷（中）– 水（下）的三相体系。移取中间层（含激素残留成分）进行进一步净化或待测定，水溶性和脂溶性杂质分别被滞留在水相或正己烷相。该萃取体系适用范围广、回收率高。

②净化：在激素残留净化中广泛使用各种 SPE 技术。常用的反相柱有 C18、XAD – 2 和苯基填料柱等，主要用于富集脂溶性的激素残留和去除水溶性或高极性杂质，可直接净化液体样品、水溶性萃取液或酶解液；常用的正相柱有硅胶柱、氧化铝柱、Sephadex LH – 20 等，主要用于脱脂和去除高极性杂质。IAC 也经常被采用，与传统的 SPE 柱相比，利用抗原抗体结合机制进行净化的 IAC 柱具有很好的选择性、净化效果好，一般用于单组分或特定类别激素残留的净化。多数激素残留的净化采用两种 SPE 柱串联。

另外，在激素残留分析中广泛采用的分离净化方法还有 HPLC。HPLC 的分离能力和柱效是常规 SPE 的数百倍，是多残留组分检测中最有效的净化方法。一般采用反相 HPLC 系统，在适当的时间内收集流出组分，浓缩后进行测定。

③测定方法：由于激素种类繁多，结构相似，而且在食品动物中的用量小、代谢快、残留低，因此动物性食品和生物样品中激素残留分析的技术难度大，对方法的灵敏

度、确证能力和分析速度的要求很高。目前，GC－MS 是激素残留分析的主要方法。一般采用酶联免疫法（ELISA）或放射免疫法等对样品进行筛选分析，采用 GC－MS 对阳性样品进行确证分析。近年来，LC－MS 以及 LC－MS/MS 也逐渐被用于激素残留的确证分析。

4. 应用示例

利用气相色谱－质谱法测定动物性食品中盐酸克伦特罗残留量。

（1）样品前处理　剪碎固体样品，用高氯酸溶液匀浆，在液体样品中加入高氯酸溶液，进行超声加热萃取，用异丙醇－乙酸乙酯（40∶60）萃取，浓缩有机相，用弱阳离子交换柱进行分离，用乙醇－浓氨水（98∶2）溶液洗脱，浓缩洗脱液，经 N, O－双（三甲基硅基）三氟乙酰胺（BSTFA）衍生后于气－质联用仪上进行测定。以美托洛尔为内标，内标法定量。

（2）萃取

①肌肉、肝脏、肾脏样品：称取肌肉、肝脏或肾脏样品 10g（精确到 0.01g），用 20mL 高氯酸溶液（0.1mol/L）匀浆，置于磨口玻璃离心管中。然后置于超声波清洗器中超声 20min，取出置于 80℃ 水浴中加热 30min。冷却后离心（4 500r/min）15min。收集上清液，用 5mL 高氯酸溶液（0.1mol/L）洗涤沉淀，再离心，收集上清液，将两次的上清液合并。用氢氧化钠溶液（1mol/L）调 pH 至 9.5，若有沉淀产生，再离心（4 500r/min）10min，将上清液转移至磨口玻璃离心管中，加入 8g 氯化钠，混匀，加入 25mL 异丙醇－乙酸乙酯（40∶60），置于振荡器上振荡萃取 20min。萃取完毕，放置 5min（若有乳化层稍离心一下）。用吸管小心将上层有机相移至旋转蒸发瓶中，用 20mL 异丙醇－乙酸乙酯（40∶60）再重复萃取一次，合并有机相，于 60℃ 在旋转蒸发器上浓缩至近干。用 1mL 磷酸二氢钠缓冲液（0.1mol/L，pH 6.0）充分溶解残留物，经针筒式微孔过滤膜过滤，完全转移至 5mL 玻璃离心管中，并用磷酸二氢钠缓冲液（0.1mol/L，pH 6.0）定容至刻度。

②动物尿液样品：用移液管量取尿液 5mL，加入 20mL 高氯酸溶液（0.1mol/L）超声 20min，混匀。置于 80℃ 水浴中加热 30min。后续操作与肌肉、肝脏、肾脏样品的后续操作相同。

（3）净化　依次用 10mL 乙醇、3mL 水、3mL 磷酸二氢钠缓冲液（0.1mol/L，pH 6.0）、3mL 水冲洗弱阳离子交换柱，取适量萃取液至弱阳离子交换柱上，弃去流出液，分别用 4mL 水和 4mL 乙醇冲洗柱子，弃去流出液，用 6mL 乙醇－浓氨水（98∶2）冲洗柱子，收集流出液。将流出液在 N₂蒸发器上浓缩至干。

（4）衍生化　于净化、吹干的样品残渣中加入 100～500μL 甲醇，加入 50μL 的内标工作液（2.4mg/L），在 N₂蒸发器上浓缩至干，迅速加入 40μL 衍生剂（BSTFA），盖紧塞，在涡旋式混合器上混匀 1min，置于 75℃ 的恒温加热器中衍生 90min。衍生反应完成后取出冷却至室温，在涡旋式混合器上混匀 30s，置于 N₂蒸发器上浓缩至干。加入 200μL 甲苯，在涡旋式混合器上充分混匀，待气 – 质联用仪进样。同时用克伦特罗标准使用液做系列同步衍生。

（5）GC – MS 测定

①测定参数设定：气相色谱柱：DB/5MS 柱（30m × 0.25mm，0.25μm）；载气：He；柱前压：55.15kPa；进样口温度：240℃；进样量：1μL，不分流；柱温程序：70℃保持 1min，以 18℃/min 速度升至 200℃，以 5℃/min 的速度再升至 245℃，再以 25℃/min 升至 280℃并保持 2min；EI 源：电子轰击能 70eV；离子源温度：200℃；接口温度：285℃；溶剂延迟：12min；EI 源检测特征质谱峰：克伦特罗（m/z 86、187、243、262、264、277、333）；美托洛尔（m/z 72、223）。

②测定：1μL 衍生的样品液或标准液注入气质联用仪中，以样品峰（m/z 86、187、243、262、264、277、333）与内标峰（m/z 72、233）的相对保留时间定性，要求样品峰的各选择离子相对强度（与基峰的比例）不超过标准相应选择离子相对强度平均值的 10% 或 3 倍标准偏差。以样品峰（m/z 86）与内标峰（m/z 72）的峰面积比单点或多点校准定量，得到图 5 –2、图 5 –3 克伦特罗与内标美托洛尔的衍生物的质谱图。

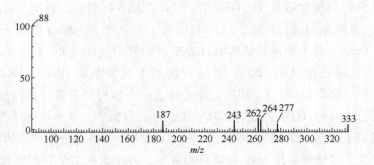

图 5 –2　克伦特罗衍生物的质谱图

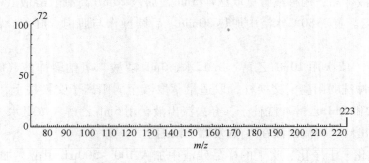

图 5 –3　内标美托洛尔衍生物的质谱图

三、食品中化学污染物的检测

化学污染物是指进入环境后使环境的正常组成和性质发生改变，直接或间接有害于人类与其他生物的物质。化学污染物包括无机普通污染物、无机有毒污染物、有机有毒污染物以及放射性污染物等。其中无机普通污染物包括酸、碱和一些无机盐类，如硫化物和卤化物等；无机有毒污染物包括各种有毒金属及其氧化物；有机有毒污染物包括多环芳烃、有机氯、有机磷农药及多氯联苯等；放射性污染物包括铀、铯、锶等的污染和核电站泄露、核爆炸产生的各种放射性核素污染物。随着矿藏的开采，金属的冶炼，多样化合成材料的生产，能源的大量消耗，大规模的工农业生产，农药、化肥和其他化学品的生产和使用，产生了许多有害物质和生活废弃物，从而造成大气、水体和土壤的污染。在已受到污染的环境中种植的农作物和加工的各种食品，都会受到不同程度污染，从而导致在食物中存在多种不安全因素。因此，对食品中化学污染物进行检测，对于保证食品安全和人体健康意义重大。

测定方法及应用实例——采用稳定性同位素稀释气相色谱－质谱法测定食品中的氯丙醇（3－MCPD）。

采用同位素稀释技术，以 ds－3－MCPD 为内标定量。样品中加入内标溶液，以 Extrelut NT 为吸附剂采用柱色谱分离，用正己烷－乙醚（9∶1）洗脱样品中非极性的脂质组分，用乙醚洗脱样品中的 3－MCPD，用 HFBI 溶液为衍生化试剂。采用 SIM 的质谱扫描模式进行定量分析，内标法定量。该方法适用于测定水解植物蛋白液、调味品、香肠、奶酪、鱼、面粉、淀粉、谷物和面包中 3－MCPD 的含量，定量限为 5μg/kg，线性范围在 0.005～0.600ng（进样绝对量）。

1. 样品前处理

（1）液状样品　称取样品 4.00g，置 100mL 烧杯中，加 ds－3－MCPD 内标溶液（10mg/L）50μL，加饱和氯化钠溶液 6g，超声 15min。

（2）汤料或固体、半固体植物水解蛋白　称取样品 4.00g，置 100mL 烧杯中，加 ds－3－MCPD 内标溶液（10mg/L）50μL，加饱和氯化钠溶液 6g，超声 15min。

（3）香肠或奶酪　称取样品 10.00g，置 100mL 烧杯中，加 ds－3－MCPD 内标溶液（10mg/L）50μL，加饱和氯化钠溶液 30g，混合均匀，3 500r/min 离心 20min，取上清液 10g。

（4）面粉、淀粉或谷物、面包　称取样品 5.00g，置 100mL 烧杯中，加 ds－3－MCPD 内标溶液（10mg/L）50μL，加饱和氯化钠溶液 15g，放置过夜。

2. 萃取

将 10g Extrelut NT 柱填料分为两份，取其中一份加到样品溶液中，混匀；将另一份柱填料装入层析柱中（层析柱下端填以玻璃棉）。将样品与吸附剂的混合物装入层析柱中，上层加 1cm 高度的无水硫酸钠。放置 15min 后，用正己烷 – 乙醚（90：10）80mL 洗脱非极性成分，并弃去。用乙醚 250mL 洗脱 3 – MCPD（流速约为 8mL/min）。在收集的乙醚中加无水硫酸钠 15g，放置 10min 后过滤。滤液于 35℃ 条件下旋转蒸发至约 2mL，定量转移至 5mL 具塞试管中，用乙醚稀释至 4mL。在乙醚中加少量无水硫酸钠，振摇，放置 15min 以上。

3. 衍生化

移取样品溶液 1mL，置 5mL 具塞试管中，并在室温下用氮气蒸发器吹至近干，立即加入 2，2，4 – 三甲基戊烷 1mL。用气密针加入 HFBI 溶液 0.05mL，立即密塞。涡旋混合后，于 70℃ 保温 20min。取出后，放至室温，加饱和氯化钠溶液 3mL，涡旋混合 30s，使两相分离。取有机相加无水硫酸钠约 0.3g 干燥。将溶液转移至自动进样的样品瓶中，供 GC – MS 测定。

4. 空白样品制备

称取饱和氯化钠溶液（5mol/L）10mL，置于 100mL 烧杯中，加 ds – 3 – MCPD 内标溶液（10mg/L）50μL，超声 15min，以下步骤与样品萃取及衍生化方法相同。

5. 标准系列溶液的制备

吸取标准系列溶液各 0.1mL，加 ds – 3 – MCPB 内标溶液（10mg/L）10μL，加 2，2，4 – 三甲基戊烷 0.9mL，用气密针加入 HFBI 溶液 0.05mL，立即密塞。以下步骤与样品的衍生化方法相同。

6. 测定

（1）色谱条件　DB – 5 MS 色谱柱（30m×0.25mm，0.25μm）；进样口：230℃；传输线温度：250℃；程序温度：50℃ 保持 1min，以 2℃/min 速率升至 90℃，再以 40℃/min 的速率升至 250℃，并保持 5min；载气：氦气；柱前压：41.36kPa；不分流进样，进样体积 1μL。

（2）质谱仪条件　EI 源：电子轰击能 70eV；离子源温度：200℃；分析器（电子倍增器）电压：450V；溶剂延迟：10min；质谱采集时间：12~18min；扫描方式：SIM。

（3）测定　采集 3 – MCPD 的特征离子 m/z 253、275、289、291、453 和 ds – 3 – MCPD 的特征离子 m/z 257、294、296 和 m/z 456。选择不同的离子通道，以 m/z 253 作为 3 – MCPD 定量离子，m/z 257 作为 ds – 3 – MCPD 的定量离子，以 m/z 253、275、289、291 和 m/z 453 作为 3 – MCPD 定性鉴别离子，考察各碎片离子与 m/z 453 离子的强度比，要求四个离子（m/z 253、275、289、291）中至少两个离子的强度比不得超过标准溶液的相同离子强度比的 ±2 000。

7. 计算

样品溶液 1μL 进样，3 – MCPD 和 ds – 3 – MCPD 的保留时间约为 16min，记录 3 – MCPD 和 ds – 3 – MCPD 的峰面积。计算 3 – MCPD（m/z 253）和 ds – 3 – MCPD（m/z

257）的峰面积比，以各系列标准溶液的进样量（ng）与对应的 3 – MCPD（m/z 235）和 ds – 3 – MCPD（m/z 257）的峰面积比绘制标准曲线。内标法计算样品中 3 – MCPD 含量的公式如下：

$$X = \frac{Af}{m}$$

式中　X——样品中 3 – MCPD 含量，$\mu g/kg$ 或 $\mu g/L$

　　　A——试样色谱峰与内标色谱峰的峰面积比值对应的 3 – MCPD 质量，ng

　　　f——样品稀释倍数

　　　m——样品的取样量，g 或 mL

计算结果表示到三位有效数位，在重复性条件下获得的两次独立测定结果的绝对差值不得超过算术平均值的 20%。

四、食品中真菌毒素的检测

真菌毒素是某些丝状真菌产生的具有生物毒性的次级代谢产物。真菌毒素已经对食品安全和人类健康构成了严重威胁，因此对真菌毒素的检测也愈发重要。

1. 样品前处理

（1）萃取　影响真菌毒素萃取的因素很多，主要包括萃取溶剂、温度、食品基质及毒素性质等。

①萃取溶剂：从食品和饲料中萃取真菌毒素，溶剂的选择取决于待测毒素种类、毒素性质、毒素在萃取溶剂中的溶解度、萃取溶剂的毒性和价格、非测定成分在萃取溶剂中的分配系数等。一般选用毒性小、极性大、价格低廉的溶剂系统。常用的毒素萃取溶剂包括甲醇、氯仿、丙酮、己烷、乙酸乙酯、乙腈和水中的一种或多种不同配比的混合物。

②温度：温度对毒素的萃取也有影响。适当升高萃取温度可增加玉米及其制品中伏马菌素的回收率。正常情况下用乙腈 – 水（3∶1 或 1∶1）萃取伏马菌素的回收率优于甲醇 – 水（3∶1 或 4∶1），但当温度升至 80℃时，后者对玉米中伏马菌素的萃取效率等同或高于前者。

③食品基质：萃取方法依食品基质不同而异。一般固体食品多选用浸渍、洗脱、索氏回流法等，将样品和萃取液混合后搅拌 30～40min，或快速搅拌 3min；液体食品则多选用液 – 液分配的方法。从动物组织中萃取毒素时，为了降低组织中的蛋白质对实验结果的干扰，同时使与某些蛋白质结合的毒素（如赭曲霉毒素 A）有效释放出来，在萃取溶剂系统中可适当加入一些蛋白水解酶以提高回收率。

④毒素性质：萃取酸性毒素（如赭曲霉毒素 A）时，萃取溶剂系统中的水相应为酸性。促进含氮元素的毒素如麦角毒素萃取时，可用氢氧化铵将麦角碱转化成水不溶性有

机物，继而再用液－液分配方法萃取。近来，对在高温高压条件下以有机溶剂为修饰剂的二氧化碳超临界流体萃取真菌毒素的方法进行了研究，结果表明，方法的回收率很高，与传统方法（甲醇－水，3:1）相比，以乙酸溶液为修饰剂的超临界流体萃取方法的回收率提高了 40 倍。

（2）净化　食品基质中除了待测毒素外，尚含有诸如蛋白质、脂肪、色素等干扰物质，而干扰物质在萃取过程也会进入萃取液中，这些物质的存在干扰待测毒素的测定，因此必须对样品萃取液进行处理。在确保不损失待测毒素的前提下除去干扰杂质的过程称为净化。净化是色谱方法分析食品中真菌毒素必不可少的步骤，常用的净化方法包括液－液分配、加入金属盐类、柱净化、凝胶层析、固相萃取和多功能净化柱等。

2. 测定方法

目前分析真菌毒素的色谱方法包括定性或半定量法如微柱法和薄层色谱法，和精确的定量分析法如高效液相色谱、气相色谱、高效液相色谱－质谱联用、气相色谱－质谱联用、毛细管电泳等。

3. 应用示例

采用 HPLC（配荧光检测器）法分析黄曲霉毒素，该法在 AOAC 法基础上进行改进，是检测总黄曲霉毒素（AFB_1、AFB_2、AFG_1 和 AFG_2）常用的方法。由于采用柱前衍生，不需特殊的衍生装置，因此有 HPLC 仪器的实验室均可进行此实验。

（1）样品处理　取粮食样品 20g，粉碎后，加入 110mL 三氯甲烷－水（10:1），振摇 30min，静置 30min，过滤。将滤液调到 50mL，加入 10g 无水硫酸钠，静置 30min。上弗罗里矽土柱（柱内填充物由上至下的顺序为 5g Na_2SO_4，0.7g 弗罗里矽土，1g Na_2SO_4），然后依次用 30mL 三氯甲烷－正己烷（1:1）、20mL 三氯甲烷－甲醇（9:1）洗脱杂质。用 60mL 丙酮－水（9:1）洗脱 AFs，洗脱后蒸发至干后，溶于 2mL 甲醇中。

（2）衍生化　500μL 样液蒸发浓缩至干，加入 200μL 正己烷和 50μL TFA，涡旋振荡 30s，静置 5min 后，加入 450μL H_2O－CH_3CN（9:1），涡旋振荡 30s，静置 5min，取水相层，进行 HPLC 分析。

（3）测定

①测定参数设定：HPLC 为 Waters HPLC 柱温箱或与其相当者。分析系统（双泵、自动进样器、自动监控系统、柱温箱）或与其相当者。

色谱柱：ODS C18 反相色谱柱（4.6mm×10mm，5μm）；柱温：40℃；流动相：甲醇－乙腈－水（170:170:170）；流速：0.6mL/min。检测器：荧光检测器（λ_{ex} = 360nm，λ_{em} = 440nm）。

②测定：得到 HPLC 法检测大米中天然污染黄曲霉毒素的色谱图。图 5－4 中依次为黄曲霉毒素 G_1、黄曲霉毒素 B_1、黄曲霉毒素 G_2、黄曲霉毒素 B_2。

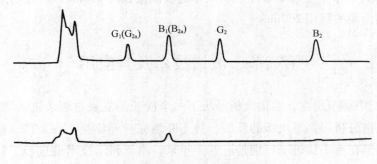

图 5 - 4　黄曲霉毒素的色谱图

五、食品添加剂的检测

食品添加剂是为改善食品品质和色、香、味及防腐和加工工艺的需要而加入食品中的化学合成或天然物质。食品添加剂的使用方法应根据其特性而定，严格遵守相关质量标准，以防因使用不当出现影响或破坏食品营养成分的现象。而对于复合添加剂，其使用应符合其各成分各自的使用要求和规定。但是，目前滥用食品添加剂以及超量和超范围使用食品添加剂的现象非常普遍，对食品安全和人们健康造成极大的威胁。因此，对食品中添加剂的检测则越发重要。

测定方法及应用示例——利用反相 HPLC 同时测定食品中糖精、甜味素、苯甲酸、山梨酸等食品添加剂。

1. 样品前处理

（1）碳酸饮料　超声脱气，水稀释 10～20 倍，经 0.45μm 滤膜过滤后进样。

（2）果奶等饮料　取 5～10mL，加 22% 乙酸锌及 10.6% 亚铁氰化钾各 5mL，水定容 100mL，滤纸过滤，水稀释 10～20 倍。经 0.45μm 滤膜过滤后进样。

（3）蜜饯　切碎捣细，取 3g，加水煮沸，冷却，再按（2）沉淀定容。取 10mL 乙醚萃取、蒸干，定容 50mL，再用水稀释 10～20 倍，经 0.45μm 滤膜过滤后进样。

（4）酱油　取 1mL 加水，加 10% 硫酸铜和 2% NaOH 各 5mL，水定容 50mL，再经 0.45μm 滤膜过滤后进样。

（5）郎氏复合蛋白糖　用水稀释 1 000 倍，经 0.45μm 滤膜过滤后进样。

2. 测定

（1）测定参数设定　色谱柱：Inertil ODS - 3（4.6mm × 250mm，5μm）；流动相：甲醇 - 0.5% KH_2PO_4（40∶60）；流速：1mL/min；柱温：42℃；波长：215nm；进样量：20μL。

（2）测定　以保留时间定性，峰高或面积外标法定量。由于几个化合物的最佳测定波长分别为：糖精 202nm，甜味素 200nm，苯甲酸 200nm 或 226nm，山梨酸 257nm。除山梨酸外，其他 4 种均在 200nm 左右，而甲醇极限波长为 210nm，故选用 215nm 为共同波长，如只测山梨酸可用 257nm。

第三节 波谱技术及其应用

从 19 世纪中期至现在，波谱分析经历了一个漫长的发展过程。进入 20 世纪的计算机时代后，波谱分析得到了飞跃的发展，并不断地完善和创新，在方法、原理、仪器设备以及应用上都在突飞猛进。特别是近五十年来，由于科学技术的进步，特别是计算机科学和电子技术的迅速发展，促进了波谱仪器和实验技术的发展，使波谱技术能够提供更多、更可靠的结构信息。核磁共振谱与紫外光谱、红外光谱和质谱一起被有机化学家们称为"四大名谱"。目前，在食品安全分析中常用的波谱方法有质谱法（在本章的第二节进行了介绍）、紫外－可见分光光度法、红外光谱分析技术、荧光分光光度法、原子吸收光谱分析法以及核磁共振波谱分析技术等。此外，还有荧光光谱、拉曼光谱、旋光光谱、圆二色光谱、顺磁共振谱、X 射线衍射法等。各种波谱法原理不同，其特点和应用侧重点也各不相同。每种波谱法也都有其适用范围和局限性，这是应该注意的问题。各种波谱法之间的数据可以互相补充和验证，但难以用一种方法完全替代另一种方法。在使用时，应根据目的、样品性质、组成及样品的量选择合适的方法，在很多情况下都要综合使用多种波谱法才能达到目的。

一、紫外－可见分光光度法

20 世纪 30 年代，光电效应用于光强度的控制产生了第一台分光光度计，并由于单色器材料的改进，使这种古老的分析方法由可见光区扩展到紫外光区和红外光区。紫外光谱灵敏度和准确度高、应用广泛，对大部分有机物和很多金属、非金属及其化合物都能进行定性、定量分析，且仪器的价格便宜，操作简单、快速，易于普及推广，所以至今它仍是有机化合物结构鉴定的重要工具。近年来，由于采用了先进的分光、检测及计算机技术，使仪器的性能得到极大的提高，加上各种方法的不断创新与改善，使紫外光谱法成为含发色团化合物的结构鉴定、定性和定量分析不可或缺的方法之一。

1. 原理

紫外－可见分光光度法是根据物质分子对波长为 100～800nm 范围的电磁波的吸收特性所建立起来的一种定性、定量和结构分析方法，其操作简单、准确度高、重现性好。紫外－可见分光光度法所测试液的浓度下限达 10^{-6}～10^{-5}mol/L，具有较高的灵敏度，适用于微量组分的测定。紫外－可见分光光度法测定的相对误差为 2%～5%，可满足微量组分测定对准确度的要求。

根据朗伯－比尔定律，吸光度 A 与吸光物质的质量浓度 c 和样品池光程长 b 的乘积成正比。当 c 的单位为 g/L，b 的单位为 cm 时，则 $A = abc$。比例系数 a 称为吸收系数，是吸光物质在单位质量浓度及单位液层厚度时的吸光度，单位为 L/（g·cm）；当 c 的单位为 mol/L，b 的单位为 cm 时，则 $A = \varepsilon bc$，比例系数 ε 称为摩尔吸收系数，单位为 L/（mol·cm），数值上 ε 等于 a 与吸光物质的摩尔质量的乘积。ε 值的物理意义是当吸光物质的浓度为 1mol/L，吸收池厚为 1cm，以一定波长的光通过时，所引起的吸光度 A。ε 值是吸光物质在特定波长和溶剂情况下的特征常数，取决于入射光的波长和吸光物质的吸光特性，也受溶剂和温度的影响。显色反应产物的 ε 值越大，基于该显色反应的光度测定法的灵敏度就越高。当温度和波长等条件一定时，ε 仅与吸收物质本身的性质有关，可作为定性鉴定的参数之一。

2. 仪器组成

主要由光源、单色器、吸收池、检测器、信号显示系统组成。光源为钨灯和氘灯，360nm 转换。单色器的主要组成有入射狭缝、出射狭缝、色散原件和准直镜。吸收池又称比色皿，有玻璃比色皿和石英比色皿两种，分别在可见光和紫外光波长下进行测定。检测器的作用就是将光信号转为电信号，一般为光电倍增管。

二、近红外光谱分析技术

近红外区域是指波长在 780 ~ 2 526nm 范围内的电磁波，是人们最早发现的非可见光区域。由于物质在该谱区的倍频和合频吸收信号弱、谱带重叠、解析复杂、受当时的技术水平限制，近红外光谱"沉睡"了近一个半世纪。直到 20 世纪 50 年代，随着商品化仪器的出现及 Norris 等人所做的大量工作，才使得近红外光谱技术曾经在农副产品分析中得到广泛应用。80 年代后期，随着计算机技术的迅速发展，带动了分析仪器的数字化和化学计量学的发展，通过化学计量学方法在解决光谱信息提取和背景干扰方面取得了良好效果，加之近红外光谱在测样技术上所独有的特点，使人们重新认识了近红外光谱的价值，其在各领域中的应用研究也陆续展开。

1. 原理

现代近红外光谱分析是光谱测量技术、计算机技术、化学计量学技术与基础测试技术的有机结合，是将近红外光谱所反映的样品基团、组成或物态信息与用标准或认可的参比方法测得的组成或性质数据采用化学计量学技术建立校正模型，然后通过对未知样品光谱的测定和建立的校正模型来快速预测其组成或性质的一种分析方法。近红外光谱主要是反映 C—H、O—H、N—H、S—H 等化学键的信息，因此分析范围几乎可覆盖所有的有机化合物和混合物。加之其独有的诸多优点，决定了它应用领域的广阔，其在国民经济发展的许多行业中都能发挥积极作用，并逐渐扮演着不可或缺的角色。

与常规分析技术不同，近红外光谱是一种间接分析技术，必须通过建立校正模型（标定模型）来实现对未知样品的定性或定量分析。具体的分析过程主要包括以下几个步骤：一是选择有代表性的样品并测量其近红外光谱；二是采用标准或认可的参考方法测定所关心的组分或性质数据；三是将测量的光谱和基础数据，用适当的化学计量方法建立校正模型；四是未知样品组分或性质的测定。由近红外光谱分析技术的工作过程可见，现代近红外光谱分析技术包括了近红外光谱仪、化学计量学软件和应用模型三部分。三者的有机结合才能满足快速分析的技术要求，缺一不可。

与传统分析技术相比，近红外光谱分析技术具有诸多优点，它能在几分钟内，仅通过对被测样品完成一次近红外光谱的采集测量，即可完成其多项性能指标的测定（最多可达十余项指标）。光谱测量时不需要对分析样品进行前处理；分析过程中不消耗其他材料或破坏样品；分析重现性好、成本低。对于经常的质量监控是十分经济且快速的，但对于偶然做一两次的分析或分散性样品的分析则不太适用。因为建立近红外光谱方法之前必须投入一定的人力、物力和财力才能得到一个准确的校正模型。

2. 仪器组成

基本上都由五部分组成：光源、单色器（包括产生平行光和把光引向检测器的光学系统）、样品室、接收检测放大系统、显示或记录器。

三、荧光分光光度法

荧光分析方法的发展，与仪器应用的发展分不开。19 世纪以前，荧光的观察是靠肉眼进行，直到 1928 年，才由 Jette 和 West 研制出第一台光电荧光计。近二十年来，在其他学科迅速发展的影响下，激光、微处理机、电子学、光导纤维和纳米材料等方面新技术的引入，大大推动了荧光分析法在理论和应用方面的进展，促进了诸如同步荧光测定、导数荧光测定、时间分辨荧光测定、近红外荧光分析法、荧光反应速率法、三维荧光光谱技术、荧光显微镜与成像技术、空间分辨荧光技术、荧光探针技术、单分子荧光检测技术和荧光光纤化学传感器等荧光分析方面的某些新方法、新技术的发展，并且相应地加速了各式各样新型荧光分析仪器的问世，使荧光分析法不断朝着高效、痕量、微观、实时、原位和自动化的方向发展。

1. 原理

荧光分光光度法又称分子荧光光谱法或分子发光光谱法，是一种利用某一波长的光线照射试样，使试样吸收这一辐射，然后再发射出波长相同或波长较长的光线，分子荧光光谱能客观、准确、全面地反映物质分子的信息，利用这种再发射荧光的特性和强度来对荧光物质进行定性和定量分析的方法。荧光分光光度法的突出优点是灵敏度高，其检测下限比一般分光光度法低 2~4 个数量级，同时其还具有选择性强、样品用量少、信息量丰富、方便、快捷、环保等独特的优点。但因为只有有限数量的化合物才能产生荧光，其应用不如分光光度法广泛。

2. 仪器组成

主要由光源、激发单色器、发射单色器、样品室和检测器组成。光源为高压汞蒸气灯或氙弧灯，后者能发射出强度较大的连续光谱，且在 300～400nm 范围内强度几乎相等，故较常用。于光源和样品室之间的为激发单色器或第一单色器，筛选出特定的激发光谱；置于样品室和检测器之间的为发射单色器或第二单色器，常采用光栅为单色器，筛选出特定的发射光谱。样品室通常由石英池（液体样品用）或固体样品架（粉末或片状样品）组成。测量液体时，光源与检测器成直角安排；测量固体时，光源与检测器成锐角安排。检测器一般用光电管或光电倍增管作检测器，可将光信号放大并转为电信号。

四、原子吸收光谱分析技术

原子吸收光谱作为一种实用的分析方法是从 1955 年开始的。这一年澳大利亚的 Walsh 发表了著名论文《原子吸收光谱在化学分析中的应用》，奠定了原子吸收光谱法的基础。20 世纪 50 年代末和 60 年代初，Hilger、Varian Techtron 及 Perkin-Elmer 公司先后推出了原子吸收光谱商品仪器，发展了 Walsh 的设计思想。到了 60 年代中期，原子吸收光谱开始进入迅速发展时期，电热原子吸收光谱法的绝对灵敏度可达到 $10^{-14}～10^{-12}$g，使原子吸收光谱法向前发展了一步。近年来，塞曼效应和自吸效应扣除背景技术的发展，使在很高的背景下也可顺利地实现原子吸收测定。近年来，使用连续光源和中阶梯光栅，结合使用光导摄像管、二极管阵列多元素分析检测器，设计出了微机控制的原子吸收分光光度计，为解决多元素同时测定开辟了新的前景。联用技术（色谱－原子吸收联用、流动注射－原子吸收联用）日益受到人们的重视。色谱－原子吸收联用，不仅在解决元素的化学形态分析方面，而且在测定有机化合物的复杂混合物方面都有着重要的用途。

1. 原理

原子吸收光谱分析法是基于气态的基态原子外层电子对紫外光和可见光范围的相对应原子共振辐射线的吸收强度来定量被测元素含量的分析方法。当适当波长的光通过原子蒸气时，如果辐射波长相应的能量等于原子由基态跃迁到激发态所需的能量时，则会引起原子对辐射的吸收，基态原子吸收能量，最外层的电子从低能态跃迁到激发态，从而产生原子吸收光谱。可以由辐射特征谱线光被减弱的程度来测定试样中待测元素的含量。原子吸收光谱法是一种元素定量分析方法，可以用于测定 60 多种金属元素和一些非金属元素的含量。

2. 仪器组成

原子吸收光谱仪是由光源、原子化系统、分光系统和检测系统组成。

（1）光源　作为光源要求发射的待测元素的锐线光谱有足够的强度、背景小、稳定。一般采用空心阴极灯或无极放电灯。

（2）原子化系统　可分为预混合型火焰原子化器、石墨炉原子化器、石英炉原子化器、阴极溅射原子化器。

火焰原子化器由喷雾器、预混合室、燃烧器三部分组成，特点是操作简便、重现性好。

石墨炉原子化器是一类将试样放置在石墨管壁、石墨平台、碳棒盛样小孔或石墨坩埚内用电加热至高温实现原子化的系统，其中管式石墨炉是最常用的原子化器。原子化程序分为干燥、灰化、原子化、高温净化。它的原子化效率高，在可调的高温下试样利用率达 100%；灵敏度高，检测限达 $10^{-14} \sim 10^{-6}$ g；试样用量少，适合难熔元素的测定。

石英炉原子化系统是将气态分析物引入石英炉内，在较低温度下实现原子化的一种方法，又称低温原子化法。它主要是与蒸气发生法配合使用（氢化物发生、汞蒸气发生和挥发性化合物发生）。

阴极溅射原子化器是利用辉光放电产生的正离子轰击阴极表面，从固体表面直接将被测定元素转化为原子蒸气。

（3）分光系统（单色器）　由凹面反射镜、狭缝或色散元件组成。色散元件为棱镜或衍射光栅。单色器的性能是指色散率、分辨率和集光本领。

（4）检测系统　检测系统由检测器（光电倍增管）、放大器、对数转换器和电脑组成。

五、核磁共振波谱分析技术

自 1945 年，以 Bloch 和 Purcell 为首的两个研究小组同时独立发现核磁共振现象以来，^{1}H 核磁共振在化学中的应用已有近 70 年了，对核磁共振谱的研究主要集中在 ^{1}H、^{13}C 和 ^{19}F 三类原子核的图谱。通过分析核磁共振技术提供的信息，可以了解特定原子（如 ^{1}H、^{13}C、^{19}F 等）的原子个数、化学环境、邻接基团的种类，甚至连分子骨架及分子的空间构型也可以研究确定。所以，核磁共振技术在化学、生物学、医学和材料科学等领域的应用日趋广泛。特别是近 30 年来，随着超导磁体和脉冲傅里叶变换法的普及，核磁共振的新方法和新技术不断涌现，如二维核磁共振技术、差谱技术、极化转移技术及固体核磁共振技术的发展，使核磁共振的分析方法和技术不断完善，应用范围日趋扩大，样品用量减少，灵敏度大大提高，由只能测溶液试样发展到可以做固体样品。目前，核磁共振技术已经成为现代结构分析中十分重要的手段。核磁共振技术可以提供多种结构信息，不破坏样品，可以做定量分析，但误差较大，不能用于痕量分析。

1. 原理

核磁共振是磁矩不为零的原子核在外磁场作用下自旋能级发生塞曼分裂，共振吸收某一定频率的射频辐射的物理过程。核磁共振主要是由原子核的自旋运动引起的，不同的原子核，自旋运动的情况不同，它们可以用核的自旋量子数来表示。自旋量子数与原子的质量数和原子序数之间存在一定的关系。

核磁共振分析能够提供 3 种结构信息——化学位移、耦合常数和各种核的信号强度。原子核附近化学键和电子云的分布状况称为该原子核的化学环境，由化学环境影响而导致的核磁共振信号频率位置的变化称为该原子核的化学位移。耦合常数指的是临近原子核自旋角动量的相互影响，这种原子核自旋角动量的相互作用会改变原子核自旋在外磁场中运动的能级分布状况，造成能级的裂分，进而造成 NMR 谱图中的信号峰形状发生变化，通过解析这些峰形的变化，可以推测出分子结构中各原子之间的连接关系。信号强度是核磁共振谱的第三个重要信息，处于相同化学环境的原子核在核磁共振谱中会显示为同一个信号峰，通过解析信号峰的强度可以获知这些原子核的数量，从而为分子结构的解析提供重要信息。

2. 仪器组成

目前使用的核磁共振仪有连续波及脉冲傅里叶变换两种形式。连续波核磁共振仪主要由磁铁、射频发射器、检测器和放大器、记录仪等组成。磁铁用来产生磁场，主要有三种：永久磁铁，磁场强度 14 000G，频率 60MHz；电磁铁，磁场强度 23 500G，频率 100MHz；超导磁铁，频率可达 200MHz 以上，最高可达 500～600MHz。频率大的仪器，分辨率好、灵敏度高、图谱简单易于分析。磁铁上备有扫描线圈，用它来保证磁铁产生的磁场均匀，并能在一个较窄的范围内连续精确变化。射频发射器用来产生固定频率的电磁辐射波；检测器和放大器用来检测和放大共振信号；记录仪将共振信号绘制成共振图谱。

六、波谱技术的应用

亚硝酸盐和硝酸盐是食品添加剂，但亚硝酸盐与仲胺反应生成具有致癌作用的亚硝胺，过多地食用对人体产生毒害作用。采用紫外分光光度法可对食品中亚硝酸盐和硝酸盐进行测定，即采用 GB 5009.33—2010《食品中亚硝酸盐与硝酸盐的测定》中的测定方法——盐酸萘乙二胺法（格里斯试剂比色法）。该法亚硝酸盐检出限为 1mg/kg，硝酸盐检出限为 1.4mg/kg。

（一）亚硝酸盐测定

1. 原理

样品经沉淀蛋白质、除去脂肪后，在弱酸条件下亚硝酸盐与对氨基苯磺酸重氮化后，再与 $N-1-$ 萘基乙二胺偶合形成紫红色染料，采用标准曲线法定量。

2. 试剂

①实验用水为蒸馏水，试剂不加说明者，均为分析纯试剂。

②氯化铵缓冲液：1L 容量瓶中加入 500mL 水，准确加入 20.0mL 盐酸，振荡混匀，准确加入 50mL 氯化铵，用水稀释至刻度。必要时用稀盐酸和稀氯化铵调试至

pH 9.6～9.7。

③硫酸锌溶液（0.42mol/L）：称取 120g 硫酸锌（$ZnSO_4 \cdot 7H_2O$），用水溶解，并稀释至 1L。

④氢氧化钠溶液（20g/L）：称取 20g 氢氧化钠用水溶解，稀释至 1L。

⑤对氨基苯磺酸溶液：称取 10g 对氨基苯磺酸，溶于 700mL 水和 300mL 冰乙酸中，置棕色瓶中混匀，室温保存。

⑥N-1-萘基乙二胺溶液（1g/L）：称取 0.1g N-1-萘基乙二胺，加 60% 乙酸溶解并稀释至 100mL，混匀后，置棕色瓶中，在冰箱中保存，1 周内稳定。

⑦显色剂：临用前将 N-1-萘基乙二胺溶液（1g/L）和对氨基苯磺酸溶液等体积混合。

⑧亚硝酸钠标准溶液：准确称取 250.0mg 于硅胶干燥器中干燥 24h 的亚硝酸钠，加水溶解移入 500mL 容量瓶中，加 100mL 氯化铵缓冲液，加水稀释至刻度，混匀，在 4℃ 避光保存。此溶液每毫升相当于 500μg 的亚硝酸钠。临用前，吸取亚硝酸钠标准溶液 1.00mL，置于 100mL 容量瓶中，加水稀释至刻度，此溶液每毫升相当于 5.0μg 亚硝酸钠。

3. 样品处理

称取约 10g（粮食取 5g）经绞碎混匀的样品，置于打碎机中，加 70mL 水和 12mL 氢氧化钠溶液，混匀，用氢氧化钠溶液调样品 pH 8，定量转移至 200mL 容量瓶中，加 10mL 硫酸锌溶液，混匀，如不产生白色沉淀，再补加 2～5mL 氢氧化钠，混匀。置于 60℃ 水浴中加热 10min，取出后冷至室温，加水至刻度，混匀。放置 0.5h，用滤纸过滤，弃去初滤液 20mL，收集滤液备用。

4. 亚硝酸盐标准曲线的制备

吸取 0、0.5、1.0、2.0、3.0、4.0、5.0mL 亚硝酸钠标准使用液（相当于 0、2.5、5、10、15、20、25μg 亚硝酸钠），分别置于 25mL 带塞比色管中，于标准管中分别加入 4.5mL 氯化铵缓冲液，加 2.5mL 60% 乙酸后立即加入 5.0mL 显色剂，加水至刻度，混匀，在暗处静置 25min，用 1cm 比色皿（灵敏度低时可换 2cm 比色皿），以零管调节零点，于波长 550nm 处测吸光度，绘制标准曲线。

低含量样品以制备低含量标准曲线计算，标准系列为：吸取 0、0.4、0.8、1.2、1.6、2.0 mL 亚硝酸钠标准使用液（相当于 0、2、4、6、8、10 μg 亚硝酸钠）。

5. 测定

吸取 10.0mL 上述样品滤液于 25mL 带塞比色管中，其余操作同标准曲线制备，同时做试剂空白。

6. 计算

计算公式：

$$X_1 = \frac{m_2 \times 1000}{m_1 \times \dfrac{V_2}{V_1} \times 1000}$$

式中　X_1——样品中亚硝酸盐的含量，mg/kg

　　　　m_1——样品质量，g

　　　　m_2——测定用样液中亚硝酸盐的质量，μg

　　　　V_1——样品处理液总体积，mL

　　　　V_2——测定用样液体积，mL

结果的表述：报告算术平均值的二位有效数。允许差：相对相差≤10%。

（二）硝酸盐测定

1. 原理

样品经沉淀蛋白质、除去脂肪后，溶液通过镉柱，或加入镉粉，使其中的硝酸根离子还原成亚硝酸根离子。在弱酸性条件下，亚硝酸根与对氨基苯磺酸重氮化后，再与 $N-1-$ 萘基乙二胺偶合形成红色染料，测得亚硝酸盐总量，由总量减去亚硝酸盐含量即得硝酸盐含量。

2. 试剂

①氯化铵缓冲溶液（pH 9.6～9.7）同上。

②硫酸镉溶液（0.14mol/L）：称取37g硫酸镉（$CdSO_4 \cdot 8H_2O$），用水溶解，定容至1L。

③盐酸溶液（0.1mol/L）：吸取8.4mL浓盐酸，用水稀释至1L。

④硝酸钠标准溶液：准确称取500.0mg于110～120℃干燥恒重的硝酸钠，加水溶解，移至500mL容量瓶中，加50mL氯化铵缓冲液，用水稀释至刻度，混匀，在4℃冰箱中避光保存。此溶液每毫升相当于1mg硝酸钠。

⑤硝酸钠标准使用液：临用时吸取硝酸钠标准溶液1.0mL，置于100mL容量瓶中，加水稀释至刻度，混匀，临用时现配。此溶液每毫升相当于10μg硝酸钠。

⑥海绵状镉粉的制备：于500mL硫酸镉溶液中，投入足够的锌棒，经3～4h，当其中的镉全部被锌置换后，用玻璃棒轻轻刮下，取出残余锌棒，使镉沉底，倾去上层清液，以水用倾斜法多次洗涤，然后移入粉碎机中，加500mL水，捣碎约2s，用水将金属细粒洗至标准筛上，取20～40目的部分，置试剂瓶中，用水封盖保存，备用。

镉柱还原效率的测定：取25mL酸式滴定管数支，向柱底压入1cm高的玻璃棉作垫，上置一小漏斗，将新配制的镉粉带水加入柱内，边装边轻轻敲击柱，排除柱内空气，加镉粉至8～10cm高，上面用1cm高的玻璃棉覆盖，上置一贮液漏斗。当镉柱填装好后，先用25 mL盐酸洗涤，再以水洗两次，每次25mL，调节柱流速至3～5mL/min。镉柱不用时用水封盖，随时都要保持水平面在镉层之上，不得使镉层夹有气泡。镉柱每次使用完毕后，应先以25mL盐酸洗涤，再以水洗两次，每次25mL，最后用水覆盖镉柱。柱先加 25mL 氯化铵缓冲液，至液面接近海绵镉时，吸取 2.0mL 硝酸钠标准使用液，经柱还原，控制流速 3~5mL/min，用 50mL 容量瓶接收。加入 5mL 氯化铵缓冲溶液，液面接近海绵镉时，加入 15mL 水洗柱，还原液和洗液一并流入 50mL 容量瓶中。加 5mL 60% 乙酸，10mL 显色剂，加水稀释至刻度，混匀，暗处放置 25min。用 1cm 比色杯，以标准零管调节零点，于波长 550nm 处测吸光度，根据亚硝酸盐标准曲线计算还原效率（如镉柱还原率小于 95%，应经盐酸浸泡活化处理）。

镉粉还原效率的测定：镉粉使用前，经盐酸浸泡活化处理，再以水洗两次，用水浸没待用。用牛角勺将镉粉加入 25mL 带塞刻度试管中，至 5mL 刻度，用少量水封住。吸取 2.0mL 硝酸钠标准使用液，加入 5mL 氯化铵缓冲液。盖上试管塞，振摇 2min，静止 5min，用颈部塞有少量脱脂棉的小漏斗过滤，滤液定量收集于 50mL 容量瓶中，用 15mL 水少量多次地洗涤镉粉，洗液与滤液合并。加 5mL 60% 乙酸后，立即加 10mL 显色剂，加水稀释至刻度，混匀，暗处置 25min。用 1cm 比色杯，以标准零管调节零点，于 550nm 波长处测吸光度，根据亚硝酸盐标准曲线计算还原效率。

计算公式：

$$X_2 = \frac{m_3 \times 1.232}{20} \times 100$$

式中　X_2——还原效率，%

　　　20——硝酸盐的质量，μg

　　　m_3——20μg 硝酸盐还原后测得亚硝酸盐的质量，μg

　1.232——亚硝酸盐换算成硝酸盐的系数

3. 样品处理

样品处理同上。

4. 测定（用镉柱法或镉粉法还原硝酸盐为亚硝酸盐）

甲法（镉柱法）：经活化的镉柱先加 25mL 氯化铵缓冲液，至液面接近海绵镉时，准确吸取样品滤液 10.0mL，加入镉柱还原。

乙法（镉粉法）：准确吸取样品滤液 10.0mL，置于盛有高度 5cm 镉粉的 25mL 带塞刻度试管中。

注：蔬菜、腌菜类食品中硝酸盐含量较高，可根据样品中硝酸盐的实际含量，将样品溶液稀释至适当浓度。

5. 计算

计算公式：

$$X_3 = \frac{(m_5 - m_6) \times 1.232 \times 1000}{m_4 \times \frac{V_4}{V_3} \times 1000}$$

式中：X_3——样品中硝酸盐的含量，mg/kg

　　　m_4——样品的质量，g

　　　m_5——经镉粉还原后测得亚硝酸钠的质量，μg

　　　m_6——直接测得亚硝酸盐的质量，μg

　　1.232——亚硝酸钠换算成硝酸钠的系数

　　　V_3——样品处理液总体积，mL

　　　V_4——测定用样液体积，mL

　　结果的表述：报告算术平均值的两位有效数。允许差：相对相差≤10%。

小　结

　　本章着重介绍与食品安全有关的色谱技术知识。首先论述了色谱技术在食品安全检测中的地位、原理及发展等。其后论述了液相－气相色谱技术检测食品中农药、兽药、化学污染物、真菌毒素以及食品添加剂的分析方法。为了兼顾科学性与实用性，各部分均列举了各类目标化合物测定方法的典型示例。同时，简要介绍了其他色谱技术在食品安全检测中的应用。此外，对常见波谱技术的原理及在食品安全分析中的应用作了简单的介绍。

思考题

1. 简述气相、液相色谱技术的原理。

2. 简述气相－质谱技术、液相－质谱技术的原理。

3. 简述食品中农药残留的检测技术。

4. 简述食品中兽药残留的检测技术。

5. 简述食品中化学污染物的检测技术。

6. 简述食品中真菌毒素的检测技术。

7. 简述食品添加剂的检测技术。

8. 简述食品中亚硝酸盐和硝酸盐的检测技术。

第六章 免疫学技术在食品安全中的应用

免疫学检测技术是食品检验技术中的一个重要组成部分，特别是三大标记免疫技术——荧光免疫技术、酶免疫技术、放射免疫技术在食品检测中得到了广泛的应用。利用免疫学检测技术可以检测病毒、细菌、真菌及其毒素、寄生虫等，还可以用于激素、药物残留、抗生素等的检测，其检测方法简便、快捷、灵敏度高、特异性强。本章主要介绍酶免疫技术、荧光免疫技术、放射免疫技术等在食品检验中的应用。

第一节 酶免疫技术及其应用

近年来标记免疫技术飞速发展，应用不同标记物，根据不同原理、不同技术建立起来的检测方法层出不穷。本节先叙述各种标记免疫技术的要点，然后介绍酶免疫技术的分类，这样可以对酶免疫技术和其他非酶的标记免疫技术的各种类型有一个总的了解。

一、标记免疫技术

免疫技术是利用抗原抗体反应进行的检测方法，即应用制备好的特异性抗原或抗体作为试剂，以检测标本中的相应抗体或抗原。它的特点是具有高度的特异性和敏感性。如将抗原或抗体用可以微量检测的标记物（例如放射性核素、荧光素、酶等）进行标记，则在与标本中的相应抗体或抗原反应后，可以不必测定抗原抗体复合物本身，而测定复合物中的标记物，通过标记物的放大作用，进一步提高了免疫技术的敏感性。这种标记免疫技术一般分为两类，一类用于组织切片或其他标本中抗原或抗体的定位，另一类用于液体标本中抗原或抗体的测定。前者属于免疫组化技术（immuno histochemical technique，IHT）范畴，后者则称为免疫测定（immuno assay）。

首先被用作标记免疫技术中的标记物是荧光素。1941 年 Coons 建立的荧光抗体技术（fluorescent antibody technique，FAT）使组织和细胞中抗原物质的定位成为可能。放射性核素作为标记物在免疫技术中的应用又开创了特异性的超微量测定。1956 年 Yalow 和 Berson 建立的放射免疫测定（radio immuno assay，RIA）很快普遍应用于体液中激素、微量蛋白及药物的测定。酶用作免疫技术标记物是从抗原定位开始的。1966 年 Nakene 和 Pierce 利用酶使底物显色的作用而得到与荧光抗体技术相似的结果。70 年代初，酶标抗体技术开始应用于免疫测定，其后得到迅速发展。

二、酶免疫技术

酶免疫分析法（enzyme immuno assay，EIA）是继荧光免疫技术和放射免疫分析技术之后建立的一种非放射免疫标记技术，也是当前应用最广泛的免疫检测方法。该法将抗原抗体反应的特异性与酶对底物的高效催化作用结合起来，酶作用底物后显色，根据颜色变化判断试验结果，可经酶标测定仪做定量分析，灵敏度可达纳克水平。常用于标记的酶有辣根过氧化物酶和碱性磷酸酶，它们与抗体结合不影响抗体活性。这些酶具有一定的稳定性，制成酶标抗体可保存较长时间。目前常用的方法有酶标免疫组化法和酶联免疫吸附法。前者测定细胞表面抗原或组织内的抗原；后者主要测定可溶性抗原或抗体。本法既没有放射性污染又不需昂贵的测试仪器，所以较放射免疫分析法更易于推广。

三、酶免疫技术的分类

酶免疫测定根据抗原抗体反应后是否需要分离结合的与游离的酶标记物而分为均相（homogenous）和异相（heterogenous）两种类型，实际上所有的标记免疫测定均可分成这两类。如以标记抗体检测标本中的抗原为例，按照简单的形式在试剂抗体过量的情况下进行，其反应式如下：

$$2Ab^* + Ag \rightarrow Ab^*Ag + Ab^*$$

Ab^*Ag 代表结合的标记物，Ab^* 为游离的标记物。如在抗原反应后，先把 Ab^*Ag 与 Ab^* 分离，然后测定 Ab^*Ag 或 Ab^* 中的标记物的量，从而推算出标本中的抗原量，这种方法称为异相法。如在抗原抗体反应后 Ab^*Ag 中的标记物*失去其特性，例如酶失去其活力，荧光物质不显荧光，则不需要进行 Ab^*Ag 与 Ab^* 的分离，可以直接测定游离的 Ab^* 量，从而推算出标本中的 Ag 含量，这种方法称为均相法。

在异相法中，抗原和抗体如在液体中反应，分离游离和结合的标记物的方法有许多种。与放射免疫测定相类似的液相异相酶免疫测定，在某些激素等定量测定中也有应用。但常用的酶免疫测定法为固相酶免疫测定，其特点是将抗原或抗体制成固相制剂，这样在与标本中抗体或抗原反应后，只需经过固相的洗涤，就可以达到抗原抗体复合物与其他物质的分离，大大简化了操作步骤。这种被称为 ELISA 的检测技术成为目前临床检验中应用较广的免疫测定方法。

1. 均相酶免疫测定

均相酶免疫测定是将半抗原或小分子抗原，如药物、激素、毒品、兴奋剂等，与酶结合制成酶标记物，酶与抗原（半抗原）结合后仍保留酶和抗原（半抗原）的活性。测定时将待测样品、酶标记物、特异性抗体和底物溶液加在一起，待抗原－抗体和酶底物反应平衡后，即可直接测定结果，无需分离步骤，整个检测过程都在均匀的液相内进行。依据实验原理可分为竞争结合法和非竞争结合法两种类型。

（1）酶扩大免疫测定技术 酶扩大免疫测定技术（enzyme multiplied immunoassay technique，EMIT）是最早取得实际应用的均相酶免疫测定方法，是由美国 Syva 公司研究成功并定名的。此法主要检测小分子抗原或半抗原，在药物测定中取得较多应用。

EMIT 的基本原理是半抗原与酶结合成酶标半抗原，保留半抗原和酶的活性。当酶标半抗原与抗体结合后，所标的酶与抗体密切接触，使酶的活性中心受影响而活性被抑制。EMIT 试剂盒中的主要试剂为：①抗体；②酶标半抗原；③酶的底物。检测对象为标本中的半抗原。当试剂①、②与标本混合后，标本中的半抗原与酶标的半抗原竞争性地与试剂中的抗体相结合。如标本中的半抗原量少，与抗体结合的酶标半抗原的比例增高，游离的具有酶活力的酶标半抗原的量就减少。因此在反应后酶活力大小与标本中的半抗原呈一定的比例，从酶活力的测定结果就可推算出标本中半抗原的量。

若将毒品（如吗啡及其衍生物）与溶菌酶结合成酶标记物，测定时将待测样品、酶标记物与抗体一起混合，让前两者与其相应抗体竞争结合后，加酶底物（藤黄微球菌），测定反应体系酶的活性。若酶标抗原与抗体结合，抗体与标记的酶紧密接触，使酶的活性中心受到影响，而其酶活性受抑制；若待测样品中抗原与抗体结合，酶的活性得以发挥，酶的活性与待测样品中抗原的量成正比，测定酶活性以标准曲线推算出待测抗原的量。

（2）克隆酶供体免疫测定 利用重组 DNA 技术制备 β – 半糖苷酶的两个片段：大片段称为酶受体（enzyme acceptor，EA），小片段称为酶供体（enzyme donor，ED）。两个片段本身均不具酶活性，但在合适的条件下结合在一起就具有酶活性。利用这两相片段的特性建立的均相酶免疫测定称为克隆酶供体免疫测定（cloned enzyme donor immune assay，CEDIA）。CEDIA 的反应模式为竞争法，测定原理为：标本中的抗原和 ED 标记的抗原与特异性抗体竞争结合，形成两种抗原抗体复合物。ED 标记的抗原与抗体结合后由于空间位阻，不再能与 EA 结合。反应平衡后，剩余的 ED 标记抗原与 EA 结合，形成具有活性的酶（图 6 – 1）。加入底物测定酶活力，酶活力的大小与标本中抗原含量成正比。CEDIA 主要用于药物和小分子物质的测定。

2. 异相酶免疫测定

异相酶免疫测定根据是否使用固相支持物作为抗体（抗原）的载体，又可分为液相和固相酶免疫测定两种类型。固相酶免疫测定技术中，分离结合标记物和游离标记物最常用的方法是固相吸附法。固相吸附酶免疫测定是将抗原（抗体）吸附在固相载体表面上，使免疫反应在固相载体上进行，然后借助与固相抗原抗体复合物或固相抗体（抗原）特异结合的酶标记物催化底物的显色反应，测定标本中抗原（抗体）的含量，其特点是只需经过固相的洗涤，就可达到抗原抗体复合物与其他物质的分离。固相吸附分离方法也称酶联免疫吸附实验（enzyme linked immunosorbent assay，ELISA），是目前最常

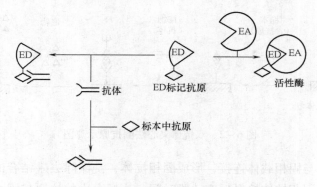

图 6 - 1 CEDIA 原理示意图

用的酶标免疫技术。

四、酶联免疫技术测定

自从 Engvall 和 Perlman（1971 年）首次报道建立 ELISA 以来，由于其具有快速、敏感、简便、易于标准化等优点，得到迅速的发展和广泛应用。尽管早期的 ELISA 由于特异性不够高而妨碍了其在实际中应用的步伐，但随着方法的不断改进、材料的不断更新，尤其是采用基因工程方法制备包被抗原，采用针对某一抗原表位的单克隆抗体进行阻断 ELISA 试验，都大大提高了 ELISA 的特异性，加之电脑化程度极高的 ELISA 检测仪的使用，使 ELISA 更为简便实用和标准化，从而使其成为最广泛应用的检测方法之一。

（一）基本原理

ELISA 方法的基本原理是酶分子与抗体或抗抗体分子共价结合，此种结合不会改变抗体的免疫学特性，也不影响酶的生物学活性。此种酶标记抗体可与吸附在固相载体上的抗原或抗体发生特异性结合。滴加底物溶液后，底物可在酶作用下使其所含的供氢体由无色的还原型变成有色的氧化型，出现颜色反应。因此，可通过底物的颜色反应来判定有无相应的免疫反应，颜色反应的深浅与标本中相应抗体或抗原的量呈正比。此种显色反应可通过 ELISA 检测仪进行定量测定，这样就将酶化学反应的敏感性和抗原抗体反应的特异性结合起来，使 ELISA 方法成为一种既特异又敏感的检测方法。

（二）ELISA 的种类及操作程序

ELISA 可用于测定抗原，也可用于测定抗体。在这种测定方法中有 3 种必要的试剂：①固相的抗原或抗体；②酶标记的抗原或抗体；③酶作用的底物。根据试剂的来源和标本的性状以及检测的具体条件，可设计出各种不同类型的检测方法。

1. 双抗体夹心法

双抗体夹心法（图 6 - 2）是检测抗原最常用的方法，操作步骤如下：

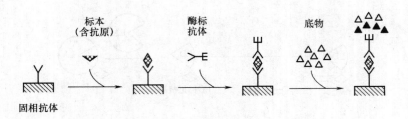

图 6-2 双抗体夹心法测抗原示意图

将特异性抗体与固相载体连接，形成固相抗体，洗涤除去未结合的抗体及杂质。加受检标本，使之与固相抗体接触反应一段时间，让标本中的抗原与固相载体上的抗体结合，形成固相免疫复合物。洗涤除去其他未结合的物质。加酶标抗体，使固相免疫复合物上的抗原与酶标抗体结合。彻底洗涤未结合的酶标抗体。此时固相载体上带有的酶量与标本中受检物质的量正相关。加底物，夹心式复合物中的酶催化底物成为有色产物。根据颜色反应的程度进行该抗原的定性或定量。

根据同样原理，利用大分子抗原分别制备固相抗原和酶标抗原结合物，即可用双抗原夹心法测定标本中的抗体。

2. 双位点一步法

在双抗体夹心法测定抗原时，如应用针对抗原分子上两个不同抗原决定簇的单克隆抗体分别作为固相抗体和酶标抗体，则在测定时可使标本的加入和酶标抗体的加入两步并作一步（图 6-3）。这种双位点一步法不但简化了操作、缩短了反应时间，测定的敏感性和特异性也显著提高。单克隆抗体的应用使测定抗原的 ELISA 提高到新水平。

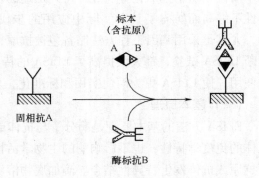

图 6-3 双位点一步法示意图

在一步法测定中，应注意钩状效应（hook effect），类同于沉淀反应中抗原过剩的后带现象。当标本中待测抗原浓度相当高时，过量抗原分别和固相抗体及酶标抗体结合，而不再形成夹心复合物，所得结果将低于实际含量。钩状效应严重时甚至可出现假阴性结果。

3. 间接法测抗体

间接法（图 6-4）是检测抗体最常用的方法，其原理为利用酶标记的抗抗体检测已与固相结合的受检抗体，故称为间接法。操作步骤如下：将特异性抗原与固相载体连接，形成固相抗原，洗涤除去未结合的抗原及杂质。加稀释的受检血清，其中的特异抗体与抗原结合，形成固相抗原抗体复合物。经洗涤后，固相载体上只留下特异性抗体。加酶标抗抗体，与固相复合物中的抗体结合，从而使该抗体间接地标记上酶。洗涤后，固相载体上的酶量就代表特异性抗体的量。加底物显色，颜色深度代表标本中受检抗体的量。

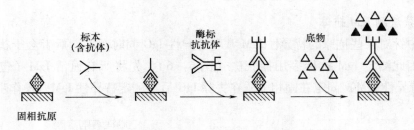

图 6 - 4　间接法测抗体示意图

本法只要更换不同的固相抗原，可以用一种酶标抗抗体检测各种与抗原相应的抗体。

4. 竞争法

竞争法（图 6 - 5）可用于测定抗原，也可用于测定抗体。以测定抗原为例，受检抗原和酶标抗原竞争与固相抗体结合，因此结合于固相的酶标抗原量与受检抗原的量呈反比。操作步骤如下：将特异抗体与固相载体连接，形成固相抗体。洗涤。待测管中加受检标本和一定量酶标抗原的混合溶液，使之与固相抗体反应。如受检标本中无抗原，则酶标抗原能顺利地与固相抗体结合。如受检标本中含有抗原，则与酶标抗原以同样的机

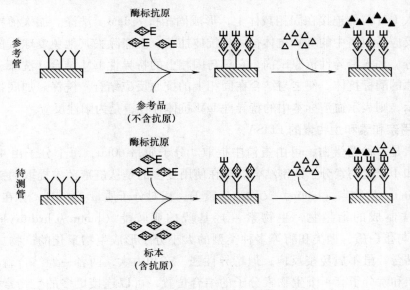

图 6 - 5　竞争法测抗原示意图

会与固相抗体结合，竞争酶标抗原与固相载体结合的机会，使酶标抗原与固相载体的结合量减少。参考管中只加酶标抗原，保温后，酶标抗原与固相抗体的结合可达最充分的量。洗涤。加底物显色。参考管中由于结合的酶标抗原最多，故颜色最深。参考管颜色深度与待测管颜色深度之差，代表受检标本抗原的量。待测管颜色越淡，表示标本中抗原含量越多。

5. 捕获法测 IgM 抗体

血清中针对某些抗原的特异性 IgM 常和特异性 IgG 同时存在，后者会干扰 IgM 抗体的测定。因此测定 IgM 抗体多用捕获法（图 6 - 6），先将所有血清 IgM（包括特异性 IgM 和非特异性 IgM）固定在固相上，在去除 IgG 后再测定特异性 IgM。操作步骤如下：

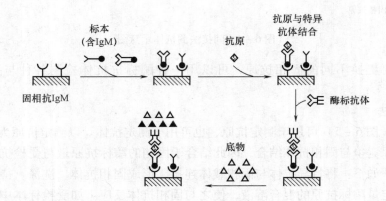

图 6 - 6　捕获法测 IgM 抗体示意图

将抗人 IgM 抗体连接在固相载体上，形成固相抗人 IgM。洗涤。加入稀释的血清标本，保温反应后血清中的 IgM 抗体被固相抗体捕获。洗涤除去其他免疫球蛋白和血清中的杂质成分。加入特异性抗原试剂，它只与固相上的特异性 IgM 结合。洗涤。加入针对特异性抗原的酶标抗体，使之与结合在固相上的抗原反应结合。洗涤。加底物显色。如有颜色显示，则表示血清标本中的特异性 IgM 抗体存在，是为阳性反应。

6. 应用亲和素和生物素的 ELISA

亲和素是一种糖蛋白，可由蛋清中提取。分子质量 60ku，每个分子由 4 个亚基组成，可以和 4 个生物素分子亲密结合。现在使用更多的是从链霉菌中提取的链霉亲和素（streptavidin）。生物素（biotin）又称维生素 H，相对分子质量 244.31，存在于蛋黄中。用化学方法制成的衍生物，生物素 - 羟基琥珀亚胺酯（biotin - hydroxysuccinimide，BNHS）可与蛋白质、糖类和酶等多种类型的大小分子形成生物素化的产物。亲和素与生物素的结合，虽不属免疫反应，但特异性强、亲和力大，两者一经结合就极为稳定。由于 1 个亲和素分子有 4 个生物素分子的结合位置，可以连接更多的生物素化的分子，形成一种类似晶格的复合体。因此把亲和素和生物素与 ELISA 偶联起来，就可大大提高

ELISA 的敏感度。

亲和素－生物素系统在 ELISA 中的应用有多种形式，可用于间接包被，也可用于终反应放大。可以在固相上先预包被亲和素，原位吸附法包被固相的抗体或抗原与生物素结合，通过亲和素－生物素反应而使生物素化的抗体或抗原固相化。这种包被法不仅可增加吸附的抗体或抗原量，而且使其结合点充分暴露。另外，在常规 ELISA 中的酶标抗体也可用生物素化的抗体替代，然后连接亲和素－酶结合物，以放大反应信号。桥联法 ABC－ELISA（avidinbiotincomplex－ELISA）夹心法测抗原的过程见图 6－7。

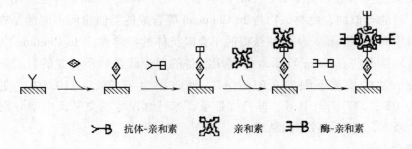

> ─B　抗体-亲和素　　　亲和素　　　B─亲和素　　酶-亲和素

图 6－7　桥联法 ABC－ELISA 夹心法测抗原示意图

五、酶免疫技术在食品检测中的应用

ELISA 由于方法灵敏度高、特异性强、操作方便、快速，可以检测食品中的毒素、微生物和残留农药等，在食品检测中得到广泛的应用。

1. 农药残留的检测

目前，ELISA 技术已广泛用于有机磷类、有机氯类、除虫菊酯类等农药残留的检测。

在对溴氰菊酯的间接竞争酶联免疫吸附分析（ic－ELISA）测定中，合成了半抗原 1－羧基－（3′－苯氧基苯基）甲基－3－（2′，2′－二溴乙烯基）－2，2－二甲基环丙基羧酸酯（Med）和 N－2－（羧基丙基）氨基甲酰基－（3′－苯氧基苯基）甲基－3－（2′，2′－二溴乙烯基）－2，2－二甲基环丙基羧酸酯（Di），分别采用碳二亚胺法和混合酸酐法将半抗原与牛血清清蛋白（BSA）和卵清蛋白（OVA）偶联制备了免疫原 Di－BSA 和包被原 Di－OVA、Med－OVA。将制得的溴氰菊酯免疫原免疫动物获得多克隆抗体，经间接非竞争 ELISA 法测得其效价为 2.5×10^5。通过对甲醇含量、离子强度、pH 等影响因素进行异源分析条件的优化，确立了溴氰菊酯间接竞争酶联免疫分析方法的最佳检测条件（30% 甲醇、氯化钠 0.4mol/L、pH 7.5），并建立了标准竞争曲线。该方法的 IC_{50} 值为（0.55±0.05）mg/L，检测限（IC_{10}）为（3.76±0.35）μg/L，对大多数拟除虫菊酯无交叉反应。分别在自来水、河水和土壤样品中添加 0.05～5.0mg/L（或 mg/kg）的溴氰菊酯，回收率分别为 89.7%～106.8%、82.4%～101.7%、75.6%～97.8%。

2. 食品添加剂的检测

韩丹等利用单克隆抗体建立和针对苏丹红Ⅰ号酶联免疫检测方法测得检出限为 0.12μg/L，IC$_{50}$ 值为 0.74μg/L。苏丹红Ⅰ号在番茄酱和辣椒面中的回收率分别为 106% 和 110%。样品仅需甲醇萃取，再用缓冲液稀释就可以直接进行 ELISA 测定。

Ju Chunmei 等利用 2 - 萘酚和氨基苯甲酸人工合成苏丹红Ⅰ号的类似物并连接蛋白作为免疫原免疫小鼠，制备出抗苏丹红Ⅰ号的单克隆抗体，并在此基础上建立回收率为 84% ~ 99%，变异系数为 14.9% ~ 33% 的检测方法，与苏丹红Ⅱ号、苏丹红Ⅲ号、苏丹红Ⅳ号的交叉反应率分别为 1.8%、91.3%、3.7%。Wang Yuzhen 等也是用人工方法合成苏丹红Ⅰ号的类似物，此类似物与 Ju Chunmei 等合成的类似物所不同的是在类似物与蛋白连接时中间加了碳桥，从而使获得的单克隆抗体的特异性比 Ju Chunmei 等获得的单克隆抗体特异性高些。Wang Yuzhen 等利用制备的单克隆抗体所建立的针对苏丹红的酶联免疫检测方法的检测下限为 0.07ng/mL，回收率为 88.2% ~ 110.5%，变异系数为 2.4% ~ 17.4%，与苏丹红Ⅱ号、苏丹红Ⅲ号、苏丹红Ⅳ号的交叉反应率分别为 9.5%、33.9%、0.95%，获得了较好的结果。

3. 毒素的检测

目前，利用合成单克隆抗体的方式，几乎所有重要真菌毒素的 ELISA 检测方法均已建立。另外该方法也正在被广泛地应用于各种藻类和贝类毒素的检测。不过目前国内研究最多的是黄曲霉毒素。王彩云等分别采用黄曲霉毒素 M$_1$ 测定试剂盒（德国必发）货号 R1101 和黄曲霉毒素 B$_1$ 测定试剂盒（德国必发）货号 R1211 测定了奶粉中的黄曲霉毒素 M$_1$ 和食品配料中的黄曲霉毒素 B$_1$。柳洁等对粮油中的黄曲霉毒素 B$_1$ 用了 AFLA 酶联免疫筛查试剂盒（美国 International Diagnostic Systems 公司）进行测定，并与高效液相色谱法（HPLC）进行比较，结果差距甚微。

4. 致病微生物的检测

目前利用 ELISA 检测食品中的有害细菌数量有许多种途径，其中通过制备单克隆抗体分析食品中细菌的酶联免疫测定技术研究最多，检测结果准确可靠。

采用双抗夹心 ELISA 方法能够准确快速地检测食品中是否有产肠毒素性葡萄球菌污染，并可作为葡萄球菌食物中毒的诊断方法。将能够产生葡萄球菌肠毒素的标准菌株在特定的产毒培养基中培养，然后收集、纯化毒素。将毒素免疫动物制备特异性抗体。建立双抗夹心法检测待测标本中是否含有肠毒素：先将制备好的抗体吸附于固相载体，经过洗涤和封闭，加入待测样品，温育、洗涤后加入酶标抗体，再加底物显色测 OD，如果 OD 值符合结果判定标准，则说明待检标本可能被葡萄球菌肠毒素污染或污染有能够产生肠毒素的葡萄球菌。

也可以用双抗夹心法有效检测出待检标本中的志贺菌。首先，培养志贺菌、收集菌体。将菌体加热灭活后制成菌悬液，皮下注射于新西兰大耳白兔，分离血清，经过纯化获得志贺菌的特异性抗体。将此抗体吸附于固相载体，经过洗涤和封闭，加入待测样品，温育、洗涤后加入酶标抗体，再加底物显色测 OD 值，如果 OD 值符合结果判定标准，则说明待检标本可能被志贺菌污染。

5. 肉类品种的检测

ELISA 在肉类食品品质检测中的应用主要包括加热终温判定分析和掺异种肉的检测两个方面。利用蛋白质制备抗体，可以指示蛋白质在加热过程中变化，在商业上作为快速判定分析肉品终温方法的一种。对掺入异种肉的检测，则利用单克隆抗体的酶联免疫测定法。目前在商业上，酶联免疫测定已可以检测十多种动物肉。

6. 转基因成分检测

ELISA 可以检测某些特定的转基因表达蛋白，以分析食品是否来自转基因生物或含有转基因成分。美国食品与药物管理局（FDA）已研究出用双夹心 ELISA 法检测食品中是否含有转基因玉米成分。Stratejic Dignostics 公司已开发利用 ELISA 原理的试剂盒用于检测转基因大豆。Envirologix ELISA 试剂盒可用于测定玉米中的 Cry9C 蛋白。Lipp 等使用 ELISA 法，通过抗体特异性地与 CP4 - EPSPS（5 - 烯醇丙酮酰莽草酸 - 3 - 磷酸合酶，来源于农杆菌 CP4）蛋白结合，检测抗草甘膦大豆（roundup ready soybean，RRS）。

第二节　荧光免疫技术及其应用

荧光免疫技术是标记免疫技术中发展最早的一种。很早以来就有一些学者试图将抗体分子与一些示踪物质结合，利用抗原抗体反应进行组织或细胞内抗原物质的定位。Coons 等于 1941 年首次采用荧光素进行标记而获得成功。这种以荧光物质标记抗体而进行抗原定位的技术称为荧光抗体技术（fluorescent antibody technique，FAT）。由于一般荧光测定中的本底较高等问题，荧光免疫技术用于定量测定有一定困难。近年来发展了几种特殊的荧光免疫测定技术，与酶免疫测定和放射免疫分析一样，得到了广泛的应用。

一、荧光抗体技术

（一）荧光抗体的制备
1. 抗体的荧光素标记

用于标记的抗体，要求高特异性和高亲和力。所用抗血清中不应含有针对标本中正常组织的抗体。一般需经纯化提取 IgG 后再作标记。作为标记的荧光素应符合以下要求：①应具有能与蛋白质分子形成共价键的化学基团，与蛋白质结合后不易解离，而未结合的色素及其降解产物易于清除。②荧光效率高，与蛋白质结合后，仍能保持较高的荧光效率。③荧光色泽与背景组织的色泽对比鲜明。④与蛋白质结合后不影响蛋白质原有的生化与免疫性质。⑤标记方法简单、安全无毒。⑥与蛋白质的结合物稳定，易于保存。

常用的标记蛋白质的方法有搅拌法和透析法两种。

以异硫氰酸荧光素（FITC）标记为例，搅拌标记法为：先将待标记的蛋白质溶液用 0.5mol/L pH 9.0 的碳酸盐缓冲液平衡，随后在磁力搅拌下逐滴加入 FITC 溶液，在室温持续搅拌 4~6h 后，离心，上清即为标记物。此法适用于标记体积较大、蛋白含量较高的抗体溶液。优点是标记时间短，荧光素用量少。但本法的影响因素多，若操作不当会引起较强的非特异性荧光染色。

透析法适用于标记样品量少、蛋白含量低的抗体溶液。此法标记比较均匀，非特异染色也较低。方法为：先将待标记的蛋白质溶液装入透析袋中，置于含 FITC 的 0.01mol/L pH 9.4 碳酸盐缓冲液中反应过夜，以后再用 PBS 透析法去除游离色素。低速离心，取上清。

标记完成后，还应对标记抗体进一步纯化以去除未结合的游离荧光素和过多结合荧光素的抗体。纯化方法可采用透析法或层析分离法。

2. 荧光抗体的鉴定

荧光抗体在使用前应加以鉴定。鉴定指标包括效价及荧光素与蛋白质的结合比率。抗体效价可以用琼脂双扩散法进行测定，效价大于 1:16 者较为理想。荧光素与蛋白质结合比率（F/P）的测定和计算的基本方法：将制备的荧光抗体稀释至 $A_{280nm} \approx 1.0$，分别测读 A_{280nm}（蛋白质特异吸收峰）和标记荧光素的特异吸收峰，按公式计算。

$$（FITC）\quad F/P = \frac{2.87 \times A_{495nm}}{A_{280nm} - 0.35 \times A_{495nm}}$$

F/P 值越高，说明抗体分子上结合的荧光素越多，反之则越少。一般用于固定标本的荧光抗体以 $F/P = 1.5$ 为宜，用于活细胞染色的以 $F/P = 2.4$ 为宜。

抗体工作浓度的确定方法类似 ELISA 间接法中酶标抗体的测定。将荧光抗体自（1:4）~（1:256）倍比稀释，对切片标本作荧光抗体染色。以能清晰显示特异荧光、且非特异染色弱的最高稀释度为荧光抗体工作浓度。

荧光抗体的保存应注意防止抗体失活和防止荧光猝灭。最好小量分装，-20℃ 冻存，这样可放置 3~4 年。在 4℃ 中一般也可存放 1~2 年。

（二）免疫荧光显微技术

免疫荧光显微技术的基本原理是：使荧光抗体与标本切片中组织或细胞表面的抗原进行反应，洗涤除去游离的荧光抗体后，于荧光显微镜下观察，在黑暗背景上可见明亮的特异荧光。

1. 标本的制作

荧光显微技术主要靠观察切片标本上荧光抗体的染色结果作为抗原的鉴定和定位。因此标本制作的好坏直接影响到检测的结果。在制作标本过程中应力求保持抗原的完整性，并在染色、洗涤和封埋过程中不发生溶解和变性，也不扩散至临近细胞或组织间隙中去。标本切片要求尽量薄，以利抗原抗体接触和镜检。标本中干扰抗原抗体反应的物质要充分洗去，有传染性的标本要注意安全。

常见的临床标本主要有组织、细胞和细菌三大类。按不同标本可制作涂片、印片或切片。组织材料可制备成石蜡切片或冷冻切片。石蜡切片因操作烦琐、结果不稳定、非特异反应强等已较少应用。组织标本也可制成印片，方法是用洗净的玻片轻压组织切面，使玻片黏上 1～2 层组织细胞。细胞或细菌可制成涂片，涂片应薄而均匀。涂片或印片制成后应迅速吹干、封装，置于 －10℃ 保存或立即使用。

2. 荧光抗体染色

向已固定的标本上滴加经适当稀释的荧光抗体。置湿盒内，在一定温度下温育一定时间，一般可用 25～37℃，30min，不耐热抗原的检测则以 4℃ 过夜为宜。用 PBS 充分洗涤，干燥。

3. 荧光显微镜检查

经荧光抗体染色的标本，需要在荧光显微镜下观察。最好在染色当天即作镜检，以防荧光消退，影响结果。

荧光显微镜检查应在通风良好的暗室内进行。首先要选择好光源或滤光片。滤光片的正确选择是获得良好荧光观察效果的重要条件。在光源前面的一组激发滤光片，其作用是提供合适的激发光。激发滤光片有两种：MG 为紫外光滤片，只允许波长 275～400nm 的紫外光通过，最大透光度在 365nm；BG 为蓝紫外光滤片，只允许波长 325～500nm 的蓝外光通过，最大透光度为 410nm。靠近目镜的一组阻挡滤光片（又称吸收滤光片或抑制滤光片）的作用是滤除激发光，只允许荧光通过。透光范围为 410～650nm，代号有 OG（橙黄色）和 GG（淡绿黄色）两种。观察 FITC 标记物可选用激发滤光片 BG12，配以吸收滤光片 OG4 或 GG9。观察 RB200 标记物时，可选用 BG12 与 OG5 配合。

4. 实验的类型

（1）直接法　用特异荧光抗体直接滴加于标本上，使之与抗原发生特异性结合（图 6 – 8）。本法操作简便，特异性高，非特异荧光染色因素少；缺点是敏感度偏低，每检查一种抗原需制备相应的特异荧光抗体。

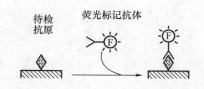

图 6 – 8　直接免疫荧光法原理示意图

（2）间接法　间接法可用于检测抗原和抗体，原理见图 6 – 9。本法有两种抗体相继作用，第一抗体为针对抗原的特异抗体，第二抗体（荧光抗体）为针对第一抗体的抗抗体。本法灵敏度高，而且在不同抗原的检测中只需应用一种荧光抗体。

①夹心法：此法是先用已知特异性抗原与细胞或组织内待测抗体反应，再用此抗原的特异性荧光抗体与结合在细胞内抗体上的抗原相结合，抗原夹在细胞抗体与荧光抗体

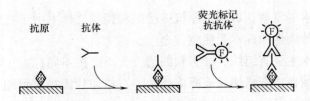

图 6-9   间接免疫荧光法原理示意图

之间，故称夹心法。

②检查抗体法：用已知抗原细胞或组织标本的切片，加上待检血清，如果其中含有切片中某种抗原的抗体，抗体便沉淀结合在抗原上，再加上荧光标记的抗球蛋白抗体或抗 IgG、IgM 与结合在抗原上的抗体反应，在荧光显微镜下可见抗原抗体反应部位呈现明亮的特异性荧光。此法是检验血清中自身抗体和多种病原体抗体的重要手段。

③检查抗原法：此法是直接法的重要改进，先用特异性抗体与组织或细胞切片标本反应，随后用缓冲盐水洗去未与抗原结合的抗体，再用间接荧光抗体与结合在抗原上的抗体结合，形成抗原抗体荧光抗体的复合物。由于结合在抗原抗体复合物上的荧光抗体显著多于直接法，从而提高了敏感性。此法除灵敏性高外，它只需要制备一种种属间接荧光抗体，可以适用于多种抗体的标记显示。这是现在最广泛应用的技术。

（3）补体结合法   本法是间接法的第一步，抗原抗体反应时加入补体（多用豚鼠补体），再用荧光标记的抗补体抗体进行示踪（图 6-10）。本法敏感度高，且只需一种抗体。但易出现非特异性染色，加之补体不稳定，每次需采新鲜豚鼠血清，操作复杂，因此较少应用。

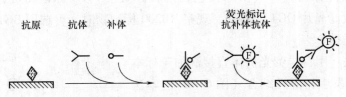

图 6-10   补体结合免疫荧光法原理示意图

①直接检查组织内免疫复合物法：用抗补体 C3 等荧光抗体直接作用组织切片，与其中结合在抗原抗体复合物上的补体反应，而形成抗原抗体补体复合物-抗补体荧光抗体复合物，在荧光显微镜下呈现阳性荧光的部位就是免疫复合物的存在处，此法常用于肾穿刺组织活检诊断等。

②间接检查组织内抗原法：常将新鲜补体与抗体混合同时加在抗原标本切片上，经37℃孵育后，如发生抗原抗体补体反应，补体就结合在此复合物上，再用抗补体荧光抗体与结合的补体反应，形成抗原抗体补体复合物-抗补体荧光抗体复合物，此法优点是只需一种荧光抗体，可适用于各种不同种属来源的抗体的标记显示。

（4）标记法　本法用 FITC 及罗丹明分别标记不同的抗体，而对同一标本作荧光染色。在有两种相应抗原存在时，可同时见到橙红和黄绿两种荧光色泽。

在同一细胞组织标本上需要同时检查两种抗原时，要进行双重荧光染色，一般均采用直接法，将两种荧光抗体（如抗 A 和抗 B）以适当比例混合，加在标本上孵育后，按直接法洗去未结合的荧光抗体，抗 A 抗体用 FITC 标记，发黄绿色荧光；抗 B 抗体用 TMRITC 或 RB200 标记，发红色荧光，可以明确显示两种抗原的定位。

二、荧光免疫测定

荧光免疫测定（fluorescence immune assay，FIA）是 20 世纪 70 年代以来在荧光抗体染色技术基础上发展起来的多种定量方法，用于体液标本中抗原或抗体的检测。荧光免疫测定同酶免疫测定一样，根据抗原抗体反应后是否需要分离结合的与游离的荧光标记物而分为均相和非均相两种类型。时间分辨荧光免疫测定法（TR – FIA）属于非均相荧光免疫测定法；荧光偏振免疫测定属于均相荧光免疫测定法。

（一）时间分辨荧光免疫测定

以常用荧光素作为标记物的荧光免疫测定往往受血清成分、试管、仪器组件等的本底荧光干扰，以及激发光源的杂色光的影响，使灵敏度受到很大限制。时间分辨荧光免疫测定（time resolved fluorescence immuno assay，TR – FIA）是针对这一缺点加以改进的一种新型检测技术。其基本原理是以镧系元素铕（Eu）螯合物作荧光标记物，利用这类荧光物质有长荧光寿命的特点，延长荧光测量时间，待短寿命的自然本底荧光完全衰退后再行测定，所得信号完全为长寿命镧系螯合物的荧光，从而有效地消除非特异性本底荧光的干扰。TR – FIA 的测定原理见图 6 – 11。以双抗体夹心法为例的测定反应程序见图 6 – 12。其中增强液的作用是使荧光信号增强。因为免疫反应完成后，生成的抗原抗体铕标记物复合物在弱碱性溶液中，经激发后所产生的荧光信号甚弱。而在增强液中可

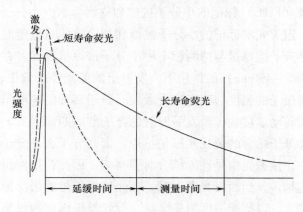

图 6 – 11　TR – FIA 测定原理示意图

至 pH 2~3，铕离子很容易解离出来，并与增强液中的 β - 二酮体生成带有强烈荧光的新的铕螯合物，大大有利于荧光测量。

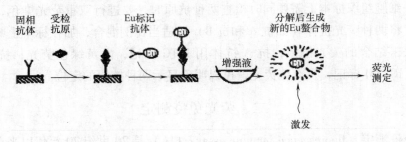

图 6 - 12　双抗体夹心法 TR - FIA 反应程序示意图

所用检测仪器为时间分辨荧光计，与一般的荧光分光光度计不同，采用脉冲光源（每秒闪烁 1 000 次的氙灯），照射样品后即短暂熄灭，以电子设备控制延缓时间，待非特异本底荧光衰退后，再测定样品发出的长镧系荧光。检测灵敏度可达 0.2 ~ 1ng/mL。

TR - FIA 在灵敏度、特异性和稳定性等方面都可与放射免疫测定法（RIA）相媲美，且其线性范围宽（跨越 4 ~ 5 个数量级）、分析速度快，远远超过 RIA、常规免疫荧光技术、酶免疫测定技术。此外，标记物制备较简单、有效期长、无放射性污染、应用范围广，并且测定自动化程度高，因而成为很有推广价值的超微量物质免疫分析技术。

TR - FIA 目前已有仪器和相应配套试剂盒供应，主要用于测定蛋白质、酶、肽类激素、甲状腺激素、类固醇激素、药物、肿瘤标记物及病毒抗原等。

（二）荧光偏振免疫测定

荧光偏振免疫测定技术（fluorescence polarization immune assay，FPIA）是一种利用物质分子在溶液中旋转速度与分子大小呈反比的特点对荧光抗体进行检测的技术，是一种均相竞争荧光免疫分析法。

异硫氰酸荧光素（FITC）标记的小分子抗原和待测标本中小分子抗原与相应抗体发生竞争性结合反应，当荧光素标记的小分子抗原和相应抗体量恒定时，反应平衡时结合状态的荧光素标记小分子抗原量与待测标本中小分子抗原呈反比。在激发光为单一平面偏振光蓝光（波长 485 ~ 490nm）的作用下，发射出的荧光经过偏振仪形成 525 ~ 550nm 的偏振荧光，这一偏振光的强度与荧光素受激发时分子转动的速度呈反比，游离的荧光素标记抗原分子小、转动速度快，激发后发射的光子散向四面八方，通向偏振仪的光信号很弱；而与抗体大分子结合的荧光素标记抗原，因其分子大、分子的转动慢，激发后产生的荧光比较集中，偏振光信号比未结合时强得多。因此，待测抗原越少，荧光标记抗原与抗体结合量就越多，当激发光照射时，荧光偏振信号越强。根据荧光偏振程度与抗原浓度呈反比的关系，以抗原浓度为横坐标，荧光偏振强度为纵坐标，绘制竞争结合抑制标准曲线。通过测定的偏振光强度大小，从标准曲线上就可精确地换算出样品中待测抗原的相应含量。

与其他免疫学分析方法相比，FPIA 具有下述优点：①均相测定简便，易于快速、自动化进行；②荧光标记试剂稳定、有效期长，并使测定的标准化结果可靠；③可用空白校正除去标本内源性荧光干扰，获得准确结果。

FPIA 常用于小分子物质（特别是药物浓度）的测定。目前已有数十种药物、激素和常规生化项目可以用 FPIA 进行分析，包括：①临床治疗性药物浓度测定：环孢素、卡马西平、苯妥英钠、丙戊酸、地高辛、氨茶碱、苯巴比妥等。②毒品的检测：鸦片浓度测定等。③其他：酒精等。FPIA 通常不适合大分子物质的测定，与非均相荧光免疫分析方法相比，其灵敏度稍低一些。为提高 FPIA 灵敏度，可将相对大量标本进行预处理以去除干扰成分。如测定血清地高辛之前，血清蛋白先进行沉淀处理可使检测限达到 0.2ng/mL。

三、荧光免疫技术在食品检验中的应用

1. 食品中生物毒素的检测

Lei 等用一种类似于间接竞争 ELISA 的 TR-FIA 技术对微囊藻毒素进行检测。检测范围为 0.01ng/mL 到 110ng/mL，灵敏度是 ELISA 的 20 倍，大大优于 ELISA 方法，并且有很高的重现性和准确性。黄飚等也利用 TR-FIA 技术建立快速、高灵敏度的赭曲霉毒素 A（OTA）全自动检测方法。研究表明，OTA-TR-FIA 是目前报道的 OTA 检测中最灵敏的方法，该分析方法稳定性好，可测范围宽，具有很好的应用前景。

2. 食品中致病微生物的检测

Yu 等运用 TR-FIA 技术测定苹果汁中大肠杆菌 *Escherichia coli* O157∶H7 的数量，应用一种类似夹心 ELISA 的方法，以免疫磁珠为固相载体，用 Eu 标记抗体，最终通过 Eu 激发的荧光用 TR-FIA 分析检测仪检测荧光强度，*Escherichia coli* O157∶H7 含量与荧光强度成一定线性关系。其最低检测量达到 101CFU/mL，并且当大量的 *Escherichia coli* K-12 共存时，也不会影响 *Escherichia coli* O157∶H7 的检测灵敏度，证明用 TR-FIA 技术特异性高，能够针对不同菌种进行检测，而不互相干扰；检测时间短，直接检测时间只要 2h。

有报道首次将微菌落技术同免疫荧光技术相结合，建立了微菌落免疫荧光技术（M-CIF）。M-CIF 法敏感性和重复性好，用已知沙门菌浓度做最低检出限实验，常规法检出限为 10 个/mL，而该法为 5 个/mL；阳性对照和阴性对照重复 10 次，阳性菌落均荧光明亮，颜色稳定，阴性菌落均荧光很弱。用 M-CIF 法对不同菌落进行特异性的荧光染色鉴别细菌，仅需 5~6h，在食品有害微生物检测方面有着非常大的应用前景。

3. 食品中有害金属物质的检测

于水等利用激光-时间分辨荧光建立了 Al、Zn、Mg、Cd 的测定方法。Dang 等利用

激光－时间分辨荧光分析仪对微量物质进行检测，该方法干扰小，灵敏度高，可用于食品和环境中有害金属物质、功能因子以及有害物质的微量检测。

第三节　放射免疫技术及其应用

放射免疫技术是把放射性同位素测定的敏感性和抗原抗体反应的特异性结合起来，在体外定量测定多种具有免疫活性物质的一项技术。放射免疫技术是目前血清学和免疫学中最敏感的一种技术。它能检测到纳克水平，甚至是皮克水平，具有专一性强、灵敏度和精确度均高等许多优点。

根据放射性元素标记抗原还是标记抗体，可以把放射免疫技术分成两大类，一类是标记抗原，去检测未知抗原，此为经典的测定方法，称为放射免疫测定法（radio immuno assay，RIA）；另一类是标记抗体，去检测相应抗体或抗原，这类标记抗体的方法称为免疫放射测定法（immuno radio metric assay，IRMA）。

目前放射免疫技术已发展到研究细胞的受体分子，称为放射受体分析技术（radio receptor assay，RRA），是采用放射性同位素标记配基去检测相应的受体分子。这是目前对受体分子进行定量和定位检测最为敏感而可靠的一项技术。另外放射免疫技术在药物的设计、作用机理、生物效应以及疾病的病因探讨诊断和治疗方面均显示出广泛的应用前景。

一、放射免疫测定法

经典放射免疫测定法（radio immuno assay，RIA）是由 Yalow 和 Berson 于 1960 年创建的标记免疫分析技术。由于标记物放射性核素的检查灵敏性，本法的灵敏度高达纳克甚至皮克水平。测定的准确性良好，纳克量物质的回收率接近 100%。本法特别适用于微量蛋白质、激素和多肽的精确测定，是定量分析方面的一次重大突破。

1. 基本原理

RIA 的基本原理是标记抗原 Ag^* 和非标记抗原 Ag 对特异性抗体 Ab 的竞争结合反应。它的反应式为：

$$Ag + Ab \rightleftharpoons Ag - Ab + Ag$$
$$+$$
$$^*Ag$$
$$\Updownarrow$$
$$^*Ag + {}^*Ag - Ab$$

在这一反应系统中，作为试剂的标记抗原和抗体的量是固定的。抗体的量一般取用能结合 40% ~ 50% 的标记抗原，而受检标本中的非标记抗原是变化的。根据标本中抗原的不同，得到不同的反应结果。

假设受检标本中不含抗原时的反应为：

$$4Ag^* + 2Ab \Longrightarrow 2Ag^* - Ab + 2Ag^*$$

在标本中存在抗原时的反应为：

$$4Ag^* + 4Ag + 2Ab \Longrightarrow Ag^* - Ab + 3Ag^* + Ag - Ab + 3Ag$$

当标记抗原、非标记抗原和特异性抗体三者同时存在于一个反应系统时，由于标记抗原和非标记抗原对特异性抗体具有相同的结合力，因此两者相互竞争结合特异性抗体。由于标记抗原与特异性抗体的量是固定的，故标记抗原抗体复合物形成的量就随着非标记抗原的量而改变。非标记抗原量增加，相应地结合较多的抗体，从而抑制标记抗原对抗体的结合，使标记抗原抗体复合物相应减少，游离的标记抗原相应增加，即抗原抗体复合物中的放射性强度与受检标本中抗原的浓度呈反比（图 6 – 13）。若将抗原抗体复合物与游离标记抗原分开，分别测定其放射性强度，就可算出结合态的标记抗原（B）与游离态的标记抗原（F）的比值（B/F），或算出其结合率 $[B/(B+F)]$，这与标本中的抗原量呈函数关系。用一系列不同剂量的标准抗原进行反应，计算相应的 B/F，可以绘制出一条剂量反应曲线（图 6 – 14）。受检标本在同样条件下进行测定，计算 B/F值，即可在剂量反应曲线上查出标本中抗原的含量。

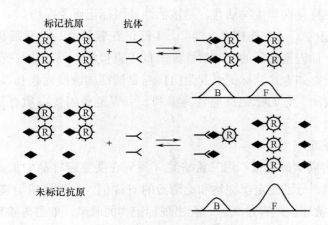

图 6 – 13　RIA 反应原理示意图

2. 标记物

标记用的核素有放射 γ 射线和 β 射线两大类。前者主要为 ^{131}I、^{125}I、^{57}Cr 和 ^{60}Co；后者有 ^{14}C、^3H 和 ^{32}P。放射性核素的选择首先考虑比活性。例如 ^{125}I 比活性的理论值是 64.38 × $10^4 GBq/g$（$1.74 \times 10^4 Ci/g$），有较长半衰期的 ^{14}C 最大比活性是 166.5GBq/g（4.5Ci/g）。

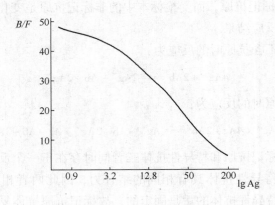

图 6-14   计量反应曲线

两者相比，1mol ^{125}I 或 ^{14}C 结合到抗原上，^{125}I 的敏感度约比 ^{14}C 大 3 900 倍。又因为 ^{125}I 有合适的半衰期，低能量的 γ 射线易于标记，因而 ^{125}I 是目前常用的 RIA 标记物。

3. 标记方法

标记 ^{125}I 的方法可分两大类，即直接标记法和间接标记法。

（1）直接标记法   将 ^{125}I 直接结合于蛋白质侧链残基的酪氨酸上。此法优点是操作简单，为 ^{125}I 和蛋白质的单一步骤的结合反应，它能使较多的 ^{125}I 结合在蛋白质上，故标记物具有高比度放射性。但此法只能用于标记含酪氨酸的化合物。此外，含酪氨酸的残基如具有蛋白质的特异性和生物活性，则该活性易因标记而受损伤。

（2）间接标记法   又称连接法，是以 ^{125}I 标记在载体上，纯化后再与蛋白质结合。由于操作较复杂，标记蛋白质的比放射性显著低于直接法。但此法可标记缺乏酪氨酸的肽类及某些蛋白质。如直接法标记引起蛋白质酪氨酸结构改变而损伤其免疫及生物活性时，也可采用间接法。它的标记反应较为温和，可以避免因蛋白质直接加入 ^{125}I 液引起的生物活性的丧失。

4. 标记物的鉴定

（1）放射性游离碘的含量   用三氯醋酸（预先在受鉴定样品中加入牛血清清蛋白）将所有蛋白质沉淀，分别测定沉淀物和上清液的 cpm 值。一般要求游离碘在总放射性碘的 5% 以下。标记抗原在贮存过久后，会出现标记物的脱碘，如游离碘超过 5% 则应重新纯化去除这部分游离碘。

（2）免疫活性   标记时总有部分抗原活性损失，但应尽量避免。检查方法是用少量的标记抗原加过量的抗体，反应后分离 B 和 F，分别测定放射性，算出 BT（%）。此值应在 80% 以上，该值越大，表示抗原损伤越少。

（3）放射性比度   标记抗原必须有足够的放射性比度。比度或比放射性是指单位重量抗原的放射强度。标记抗原的比放射性用 mCi/mg（或 mCi/mmol）表示。比度越高，测定越敏感。标记抗原的比度计算是根据放射性碘的利用率（或标记率）计算。

$$^{125}\text{I 标记率（利用率）} / \% = \frac{\text{标记抗原的总放射性}}{\text{投入的总放射性}} \times 100$$

如：5μg HGH 用 2mCi Na ^{125}I 进行标记，标记率为 40%，则：

$$\text{比放射性} = \frac{2000\mu\text{Ci} \times 40\%}{5\mu\text{g}} = 160\mu\text{Ci}/\mu\text{g}$$

5. 抗血清的检定

含有特异性抗体的抗血清是放射免疫分析的主要试剂，常以抗原免疫小动物诱发产生多克隆抗体而得。抗血清的质量直接影响分析的灵敏度和特异性。抗血清质量的指标主要有亲和常数、交叉反应率和滴度。

（1）亲和常数（affinity constant）　常用 K 值表示，它反映抗体与相应抗原的结合能力。K 值的单位为 mol/L，即表示 1mol 抗体稀释至若干升溶液中时，与相应的抗原结合率达到 50%。抗血清 K 值越大，放射免疫分析的灵敏度、精密和准确度越佳。抗血清的 K 值达到 $10^9 \sim 10^{12}$ mol/L 才适合用于放射免疫分析。

（2）交叉反应　放射免疫分析测定的物质有些具有极为类似的结构，例如甲状腺素的 T3、T4，雌激素中的雌二醇、雌三醇等。针对一种抗原的抗血清往往对于其类似物会发生交叉反应。因此交叉反应率反映抗血清的特异性，交叉反应率过大将影响分析方法的准确性。交叉反应率的测定方法为，用与抗血清相应抗原及其类似物用同法进行测定，观察置换零标准管 50% 时的量。以 T3 抗血清为例，置换零标准 50% T3 为 1ng，其类似物 T4 则需 200ng，则其交叉反应率为：1/200 = 0.5%。

（3）滴度　是指将血清稀释时能与抗原发生反应的最高稀释度。它反映抗血清中有效抗体的浓度。在放射免疫分析中滴度为在无受检抗原存在时，结合 50% 标记抗原时抗血清的稀释度。

二、免疫放射测定法

免疫放射测定法（immuno radio metric assay，IRMA）是在放射免疫测定法（RIA）的基础上发展起来的核素标记免疫测定。与经典 RIA 不同，IRMA 是以过量的标记抗体与待测抗原进行竞争性免疫结合反应，并用固相免疫吸附剂作为 B 或 F 的分离手段。其灵敏度和可测范围均优于 RIA，操作程序较 RIA 简单。IRMA 于 1968 年由 Miles 和 Hales 改进为双位免疫结合，在免疫检验中取得了广泛应用。

1. 基本原理

IRMA 属固相免疫标记测定，其原理与 ELISA 极为相似。不同点主要为标记物为核素及最后检测的为放射量。单位点 IRMA 的反应模式如图 6 - 15 所示，抗原与过量的标记抗体在液相反应后加入免疫吸附剂（免疫吸附剂即为结合在纤维素粉或其他颗粒载体上的抗原)。游离的标记抗体与免疫吸附剂结合被离心除去,然后测定上清液的放射量。

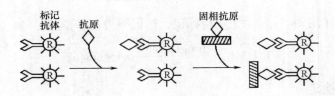

图 6 – 15　单位点 IRMA 原理示意图

双位点 IRMA 的反应模式(图 6 – 16)与双抗体夹心 ELISA 的模式相同。受检抗原与固相抗体结合后,洗涤,加核素标记的抗体,反应后洗涤除去游离的标记抗体,测量固相上的放射量。不论是单位点还是双位点 IRMA,最后测得的放射性均与受检抗原的量呈正比。

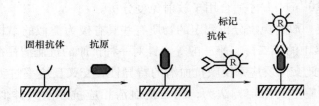

图 6 – 16　双位点 IRMA 原理示意图

2. IRMA 与 RIA 的比较

IRMA 与 RIA 同属放射性核素标记免疫测定技术,在方法学上各具典型性。因此从某种意义上,二者的比较代表了标记免疫分析中竞争和非竞争结合方法特点的比较。

(1)标记物　在 RIA 中核素标记抗原,抗原有不同种类,根据其化学结构,标记时需用不同的核素和不同的方法。在 IRMA 中核素标记抗体,抗体为大分子蛋白,有利于碘化标记,不同抗体标记方法基本相同,标记抗体的比活度高,提高了分析的灵敏度。

(2)反应速率　反应速率与反应物的浓度呈正比。在 IRMA 中标记抗体是过量的,且抗原抗体结合为非竞争性,故反应速度较 RIA 快。在 RIA 中抗体是微量的,所以一定要用高亲和力的多克隆抗体,而在 IRMA 中应用亲和力较低的单克隆抗体也能得到满意的结果。

(3)反应模式　RIA 为竞争抑制性结合,反应参数与受检抗原量呈反比。IRMA 为非竞争结合,剂量反应曲线为正相关的直线关系。

(4)特异性　在单双位点 IRMA 中,一般均应用针对不同位点的单克隆抗体,其交叉反应率低于应用多克隆抗体的 RIA。

（5）标准曲线的工作浓度 通常 RIA 的工作范围为 2～3 个数量级，而 IRMA 可达 3 个数量级以上。

（6）分析误差 RIA 中加入的抗体和标记抗原都是定量的，加样误差可严重影响测定结果。IRMA 中标记抗体和固相抗体在反应中都是过量的，只有受检标本的加样误差才会影响分析结果。因此，IRMA 的批内和批间变异均比较小。

（7）其他 RIA 可以测定大分子质量与小分子质量的物质，双位点 IRMA 只能测定在分子上具有 2 个以上抗原表位的物质。在 RIA 中应用的为多克隆抗体，亲和力和特异性要求较高，但用量很少。IRMA 中标记抗体和固相抗体用量较多，一般均用来源丰富、特异性较高的单克隆抗体。

三、放射免疫测定法的种类

放射免疫测定法可分为两大类，即液相放射免疫测定和固相放射免疫测定，液相放射免疫测定需要加入分离剂，将标记抗原抗体复合物 B 和游离标记抗原 F 分离，而固相放射免疫测定测试程序简单，通常无需离心操作。

固相放射免疫测定是将抗体吸附在固相载体上，分竞争性和非竞争性。竞争性又分为单层竞争法、多层竞争法，非竞争性又分为单层非竞争法和多层非竞争法。

1. 单层竞争法

预先将抗体连接在载体上，加入标记抗原（$^*Ag$）和待检抗原（Ag）时，二者竞争与固相载体结合。若固相载体和 $^*Ag$ 的量不变，则加入 Ag 的量越多，B/F 值或 $B\%$ 越小。根据这种函数关系，则可做出标准曲线。

2. 双层竞争法

先将抗原与载体结合，然后加入抗体与抗原结合，载体上的放射量与待测浓度成反比。此法比较繁杂，有时重复性差。

3. 单层非竞争法

先将待测物与固相载体结合，然后加入过量相对应的标记物，经反应后，洗去游离标记物测放射量，即可算出待测物浓度。本法可用于抗原、抗体，方法简单，但干扰因素较多。

4. 双层非竞争法

预先制备固相抗体，加入待测抗原形成固相抗体抗原复合物，然后加入过量的标记抗体，与上述复合物形成抗体抗原标记抗体复合物，洗去游离抗体，测放射性，便可测算出待测物的浓度。与 ELISA 的双抗体夹心法相似。

四、放射免疫测定方法

1. 液相放射免疫测定方法

（1）抗原抗体反应 将抗原（标准品和受检标本）、标记抗原和抗血清按顺序定量加入小试管中，在一定的温度下，反应一定时间，使竞争抑制反应达到平衡。不同质量的抗体和不同含量的抗原对温育的温度和时间有不同的要求。如受检标本抗原含量较高、抗血清的亲和常数较大，可选择较高的温度（15~37℃）进行较短时间的温育，反之应在低温（4℃）做较长时间的温育，形成的抗原抗体复合物较为牢固。

（2）B、F 分离技术　在 RIA 反应中，标记抗原和特异性抗体的含量极微，形成的标记抗原抗体复合物（B）不能自行沉淀，因此需用一种合适的沉淀剂使它彻底沉淀，以完成与游离标记抗原（F）的分离。另外对小分子质量的抗原也可采取吸附法使 B 与 F 分离。

①第二抗体沉淀法：这是 RIA 中最常用的一种沉淀方法。将产生特异性抗体（第一抗体）的动物的 IgG 免疫另一种动物，制得羊抗兔 IgG 血清（第二抗体）。由于在本反应系统中采用第一、第二两种抗体，故称为双抗体法。在抗原与特异性抗体反应后加入第二抗体，形成由抗原－第一抗体－第二抗体组成的双抗体复合物，但因第一抗体浓度甚低，其复合物也极少，无法进行离心分离，为此在分离时加入一定量的与第一抗体同种动物的血清或 IgG，使之与第二抗体形成可见的沉淀物，与上述抗原的双抗体复合物形成共沉淀。经离心即可使含有结合态抗原（B）的沉淀物沉淀，与上清液中的游离标记抗原（F）分离。

②聚乙二醇（PEG）沉淀法：最近各种 RIA 反应系统逐渐采用了 PEG 溶液代替第二抗体做沉淀剂。PEG 沉淀剂的主要优点是制备方便、沉淀完全。缺点是非特异性结合率比用第二抗体高，且温度高于 30℃时沉淀物容易复溶。

③PR 试剂法：PR 试剂法是一种将双抗体与 PEG 相结合的方法。此法保持了两者的优点，节省了两者的用量，而且分离快速、简便。

④活性炭吸附法：小分子游离抗原和半抗原被活性炭吸附，大分子复合物留在溶液中。如在活性炭表面涂上一层葡聚糖，使其表面具有一定孔径的网眼，效果更好。在抗原与特异性抗体反应后，加入葡聚糖－活性炭，放置 5~10min，使游离抗原吸附在活性炭颗粒上，离心使颗粒沉淀，上清液中含有结合的标记抗原。此法适用于测定类固醇激素、强心糖苷和各种药物，因为它们是相对非极性的，又比抗原抗体复合物小，易被活性炭吸附。

（3）放射性强度的测定　B、F 分离后，即可进行放射性强度测定。测量仪器有两类，液体闪烁计数仪（β 射线，如 ^{3}H、^{32}P、^{14}C 等）和晶体闪烁计数仪（γ 射线，如 ^{125}I、^{131}I、^{57}Cr 等）。

计数单位是探测器输出的电脉冲数，单位为 cpm（计数/min），也可用 cps（计数/s）表示。如果知道这个测量系统的效率，还可算出放射源的强度，即 dpm（衰变/min）或 dps（衰变/s）。

每次测定均需作标准曲线图，以标准抗原的不同浓度为横坐标，以在测定中得到的相应放射性强度为纵坐标作图（图6－17）。放射性强度可任选 B 或 F，也可用计算值 $B/(B+F)$、B/F 和 B/B_0。标本应作双份测定，取其平均值，在制作的标准曲线图上查出相应的受检抗原浓度。

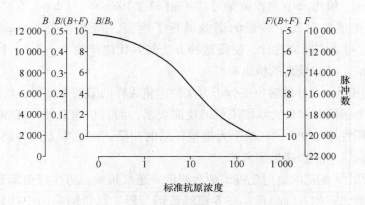

图6－17　放射免疫分析标准曲线示例

2. 固相放射免疫测定方法

固相放射免疫测定的测定方法如下（以双层非竞争法为例）。

（1）抗体的包被　先将抗体吸附于固相载体表面，制成免疫吸附剂。常用的固相载体为聚苯乙烯，形状有管、微管、小圆片、扁圆片和微球等。还可根据自己的工作设计新的形状，以适应特殊的需要。

（2）抗原抗体反应　免疫吸附剂与标本一起孵育时，标本中的抗原与固相载体上的抗体发生免疫反应。当加入 ^{125}I 标记的抗体后，由于抗原有多个结合点，又同标记抗体结合最终在固相载体表面形成抗体抗原标记抗体免疫复合物。

（3）B、F分离　用缓冲液洗涤除去游离的标记抗体，使 B、F 分离。

（4）放射性强度的测定　测定固相所带的放射性计数率（cpm），设样品 cpm 值为 P，阴性对照标本 cpm 值为 N，则 $P/N \geq 2.1$ 为阳性反应。标本中的抗原越多，最终结合到固相载体上的标记抗体越多，其 cpm 值也就越大；反之则小。当标本中不存在抗原时，其 cpm 值应接近于仪器的本底计数。

五、放射免疫分析在食品检测中的应用

放射免疫分析由于敏感度高、特异性强、精密度高，不仅可以检测经食品传播的细菌及毒素、真菌及毒素、病毒和寄生虫，还可测定小分子质量和大分子质量物质，在食品检测中应用极为广泛，如利用放射免疫测定牛奶中的天花粉蛋白。从 20 世纪 80 年代开始，农药的免疫检测技术作为快速筛选检测得到许多发达国家的高度重视，成为食品生物技术的一个重要分支，得到了快速的发展。放射免疫等技术由于可以避免假阳性，

适宜于阳性率较低的大量样品的检测，如对水产品、肉类产品、果蔬产品中的农药残留量进行监测。

1981 年，放射免疫分析法（RIA）首先用于检测莴苣片上的对硫磷残留量，检出限为 $10 \sim 20ng/mL$，检测水中的残留量可达 $4ng/mL$。1986 年，Evrard 等对牛尿提取浓缩后，利用放射免疫法对其中残留的诺龙进行了检测，其灵敏度是 $6pg/mL$，IC_{50} 值为 $59pg/mL$，通过对免疫原的设计，使得这种方法对其代谢产物 19 – NA、19 – NE 等也有较高的交叉反应，具有较高的检出率。

有文献应用 Charm II 放射免疫分析方法测定猪尿样的磺胺类残留，检测限为 $200\mu g/kg$，符合欧美等国磺胺类最大残留限量的检测要求，而且快速简便，在 30min 内可得出初筛结果，假阴性率为 0%，有助于大批量样品的初筛，同时本方法为动物养殖过程中的用药监控提供了一种快速检测方法。

徐美奕等用 [125]I 标记的放射免疫试剂盒测定养殖红笛鲷与野生红笛鲷肌肉中雌二醇、孕酮、睾酮三种性腺激素残留量。在养殖红笛鲷与野生红笛鲷肌肉中均检出三种激素，野生红笛鲷中的激素残留量较低，但仍能被检出。放射免疫分析法放射性活度低、毒性小、样品处理简单、灵敏度高，检出限高于液相色谱法，可达 ng ~ pg 级，可作为水产品中激素残留量的有效检测手段。

第四节　免疫组织化学技术及其应用

一、免疫组织化学技术

1. 基本原理

应用免疫学及组织化学原理，对组织切片或细胞标本中的某些化学成分进行原位的定性、定位或定量研究，这种技术称为免疫组织化学技术（immunohistochemistry）或免疫细胞化学技术（immunocytochemistry）。

众所周知，抗体与抗原之间的结合具有高度的特异性，免疫组织化学正是利用这一特性，即先将组织或细胞中的某些化学物质提取出来，以其作为抗原或半抗原去免疫小鼠等实验动物，制备特异性抗体，再用这些抗体作为抗原去免疫动物制备第二抗体，并用某种酶或生物素等处理后再与前述抗原成分结合，将抗原放大。由于抗体与抗原结合后形成的免疫复合物是无色的，因此，还必须借助于组织化学方法将抗原抗体反应部位显示出来。通过抗原抗体反应及呈色反应，显示细胞或组织中的化学成分，在显微镜下可清晰看见细胞内发生的抗原抗体反应产物，从而能够在细胞或组织原位确定某些化学成分的分布、含量。组织或细胞中凡是能作抗原或半抗原的物质，如蛋白质、多肽、氨基酸、多糖、磷脂、受体、酶、激素、核酸及病原体等都可用相应的特异性抗体进行检测。

2. 分类

按照标记物质的种类，可分为免疫荧光法、放射免疫法、酶记标法和免疫金银法等。

按染色步骤可分为直接法（又称一步法）和间接法（二步法或三步法）。与直接法相比，间接法的灵敏度提高了许多。

按结合方式可分为抗原抗体连接，如过氧化物酶/抗过氧化物酶法（peroxidase – antiperoxidase，PAP）；亲和连接，如卵白素/生物素/过氧化物酶复合物法（avidin – biotinperoxidasecomplex，ABC）、链霉菌抗生物素蛋白/过氧化物酶联结法（streptavidin – peroxidase，SP）、链霉亲和素生物素法（labelled streptavidin biotin method，LSAB）等。

3. 免疫组化技术的优点

（1）特异性高　免疫学的基本原理决定了抗原与抗体之间的结合具有高度特异性。因此，免疫组化从理论上讲也是组织细胞中抗原的特定显示，如角蛋白显示上皮成分，LCA 显示淋巴细胞成分。只有当组织细胞中存在交叉抗原时才会呈现交叉反应。

（2）敏感性高　在应用免疫组化的起始阶段，由于技术上的限制，只有直接法、间接法等敏感性不高的技术，那时的抗体只能稀释几倍、几十倍。现在由于 ABC 法或 SP 法的出现，使抗体稀释上千倍、上万倍甚至上亿倍仍可在组织细胞中与抗原结合，这样高敏感性的抗体抗原反应，使免疫组化方法越来越方便地应用于常规病理诊断工作。

（3）定位准确、形态与功能相结合　该技术通过抗原抗体反应及呈色反应，可在组织和细胞中进行抗原的准确定位，因而可同时对不同抗原在同一组织或细胞中进行定位观察。这样就可以进行形态与功能相结合的研究，对病理学研究的深入是十分有意义的。

二、几种常见的免疫组织化学技术

1. 荧光标记免疫组织化学技术

荧光标记方法是最早建立的免疫组织化学技术，它利用抗原抗体特异性结合的原理，先将已知抗体标上荧光素，以此作为探针检测细胞或组织内的相应抗原，在荧光显微镜下观察。当抗原抗体复合物中的荧光素受激发光的照射后，即会发生一定波长的荧光，从而可确定组织中某种抗原的定位，进而还可进行定量分析。由于免疫荧光技术特异性强、灵敏度高、快速、简便，所以在临床病理诊断、检验中应用比较广。

2. 酶标记免疫组织化学技术

免疫酶标方法是继免疫荧光后，于 20 世纪 60 年代发展起来的技术。基本原理是先以酶标记的抗体与组织或细胞作用，然后加入酶的底物，生成有色的不溶性产物或具有一定电子密度的颗粒，通过光镜或电镜，对细胞表面和细胞内的各种抗原成分进行定位研究。免疫酶标技术是目前最常用的技术。本方法与免疫荧光技术相比的主要优点是定位准确，对比度好，染色标本可长期保存，适合于光、电镜研究等。

免疫酶标方法的发展非常迅速，已经衍生出了多种标记方法，且随着方法的不断改进和创新，其特异性和灵敏度都不断提高，使用也越来越方便。目前在病理诊断中广为使用的当属 PAP 法、ABC 法、SP 法等。

3. 免疫金组织化学技术

免疫胶体金技术是以胶体金这样一种特殊的金属颗粒作为标记物。胶体金是指金的水溶液，它能迅速而稳定地吸附蛋白，对蛋白的生物学活性则没有明显的影响。因此，用胶体金标记一抗、二抗或其他能特异性结合免疫球蛋白的分子等作为探针，就能对组织或细胞内的抗原进行定性、定位，甚至定量研究。由于胶体金有不同大小的颗粒，且胶体金的电子密度高，所以免疫胶体金技术特别适合于免疫电镜的单标记或多标记定位研究。由于胶体金本身呈淡至深红色，因此也适合进行光镜观察。

4. 免疫电镜技术

免疫电镜技术又称为免疫细胞化学技术，是在免疫组织化学技术的基础上发展起来的。它是利用抗原和抗体特异性结合的原理，在超微结构水平上定位、定性及半定量抗原的技术方法。该方法为精确定位各种抗原的存在部位、研究细胞结构与功能的关系及其在病理情况下所发生的变化提供了有效的手段。免疫电镜技术主要经历了铁蛋白标记技术、酶标记技术以及胶体金标记技术三个主要发展阶段。

铁蛋白标记技术适用于细胞膜表面抗原的定位。由于其分子质量较大，不易穿透细胞膜，定位细胞内抗原较为困难。铁蛋白对电镜包埋剂的非特异性吸附很强，不适用于包埋后免疫标记，使其应用受到一定限制。

酶标记免疫电镜技术是将酶（主要是过氧化物酶）与抗体相交联，抗原抗体反应后，加底物显示酶的活性部位，酶反应产物经 O_sO_4 处理变为具有一定电子密度的锇黑，可在电镜下观察。过氧化物酶的相对分子质量较小，与其交联的抗体较易穿透经处理的细胞膜，可用于细胞内抗原的定位。但是酶反应产物比较弥散，因此分辨率不如颗粒性标记物高。

胶体金标记免疫电镜技术是目前应用最广的免疫电镜标记物。该技术是将胶体金作为抗体的标记物，用于细胞表面和细胞内多种抗原的精确定位。胶体金主要具有以下几个优点：①胶体金能稳定并迅速地吸附蛋白，而且蛋白的生物活性不发生明显改变，可制备抗体－胶体金、蛋白 A－胶体金、卵白素－胶体金、植物凝集素－胶体金等用于免疫电镜；②在电镜下金颗粒电子密度高、圆形且界线清晰，易于辨认，定位比酶反应物更精确；③胶体金标记物易于制备，并可以根据需要制备大小不同的胶体金，因此可进行免疫电镜的双重或多重标记；④金颗粒能发射强烈的二次电子，是扫描电镜的理想标记物；⑤胶体金经过银显影增强后，金颗粒外周吸附大量银颗粒而呈现黑色或黑褐色，因此也能用于光学显微镜观察。此外，胶体金还能用于冷冻蚀刻标本的免疫标记。

三、免疫组织化学技术在食品检测中的应用

1. 食品中致病微生物的检测

目前，在微生物学检验中应用的主要是免疫层析法和快速免疫金渗滤法。胡孔新等以被列为 I 类潜在重要生物恐怖因子鼠疫杆菌作为诊断对象，建立了适合于现场快速检测鼠疫杆菌抗原用的胶体金标记免疫层析方法，其检测灵敏度达到 $1 \times 10^5 \mathrm{CFU/mL}$，并对常见的金黄色葡萄球菌、大肠埃希菌无明显非特异作用，该法对出入境口岸的样品安全检测有重要意义。有文献建立了一种简便快速的胶体金免疫层析法来检测沙门菌。致病菌污染食物并在其中大量繁殖或产生毒素是细菌性食物中毒发生的首要原因，食入含 $10^6 \sim 10^7 \mathrm{CFU/g}$ 沙门菌的食品即可发病。该法制备的免疫层析条检测灵敏度为 2.1×10^6 $\mathrm{CFU/mL}$，在沙门菌食物中毒菌量范围内。

2. 食品中过敏原的检测

吉坤美等通过胶体金标记建立快速检测花生过敏原 GICA 试条，具有高灵敏度，GICA 测试条与花生蛋白抗原呈特异性反应，检测自制的花生抗原标准品的灵敏度可达 $50 \mathrm{ng/mL}$。该方法可有效快速地检测各种样品，满足我国进出口食品贸易的需求，同时为制定我国食品过敏原标签管理奠定了技术基础。

3. 食品中残留抗生素、毒素及药物的检测

免疫胶体金检测技术当前主要用于在牛奶中检测抗生素，可在十分钟内快速检测牛奶中的抗生素，利用该技术可检测的抗生素有五种：β – 内酰胺、四环素、磺胺二甲嘧啶、恩诺沙星和黄曲霉毒素，可检测的 β – 内酰胺药物有氨苄青霉素、阿莫西林、邻氯青霉素、头孢噻呋、头孢霉素和青霉素 G 等。

2006 年，张明等将 SMZ – OVA（磺胺甲噁唑 – 卵清蛋白）固相化在检测带上检测 SMZ，该方法对 SMZ 标准溶液的灵敏度达到 $50 \mathrm{ng/mL}$，整个检测反应在 $5 \sim 10 \mathrm{min}$ 内完成。王喜亮等用胶体金标记磺胺嘧啶单克隆抗体作为显色剂，磺胺嘧啶竞争物包被于硝酸纤维素层析膜上作为捕获试剂，采用竞争反应模式制成胶体金免疫层析试纸对磺胺嘧啶残留的半定量检测。读条系统判定灵敏度为 $5 \mathrm{ng/mL}$，肉眼判定检测限灵敏度为 $10 \mathrm{ng/mL}$，与其他磺胺类药物无交叉反应。该方法在不同动物源性食品（鸡肉、鸡蛋、鸡肝、猪肉、猪肝、牛奶、蜂蜜）中添加磺胺嘧啶的回收率在 $68.11\% \sim$ 118.18% 范围内，动物试验样品检测结果表明，该方法与 ELISA 及 HPLC 具有较好的符合率。免疫胶体金检测技术结果直观、操作简单，在食品安全检测中有广阔的应用前景。

小　结

本章概括介绍了酶标记免疫技术、荧光免疫技术、放射免疫技术、免疫组织化学技

术等各种免疫学技术及其在食品检验中的应用。上述免疫学技术均建立在抗原抗体间特异性反应基础之上，因此只有牢固掌握抗原抗体的基本特点、抗原抗体反应的基本规律才能准确理解并正确将上述免疫学技术应用于食品安全检测工作中。

思考题

1. 间接、双抗夹心、竞争、抗体捕获 ELISA 的基本原理是什么？
2. 什么是免疫荧光显微技术？其分为哪几类？
3. 均相和非均相荧光免疫测定的原理各是什么？
4. 放射免疫测定和免疫放射测定法的原理各是什么？
5. 什么是免疫组织化学技术？分哪几大类？

第七章　分子生物学技术在食品安全中的应用

分子生物学是在分子水平上研究生命本质的一门学科。更严格地说，分子生物学是在核酸和蛋白质水平上研究基因的复制、表达及调控，基因的突变与交换的分子机制的一门学科。分子生物学是一门发展历史虽短但发展速度极快的现代生命科学。自 20 世纪 50 年代以来，以基因和蛋白质等生物大分子为研究目标的分子生物学开始逐步形成为独立的学科，并迅速成为现代生物学领域中最具活力的学科。

本章将介绍 PCR 技术、基因芯片技术和生物传感器技术的基本原理及其在食品安全检测中的应用。

第一节　PCR 技术及其应用

聚合酶链式反应（polymerase chain reaction，PCR）技术，是美国 Cetus 公司人类遗传研究室的科学家 Mullis 于 1983 年发明的一种在体外快速扩增特定基因或 DNA 序列的方法，故又称为基因的体外扩增法。它可以在试管中建立反应，其原理并不复杂，与细胞内发生的 DNA 复制过程十分类似，经数小时之后，就能将极微量的目的基因或某一特定的 DNA 片段扩增数十万倍，乃至千百万倍。由于不需要通过烦琐费时的基因克隆程序，便可获得足够数量的精确 DNA 拷贝，所以有人也称之为无细胞分子克隆法。这种技术操作简单、容易掌握、结果也较为可靠，为基因的分析与研究提供了一种强有力的手段，是现代分子生物学研究中的一项富有革命性的创举，对整个生命科学的研究与发展有着深远的影响。

一、PCR 技术的基本原理

PCR 是一项 DNA 体外合成放大技术，能快速特异地在体外扩增任何目的 DNA。该技术是在 DNA 聚合酶催化下，以母链 DNA 为模板，以特定引物为延伸起点，通过变性、退火、延伸等步骤，体外复制出与母链模板 DNA 互补的子链 DNA 的过程。

（一）PCR 反应体系组成

一个标准 PCR 反应体系一般包括 7 种成分：①模板 DNA；②特异性引物；③四种脱氧核糖核苷酸；④热稳定 DNA 聚合酶；⑤反应缓冲液；⑥Mg^{2+} 或 Mn^{2+} 等二价阳离子；⑦KCl 等一价阳离子。

一个 PCR 反应的总体积一般为 $25 \sim 100\mu L$，具体组成如下：

1. 模板 DNA

模板 DNA 是待扩增的核酸序列。PCR 对模板 DNA 的纯度要求不是很高，但模板中应尽量不含有对 PCR 反应有抑制作用的杂质存在，如蛋白酶、核酸酶、Taq DNA 聚合酶抑制剂、能与 DNA 结合的蛋白质等。此外，模板 DNA 的量不能太高，否则扩增可能不会成功。一般地，小片段模板的 PCR 效率要高于大片段分子。

2. 特异性引物

引物是与靶序列特异性结合的寡核苷酸片段，是决定 PCR 特异性的关键。引物浓度一般为 $0.1 \sim 0.5\mu mol/L$。引物的浓度过高会引起错配和非特异扩增，而浓度过低则可能得不到产物或产量过低。引物长度一般为 $18 \sim 25$ 个碱基。一般来说，引物越长，其对靶序列的特异性越高，但引物过长或过短都会降低特异性。上下游引物长度差别不能大于 3bp。其 3′末端一定要与模板 DNA 配对，末位碱基最好选用 A、C、G（因 T 错配也能引发链的延伸）。引物的 G + C 含量占 $45\% \sim 55\%$，碱基应尽量随机分布，避免嘧啶或嘌呤堆积，两引物之间不应有互补链存在，不能与非目的扩增区有同源性。一个引物序列不能有大于 3bp 的反向重复序列或自身互补序列存在。2 个引物的 T_m 值相差不能大于 $5℃$，扩增产物与引物的 T_m 相差不能大于 $10℃$。在实际工作中，一般使用专门的设计软件对引物进行设计、选择和优化。

3. 四种脱氧核糖核苷酸

四种脱氧核糖核苷酸即底物（dNTPs）。由于 dNTPs 具有较强的酸性，所以其储存液需要用 NaOH 调 pH 至 $7.0 \sim 7.5$，一般存储浓度为 10mmol/L，各成分以等当量配制。反应时的终浓度一般为 $20 \sim 200\mu mol/L$。高浓度的底物虽然可以加速反应，但同时会增加错误掺入的概率和实验的成本；而使用浓度较低的底物，虽然可以提高精确性，但反应的速度会降低。

4. 热稳定 DNA 聚合酶

热稳定 DNA 聚合酶一般采用 Taq 酶，用量一般为 $0.5 \sim 5U/100\mu L$。该酶能耐 $95℃$ 高温而不失活，其最适 pH 为 $8.3 \sim 8.5$，最适温度为 $75 \sim 80℃$，一般用 $72℃$。该聚合酶催化以 DNA 单链为模板，以碱基互补原则为基础，按 5′→3′方向逐个将 dNTP 分子连接到引物的 3′端，合成一条与模板 DNA 互补的新的 DNA 子链。但该聚合酶没有 3′→5′的外切酶活性，没有校正功能。此外，当某种 dNTP 或 Mg^{2+} 浓度过高时，均可能会增加其错配率。

5. 缓冲液

一般使用 Tris 调节反应体系，pH 在 $8.3 \sim 8.8$，以保证 Taq 酶在偏碱性环境中发挥活性。

6. Mg^{2+} 或 Mn^{2+} 等二价阳离子

所有的热稳定 DNA 聚合酶均要求有 Mg^{2+} 或 Mn^{2+} 等二价阳离子。二价阳离子的使用浓度必须结合不同引物与模板通过试验确定。

7. KCl 等一价阳离子

标准的 PCR 缓冲液中包含 50mmol/L 的 KCl，其对扩增大于 500bp 长度的 DNA 片段是有益的，提高 KCl 浓度到 70～100mmol/L，对改善扩增较短的 DNA 片段产物也是有益的。

（二）PCR 反应步骤

PCR 反应是一种级联反复循环的 DNA 合成反应过程，主要由以下 4 个步骤组成。

1. 变性（denaturation）

通过加热使模板 DNA 的双链之间的氢键断裂，双链分开成单链的过程。模板变性完全与否是 PCR 成功的关键，一般先于 94℃（或 95℃）变性 3～10min，接着 94℃变性 30～60s。

2. 退火（annealling）

当温度降低时，引物与模板 DNA 中互补区域结合成杂交分子。退火温度一般低于引物本身变性温度 5℃。一般退火温度在 40～60℃，时间为 30～45s。如果（G＋C）低于 50%，退火温度应低于 55℃。较高的退火温度可提高反应的特异性。

3. 延伸（extension）

在 DNA 聚合酶、dNTPs、Mg^{2+} 存在的条件下，DNA 聚合酶催化引物按 $5'\rightarrow3'$ 方向延伸，合成出与模板 DNA 链互补的 DNA 子链。延伸温度应在 *Taq* 酶的最适温度范围之内，一般在 70～75℃。延伸时间要根据 DNA 聚合酶的延伸速度和目的扩增片段的长度确定，通常对于 1kb 以内的片段 1min 是够用的。

4. 循环数

PCR 的循环数主要由模板 DNA 的量决定，一般 20～30 次循环数较合适。过多的循环数会增加非特异扩增产物。具体要多少循环数可通过预试验确定。PCR 产物积累规律是反应初期产物以 2^n 呈指数形式增加，至一定的循环数后，引物、模板、DNA 聚合酶形成一种平衡，产物进入一个缓慢增长时期，即"平台期"（图 7－1）。到达平台期所需 PCR 循环数与模板量、PCR 扩增效率、聚合酶种类、非特异产物竞争有关。平台效应在 PCR 反应中是不可避免的，但一般在平台效应出现之前，合成的目的基因的数量已可满足实验的需要。

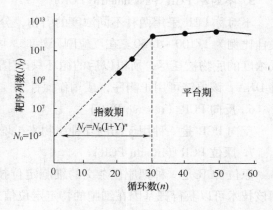

图 7－1　PCR 对靶序列扩增示意图

二、PCR 技术的种类

1. 反转录 PCR（reverse transcriptase PCR，RT – PCR）

反转录 PCR 是一种将 RNA 的反转录（RT）和 cDNA 的聚合酶链式扩增（PCR）相结合的技术。首先经反转录酶的作用从 RNA 合成 cDNA，再以 cDNA 为模板，扩增合成目的片段。与 Northern 印记杂交相比，RT – PCR 使 RNA 的检测灵敏度提高了 1 000 倍以上，从而使一些极微量 RNA 样品的分析成为可能。RT – PCR 技术用途广泛，是目前从组织或细胞中获得目的基因以及对已知序列的 RNA 进行定性及半定量分析最有效的方法。

2. 定量 PCR（realtime PCR）

定量 PCR 以外参或内参为标准，通过对 PCR 终产物或 PCR 过程的动态监测，消除产物堆积对 PCR 分析的干扰，从而达到对 PCR 进行定量分析的目的。定量 PCR 是目前研究基因差异表达的常用技术之一。

3. 多重 PCR（multiplex PCR）

多重 PCR 又称多重引物 PCR 或复合 PCR。在同一 PCR 反应体系里加上二对以上引物，同时扩增出多个核酸片段的 PCR 反应。多重 PCR 可用于多种食源性致病微生物的同时检测。

4. 巢式 PCR（nested PCR）

巢式 PCR 又称套式 PCR，使用两对 PCR 引物扩增完整的片段。第一对 PCR 引物扩增片段和普通 PCR 相似。第二对引物称为巢式引物，其结合在第一次 PCR 产物内部，因此第二次 PCR 扩增片段短于第一次扩增。巢式 PCR 的优点是，如果第一次扩增产生了错误片断，则第二次能在错误片段上进行引物配对并扩增的概率极低。因此，巢式 PCR 特异性非常强。

5. 不对称 PCR（asymmetric PCR）

不对称 PCR 采用两种不同浓度的引物，分别称为限制性引物和非限制性引物，一般最佳比例为 1/100 ~ 1/50。在反应刚开始时，可扩增出双链 DNA；而经过若干次循环后，低浓度的底物被耗尽，所以以后的循环只产生高浓度引物的延伸产物，即获得大量的单链 DNA。该单链可用于测序，或用作探针等。

6. 反向 PCR（reverse PCR）

反向 PCR 是一种用反向的互补引物来扩增两引物以外的 DNA 片段的技术。

7. 原位 PCR（in situ PCR）

原位 PCR 是一种把原位杂交的细胞定位技术和 PCR 的高灵敏性相结合的技术。应用该技术可以获得靶基因在细胞的特定定位信息。

三、定量 PCR 技术

常规的 PCR 方法只能得出定性的结果，如何借助 PCR 技术实现对基因快速、灵敏、特异且准确的定量检测是目前食源性致病菌检测研究的热点。目前发展的定量 PCR 技术，包括非直接定量 PCR 和直接定量 PCR 两大类。

（一）非直接定量 PCR

非直接定量 PCR 包括 MPN – PCR 方法和非竞争性定量 PCR 等技术。其中，MPN – PCR 方法是将传统的 MPN 计数方法和 PCR 方法相结合，对样品中的靶细菌进行半定量检测的一种技术。由于该方法在样品稀释、DNA 提取过程中目的 DNA 丢失和 PCR 扩增过程中抑制物存在的限制，只能给出保守的估计，因此可以说是一种半定量方法。

非竞争性定量 PCR 的主要步骤是对同一反应管中的靶基因和另一段内标序列（如管家基因）同步进行扩增，然后通过内标产物对靶序列产物进行校正，从而得出相对定量值的一种方法。

（二）直接定量 PCR

直接定量 PCR 包括内部（定量竞争 PCR）和外部（定量动力 PCR）等方法。

1. 定量竞争 PCR

通过加入一个和靶基因含有相同引物结合位点和同样扩增效率，仅探针结合位点不同的内标或竞争基因，在同一个反应管中反应时，靶基因和内标与引物竞争性结合，同步扩增。如果靶基因和竞争基因的扩增效率相等，那么这两种扩增产物的比值和起始状态时两种模板分子数的比值是一致的，通过靶基因扩增片段和竞争基因扩增片段的比率结合已知量的竞争基因模板，就可以得出样品中靶基因的量。往往竞争基因扩增片段和靶基因扩增片段通过大小相区分。竞争性 PCR 的有效范围是靶基因和竞争基因的比率在 1：10 和 10：1 之间。所以为了达到这点，需要测定不同稀释度的靶基因和竞争基因。

利用定量竞争 PCR 也可进行 mRNA 的定量。其基本过程是先以 mRNA 为模板合成 cDNA，再用定量竞争 PCR 对 cDNA 定量。但当逆转录效率低于 100% 时，通过测定样品中 cDNA 进行 mRNA 定量，测定结果会偏低。

2. 定量动力 PCR

与定量竞争 PCR 不同，定量动力 PCR 应用的是外部标准。在这类 PCR 反应中，PCR 的产物随着循环数的增加而增加，根据比较标准和靶基因反应动力学斜率进而获得试样中靶基因的数量。这方面应用比较多的是定量 PCR（real – time PCR）。定量 PCR 可以监测 PCR 整个反应过程中每个循环扩增产物的量，其定量数据来自于整个 PCR 反应曲线中呈现对数线性关系的那几个循环（30 ~ 40 个循环中的 4 ~ 5 个）。该技术不仅实现了 PCR 从定性到定量的飞跃，而且与常规 PCR 相比，具有特异性更强、自动化程度高，且能有效解决 PCR 的污染问题等特点，目前已得到广泛应用。

3. 荧光定量 PCR 技术

荧光定量 PCR 是新近出现的一种定量 PCR 检测方法。该技术是指在 PCR 反应体系中加入荧光基团，利用荧光信号积累实时监测整个 PCR 进程，最后通过校正曲线对未知模板进行定量分析的方法。该方法可借助专用的仪器实时监测荧光强度的变化，因此可以免除标本和产物的污染，且无复杂的产物后续处理过程，因而具有准确、高效、快速等优点。

在荧光定量 PCR 技术中，有一个很重要的概念是 C_t 值。其中 C 代表 Cycle，t 代表 threshold。C_t 值的含义是：每个反应管内的荧光信号到达设定的阈值时所经历的循环数。研究表明，每个模板的 C_t 值与该模板的起始拷贝数的对数存在线性关系，起始拷贝数越多，C_t 值越小。利用已知起始拷贝数的标准品可作出校正曲线，只要获得未知样品的 C_t 值，即可从校正曲线上计算出该样品的起始拷贝数。

荧光定量 PCR 所使用的荧光物质可分为 2 种：荧光染料和荧光探针。荧光染料法是指 SYBR Green Ⅰ 法。荧光探针法的原理是根据荧光共振能量转移（fluorescence resonance energy transfer，FRET）现象，从激发荧光基团激发的能量被以 70~100Å 的距离转移到淬灭接受基团，结果荧光基团的发射被熄灭。荧光探针法包括 *Taq*Man 探针法、Light Cycler 法和分子信标（molecular beacon）法等。

（1）SYBR Green Ⅰ 法　SYBR Green Ⅰ 法是在 PCR 反应体系中加入过量 SYBR 荧光染料，SYBR 荧光染料特异性地掺入 DNA 双链后，发射荧光信号，而不掺入 DNA 链中的 SYBR 染料分子不会发射任何荧光信号，从而保证荧光信号的增加与 PCR 产物的增加完全同步。扩增产物序列的特异性可通过反应后变性分析来确证。在反应的最后阶段，反应体系的温度逐渐升高，双链 DNA 慢慢地变成单链，从而 SYBR Green Ⅰ 染料释放出来，导致荧光强度慢慢降低。因此测定整个过程的荧光强度，就可以获得 PCR 产物的变性温度。因为每一种 PCR 产物都有不同的长度和 G + C 百分比，所以也具有特征性的变性温度。通过变性曲线得到的产物大小可以和 PCR 产物的电泳结果相比较。

（2）*Taq*Man 技术　*Taq*Man 是由 PE 公司开发的荧光定量 PCR 检测技术。该技术的特点是在普通 PCR 原有的一对引物基础上，增加了一条特异性的荧光双标记探针（*Taq*Man 探针）。其工作原理是：PCR 反应系统中加入的荧光双标记探针，可与两引物包含序列内的 DNA 模板发生特异性杂交，探针的 5' 端标以荧光发射基团 FAM（6 – 羧基荧光素，荧光发射峰值在 518nm 处），靠近 3' 端标以荧光淬灭基团 TAMRA（6 – 羧基四甲基罗丹明，荧光发射峰值在 582nm 处），探针的 3' 末端被磷酸化，以防止探针在 PCR 扩增过程中被延伸。当探针保持完整时，淬灭基团抑制发射基团的荧光发射。发射基团一旦与淬灭基团发生分离，抑制作用即被解除，518nm 处的光密度增加而被荧光探测系统检测到。复性期探针与模板 DNA 发生杂交，延伸期 *Taq* 酶随引物延伸沿 DNA 模板移动，当移动到探针结合的位置时，发挥其 5'→3' 外切酶活性，将探针切断，淬灭作用被解除，荧光信号释放出来（图 7 - 2），荧光信号即被特殊的仪器接收。PCR 进行一个循环，合成了多少条新链，就水解了多少条探针，并释放相应数目的荧光基团，荧光信号的强度与 PCR 反应产物的量呈对应关系。随着 PCR 过程的进行，重复上述过程，PCR 产物呈指数形式增长，荧光信号也相应增长。如果每次测定 PCR 循环结束时的荧光信号与 PCR 循环次数作图，可得一条"S"形曲线。如果标本中不含阳性模板，则 PCR 过程不进行，探针不被水解，不产生荧光信号，其扩增曲线为一水平线。

TaqMan 技术中对所使用的探针有以下几点要求：①探针长度应在 20 ~ 40 个碱基，以保证结合的特异性；②G + C 含量在 40% ~ 60%，避免单核苷酸序列的重复；③避免与引物发生杂交或重叠；④探针与模板结合的稳定程度要大于引物与模板结合的稳定程度，因此探针的 T_m 值要比引物的 T_m 值至少高出 5℃。

该技术也存在一些不足，主要是：①采用了荧光猝灭及双末端标记技术，因此猝灭难以彻底，本底较高；②利用酶外切活性，因此定量时受酶性能影响较大；③探针标记成本较高，不便普及应用。

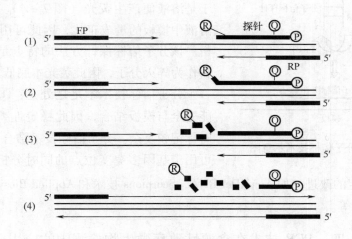

图 7 - 2　TaqMan 技术示意图

（1）聚合反应　（2）链置换　（3）水解反应　（4）延伸反应

P—探针　R—FAM　Q—TAMRA　FP—上游引物　RP—下游引物

（3）Light Cycler 法　Roche 公司的 Light Cycler RQ - PCR 是以两个特异性荧光探针（Hybprobe）与目的核酸序列结合，两个探针之间间隔 1 ~ 4 个核苷酸。上游探针的 3′端标有供体荧光基团（通常为荧光素，fluorescein）；下游探针的 5′端标有受体荧光基团（通常为 LC Red 640）。当探针与目标核酸序列结合时，供体荧光基团所激发的能量通过 FRET 作用，传递给受体荧光基团。后者所释放的荧光信号被荧光检测系统检测。模板 DNA 每复制一次就有一个荧光信号被释放。由于所释放的荧光信号与 PCR 扩增产物成比例增长，因此可以对样品中最初的 DNA 或 cDNA 进行准确定量（图 7 - 3）。通过 Light

Cycler 软件计算受体荧光基团和供体荧光基团在 640nm 和 530nm 处所释放的荧光信号比（F_2/F_1），构建 PCR 循环数 $-F_2/F_1$ 曲线，从扩增曲线上可确定 C_t 值。

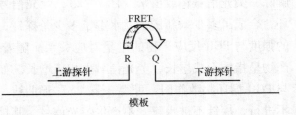

图 7 - 3 Light Cycler 探针荧光定量 PCR 原理

（4）分子信标技术 分子信标技术（molecular beacon）也是在同一探针的两末端分别标记荧光分子和猝灭分子。通常分子信标探针是一种具有茎和环状结构、长约 25bp 的单链核酸分子，空间上呈茎环结构。当不存在特异性模板时，该分子信标探针的 2 个末端自身能形成一个 8bp 左右的发夹结构，此时荧光分子和猝灭分子邻近，因此不会产生荧光。当溶液中有特异模板时，该探针与模板杂交，从而使探针的发夹结构打开，于是溶液便产生荧光（图 7 - 4）。荧光的强度与溶液中模板的量成正比，因此可用于 PCR 定量分析。该分子信标探针方法的特点是采用非荧光染料作为猝灭分子，因此荧光本底低。

分子信标技术不足之处是：①杂交时探针不能完全与模板结合，因此稳定性差；②探针合成时标记较复杂。分子信标技术结合不同荧光标记，可用于基因多突变位点的同时分析。近几年上述方法都有了一定的改进，如 AmpliDet RNA，Scorpions 技术和 Applied Biosystems 公司改良的 *Taq*Man 系统等。

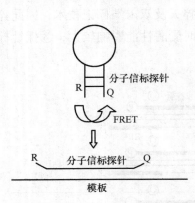

图 7 - 4 分子信标技术示意图

四、PCR 技术在食源性致病微生物检测中的应用

食源性致病微生物是食品中比较常见的生物性安全危害因子，其种类很多，对食品安全的威胁也很大。传统的培养法操作复杂、耗时长，有时还要进行血清学或动物学实验，一般需要 3 ~4d、一周甚至更长的时间才能得到检测结果。近年来，随着分子生物学技术的迅速发展，出现了很多适合于食源性致病微生物检测和分析的分子生物学方法，这些方法具有操作简便、快速、灵敏度高等特点，通常只需 24 ~48h 就可以获得检测结果。

对食源性致病微生物进行 PCR 检测是建立在目标微生物的特异性的靶基因或其片段，即该微生物特有的基因或其片段的研究基础上实现的。一般而言，对于一个属或一个种微生物特异的靶基因序列，通常存在于比较保守的 rRNA 上，而对于某一特定的病原微生物的靶基因通常是编码致病因子的基因。

1. 沙门菌（*Salmonella*）的 PCR 检测技术

采用传统的培养方法来检测致病菌，操作复杂且所需时间长，一般为 4～5d，远远不能满足当今食品安全检测的需要。而基于 PCR 技术的检测方法由于具备快速、灵敏、准确的特点，已广泛应用于沙门菌的检测。

沙门菌的侵染性主要由以下几个因素决定：沙门菌的菌体有一定的侵袭力，可侵入小肠黏膜上皮细胞，穿过上皮细胞层到达上皮下组织；菌毛的黏附作用也是细菌侵袭力的一个因素；能分泌毒素。目前沙门菌 PCR 技术所用的检测靶点主要是以毒力基因为主，如编码吸附和侵袭上皮细胞表面蛋白的基因 *inv*A（毒力岛 SP11 基因之一，介导沙门菌的黏附和穿入宿主细胞）、侵袭基因正调节蛋白的编码基因 *hil*A（SP11 毒力岛基因之一，编码侵袭基因正调节蛋白，与沙门菌对肠道上皮细胞侵袭力有关）、编码 LPS O 部分抗原的 *rfb* 基因、编码肠毒素的基因 *stn*、编码鞭毛蛋白的基因、编码与蛋白质结合的 DNA 的 *hns* 基因和质粒毒力相关的 SPV 基因、菌毛的编码基因 *fim*A（编码主要的菌毛亚单元）、组氨酸转运操纵子基因 *hut* 等作为靶基因进行检测。

其中，*inv*A 基因是编码沙门菌侵袭蛋白的一组基因中最为重要的一种，其编码的蛋白属于沙门菌的主要毒力因子，只在致病性沙门菌中存在，并具有一定的保守性。李业鹏等（2006 年）选取沙门菌属 *inv*A 基因上的靶序列设计一对引物，对 22 种 77 株沙门菌和 24 种 24 株非沙门菌进行特异性检测，结果表明，与传统方法比较，该方法具有快速、敏感且特异性强等特点，能在较短的时间内对大量样品同时进行检测。

2. 肠出血性大肠杆菌（enterohemorrhagic *E. coli*，EHEC）的 PCR 检测技术

肠出血性大肠杆菌（EHEC）是世界上食源性疾病的重要诱因之一。其致病机制包括细菌菌体对肠道上皮细胞的黏附和产生毒素等。EHEC 所产生的毒素主要为志贺样毒素（Shiga – like toxin，*slt*）。编码毒素的基因包括志贺菌素 1 基因（*stx*1）、志贺菌素 2 基因（*stx*2）、大肠杆菌黏附与消除基因（*eae*）和肠溶血素基因（*ehx*）等。

PCR 技术是检测 EHEC 致病基因的最常用方法。目前已从单一 PCR 发展到多重 PCR 乃至实时定量 PCR。其检测的靶基因一般可用志贺样毒素基因、溶血素基因、肠上皮细胞纤毛消除素基因等。例如，Bellin 等应用实时定量 PCR 技术对 32 株 EHEC 的 *stx*1 和 *stx*2 基因进行了检测，证明了实时定量 PCR 是一种快速检测 EHEC 的方法。

3. 单核细胞增生李斯特菌（*Listeria monocytogenes*）的 PCR 检测技术

单核细胞增生李斯特菌是一种能引起人类和动物李斯特菌病的革兰阳性短杆菌。目前美国 AOAC、FDA 和我国都采用传统的分离培养、生化鉴定的方法检测单核细胞增生李斯特菌，这种方法检测时间为 4～7d，检出限为 10^4CFU/mL。应用 PCR 等分子生物技术，能实现对单核细胞增生李斯特菌进行快速、特异、灵敏检测的需要。常用的检测单核细胞增生李斯特菌的靶基因主要有：编码李氏溶血素 O 的 *hly*A 基因、编码决定致病

力强弱的侵袭性蛋白质 p60 的 *iap* 基因、正调节李氏溶血素 O 的 *prf*A 基因、编码金属蛋白酶的 *mpl* 基因等。例如，Ingianni 等在不经过增菌的情况下应用 PCR 技术检测出了 186 种食品中的单核细胞增生李斯特菌，检测限为 50~100cells/g，而加入选择性培养基增菌以后检测限可以达到 2~10cells/g，检测时间在 1~2d。

4. 副溶血性弧菌（*Vibrio parahaemolyticus*）的 PCR 检测技术

副溶血性弧菌是革兰阴性嗜盐菌，广泛存在于世界各地温暖的河口环境中，是一种重要的食源性致病菌。基于 PCR 等的分子生物学技术为快速检测副溶血性弧菌提供了强大的工具。

副溶血性弧菌的致病性主要源于其侵袭性、溶血素和脲酶等因素。其中溶血素是副溶血性弧菌致病的主要因素，其主要包括不耐热溶血素（thermolabile hemolysin，TLH）、耐热直接溶血素（thermostable direct hemolysin，TDH）和 TDH 相关溶血素（thermostable direct hemolysin – related Hemolysin，TRH）。TLH、TDH 和 TRH 分别由 *tlh*、*tdh* 和 *trh* 基因编码。

PCR 法是快速检测 *tlh*、*tdh* 和 *trh* 基因的有力工具，有很高的灵敏度和特异性。例如，Bej 等分别设计了 *tlh*、*tdh* 和 *trh* 基因的引物，已被美国食品与药物管理局（FDA）的《细菌学分析手册》（BAM）推荐使用。

5. 金黄色葡萄球菌（*Staphylococcus aureus*）的 PCR 检测技术

金黄色葡萄球菌是一种常见的革兰阳性菌，也是一种重要的食源性致病细菌。金黄色葡萄球菌可以分泌多种毒力因子，包括肠毒素（staphylococcal enterotoxins，SEs）、毒素休克综合征毒素、表皮剥脱毒素 – 1（staphylococcal toxic shock syndrometoxin – 1，TSST – 1）、葡萄球菌溶素（staphylolysin）等毒素，及血浆凝固酶、耐热脱氧核糖核酸酶、纤维蛋白溶解酶、透明质酸酶、脂酶等侵袭性酶和黏附素、荚膜、胞壁肽聚糖等物质。其基因靶点选择的主要来源是编码特异性蛋白的基因、编码具有抗生素抗性的葡萄球菌蛋白及其调控基因、编码毒力因子及其调控基因和编码移动元件基因等。

其中，金黄色葡萄球菌的肠毒素可分为 A、B、C、D、E 及 H 六种血清型，是导致急性胃肠炎的主要因素。有 1/3 的金黄色葡萄球菌可产生分子质量为 26~30ku 的耐热肠毒素蛋白质，它们经过 100℃加热 1h 后仍可保持部分活性，并能抵抗胃液中蛋白酶的水解作用，在消化道中也不被破坏。而在已查明原因的食物中毒事件中，由金黄色葡萄球菌肠毒素引起的食物中毒案例数在整个细菌性食物中毒案例中位居前列。编码肠毒素的基因可作为检测金黄色葡萄球菌的重要标靶基因。例如，Paola（2005 年）曾报道，*sea*、*sec*、*sed*、*seg*、*seh*、*sei*、*sej*、*sel* 等肠毒素基因均可用于检测金黄色葡萄球菌，而且每个 PCR 体系灵敏度可达到 1pg DNA。

6. 食源性病毒的 PCR 检测技术

食源性病毒的检测对食品安全体系的完善、预防人类食源性病毒病的发生具有重要意义。目前常用于病毒检测的方法包括电镜观察、细胞培养、核酸杂交、酶联免疫及聚合酶链式反应（PCR）等。电镜观察、核酸杂交及酶联免疫检测方法的灵敏度相对较低，还不能单独应用于检测。细胞培养法的操作烦琐，需时较长，一般需要一周才能观察到细胞病理反应，而且许多肠道食源性病毒不能进行细胞培养，或者可以培养但不出现细胞病理效应，这给检测工作带来了很大的困难和挑战。目前食源性病毒的分子检测以 PCR 方法为主，特别是 RT - PCR，这是因为大多食源性病毒是 RNA病毒。

PCR 作为一种灵敏的分子生物学技术，已逐步应用于食源性病毒的检测。为提高检测敏感性和特异性，还不断地对传统 RT - PCR 进行改进，建立了套式、半套式 RT - PCR、多重引物 RT - PCR、内标定量 RT - PCR 等方法，大大提高了检测的效率和实用性。用这些方法检测病毒核酸后，再用凝胶电泳和 Northern 杂交法对扩增产物进行验证。例如，Kellogg 等人建立的 RT - PCR - DNA 酶免疫法（RT - PCR - DELA），其特点是用一种对热稳定的聚合酶代替反转录酶和 *Taq* 聚合酶，用地高辛 - dUTP 标记终产物，然后用微孔杂交法验证。相比较 Northern 杂交，扩增后用 DELA 法进行验证的速度很快，所需时间不到 4 小时，而一般 Northern 杂交需要 1 ~ 2d 的时间。

第二节　基因芯片技术及其应用

基因芯片（gene chip）技术是 20 世纪 90 年代兴起的前沿生物技术。1994 年世界上第一张商业化基因芯片由 Affymetrix 公司推出。1995 年 Science 杂志首次报道了用基因芯片同时检测拟南芥多个基因表达水平的研究成果。

基因芯片也称 DNA 芯片、DNA 微阵列（DNA microarray）、寡核苷酸阵列（oligonu-cleotide array），是在一张表面修饰好的、微小的基片（硅片、玻片、塑料片等）表面，根据不同的实验目的，选择、排布核酸探针的策略，集成了大量的 DNA 分子识别探针，能够在同一时间内平行分析大量的基因，进行大信息量的筛选与检测分析。这些 DNA分子探针可以是基因组 DNA、cDNA 或脱氧寡核苷酸片段等，用于构成不同类型的基因芯片，如用于基因多态位点（SNP）、基因突变检测、基因测序的寡核苷酸芯片；用于定量监测大量基因表达水平的 cDNA 表达谱或 EST 检测芯片；用于基因作图、物种鉴定和进化分析的 DNA 芯片等。基因芯片中单一探针的工作原理与经典的核酸分子杂交方法是一致的，都是应用已知核酸序列作为探针与样品中未知的互补靶核苷酸序列杂交，通过随后的信号检测进行定性与定量分析。

基因芯片主要技术流程包括：基片的选择与芯片制备、靶基因的标记、芯片杂交与杂交信号检测、杂交信号的分析和生物信息的获取等。

一、基因芯片的制备和检测

（一）芯片载体的表面修饰

芯片载体是用于连接、吸附或包埋各种生物分子，并使其以固相化的状态进行反应的固相材料。载体通常是片状或膜状的。作为载体材料必须符合下列要求：①表面具有多种活性基团，便于与各种生物分子连接；②具有良好的光学特性，以便于透射光或反射光的测量；③单位载体表面上有最佳结合容量；④是物理和化学的惰性材料，不会干扰表面生物分子的功能和化学反应；⑤有足够的机械强度，能耐受一定的压力；⑥具备良好的生物兼容性。

载体材料有4类：无机材料、天然有机聚合物、人工合成的高分子聚合物、高分子聚合薄膜。目前，常用的有玻璃片、金属片，高分子材料薄膜（如尼龙膜）等，但以玻璃片和尼龙膜的应用最为广泛。

载体的修饰即载体的活化，是通过化学反应在载体表面键合上各种各样的活性基团，形成具有不同生物特异性的亲和表面，以共价偶联不同类型的生物分子，如蛋白质、核酸、多肽等。

（二）芯片阵列制作方式

芯片阵列的制作方法主要有：①点接触法。将纯化的、合成好的样品（如 cDNA 或寡核苷酸等）通过机械手直接点在载体上。②喷墨法。以定点供给的方式，通过压电晶体或其他推进形式从最小的喷嘴中将生物样品喷射到玻璃载体上，但喷嘴不与芯片直接接触。所加的样品需要事先合成并纯化。③光刻原位合成法。将半导体工业中的光蚀刻技术和 DNA 的化学合成方法相结合，在芯片点阵的原位上合成 DNA。该法的主要缺点是需要花费大量的时间去设计和制造价格很高的照相掩蔽网。④分子印章合成法。是一种载片压印半自动合成 DNA 芯片的装置，即采用分子印章，多次压印及原位定点合成 DNA 制备基因芯片。

（三）杂交探针的种类

基因芯片检测应用的是核酸分子的杂交原理，因此需要制备探针，以便直接检测靶基因。

1. 分支探针

一般而言，这类探针分子具有两种功能区，即识别区和报告区。一般有两类杂交法：①同时采用两种探针，一种为捕捉探针，将其固定在载体上，另一种探针的一半为识别序列，可识别并与靶分子结合，一半则与捕捉探针互补结合；②直接将带识别靶序列的探针固定在载体上，兼起捕捉作用。

探针除了有识别序列外，还需引入报告分子以供信号检测源检测。为此，可选用一个带有多官能基团的分支探针，每一个分支均与一个报告分子连接；分支探针的另一端则留出一个官能基团与载体上已固定的寡核苷酸探针（相当于上面提到的捕捉探针）相连。分支探针的使用使杂交信号得以成倍放大（图7－5）。

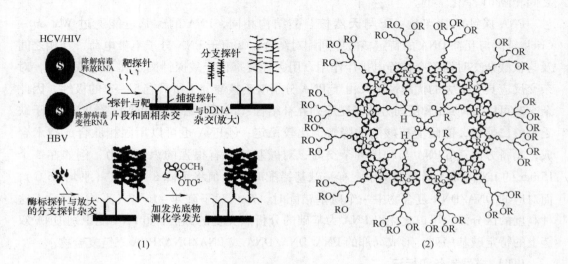

图7－5　分支探针放大信号原理

（1）多探针夹心杂交原理；（2）含12个三联吡啶络合物的发光分子

2. 分子信标

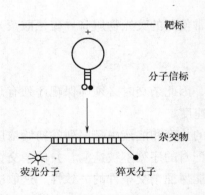

图7－6　分子信标工作原理示意图

● 猝灭剂分子Q；○ 荧光素分子F

这是一种设计巧妙的新型荧光标记核酸探针。在长度为15～30mer的序列特异性的寡核苷酸探针的3′端及5′端，分别加上5～8mer长度的互补序列，称为茎秆区。在自由状态时，由于茎秆区的存在，使探针分子形成发夹状结构，所以又称为发夹式探针。其形状又像海面上的灯塔，也有人将这类探针称为分子灯塔。在分子信标的5′端及3′末端分别连接荧光素分子（F）及猝灭剂分子（Q），在分子处于自由态时，发夹结构的存在将两末端拉在一起，从而使F与Q靠近。由于分子共振和能量转移，使F和Q之间的能量传递交换几乎达到100%，荧光被猝灭。当体系中加入靶分子时，由于分子信标中的环状区与靶分子的序列完全互补，形成异源双链杂交体时，信标茎秆区也随之被拉开，F与Q之间的距离增大，信标分子的荧光几乎100%恢复，所以分子信标在杂交前后的信号/背景比值差别极大（图7－6）。

3. 肽核酸探针

肽核酸（peptide nucleic acid，PNA）是以中性酰胺键为骨架的一类新的寡核苷酸的类似物。PNA 与寡核苷酸的磷酸二酯键骨架不同的是它以甘氨酸结构单元为骨架；PNA 中的碱基部分则通过亚甲基羰基与主骨架相连，碱基与骨架间隔 3 个化学键，相邻碱基之间相隔 61 个化学键。

PNA 探针的特点是：①与天然核苷酸结构相同，PNA 的碱基也能通过 Watson – Crick 氢键与互补 DNA 的特定核酸序列配对结合；②由于 PNA 分子不带电荷，互相之间及与核酸杂交时均不存在静电排斥作用，用它代替寡核苷酸探针固定在芯片载体上，对杂交反应具有更大的优越性；又由于 PNA 分子缺乏核酸分子所具有 5′→3′的极性，因此杂交时可以正向或/和反向方式与靶序列互补结合（以反向结合占优势）；③PNA 由于缺乏磷酸二酯键，能耐受核酸酶的降解，比较稳定；④PNA 也可以用固相肽合成技术合成，制备方便；⑤PNA 与靶序列杂交时，对碱基错配有很强的识别能力，例如在一个 15mer 的 PNA/DNA 异源双链中，有一碱基错配时，T_m 值将下降 8～20℃（平均 15℃），而对应的 DNA/DNA 复合物中一个碱基错配时，T_m 值只下降 4～16℃（平均 11℃），这种高度的区分能力可以建立以 PNA 为基础的分析点突变的方法；⑥PNA 能识别 DNA 双链上的特定碱基序列，形成局部的 PNA/DNA/DNA 或 PNA/DNA/PNA 三链复合物。

（四）样品制备和标记

在使用基因芯片检测前，待测样品需要经过体外扩增并加以标记才能使靶基因杂交后有足够的信号强度供检测用。靶基因体外扩增的方法很多，但常用的仍然是 PCR 方法。

样品的标记物主要还是采用荧光物质标记。目前常使用的荧光物质有异硫氰酸荧光素、罗丹明、HEX、TMR、FAM、Cy3、Cy5 等。

（五）杂交

杂交反应速度与溶液中靶序列的初始浓度成正比，因此杂交时必须确保靶序列有足够高的浓度。提高靶序列的浓度可以加快杂交的反应速度。

由于常规的杂交反应受到探针的解链温度、探针的长度和溶液中靶序列的初始浓度的影响，因此必须选择最理想的条件以尽可能使正确配对的序列不被遗漏，并使杂交错配降到最低。探针必须具有相似的解链温度，这样才能保证杂交条件的一致性，这取决于探针的组成和长度。有时即便探针的长度相同，但由于（G + C）含量存在差异，也会产生不同的解链温度，从而导致杂交时不同探针的反应动力学出现差异。

杂交后，应尽快在严谨条件下洗涤，以去除未杂交的残留核酸样品。

（六）杂交信号采集和处理

一般基因芯片杂交信号种类有：①荧光标记（单标或双标）的靶 DNA（FITC、Cy3、Cy5 等）检测，如 FITC/Cy3、FITC/Cy5、Cy3/Cy5；②酶标的靶 DNA（灰度图像分析）；③其他种类的靶分子标记（单彩色或多彩色），如化学发光、放射性核素标记、电化学等。

不同的杂交信号，检测扫描装置也有所不同。目前，商业化的芯片扫描仪主要有两类：激光共聚焦芯片扫描仪和电荷耦合元件（CCD）芯片扫描仪。对芯片上的杂交信号进行扫描时，应注意以下问题。

（1）芯片保持洁净。由于芯片扫描仪有极高的灵敏度和分辨率，污染物会引起噪声和背景，故在芯片制作、杂交和清洗过程中应注意恒温和恒湿，并在超净台（或罩）或超净室中进行，所用溶液和试剂的纯度应符合规定并过滤除菌。

（2）细胞或组织样品测定时会产生较高的背景噪声。

（3）芯片完成杂交和清洗反应后应立即测定，防止靶分子降解和荧光猝灭。

（4）芯片扫描仪应放置平稳，防止外源性震动。

（七）生物信息的分析和提取

芯片扫描数据的采集、处理、分析和报告是芯片检测的重要环节。一张汇集了数十个到数千个点识别分子的芯片，它们杂交后的光密度值必须及时收集和处理；如果芯片采用多色荧光染料标记，还必须具备和处理各种荧光强度的比例信息，因此，必须有一个专门系统来处理芯片的数据。完整的数据系统由以下几个步骤组成。

1. 图像分析和数据提取

扫描得到的图像是数字文件，而不是各样品点的 OD 值、面积、OD 比值等数据，必须经过图像处理提取各样品点的数据，供进一步的生物学统计分析。

2. 芯片数据信息的管理

数据库管理的目的是方便地保存、管理和查询数据信息。管理系统应保存下列信息：芯片各点的基因名称、基因的碱基序列或功能的主要描述、GenBank 的基因编号、IMAGE 克隆标识、代谢途径标识、内部克隆标识、芯片各点的荧光图像、背景值、光密度值、光密度比值等；还应有芯片的制备、实验环境条件、样品的类型和制备方法、实验目的和操作者姓名等信息。

3. 芯片数据分析

通过芯片各点数据的分析比较或芯片间的数据比较来实现芯片数据的分析。DNA 芯片能同时平行分析大量的信息，包括 SNP、表达序列标签（EST）、基因克隆和其他有关细胞的基因表达等。

二、基因芯片技术在食品安全检测中的应用

目前基因芯片技术在食品毒理学、食源性致病微生物检测等领域已有较广泛的应用。

在食品毒理学方面，利用已知毒性物质的响应基因所产生的标准信号的基因芯片系统，可对食品中的毒性物质进行定性和定量的检测。目前基因芯片可以对食品中的多环芳烃、生物毒素、雌激素及受体激动素等有毒化合物进行分析。

基因芯片分析技术也可用于食源性致病菌的检测。这种方法的主要优点是可以同时检测多种食源性致病菌或某种食源性致病菌的多种致病基因。常规的 PCR 检测方法一般只能够检测一种基因，而只是通过一个基因进行菌种鉴定的检测方法在特异性方面存在一定的不足。例如，只有同时检测到大肠杆菌 O157：H7 的 *slt* I 和 *slt* II、*eae* 基因、*rfb*E 基因、*fliC* 基因时才能够鉴定为大肠杆菌 O157：H7。此外，基因芯片技术还可以同时检测相关细菌的全基因组变化，从而快速、准确、全面的检测和鉴定食物中的病原菌的基因表达情况。

例如，Sergeev 等研制了一种能够检测 4 种弧形杆菌属、6 种李斯特菌、16 种金黄色葡萄球菌肠毒素和 6 种产气荚膜梭菌毒素的 DNA 芯片，其中对单增李斯特菌纯培养的检测限仅为 200CFU/g。Volokhov 等以单增李斯特菌的 6 个细菌毒力因子基因（*iap*、*hly*、*inl*B、*plc*A、*plc*B 和 *clp*E）为靶基因建立了检测和鉴别李斯特菌的基因芯片技术，利用这种技术可简便、迅速地鉴别李斯特菌属 6 个种的基因型。Borucki 等用 585 个探针构建了一个混合的基因组芯片，通过对 24 株单核增生李斯特菌的分析表明，该方法检测致病性单核增生李斯特菌的效果非常好，不仅可以区分单核增生李斯特菌的主要血清型，而且可以鉴别同一血清型的不同菌株。靳连群等运用寡核苷酸微阵列技术，可同时快速地检测沙门菌、单核细胞增生李斯特菌、副溶血性弧菌、金黄色葡萄球菌、变形杆菌、蜡样芽孢杆菌、空肠弯曲菌等 11 个属的常见食源性病原菌，而且检测的特异性高达 96.2%。

在食源性致病病毒检测领域，目前我国已在国际上首次研制出具有自主知识产权、能同时检测通过食品传播的诸如病毒、甲肝病毒、轮状病毒、星状病毒和脊髓灰质炎病毒等 5 种病毒的芯片检测方法，研制了相应的检测试剂盒，并开发出专用的基因芯片检测软件。

需要指出的是，基因芯片技术像其他新兴技术一样，也有一定的缺点。例如，背景干扰比较大、2 个染料与 DNA 标记时效果不同、从不同细菌中分离出来的 RNA 的完整性不同、实验费用高和结果分析方法的不一致等。但是作为分子生物学领域的一个崭新技术，由于其可以在一种食品中同时鉴定大量的、不同的病原菌，并且检测它们的毒力基因和抗生素耐受基因等，因此基因芯片技术必将在食品安全监测领域起到越来越大的作用。

第三节　生物传感器检测技术

根据国家标准 GB/T 7665—2005《传感器通用术语》的定义，传感器（transducer/sensor）是指能感受规定的被测量件并按照一定的规律（数学函数法则）转换成可用信号的器件或装置。

生物传感器（biosensor）是利用生物反应特异性的一种传感器，更具体地说，是一种利用生物活性物质选择性地识别和测定相对应的生物物质的传感器。生物传感器技术作为一种新型的检测方法，与传统的检测方法相比较，具有以下几个主要特点：①专一性强、灵敏度高；②样品用量小，响应速度快；③操作系统比较简单，容易实现自动分析；④便于连续在线监测和现场检测；⑤稳定性和重复性尚有待加强。

按分子识别系统中生物活性物质的种类，生物传感器主要可以分为酶传感器、微生物传感器和免疫传感器等。以下就 DNA 生物传感器作详细介绍。

近年来，基于 DNA 双链碱基互补原理发展起来的 DNA 生物传感器受到了广泛的重视，目前已开发出无需标记、能给出实时基因结合信息的多种 DNA 传感器。这是一种利用 DNA 分子作为敏感元件，并将其与电化学、表面等离子体共振和石英晶体微天平等其他传感检测技术相结合的传感器。

1. DNA 生物传感器的原理

DNA 生物传感器的原理是在基片上固定一条含有十几个到上千个核苷酸的单链 DNA，通过 DNA 的分子杂交，对另一条含有互补碱基序列的 DNA 进行识别，并结合为双链 DNA。然后通过转化元件将杂交过程所产生的变化转化为电信号，根据杂交前后电信号的变化量，计算得到被检 DNA 的含量。由于杂交后双链 DNA 的稳定性高，在传感器上表现出的物理信号，如电、光、声、波等，一般都较弱，因此有的 DNA 生物传感器需要在 DNA 分子之间加入嵌合剂，以提高物理信号的表达量。

2. DNA 生物传感器的分类

DNA 生物传感器主要可以分为修饰电极 DNA 传感器、压电晶体 DNA 传感器和光学 DNA 生物传感器等类型。

（1）修饰电极 DNA 传感器　该传感器由一个支持 DNA 片段（探针）的电极（如玻碳电极、金电极、碳糊电极和裂解石墨电极等）和检测用的电活性杂交指示剂（DNA 嵌合剂）构成。固定在电极表面上的 DNA 探针分子与靶序列选择性地杂交，能够引起电极上电流值的变化。通过对杂交前后的电流值变化计算，就可实现对待检靶序列杂交的检测。这类传感器具有以下特点：①固定在电极上的 DNA 可以重复使用；②由于单链 DNA 与其互补链的杂交具有高度的特异性，因此该传感器具有极强的分子识别功能，并能用于分离纯化基因；③响应速度快，且不需要特殊仪器，但一般需要加入嵌合剂。

（2）压电晶体 DNA 传感器　该传感器的理论基础是：石英谐振器表面质量的变化与频率的变化成负相关。在石英谐振器表面固定一条单链 DNA，通过对另一条含有互补碱基序列的 DNA 的识别与杂交，结合成双链 DNA，然后通过检测石英谐振器的频率变化，实现对 DNA 的定性与定量测定的目的。该类传感器具有以下特点：①结合了电子学、声学及分子生物学等研究成果的一种新型的基因检测技术；②不需要任何标记，而且仪器操作简便，可以进行实时监测；③作为表面敏感的质量传感器，已获得了较好的商业化开发，如瑞典的 Q – sense 系列。

（3）光学 DNA 生物传感器　该类传感器又可分为光纤 DNA 生物传感器、光渐消逝波 DNA 生物传感器、表面等离子体共振 DNA 生物传感器等类型。

①光纤 DNA 生物传感器：作用机理是利用石英的表面特性先接上一个联接物，然后将单链 DNA 连在光纤端面上，与目的基因进行杂交，杂交后的双链 DNA 经过嵌合剂所产生的光效应的变化，实现对目标物的检测。常用的杂交嵌合剂是吖啶染料、溴化乙锭及其衍生物。光纤 DNA 生物传感器是 DNA 生物传感器中最新发展起来的一种技术。目前已成功用于对食品中大肠杆菌、金黄色葡萄球菌和鼠伤寒沙门菌等致病菌的检测。尤其是对食品中肉毒杆菌毒素 A 的检测，其检测限可达 5ng/mL，且一次样品的测定时间仅需要 5min。

②光渐消逝波 DNA 生物传感器：转换元件也是一种光纤传感器。这种传感器是将 16～20 个碱基的寡核苷酸结合在波导管的表面，利用光渐消逝波原理，可以检测荧光标记 DNA 片段的互补序列并达到 nmol 级的水平。该传感器在一次测定完成后，将传感器表面加热，就可使在杂交过程中结合的样品中的 DNA 片段变性解离下来，这样传感器就可进行下一个样品的再次测定。

③表面等离子体共振 DNA 生物传感器：原理是利用表面等离子体共振（SPR）技术。通常在几十纳米厚的金属（如金、银等）表面固定一条单链 DNA，当待测液中存在其互补配对的 DNA 序列时，二者就进行结合，这时金属表面与溶液界面的折射率上升，导致共振角度发生变化。如果固定入射光角度，就能根据共振角的改变程度实现对 DNA 分子的定量检测。该传感器灵敏度高，可达到 nmol/L 水平，能检测食品中的肉毒杆菌 A 或其他特异 DNA。目前已有商业化生产的产品，如美国通用公司的 BIAcore™、瑞士万通 AutoLAB™等。

3. DNA 生物传感器的特点

与传统的核酸检测技术相比，DNA 生物传感器具有以下几个主要特点。

（1）特异性强、灵敏度高、污染少　DNA 生物传感器是根据 DNA 碱基互补原理设计的，因此其特异性非常强。DNA 生物传感器可以对靶物质直接进行检测，并结合 PCR 技术和 DNA 嵌合剂的使用，提高检测的灵敏度，实现对低拷贝核酸的检测。DNA 生物传感器一般不需要同位素等标记，可以避免有害物质的污染。

（2）可以进行液相杂交检测　常规的核酸检测主要是固相杂交，而 DNA 生物传感器可以直接在液相中进行反应，并通过声、光、电等信号的变化，对靶 DNA 进行定量的检测。

（3）可以进行 DNA 实时检测　把 DNA 传感技术与微流控芯片技术相结合，对 DNA 的动力学反应过程可以随时进行监测，并可以对 DNA 进行定量、定时的测定，因此可以实现对 DNA 分析的在线和实时监测。

（4）可以对生物活体内的核酸进行动态监测　目前尚缺乏对生物活体内的核酸直接进行研究的技术，DNA 生物传感器为活体内核酸代谢转移等动态过程的研究提供了可能。

（5）可以进行大量 DNA 的智能化检测　DNA 生物传感器与人工神经网络技术相结合，可以筛选出选择性和活性更高的敏感元件，研制成对多种 DNA 样品可以同时进行检测的多功能、智能化 DNA 生物传感器。

小　结

本章重点讲述了有关利用分子生物学技术检测食品中危害因子的基础知识，包括 PCR 技术的基本原理、定量 PCR 技术的优点和分类、PCR 技术在沙门菌、肠出血性大肠杆菌、单核细胞增生李斯特菌、副溶血性弧菌、金黄色葡萄球菌等食源性致病菌检测中的应用；基因芯片技术的基本原理、制备和检测技术及其在食源性致病菌检测中的应用；生物传感器的概念、特点，并针对 DNA 生物传感器作了详细介绍。

思考题

1. 利用分子生物学技术检测食源性致病细菌的主要靶基因有哪些？
2. PCR 技术的基本原理、定量 PCR 技术的主要类型和优点是什么？
3. PCR 产物的检测的主要方法及防止 PCR 污染的主要对策有哪些？
4. 利用 PCR 技术检测食源性致病细菌分子检测样品的处理有哪些主要要求？
5. 利用 PCR 技术检测食源性致病菌的优点和特点是什么？
6. 基因芯片技术的基本原理、制备和检测技术及其在食源性致病菌检测中的应用的特点和优点是什么？
7. 生物传感器的概念及其主要特点是什么？

第三部分　食品安全管理与控制体系

第八章　食品安全管理体系

第一节　概　述

在 21 世纪初期，食物安全问题成为一个国际问题，需要国家间的密切合作，设立一致同意的标准并建立跨国监控系统。过去二十年来因食品安全问题带来的经验教训不断出现在食品行业中。食品生产者的关注点渐渐从种植的食品原料及采用的辅助技术转移到生产出的食品的质量。

目前消费者的行为已逐渐发生变化。消费者的意识逐渐体现在对产品赋予独特特性的需求上。他们在购买食品时不仅需要产品具有较高的膳食质量、卫生条件和健康的标准，而且他们也会去寻找来自食品生产原产地（国家或地区）的认证与保证，以及生产方法。

无论一个组织多么的专业和有效，也总有出现不可预见甚至令公司陷入重大危机的严重问题的可能性。然而，思考这些可能性的影响，并准备问题发生时的响应和解决方案，总能确保组织能更充分地应对那些意料不到的问题。危害分析和关键控制点（HACCP）系统是一个以科学为基础的系统，通过识别特定危害和行动来控制危害，以确保食品安全和质量。无论是食品行业或预防食源性疾病的卫生部门，它都被视为一个有效的工具。HACCP 体系应该在每种食品生产线中应用，以适应不同的产品和加工方式。在欧盟，HACCP 体系已被强制执行。

一、HACCP 的历史

HACCP 最初被用来确保食品的微生物安全性，进而扩大到包括食品中的化学和物理危害。近年来，随着全世界人们对食品安全卫生的日益关注，食品工业和其消费者已经成为企业申请 HACCP 体系认证的主要推动力。世界范围内食物中毒事件的显著增加激发了经济秩序和食品卫生意识的提高，在美国、欧洲、英国、澳大利亚和加拿大等国家，越来越多的法规和消费者要求将 HACCP 体系的要求变为市场的准入要求。HACCP 仅仅是一种工具，不能将其设计为一个独立程序。为了保证 HACCP 的有效性，其他工具如良好生产规范（GMP），标准卫生操作程序（SSOP）和个人卫生方案等都应执行。

　　HACCP 体系管理食品安全问题经历了两次突破。第一次突破是 W. E. Deming 博士等人开发了全面质量管理（TQM）系统，改变了 20 世纪 50 年代前日本产品的质量管理思想，其理论在提高质量、降低成本的同时，强调了总的系统方法的运用。第二次的突破是 HACCP 体系由皮尔斯伯里公司、美国航空航天局和美国陆军实验室共同提出。体系建立的初衷是为太空作业的宇航员提供食品安全方面的保障。HACCP 概念于 1971 年在美国的食品保鲜会议中被作为"推荐广泛应用"的体系为大众所知晓。1973 年美国食品与药物管理局（Food and Drug Administration，FDA）首次将 HACCP 食品加工控制概念应用于罐头食品加工中，以防止腊肠毒菌感染。1977 年，美国水产界的专家 Lee 首次将 HACCP 概念用于新鲜和冻结的水产品。

　　在 1985 年，美国国家科学院建议与食品相关的各政府机构应使用较具科学根据的 HACCP 方法于稽查工作上，并鉴于 HACCP 实施于罐头食品成功例子的经验，建议所有执法机构均应采用 HACCP 方法，对食品加工业应予以强制执行。

　　1986 年，美国国会要求美国国家海洋渔业服务处（National Marine Fisheries Service，NMFS）研订一套以 HACCP 为基础的水产品强制稽查制度。NMFS 于是执行了 MSSP（Model Seafood Surveillance Project）来制定以 HACCP 为基础的稽查系统。

　　由于 NMFS 在水产品上执行 HACCP 的成效显著，且在各方面逐渐成熟下，FDA 决定将对国内及进口的水产品业者强制要求实施 HACCP，于是在 1994 年 1 月公布了强制水产品 HACCP 的实施草案，并且正式公布一年后会正式实施，同时 FDA 也考虑将 HAC-CP 的应用扩展到其他食品上（禽畜产品除外）。

　　1995 年 12 月，FDA 根据"危害分析和关键控制点（HACCP）"的基本原则提出了水产品法规，FDA 所提出的水产品法规确保了鱼及鱼制品的安全加工和进口。这些法规强调水产品加工过程中的某些关键性工作要由受过 HACCP 培训的人来完成，该人负责制定和修改 HACCP 计划，并审查各项纪录。

　　1996 年 7 月 25 日，美国农业部食品安全检查署（FSIS）对国内外肉、禽业颁布了《减少致病菌、危害分析和关键控制点（HACCP）系统最终法规》并于当日生效，即 9CFR part 416. 417。1995 年 1 月 1 日起，凡进入欧盟的水产品除非在 HACCP 体系下生产，否则对最终产品进行全面测试。1997 年国际食品法典委员会颁布了《HACCP 体系及其应用准则》，并被多个国家采用。2001 年 1 月 19 日，美国 FDA 对果蔬汁产品实行 HACCP 原理，即 21CFR part 120，生效日期为 2002 年 1 月 22 日。2002 年 4 月 19 日，中国国家质量监督检验检疫总局发布了第 20 号令，明确提出了《卫生注册需评审 HACCP 体系的产品目录》，第一次强制性要求某些食品生产企业建立和实施 HACCP 管理体系，将 HACCP 管理体系列为出口食品法规的一部分。

二、食品法典

国际食品法典委员会（CAC）是由联合国粮农组织（FAO）和世界卫生组织（WHO）共同建立，以保障消费者的健康和确保食品贸易公平为宗旨的一个制定国际食品标准的政府间组织。自 1961 年第 11 届粮农组织大会和 1963 年第 16 届世界卫生大会分别通过了创建 CAC 的决议以来，已有 173 个成员国和 1 个成员国组织（欧盟）加入该组织，覆盖全球 99% 的人口。CAC 下设秘书处、执行委员会、6 个地区协调委员会，21 个专业委员会和 1 个政府间特别工作组。所有国际食品法典标准都主要在其各下属委员会中讨论和制定，然后经 CAC 大会审议后通过。

国际食品法典委员会已成为全球消费者、食品生产和加工者、各国食品管理机构和国际食品贸易重要的基本参照标准。法典对食品生产、加工者的观念以及消费者的意识已产生了巨大影响，并对保护公众健康和维护公平食品贸易做出了不可估量的贡献。

食品法典与国际食品贸易关系密切，针对日益增长的全球市场，特别是作为保护消费者而普遍采用的统一食品标准，食品法典具有明显的优势。因此，实施动物卫生与植物卫生措施协定（SPS）和技术性贸易壁垒协定（TBT）均鼓励采用协调一致的国际食品标准。作为乌拉圭回合多边贸易谈判的产物，SPS 协议引用了法典标准、指南及推荐技术标准，以此作为促进国际食品贸易的措施。因此，法典标准已成为在乌拉圭回合协议法律框架内衡量一个国家食品措施和法规是否一致的基准。

CAC 关注所有与保护消费者健康和维护公平食品贸易有关的工作。FAO 和 WHO 一向支持与食品有关的科学和技术研究与讨论，正因为如此，国际社会对食品安全和相关事宜的认知已提升到了一个史无前例的高度。在相关食品标准制定方面，食品法典也因此成为唯一的、最重要的国际参考标准。

在全球范围内，广大消费者和大多数政府对食品质量和安全问题的认识在不断提高，同时也充分认识到选择好的食品对健康的重要性。消费者通常会要求其政府采取立法的措施确保只有符合质量标准的安全食品才能销售，并最大限度地降低食源性健康危害风险。CAC 通过制定法典标准和对所有有关问题进行探讨，大大地促使食品问题作为一项实质内容列入各国政府的议事日程中。事实上，各国政府十分清楚若不能满足消费者对食品的要求将会带来的政治影响。

CAC 工作的最基本准则已得到了社会的广泛支持，那就是人们有权力要求他们所吃的食品是安全优质的。CAC 主办的一些国际会议和专业会议在其中发挥了重要的作用，而这些会议本身也影响着委员会的工作，这些会议包括：联合国大会，FAO 和 WHO 关于食品标准、食品中化学物质残留和食品贸易会议（同关税和贸易总协定合办），FAO/WHO 关于营养的国际大会，FAO 世界食品高峰会议和 WHO 世界卫生大会。几十年来，凡参加过这些国际性会议的各国代表已推动或承诺了他们的国家采取措施以确保食品安全和质量。

HACCP 是国际公认的食品安全控制体系。认识到 HACCP 在食品控制中的重要性，CAC 第 20 次大会（瑞士日内瓦，1993.6.28－7.7）首次讨论采纳了《HACCP 体系应用准则（Guidelines for the Application of the HACCP System）》（ALINORM93/13A，APPENDIX Ⅱ）。在该文本基础上形成的《危害分析和关键控制点（HACCP）及其应用准则（Hazard Analysis and Critical Control Point（HACCP）System and Guidelines for Its Application）》在 CAC 第 22 次大会（瑞士日内瓦，1997.6.23－6.28）上经讨论，被采纳成为现行国际推荐食品卫生通则 CAC/RCP 1－1969 Rev. 3［1997］，Amd. 1999（Recommended International Code of Practice－General Principles of Food Hygiene）的附录部分。

CAC CCFH 第 35 次会议建议将上述国际推荐食品卫生通则的相关附录更名为《HACCP 体系应用准则（Draft Revised Guidelines for the Application of the HACCP System）》（简称"HACCP 建议准则"）。CAC 第 26 次大会于 2003.6.28－7.7 在意大利罗马举行，会议通过了包括上述建议准则在内的 59 个法典标准和相关文本。

第二节　HACCP

一、HACCP 原理

HACCP 的应用与质量管理体系如（ISO 9000 系列）的应用是相容的，是食品安全管理体系中的一个可以选择的体系。

HACCP 体系运用食品工艺学、微生物学、化学和物理学、质量控制和危险性评价等方面的原理与方法，对整个食品链（从食品原料的种植/饲养、收货、加工、流通至消费过程）中实际存在的和潜在的危害进行危险性评价，找出对终产品的安全（甚至可以包括质量）有重大影响的关键控制点（CCP），并采取相应的预防/控制措施及纠偏措施，在危害发生之前就控制它，从而最大限度地减少那些对消费者具有危害性的不合格产品出现的风险，实现对食品安全、卫生（以及质量）的有效控制。食品法典委员会的下属机构——食品卫生委员会（The Food Hygiene Committee of the Codex Alimentation Commission）起草了《应用 HACCP 原理的指导书》，推行 HACCP 体系，并对 HACCP 体系中常用的名词术语、发展 HACCP 体系的基本条件、关键控制点决策树的使用等内容进行了详细的规定，其中包括目前在全世界执行的 HACCP 七项基本原理：危害分析与预防控制措施、确定关键控制点、建立关键限值、关键控制点的监控、纠正措施、验证程序、记录的保存。

（一）原理一——危害分析与预防控制措施

定义："进行危害分析，列出加工过程中可能发生显著危害的步骤表，并描述预防措施"。

危害分析与预防控制措施是 HACCP 原理的基础,是第一步工作,根据前面所学的食品中存在的危害以及相应的控制措施进行分析。但 HACCP 原理针对产品、工序或工厂具有特异性,进行危害分析时应具体问题具体分析,请专家咨询以及参考有关资料。

1. 危害分析

显著危害:极有可能发生,如不加控制有可能导致消费者不可接受的健康或安全风险的危害。

危害分析:根据加工过程的每个工序,分析是否产生显著的危害,并叙述相应的控制措施。

显著危害与危害的区别:

风险性(risk):显著危害是极有可能发生,如生吃双壳贝类则极有可能会引起天然毒素——麻痹性贝毒(paralytic shellfish poison,PSP)的中毒,这要依靠专家、经验、流行病学资料以及其他科学技术资料来支持。

严重性(severity):危害的严重程度至消费者不可接受,如食品添加剂在规定的限量之内,相对的危害程度要小,而致病菌则危害程度就高。

危害分析就是分析出显著的危害加以控制,不能分析出过多的危害,从而失去了重点。

进行危害分析时应将安全问题与一般质量问题区分开。应考虑的涉及安全问题的危害包括细菌、病毒及其毒素、寄生虫和有害生物因子的生物危害;天然的化学物质(霉菌毒素和组胺)、有意加入的化学品(食物添加剂、防腐剂、营养素添加剂、色素添加剂)、无意或偶然加入的化学品(农业上的化学药品、禁用物质、有毒物质和化合物、润滑剂、清洁化合物等)、生产过程中所产生的有害化学物质等化学危害;任何潜在于食品中不常发现的有害异物,如玻璃、金属等物理危害。

2. 控制措施

控制措施是预防措施而非纠正措施,即通过预先的行动来防止或消除食品危害的发生或将其危害降到可接受的水平,控制措施主要是针对显著危害而言的。在实践中,可以有很多方法来控制食品危害的发生。有时一个显著危害只需一种控制方法就可以控制;有时可能同时需要几种方法来控制;有时一种方法也可以同时控制几种不同的危害。一般情况下,控制措施有以下几种:生物危害的控制措施、化学危害的控制措施、物理危害的控制措施。

(1)生物危害的控制 对病原性微生物(细菌)的控制可以有以下几种措施:加热和蒸煮,可以使致病菌失活;冷却和冷冻,可以抑制细菌生长;发酵或 pH 控制,可以抑制部分不耐酸的细菌生长;添加盐或其他防腐剂,可以抑制某些致病菌生长;干燥,通过高温或低温干燥,可以杀死某些致病菌或抑制某些致病菌生长。

源头控制：从非污染区域和合格供应商（如捕捞许可证、检疫证明等）采购食品原料。

（2）化学危害的控制　源头控制：对化学危害的控制有时比控制生物危害更加困难，如农药、兽药的残留问题，一般可考虑从非污染区域和合格供应商采购食品原料，有条件的可以选择通过有机产品认证的食品原料。

加工过程控制：如合理使用食品添加剂。

（3）物理危害的控制　对物理危害的控制，一是靠预防，如通过供应商和原料控制尽可能减少杂质的掺入；二是通过金属探测、磁铁吸附、筛选、空气干燥机等方法控制；三是通过眼看、手摸等方法进行人工挑选。

危害分析工作单（表8-1）可以用来组织和明确危害分析的思路。HACCP工作小组还应考虑对每一项危害可采取哪种控制措施。

表8-1　　　　　　　　　　　　危害分析工作单

公司名称：　　　　产品描述：　　　　地址：　　　　销售贮藏方法：

签名：　　　　包装方式：　　　　日期：　　　　预期用途：　　　　消费者：

（1）	（2）	（3）	（4）	（5）	（6）
加工工序	识别本工序被引入、控制或增加的潜在危害	潜在食品危害是否显著	对第3栏的判定依据	能用于显著危害的预防措施是什么？	该步骤是关键控制点吗？（是/否）
	生物的				
	化学的				
	物理的				

（二）原理二——确定关键控制点

关键控制点（critical control point，CCP）是指对食品加工过程中的某一点、步骤或工序进行控制后，就可以防止、消除食品安全危害或使其减少到可接受水平。

实际中，可能在几个关键控制点上所采取的控制措施都是针对同一个危害的。应用CCP判断树这一逻辑推理方法很容易确定HACCP系统中的关键控制点（CCP）（见图8-1）。对CCP判断树的应用应当灵活，在生产、屠宰、加工、贮存、销售及其他不同的情况下都可应用。CCP判断树应当被用来指导确认哪些是关键控制点。本书所给的判断树可能并不一定适合于所有的情况，必要时也可使用其他的方法，为此应在使用CCP判断树之前首先进行培训。

如果在某一步骤上对一个确定的危害进行控制，这对保证食品安全是必要的，然而在该步骤及其他步骤上都没有相应的控制措施，那么，对该步骤或其前后步骤的生产或加工工艺必须进行修改，以便使其包括相应的控制措施。此处所指的食品安全危害是显著危害，需要 HACCP 来控制，即每个显著危害都必须通过一个或多个 CCP 来控制。

1. 关键控制点

关键控制点（CCP）是指进行有效控制危害的加工点、步骤或程序。有效的控制包括防止发生、消除危害和降低到可接受水平。

（1）防止发生　如改变食品中的 pH 到 4.6 以下或添加防腐剂，可以使致病性细菌不能生长；冷藏或冷冻能防止细菌生长；改进食品的原料配方，以防止化学危害如食品添加剂危害的发生。

（2）消除危害　加热杀死所有的致病性细菌；冷冻到 −38℃ 可以杀死寄生虫；金属检测器消除物理的危害。

（3）降低到可接受水平　有时候有些危害不能全部、完全防止发生或可消除，只能减少或降低到一定水平。如对于生吃的或半生的贝类，其化学、生物学的危害只能从开放的水域以及捕捞者的控制、贝类管理机构的保证来控制，但这绝不能保证防止发生，也不能消除。

2. 控制点

控制点（control point，CP）指能控制生物、物理或化学因素的任何点、步骤或工序。

控制点（CP）可包括所有的问题，而 CCP 只是控制安全危害。在加工过程中许多点可以定为控制点，而不一定为 CCP，控制点是对于质量（如风味、色泽）等非安全危害的控制点。企业可以根据自己的情况，对有关质量方面的 CP 通过 TQA、TQC 或 ISO 9000 来进行控制。

但应注意，控制太多的点就失去了重点，会削弱影响食品安全的 CCP 的控制。关键控制点肯定是控制点，但并不是所有的控制点都是关键控制点。

3. CCP 判断树（CCP decision tree）

通过上面所进行的危害分析，我们已知道什么是显著危害，以及采取什么样的预防措施来防止危害发生。但是危害介入的步骤，不一定就在该加工步骤进行控制，而可能在随后步骤或工序上控制其危害，那么后面的工序就是 CCP。确定 CCP 容易混淆，可用 CCP 判断树来确定 CCP。图 8 −1 为 CCP 判断树。

判断树四个连续问题组成：

问题 1. 在加工过程中存在的确定的显著危害，是否在这步或后步的工序中有预防措施？如果有，回答问题 2；如果无，则回答是否有必要在这步控制食品安全危害。如果回答"否"，则不是 CCP；如果回答"是"，则说明加工工艺、原料或原因不能控制保证必要的食品安全，应重新改进产品等设计，包括预防措施。另外只有显著危害，而又没有预防措施，则不是 CCP，需改进。

但有些情况，的确没有合适的预防措施。这种情况进一步说明 HACCP 不能保证

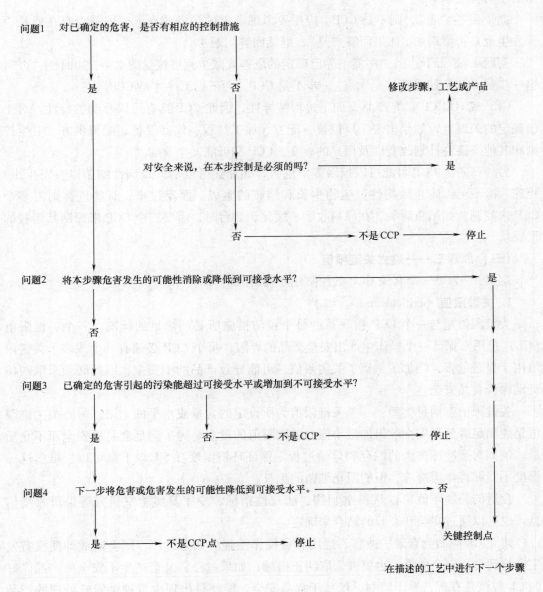

图 8-1　CCP 判断树

100% 的食品安全。

　　问题 2. 这一加工步骤是否能消除可能发生的显著危害或降低到一定水平（可接受水平）？如果回答"是"，还应考虑一下，这步是否最佳，如果是，则是 CCP；如果回答"否"，则回答问题 3。

　　问题 3. 是否已确定的危害能影响判定产品的可接受水平，或者这些危害会增加产品的不可接受水平？

如果回答"否"，则不是 CCP。应主要考虑危害的污染或介入，即是否存在或是否要发生或是否要增加。如果回答"是"，继续回答问题 4。

问题 4. 是否下边的工序能消除已确定的危害或减少到可接受的水平？如回答"否"，这一步是 CCP；如回答"是"，这一步不是 CCP，而下道工序才是 CCP。

CCP 或 HACCP 具有产品、加工过程特异性，因此 CCP 具有可以改变的特性。对于已确定的关键点，如果出现工厂位置、配方、加工过程、仪器设备、配料供方、卫生控制和其他支持性计划改变以及用户的改变，CCP 都可能发生改变。

另外，一个 CCP 可能可以控制多个危害，如加热可以消灭致病性细菌以及寄生虫；冷冻、冷藏可以防止致病性微生物生长和组胺的生成。而反过来，有些危害则需多个 CCP 来控制，如鲭鱼罐头，在原料收购、缓化、切台时，需要三个 CCP 来控制其组胺的形成。

（三）原理三——建立关键限值

定义："为每一个有关 CCP 的预防建立关键限值"。

1. 关键限值（critical limits，CL）

关键限值是与一个 CCP 相联系的每个预防措施所必须满足的标准。一个关键限值（CL）是用来保证一个操作生产出安全产品的界限，每个 CCP 必须有一个或多个关键限值用于显著危害，当加工偏离了关键限值，可能导致产品的不安全，因此必须采取纠偏行动保证食品安全。

关键限值有两种类型：一类关键限值为所设定的含量或水平的上限；另一类关键限值是能满足降低到安全效果的最小值。关键限值的设立是为了满足食品的安全而不是质量。例如对于冷冻禽肉的贮存和运输过程，保证环境温度在5℃以下就可以，虽然这一温度不能够将禽肉冷冻，但能阻止细菌的生长。

合适的关键限值可以从科学刊物、法规性指标、专家及实验室研究等渠道收集信息，也可以通过实验和经验的结合来确定。

建立 CL 应做到合理、适宜、适用和可操作性强。如果过严，则会造成即使没有发生影响到食品安全危害，也要去采取纠正措施；如果过松，又会产生不安全的产品。好的 CL 应该是直观、易于监测、仅基于食品安全、能使只出现少量被销毁或处理的产品就可采取纠正措施、不能违背法规、不能打破常规方式，也不是卫生规范要求或质量保证措施。

微生物污染在食品加工中是经常发生的，但设一个微生物限度作为一个生产过程中的 CCP 的关键限值是不可行的，微生物限度很难控制，而且确定偏离关键限值的试验可能需要几天时间，并且样品可能需要很多才会有意义，所以设立微生物关键限值由于时间的原因不能被用于监控。通常可以通过温度、酸度、水分活度、盐度等来控制微生物的繁殖和污染。

2. 操作限值（operation limits，OL）

OL 是比 CL 更严格的限度，是操作人员用以降低偏离风险的标准。如果监控说明 CCP 有失控的趋势，操作人员应采取措施，在超过关键限值之前使 CL 得到控制，操作人员采取这样一种措施的名称为操作限值（OL）。OL 应当确立在 CL 被违反之前所达到的水平。OL 与 CL 不能混淆。

OL 可以根据各种理由选择。从质量方面考虑，例如提高油温以后既可以改进食品风味，又可以控制微生物。避免超出 CL，如高于 OL 的烹饪温度应当用来提醒操作人员温度已接近 CL，需要进行调整。考虑正常的误差，如油炸锅温度最小偏差为 2℃，OL 确定比 CL 相差至少大于 2℃，否则无法操作。

某工厂 CCP 油炸工序的关键限值为：油温≥105℃、时间≥3min，以确保肉丸中心温度≥66℃并维持 1min。设立的操作限值为油温≥110℃、时间≥3.5min。

加工工序应当在超过 OL 时进行调整，以避免违反 CL，这些措施称为加工调整。加工人员可以使用加工调整以避免失控和采取纠偏行动的必要，及早地发现失控的趋势，并采取行动，可以防止产品返工或造成废品，只有在超出 CL 时才能采取纠偏行动。

（四）原理四——关键控制点的监控

定义："建立 HACCP 监控要求，建立根据监控结果的加工调整和维持控制的过程"。

监控（monitoring）是指按照制订的计划进行观察或测量来判定一个 CCP 是否处于受控之下，并且准确真实进行记录，用于以后的验证。

通过危害分析和预防措施确定了关键控制点（CCP），为每个 CCP 建立关键限值和操作限值后，接下来需要建立文件化的监控程序，对每个 CCP 点对应的关键限值和操作限值进行定期的测量或观察，以评估一个 CCP 是否受控，并根据监控值的变化趋势及时采取相应措施，如加工调整或采取纠正措施。

1. 监控目的

监控目的包括记录、追踪加工操作过程，使其在 CL 范围之内；确定 CCP 是否失控或是否偏离 CL，进而采取纠正措施；是一个记录说明产品在符合 HACCP 计划要求下生产的，即加工控制系统的支持性文件，而且在验证时特别是官方的审核验证是非常有用的资料。

2. 监控程序的内容

监控程序的内容包括监控对象、监控方法、监控频率以及监控人员。

在监控程序中要规定控制的目标，也就是监控对象，例如，当对温度敏感成分是关键时，则对温度进行测定；当酸化是食品生产的关键时，则测量酸性成分的 pH；当加热或冷却过程是关键时，则温度和传送速度为监控对象。监控对象可以包括观察对一个 CCP 的预防措施是否实施。例如，检查原料供应商的许可证；检查软体贝类原料容器上的标签所记的捕捞海域，确定是否来自未批准的捕捞区域等。

在监控方法中，要规定为达到控制目标所使用的方法以及仪器设备。监控必须提供快速的或即时的结果。而微生物学实验则既费时又费样品而且代表性意义不大，一般不作为监控方法，大多在验证和产品检验时进行微生物学方法检验。

以前的 HACCP 研究中大都仍采取微生物学监测，一般采用快速细菌分析仪等从快速检验方法着手解决时间问题。随着物理、化学方法的发展，快速、简单的物理、化学测量成为很好的监控方法，而且通过化学的、物理的监控还相应地控制了微生物，当然这需要有科学依据以及实验结果、专家评审等支持性文件。

一般常用的测量仪器有：温度计（自动或人工）、钟表、pH 计、水分活度计（A_w）、盐量计、传感器以及分析仪器。测量仪器的精度、相应的环境以及校验都必须符合相应的要求或被监控的要求。由于监测量仪器产生的误差，在制定 CL 值时应加以充分考虑。

在监控程序中应规定监控频率。监控可以是连续的，也可是非连续的。当然连续监控最好，如自动温度记录仪、时间记录仪、金属探测仪，因为这样一旦出现偏离或异常，偏离操作界限就采取加工调整，一旦偏离关键界限就采取纠正措施。例如，采用温度记录仪可以对蟹肉巴氏杀菌全过程的温度/时间实现监控和记录；采用金属探测器对产品进行金属杂质的连续监控等。应注意，连续检测仪器的本身也应定期查看，自动记录的监控周期越短越好，因为它影响产品的返工和损失，监控这些自动记录的周期至少能使不正常的产品进入装运前就能被分离出。有的自动监测设备同时装有报警装置，就不影响产品的安全，不用人工监控自动记录。

当不可能连续监控一个 CCP 时，例如罐内最大装罐量、初温的监控等，缩短监控的时间间隔，对监控可能发生的关键限值和操作限值的偏离是很有效的一种手段。

制定 HACCP 计划时，明确监控人员以及监控责任是另一个重要的考虑因素。从事 CCP 监控的人员可以是：流水线上的人员、设备操作者、监督员、维修人员或质量保证人员。作业的现场人员进行监控是比较合适的，因为这些人在连续观察产品的生产和设备的动作中，能容易地发现异常情况的发生。同时，HACCP 活动中有现场人员参与，有利于 HACCP 计划的理解和执行。CCP 监控人员必须满足：①受过 CCP 监控技术的培训；②充分理解 CCP 监控的重要性；③在监控的方便岗位上作业；④能对监控活动提供准确报告；⑤能及时报告 CL 值偏离情况，以便迅速采取纠正措施。

监控人员的责任是及时记录监控结果、报告异常事件和 CL 值偏离情况，以便采取加工过程调整或纠正措施。所有 CCP 的有关记录必须有监控人员的签名。

另外，在监控程序中应规定审核负责人，审核人员负责对监控记录进行审核，并在审核记录上签字。监控记录必须予以保存，它可以用来证明产品是在符合 HACCP 计划要求的条件下生产的，同时，为将来的验证提供必需的资料。

（五）原理五——纠正措施

定义："当从关键限值发生偏离时，要采取纠偏行动"。

纠正措施是在关键控制点（CCP）上，监控结果表明失控时所采取的任何措施。它由两部分组成，即纠正和消除偏离的原因，使 CCP 恢复控制，防止偏离再发生，必要时，调整加工工艺，修改 HACCP 体系；隔离、评估发生偏离期间生产的产品，并进行处置。

纠正措施的目的是必须使 CCP 重新受控。纠正措施既应考虑眼前须解决的问题，又要提供长期的解决办法。眼前方法主要用于恢复控制，并使加工在不再出现 CL 值偏离或出现意料之下重新开始，但仍须确定偏离的原因，防止其再次发生。如果 CL 值屡有偏离或出现意料外的偏离时，应调整加工工艺或重新评估 HACCP 计划，看其是否完善，必要时，修改 HACCP 计划，彻底消除使加工出现偏差的原因或使这些原因尽可能减到最小。对所采取的纠正措施必须及时进行内部沟通，使工人得到纠正措施的明确批示。而且这些指示应当成为 HACCP 计划的一部分，并记录在案。

对在加工出现偏差时所生产的产品必须进行确认和隔离，并确定处理这些产品的方法。这一点不同于加工调整，加工调整不涉及产品。可以通过以下四个步骤对产品进行处理或用于制订相应的纠正措施计划：①确定产品是否存在安全方面的危害，根据专家的评估，或根据物理的、化学的、微生物的测试（注意取样方法必须有代表性）；②根据以上评估，如产品不存在危害，可以解除隔离和扣留，放行出厂；③根据第一步评估，如产品存在潜在的危害，则确定产品可否再加工、再杀菌，或改作其他目的的安全使用；④如不能按上一步骤进行处理，产品必须予以销毁。

纠正措施应由对过程、产品和 HACCP 计划有全面理解、有权力做出决定的人来负责实施。如有可能的话，在现场纠正问题会带来满意的结果。有效的纠正措施依赖于充分的监控程序。

纠正措施记录：HACCP 计划应该包含一份独立的文件，其中所有的偏离和相应的纠正措施应以一定的格式进行记录。记录可以帮助企业确认再发生的问题和 HACCP 计划被修改的必要性。另外，纠正措施记录提供了产品处理的证明。记录可采用纠正措施报告表的形式。纠正措施记录应该包含以下内容：产品确认（如产品描述、隔离扣留产品的数量）；偏离的描述；所采取的纠正措施，包括受影响产品的最终处理方式；采取纠正措施的负责人的姓名；必要时要有评估的结果。

（六）原理六——验证程序

定义："制定程序来验证 HACCP 体系的正确运作"。

验证是指除了监控方法以外，用来确定 HACCP 体系是否按照 HACCP 计划运作或者计划是否需要修改以及再被确认生效使用的方法、程序、检测及审核手段。HACCP 验证的主要内容包括四个方面：一是 HACCP 计划的确认；二是 CCP 点的验证；三是 HACCP 体系的验证；四是微生物抽样验证。

1. HACCP 计划的确认

HACCP 计划的确认包括对如下内容的复查与确认：危害分析工作单、CCP 点的确定与建立 CL 的依据、监控方法的确定、纠偏措施的确定、记录的真实性和合理性及记录的保存和验证活动的确认。

2. CCP 点的验证

包括设备准确性及校对记录的验证检查，CCP 点的监控记录复查验证，现场操作验证并进行相关 CCP 监控人员的考核和设备的检查。此外针对一些食品安全的指标要求，抽取部分代表性的样品进行针对性取样验证。

3. HACCP 体系的验证

包括检查产品说明和生产流程图与现场是否一致；检查 CCP 是否按 HACCP 计划要求被监控；检查工艺过程在确定的 CL 内操作；检查记录是否按监控规定时间来完成的；监控活动在 HACCP 计划规定的监控位置现场执行；监控活动按 HACCP 规定的频率执行；监控表明发生 CL 偏离时采取了纠偏行动，纠偏行动按制定的纠偏措施进行纠偏；监控设备按 HACCP 计划规定频率进行校准；半成品及成品检验结果是否符合标准要求；HACCP 计划发布至今未发生关键控制点偏离情况和检查监控设备的校准。

4. 微生物抽样验证

包括成品、半成品、原辅材料等投入品及过程表面样品的微生物抽样检测。

通过以上验证检查，全部项目在 HACCP 计划的控制内有效地运行，实施的 HACCP 计划是建立在科学的基础上，并完全控制产品工艺过程中的危害，才能证明实施的 HACCP 计划是有效地，完全确保食品安全的质量管理体系。

（七）原理七——记录的保存

定义："建立有效的记录保持程序，以文件证明 HACCP 体系"。

"没有记录就等于没有发生"。准确的记录保持是一个成功的 HACCP 计划的重要部分。记录可以提供关键限值得到满足或当偏离关键限值时采取的适宜的纠偏行动。同样地，也提供一个监控手段，这样可以调整加工，防止失去控制。

1. 记录的要求

总的要求：所有记录都必须至少包括以下内容：加工者或进品商的名称和地址，记录所反映的工作日期和时间，操作者的签字或署名，适当的时间，产品的特性以及代码，加工过程或其他信息资料。

记录的保存期限：对于冷藏产品，一般至少保存一年；对于冷冻或质架稳定的商品应至少保存二年；对于其他说明加工设备，加工工艺等方面的研究报告，科学评估的结果应至少保存二年。

可以采用计算机保存记录，但要求保证数据完整如一。

2. 应该保存的记录

包括 CCP 监控控制记录，采取的纠正措施记录，以及验证记录；对于监控设备的检验记录，最终产品和中间产品的检验记录需要保存；HACCP 计划以及其他支持性材料也应保存。

3. 记录审核

作为验证程序的一部分，在建立和实施 HACCP 时，加工企业应根据要求，经过培训合格的人员应对所有 CCP 监控记录、采取的纠正措施记录、加工控制检验设备的校正记录和中间产品、最终产品的检验记录，进行定期审核。

监控记录：HACCP 监控记录是证明 CCP 处于受控状态的最原始的材料，作为管理工具，使 CCP 符合 HACCP 计划要求。监控记录应该记录实际发生的事实，完整、准确、真实，而且应该至少每周审核一次，并签字、注明日期。

纠正措施记录：一旦出现偏离 CL，应立即采取纠正措施。采取纠正措施就是消除、纠正产生偏差的原因，并将 CCP 返回到受控状态，隔离分析，处理在偏离期间生产的受影响的产品，必要时应验证纠正措施的有效性。记录这些活动是必要的，审核时主要判定是否按照 HACCP 计划去执行，应在实施后的一周内完成审核。

验证记录：对以下情况的记录应予以审核，如修改 HACCP 计划（原料、配方、加工、设备、包装、运输）；加工者评审对供方附保证或证书验证的记录，如原料来源，附有证书或保函，但在接受货物时，进行了对这些验证记录加以审核的结果；验证监控设备的准确度以及校验记录；微生物学试验结果，中间产品、最终产品的微生物分析结果；现场检查结果等。对验证记录的评审没有明显的时间限定，只是要在合理的时间内进行审核。

二、HACCP 计划

推行 HACCP 计划具有十二个基础步骤，见图 8 - 2。

（一）组成一个 HACCP 小组

HACCP 小组是建立 HACCP 计划的重要步骤，它能减少风险，避免关键控制点被错过或某些操作过程被误解。

1. HACCP 小组的主要职责

HACCP 小组承担着制定 HACCP 计划，编写 HACCP 文件，依据关键限值验证偏离，对 HACCP 计划进行内部审核，在 HACCP 系统运行过程中沟通、教育与培训员工等验证和实施 HACCP 体系的职责。

为了确保 HACCP 小组成员能完全理解 HACCP 原理，并有效开展相关活动，对 HACCP 小组成员的培训是非常重要的。

2. HACCP 小组的组长资格

HACCP 小组组长应该具备的资格包括：有食品加工生产的实际工作经验；具有微生物学及食源性疾病的基本知识；对良好的环境卫生、良好生产规范以及工业化

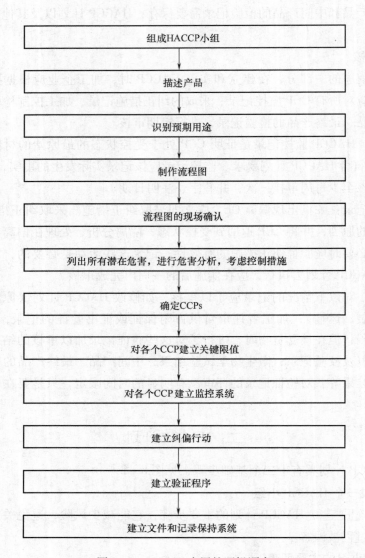

图 8 - 2 HACCP 应用的逻辑顺序

生产有科学的理解；了解与本企业产品有关的各类危害以及控制措施；了解食品加工设备基本知识；有效地表达和组织能力，确保 HACCP 小组成员完全理解 HACCP 计划。

3. HACCP 小组成员的组成

考虑到危害分析和 HACCP 计划的制定所需要的专业知识，建立 HACCP 小组要有对产品和加工有专门知识的人员和熟悉生产的现场人员，考虑到整个体系的有效运行需要各个部门之间的配合，建立 HACCP 小组需要包括企业内的各个主要部门的代表，包括来自维护、生产、卫生、质量控制等以及日常操作人员。

4. HACCP 小组的特殊人员——专家

由于危害分析需要有大量的专业技术信息作为支持，企业往往需要有对该行业熟悉的专家来作为危害分析的技术后盾。这样的专家可以是企业内部的，也可以是外部的。专家不仅要完成危害分析的技术工作，还要帮助企业验证危害分析和 HACCP 计划的完整性。专家应当能正确地进行危害分析；能识别潜在危害以及必须控制的危害；推荐控制方法、关键限值、监控、验证程序、纠偏行动；如缺乏重要信息，能指导企业开展相关的 HACCP 计划的研究工作；确认 HACCP 计划。

HACCP 小组应当积极同专家开展配合工作，同时也不能一味地依赖专家来进行 HACCP 计划的制定。毕竟外来专家熟悉的是行业层次上所呈现的技术问题，但是任何一家食品企业也都有自己企业的特殊条件、工艺和环境，不能一劳永逸地套用某一个行业模式。

（二）产品描述

HACCP 小组的最终目标是为生产中的每个产品及其生产线制定一个 HACCP 计划，因此小组首先要对特定的产品进行描述。描述食品至少应包括以下内容：品名（包括商品名以及最终产品的形式）、加工流水线、食品的成分、加工的方法、主要参数、包装形式、销售和贮存方式。

（三）产品预期用途

产品的预期用途应以用户和消费者为基础，HACCP 小组应详细说明产品的销售地点、目标群体，特别是能否供敏感人群使用。产品描述见表 8 – 2 中范例。

表 8 – 2　　　　　　　　　　　　　　产品描述

加工产品类型名称：无菌果汁

产品名称	浓缩苹果汁
重要产品特性 （水分活度、pH、盐、防腐剂等）	水分活度：0.97 pH 为 3.6 ~ 4.5 无防腐剂 添加维生素 C、有机酸
用途	即时饮用
包装	四面体多层纸板密闭包装（塑料、金属薄片、纸）
货架寿命	室温（20℃）保存 10 个月
销售地点	通过零售、宾馆、餐馆、学校销售给普通人群，包括婴儿、老人、病人及免疫缺陷的体质较弱人群
标签说明	开口后冷藏保存；无安全要求
特殊的分销控制	运输/贮藏温度范围为 5 ~ 20℃，适当的贮藏控制

确定预期用途和消费者的原因在于，不同用途和不同消费者对食品安全的要求不同。例如，对即食食品而言，某些病原体的存在可能是显著危害；但对消费前需要加热的食品而言，这些病原体就不是显著危害了。又如，有的消费者对 SO_2 有过敏反应，有的则没有这种过敏反应，因此，如果食品中含有 SO_2，就需要注明，以免具有过敏反应的消费者误食。

目前有 5 种敏感或已受伤害的人群——婴儿、老人、病人、孕妇及免疫缺陷的体质较弱人群，这些群体中的人对某些危害特别敏感。例如，李斯特菌可导致流产，如果产品中可能带有李斯特菌，就应在产品标签上注明"孕妇不宜食用"。

（四）绘制生产流程图

加工流程图是用简单的方框或符号，清晰、简明的描述从原料接收到产品贮运的整个加工过程，以及有关配料等辅助加工步骤。流程图覆盖加工的所有步骤和环节，给 HACCP 小组和验证审核人员提供了重要的视觉工具。流程图由 HACCP 小组绘制，HACCP 小组可以利用它来完成制定 HACCP 计划的其余步骤。

需要提醒的是，流程图从原料、辅料以及包装材料开始绘制，随着原料进入工厂，将先后的加工步骤逐一全部列出。HACCP 小组应把所有的过程、参数表注到流程图中，或单独编制一份加工工艺说明，以有助于进行危害分析。

（五）现场验证生产流程图

流程图的精确性对危害分析的准确性和完整性是非常关键的。在流程图中列出的步骤必须在加工现场被验证。如果某一步骤被疏忽将有可能导致遗漏显著的安全危害。

HACCP 小组必须通过在现场观察操作，来确定他们制定的流程图与实际生产是否一致。HACCP 小组还应考虑所有的加工工序及流程，包括班次不同造成的差异。通过这种深入调查，可以使每个小组成员对产品的加工过程有全面的了解。

在完成前六项步骤后，列出每一生产步骤中的所有潜在危害，并进行危害分析，考虑所有显著危害的控制措施；确定关键控制点；针对每个关键控制点建立关键限值；建立相应的监控程序；建立纠偏程序；建立验证程序；建立文件并保存记录。

三、HACCP 应用实例

在 HACCP 计划实施中，进行危害分析记录的方式有多种，可以由 HACCP 小组讨论分析危害后记录备案。表 8-3 为熏制香肠加工的危害分析工作单。可以通过填写这份工作单进行危害分析，确定关键控制点。

在进行危害分析确定关键控制点后，应将 CCP 的监控项目、纠偏行动、记录和验证等记录在 HACCP 计划表中。以下为真空包装的热熏马哈鱼为防止肉毒梭菌毒素形成设立盐渍为关键控制点，针对这一关键控制点所填写的 HACCP 计划表（表 8-4）。

表 8-3　　　　　　　　　　　熏制香肠加工的危害分析工作单

公司名称：×××有限公司　　　　储运、销售方式：0~4℃冷藏　　　　产品名称：熏制香肠

预期用途：普通消费者，直接食用　　　　公司地址：××省××市×××路××号

1	2	3	4	5	6
加工步骤	确定本步骤引入的、受控的或增加的潜在危害	潜在的食品危害是否显著（是/否）	对第三栏的判断依据	能用于显著危害的预防措施	该步骤是否为 CCP（是/否）
原料肉接收	生物：病毒、寄生虫、致病菌	是	无检疫证明的猪肉可能带有疫病、寄生虫，经过检疫的猪肉仍有可能带有致病菌	拒收无检疫证明的猪肉熏制	是
	化学：药物残留	是	猪的饲养中可能使用兽药、促生长素	拒收无检疫合格证明的猪肉	是
	物理：金属碎片、碎骨	是	屠宰、分割中可能造成金属碎片掺杂和碎骨残留	金属探测目测挑选	否
解冻	生物：无				
	化学：无				
	物理：无				
前处理	生物：致病菌	否	时间过长、温度不当引起致病菌生长	加工操作规程控制	否
	化学：无				
	物理：无				
腌制	生物：无				
	化学：过量亚硝酸盐	是	过量亚硝酸盐对人体有危害	严格控制亚硝酸盐添加量	是
	物理：无				
绞馅	生物：无				
	化学：无				
	物理：金属碎片	是	绞馅中有可能混入金属异物	金属检测	否
斩拌	生物：致病菌	是	时间过长、温度不当引起致病菌生长	加工操作规程控制	否
	化学：无				
	物理：金属碎片	是	设备问题	金属检测	否

续表

1	2	3	4	5	6
充填/挂架	生物：致病菌	是	时间过长、温度不当引起致病菌生长	加工操作规程控制	否
	化学：无				
	物理：金属碎片	是	设备问题	金属检测	否
熏制	生物：致病菌	是	温度、时间不够，制品中心容易有致病菌生长	控制熏制时间、温度	是
	化学：苯并（a）芘	是	烟中含有的过量化学物质能够附着在香肠表面	采用合格的发烟装置，使产生的苯并（a）芘在国际限定标准下	否
	物理：无				
冷却	生物：致病菌	是	时间过长、温度不当引起致病菌生长	加工操作规程控制	否
	化学：无				
	物理：无				
小包装	生物：致病菌	是	二次污染	SSOP、加工操作规程控制	否
	化学：无				
	物理：无				
金属探测	生物：无				
	化学：无				
	物理：金属碎片	是	加工中混入	金属探测仪检测	是
包装	生物：无				
	化学：无				
	物理：无				
贮存	生物：致病菌	是	仓库温度不当造成残存致病菌生长	用体系中的仓库管理规定控制温度	否
	化学：无				
	物理：无				

表 8 - 4   **真空包装的热熏马哈鱼中盐渍加工阶段所填写的 HACCP 计划表**

关键控制点（CCP）	显著危害	对于每个预防措施的关键限值	监控				纠偏行动	记录	验证
			监控什么	怎样监控	监控频率	监控者			
盐渍	在成品中形成肉毒梭菌毒素	最少湿腌时间 6h	湿腌时间	目测	湿腌开始和结束	湿腌间人员	延长湿腌时间	生产记录	盐渍/干燥过程文件的建立
		湿腌开始最小盐浓度为盐重计 60°	盐水浓度	盐重计	湿腌加工开始时	湿腌间人员	加盐	生产记录	每周复查一次监控、纠偏行动和验证的记录
		最小盐水－鱼比为 2:1	盐水重量（也可用体积）	目测缸上标记	湿腌加工开始时	湿腌间人员	加盐水	生产记录	
			鱼的重量	秤称	每批	湿腌间人员	去掉一些鱼并重称	生产记录	每月校准刻度
		最大鱼的厚度 1/2	鱼的厚度	卡钳	每批（10 条）	湿腌间人员	封存并根据成品中盐浓度分析结果进行评估	生产记录	每季度进行盐浓度分析

四、HACCP 的审核

（一）审核相关术语

根据《HACCP 体系通用评价准则》以及 CNAN、CNAT 的有关文件的规定，与审核有关的术语和定义如下。

审核（audit）：为获得审核证据，对其进行客观的评价，以确定满足审核准则的程度所进行的系统的、独立的并形成文件的过程。

审核准则（audit criteria）：一组方针、程序或要求。审核准则是用于与审核证据进行比较的依据。

审核证据（audit evidence）：与审核准则有关的并且能够证实的记录、事实陈述或其他信息。审核证据是定性的或定量的。

审核发现（audit findings）：将收集到的审核证据对照审核准则进行评价的结果。审核发现能表明符合或不符合审核准则，或指出改进的机会。

审核结论（audit conclusion）：审核组考虑了审核目标和所有审核发现后得出的最终审核结果。

审核委托方（audit client）：要求审核的组织或人员。审核委托方可以是受审核方，也可以是依据法律或合同有权要求审核的任何其他组织。

受审核方（auditee）：被审核的组织。

审核员（auditor）：有能力实施审核的人员。

审核组（audit team）：实施审核的一名或多名审核员。审核组中的一名审核员为审核组长，审核组必须具备一名专业审核员，审核组可包括实习审核员。

审核方案（audit program）：针对特定时间段所策划，并具有特定目的的一组（一次或多次）审核。审核方案包括策划、组织和实施审核的所有必要的活动。

审核计划（audit plan）：对一次审核活动和安排的描述。

审核范围（audit scope）：审核的内容和界限。审核范围通常包括对实际位置、组织单元、活动和过程以及所覆盖的时期的描述。

能力（competence）：经证实的个人素质以及经证实的应用知识和技能的本领。

跟踪审核（follow – up audit）：审核过程中发现不符合项后对其纠正措施情况及效果的验证活动。

监督审核（surveillance）：对获得认证发证的组织，在证书有效期内进行周期性的审核活动。

复审换证（re – audit）：认证证书有效期满，由认证机构组织复审。复审合格后，换发 HACCP 认证证书的活动。

（二）审核类型

根据审核实施的主体不同，审核可分为第一方审核（外部审核）、第二方审核和第三方审核（外部审核）；根据审核实施的方式不同，又可分为结合审核（如食品安全管理体系和质量管理体系一起被审核）、联合审核（指两个或两个以上审核组织合作，共同审核同一个受审核方）。内部审核有时称第一方审核，主要用于管理评审和其他内部目的，由组织自身或以组织的名义进行，可用为组织自我合格声明的基础。外部审核包括通常所说的"第二方审核"和"第三方审核"。第二方审核指由组织的相关方（如顾客）或由其他人员以相关方的名义进行的审核。第三方审核由外部独立的组织进行，这类组织提供符合要求的认证或注册。

1. 第一方审核

第一方审核通常称为内部审核。其实施的主要原因或作用有：食品安全管理体系准则的要求；增强满足食品安全卫生要求的能力，旨在顾客满意和符合法律规范要求；在接受外部审核前，及时采取纠正/预防措施；推动组织食品安全管理体系持续改进。

内部审核的人员常来自组织内部，一般是组织实施、保持、持续改进食品安全管理体系的骨干力量。他们对组织的情况比较了解，也了解应该做什么、如何做、做到何种程度，因而能更清楚地感觉到应产生的结果和需要改进的地方；审核方式得当，内容明晰，针对性强，将为改进和完善食品安全管理体系提供必要的手段和方法。在许多情况下，尤其在小型组织内，内部审核可以由与受审核活动无责任关系的人员进行，以证实独立性。

内部审核过程也是验证过程，验证过程应客观评价体系的运行状况、是否符合策划及审核准则的要求，积极提供纠正、预防和改进措施的建议。内部审核的结果是管理评审活动输入的一部分，它可为改进食品安全管理体系提供更多的信息和机会。

2. 第二方审核

第二方审核是由组织的顾客或由其他人以顾客的名义进行的审核。审核依据更注重双方签订的合同要求。审核的结果通常作为顾客决定购买的因素。

实施第二方审核的主要原因和作用有：食品安全管理体系准则要求；为确保产品符合规定的采购要求和相关国家的法律法规要求；为了"供应链"的协调一致，建立互利的供方关系。

第二方审核按照不同的审核情况，又可分为正式审核、非正式审核、供方评价、预先调查和未经宣布的审核，通过审核可提供对组织的信任，建立业务关系。在制定第二方审核方案时，应根据合同/协议的需要、相关方的有关程序规定执行。

3. 第三方审核

第三方审核基于自愿申请的原则，审核依据是相关的 HACCP 标准或法律法规等经确定的审核准则。第三方审核由外部独立的组织进行，这类组织通常是经认可的，可提供符合要求的认证或注册。

第三方审核的目的是为了获得认证或注册，以此可以为现有的、潜在的顾客提供信任，扩大影响，减少不必要的重复检查，节省贸易双方的检查费用和人员精力。由于第三方审核的独立性更强，且已走向了职业化、专业化的轨道，这无疑对推动组织改进管理工作是有益的。随着认证制度的发展，这种审核方式已被越来越多的国家和地区所采用。

实施第三方审核的主要原因和作用：获得第三方认证/注册机构依据相关的食品安全管理体系标准对其组织满足顾客及适用法律法规要求能力的证实；避免过多的第二方审核，减少组织和顾客双方不必要的费用；改进组织的食品安全管理体系；提高组织信誉，增强市场竞争能力。

第三方审核对受审核方不提出如何改进的建议。在第三方审核中，审核员如被要求为其提出有关建议时，应向受审核方清楚地说明，鉴于第三方审核的独立、公正地位决定了审核员不应提出如何改进的建议。

第三方审核的 HACCP 认证机构是根据 ISO/IEC 导则 62（CNAB - AC11）及其应用指南的规定，并经国家认可机构按规定的认可程序进行认可和注册，具有明确法律地位的、独立的第三方公证机构来实施。从事第三方认证审核的审核员须符合审核员注册准则规定，并经国家审核员注册机构按规定的认可程序批准/注册。

受审核方食品安全管理体系经第三方认证证实符合要求，认证机构将签发食品安全管理体系认证证书。总体来看，内部审核与外部审核的主要异同点如表 8 - 5 所示。

表 8 - 5　　　　　　　　　　　内部审核与外部审核的异同点

	第一方审核	第二方审核	第三方审核
相同点	同属体系审核的范围 以有关法律法规和标准作为审核准则 由独立于受审核方之外的审核员进行审核 审核内容为组织的 GMP、SSOP、HACCP 计划和实施情况与记录，以确定体系的符合性和有效性		
审核的目的	为了改进自身的食品安全管理体系，提高自身安全控制水平	往往是为了决定是否批准签订购货合同	决定是否批准对某一组织的认证注册
审核的重点	发现问题，采取纠正措施	寻找与审核依据相符合的客观证据	
审核所依据的文件次序	食品安全管理体系文件、法律法规、顾客合同	合同要求、相关标准、法律法规、食品安全管理体系文件	通用标准、法律法规、食品安全管理体系文件、合同要求
审核员来源	来自组织	来自组织的顾客或其代表	来自独立的认证机构
审核范围和审核时间	审核范围由组织最高管理者确定，按照计划的时间间隔进行	审核范围主要由顾客决定，按合同约定的审核范围和供需双方的协议时间进行	由审核组长与受审核方共同确定。一般注册认证或复换证为全面审核，监督审核、跟踪审核为部分审核。审核时间按照认证认可机构的有关规定执行
审核结果对被审核方的影响	是自我验证、并提出改进建议，因而是实现被审核方体系持续改进的需要，也是 HACCP 原理的要求，所以影响较大	审核结果对被审核方的影响力往往取决于合同及顾客的管理水平	对被审核方不得提改进建议，审核结果影响主要表现在组织食品安全管理体系实施水平和对组织经营的潜在影响方面

（三）审核原则

审核的特征在于其遵循若干原则。这些原则使审核成为支持管理方针和控制的有效而可靠的工具，并为组织提供可以改进其绩效的信息。遵循这些原则是得出相应和充分的审核结论的前提，也是审核员独立工作时，在相似的情况下得出相似结论的前提。

1. 与审核员有关的原则

这些原则包括：道德行为、公正表达、职业素养。

道德行为是职业的基础。诚信、正直、保守秘密和谨慎，对审核而言是最基本的要求，也是审核员的职业道德。

审核员应具备相应的个人素质，具备教育、培训、相应专业工作经历和审核经验。对预定审核对象的范围、目的和审核标准、依据应事先明确，达成一致意见，才能真实和准确地实施审核活动。

2. 与审核有关的原则

这些原则有独立性和基于证据的方法。

（1）独立性　由审核的独立性产生审核的公正性和审核结论的客观性，独立性是审核原则的基础。

审核机构和审核人员须保持独立性、公正性，并避免利益冲突。审核应由与被审核领域无直接责任关系的人员进行。审核员应独立于受审核的活动，避免感情用事和个人偏见的影响，没有利益上的冲突。审核员在审核过程中应保持客观的心态，以保证审核发现和结论仅建立在审核证据的基础上。审核的独立公正性还表现在对审核证据的收集、分析和评价是客观的、公正的，避免任何外来因素及审核员自身因素的影响。

（2）基于证据的方法　在一个系统审核过程中，得出可信的和可重现的审核结论的合理方法。

客观证据是指"支持事物存在或其真实性的数据"。可通过观察、测量、试验或其他手段获得。审核员在审核过程中的主要精力和任务应放在收集有关客观证据上，收集到的客观证据的形式有：存在的客观事实、现有的文件、记录、被访问人员本职工作范围内的陈述、组织的产品等。

审核证据是可证实的。由于审核是在有限的时间内并在有限的资源条件下进行的，因此审核证据是建立在可获得的信息样本的基础上。抽样的合理性与审核结论的可信性密切相关。由于审核结论是建立在客观证据的基础之上的，这样就形成了审核的一致性。即由彼此独立的审核组对同一对象的审核，应得出相类似的结论。为了保持审核实施的一致性和有效性以及审核结论的可行性，审核方应对审核方案进行策划和管理，审核管理应包括：审核目的、范围和准则的确定；审核职责、资源和程序的确定；审核的实施、监督、评审和改进；记录的保存。审核过程应符合程序规定，审核结论可信。

（四）审核特点

概括起来，食品安全管理体系审核的特点有以下几个方面：被审核的食品安全管理体系文件化；食品安全管理体系审核必须是一种正式、有序的活动；食品安全管理体系审核必须具有系统性和独立性并形成文件；食品安全管理体系审核是一个抽样的过程。

1. 被审核的食品安全管理体系文件化

所建立的食品安全管理体系只有文件化，才能规范运作，才有比较和评价的可能。文件化的食品安全管理体系是审核对象的必要条件。

2. 食品安全管理体系审核必须是一种正式、有序的活动

食品安全管理体系审核的"正式、有序"性主要体现在：无论是外部审核还是内部审核，都需经过相关的管理者/委托方授权和批准，并符合合同或法律法规要求才能进行。食品安全管理体系审核有规范的程序和方法。从审核的策划和准备，到审核的实施及纠正措施的跟踪验证都有规范的程序和做法。审核工作必须由经过培训且经资格认可的人员进行。不管是外部审核还是内部审核，审核人员都需经过正规的培训并取得相应的资格才能进行审核工作。审核必须形成书面的文件。审核计划、检查表、审核记录、问题报告、不符合项、审核报告等都要形成书面文件。

3. 食品安全管理体系审核必须具有系统性和独立性并形成文件

审核的客观性、独立性和系统性是开展审核的三个核心原则。客观性是指审核员要以充分确凿的证据为基础，公正、客观地评价审核对象，不能偏见、主观地给出审核结论。独立性是指审核员要与被审核的领域无直接责任关系。在外部审核中，审核员应与受审核方无任何利益关系；在内部审核中，一般来说本部门人员不能审核本部门。系统性是指审核员要按规定的程序全面地审核和评价与审核对象有关的各项活动和结果。

4. 食品安全管理体系审核是一个抽样的过程

由于时间和人员的限制以及体系运行的连续性，审核工作要在规定的时间内完成对体系各个方面的审核工作，只能采取抽样检查的方法。抽样应做到随机抽样，要有代表性，能真实地反映受审核方食品安全管理体系的实际状况。部门和体系要素不能抽样。

（五）审核方案的管理

审核方案指针对特定时间段所策划，并具有特定目的的一组（一次或多次）审核，包括策划、组织和实施审核的所有必要的活动。认证机构或实施食品安全管理体系的组织应制定审核方案。根据受审核方的规模、性质和复杂程度，审核方案可以包括一次或多次审核，包括对审核的类型和数目进行策划和组织，以及在规定的时间框架内为有效和高效地实施审核提供资源所必要的所有活动。

认证机构或组织的最高管理者应对食品安全管理体系审核方案的管理进行授权。负责管理审核方案的人员应当建立、实施、监视、评审与改进审核方案，同时识别并确保提供必要的资源。按照图 8-3 所示流程管理审核方案。

如果受审核的组织同时运行质量管理体系和食品安全管理体系，审核方案可包括结合审核。在这种情况下，应当特别注意审核组的能力。

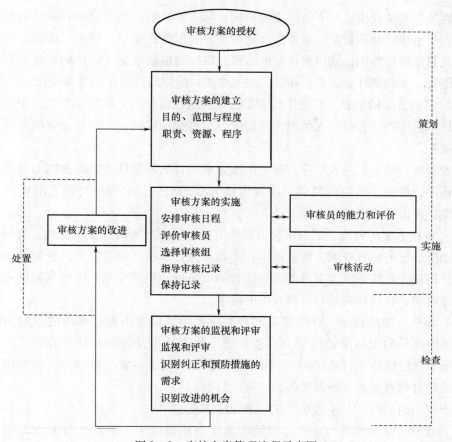

图 8 - 3 审核方案管理流程示意图

作为各自审核方案的一部分,两个或两个以上审核组织可以进行合作,实施联合审核。在这种情况下,应当特别注意职责分工、附加资源的提供、审核组的能力以及适当的程序,并在审核开始之前就此达成一致意见。如审核方案可以是:①覆盖组织食品安全管理体系的当年的一系列的内部审核;②在 6 个月内对关键产品的潜在供方实施的第二方管理体系审核;③在认证机构和委托方之间合同规定的时间周期内,由第三方认证机构对食品安全管理体系进行的认证和监督审核。

审核方案还包括为实施审核方案中的审核进行适当的策划、提供资源和制定程序。

(1)审核方案的目的 应当确定审核方案的目的以指导审核的策划和实施。目的可考虑以下事项:管理的优先事项;商业意图;管理体系要求;法律法规和合同的要求;供方评价的需要;顾客要求;其他相关方的需求;组织的风险。

审核方案的目的根据其应用,包括下列四种:满足管理体系标准认证的要求;验证与合同要求的符合性;获得并保持对供方能力的信任;有助于管理体系的改进。

(2)审核方案的范围与程度 审核方案的范围与程度可以变化,并受被审核组织的规模、性质与复杂程度以及下列因素的影响：每次审核的范围、目的和审核时间；审核的频次；受审核活动的数量、重要性、复杂性、相似性和地点；标准、法律法规和合同的要求及其他审核准则；认可或认证的需要；以往的审核结论或以往的审核方案的评审结果；语言、文化和社会因素；相关方的关注点；组织或其运作的重大变化。

（3）审核方案的职责　管理审核方案的职责应当由基本了解审核原则、审核员能力和审核技术应用的一人或多人承担。他们应当具有管理技能，了解与受审核活动相关的技术和业务。

负责管理审核方案的人员应当确定审核方案的目的和审核方案的范围与程度；确定职责和程序，并确保资源的提供；确保审核方案的实施；确保保持适当的审核方案记录；监视、评审和改进审核方案。

（4）审核方案的资源　识别审核方案所需资源时应当考虑开发、实施、管理和改进审核活动所必要的财务资源；审核技术；实现并保持审核员能力以及改进审核员表现的过程；获得适合具体审核方案目的的有能力的审核员和技术专家；审核方案的范围和程度；路途时间、食宿和其他与审核有关的需求。

（5）审核方案的程序　审核方案的程序应当明确以下内容：审核的策划和日程安排；保证审核员和审核组长的能力；选择适当的审核组并分配其任务和职责；实施审核；实施审核后续活动（适用时）；保持审核方案的记录；监视审核方案的业绩和有效性；向最高管理者报告审核方案的总体实现情况。

对于较小的组织，上述活动可在一个程序中表述。

（6）审核方案的实施　审核方案的实施应当明确以下方面：与有关方沟通审核方案；审核及其他与审核方案有关的活动的协调和日程安排；建立和保持评价审核员及其持续专业发展的过程；确保审核组的选择；向审核组提供必要的资源；确保按审核方案进行审核；确保审核活动记录的控制；确保审核报告的评审和批准，并确保分发给审核委托方和其他特定方；确保审核后续活动（适用时）。

（7）审核方案的记录　应当保持记录以证实审核方案的实施，记录应当包括与每次审核有关的记录，如审核计划、审核报告、不符合报告、纠正和预防措施的报告、审核后续活动的报告（适用时）；审核方案评审的结果。与审核人员有关的记录应关注以下方面：审核员能力和表现的评价、审核组的选择、能力的保持和提高。记录应当予以保存并以适宜的方式予以保管。

（8）审核方案的监视和评审　应当监视审核方案的实施，并按适当的时间间隔进行评审，以评定其是否已达到目的，并识别改进的机会。结果应当向最高管理者报告。

应当利用业绩指标监视诸如以下特性：审核组实施审核计划的能力；与审核方案和日程安排的符合性；审核委托方、受审核方和审核员的反馈。

审核方案的评审应当考虑诸如以下内容：监视的结果和趋势；与程序的符合性；相

关方变化的需求和期望；审核方案的记录；替代的或新的审核实践；在相似情况下，审核组之间表现的一致性。

审核方案评审的结果可能导致采取纠正和预防措施以及改进审核方案。

根据审核方案的策划，可实施某一特定的审核活动。特定审核活动实施的方式和适用程度取决于特定审核的范围和复杂程度，以及审核结论的预期用途。图 8－4 即为一项典型的审核活动。

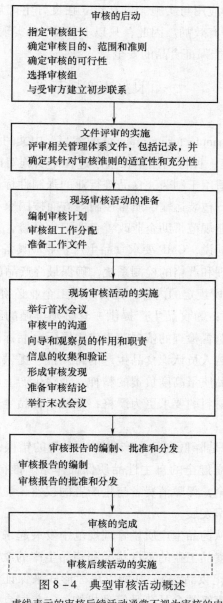

图 8－4　典型审核活动概述

注：虚线表示的审核后续活动通常不视为审核的内容

第三节　GMP 和 SSOP

　　HACCP 体系必须和已经存在的其他管理体系配合使用。常用的其他体系包括个人卫生、良好生产规范（GMP）、供应商质量保证和维持方案、卫生标准操作规程（SSOP）等。

　　对于 HACCP 而言，必须有已经建立好的，而且充分运行并得到验证的 GMP 和 SSOP 来保证 HACCP 体系的成功应用与实施。只有建立在良好生产规范和卫生标准操作规程基础上的 HACCP 体系才是有效的。因此，只以 HACCP 来实现食品的安全是不足够的，HACCP 与上述二者结合才能保证食品的安全。

一、良好生产规范

（一）概述

　　"GMP" 是英文 good manufacturing practice 的缩写，中文的意思是 "良好生产规范"，或是 "优良制造标准"，是一种特别注重在生产过程中实施对产品质量与卫生安全的自主性管理制度。它是一套适用于制药、食品等行业的强制性标准，要求企业从原料、人员、设施设备、生产过程、包装运输、质量控制等方面按国家有关法规达到卫生质量要求，形成一套可操作的作业规范帮助企业改善企业卫生环境，及时发现生产过程中存在的问题，加以解决。简要地说，GMP 要求食品生产企业应具备良好的生产设备，合理的生产过程，完善的质量管理和严格的检测系统，确保最终产品的质量（包括食品安全卫生）符合法规要求。GMP 所规定的内容，是食品加工企业必须达到的最基本的条件。

　　实施食品 GMP 的意义：为食品生产提供一套必须遵循的组合标准；为卫生行政部门、食品卫生监督员提供监督检查的依据；为建立国际食品标准提供基础；便于食品的国际贸易；使食品生产经营人员认识食品生产的特殊性，提供重要的教材，由此产生积极的工作态度，激发对食品质量高度负责的精神，消除生产上的不良习惯；使食品生产企业对原料、辅料、包装材料的要求更为严格；有助于食品生产企业采用新技术、新设备，从而保证食品质量。

　　食品 GMP 的基本精神是降低食品生产过程中人为的错误；防止食品在生产过程中遭到污染或品质劣变；建立健全的自主性品质保证体系。推行食品 GMP 的主要目的是提高食品的品质与卫生安全，保障消费者与生产者的权益，强化食品生产者的自主管理体制，促进食品工业的健全发展。

　　食品生产卫生规范是从药品生产质量管理规范中发展起来的。早在第一次世界大战期间美国新闻界披露美国食品工业的不良状况和药品生产的欺骗行径之后，促使美国诞生了《联邦食品、药品、化妆品法》，开始以法律形式来保证食品、药品的质量，由此还建立了世界上第一个国家级的食品药品管理机构——美国食品与药物管理局（FDA）。

第二次世界大战后，由于科学技术的发展，使人们认识到以成品抽样分析检验结果为依据的质量控制方法有一定的缺陷，从而产生了全面质量控制和质量保证的概念。

1961 年发生了一起源于欧洲，进而波及世界 28 个国家的药物灾难。事件是在前联邦德国发现许多没有臂和腿，而且手直接连在躯体上，很像一只海豹的畸形儿。经调查是孕妇服用名为"反应停"的药物而引起的，此事件殃及澳大利亚、加拿大、日本以及拉丁美洲、非洲的 28 个国家，发现畸形胎 12 000 余例。美国是少数几个幸免此次灾难的国家之一，因此 1962 年美国修改了《联邦食品、药品、化妆品法》，将全面质量管理和质量保证的概念变成法定要求。1963 年美国制定颁布世界上第一部药品的良好生产规范（GMP）。在药品 GMP 取得良好成效之后，GMP 很快就被应用到食品卫生质量管理中，并逐步发展形成了食品 GMP。

美国是最早将 GMP 用于食品工业生产的国家，美国在食品 GMP 的执行和实施方面做了大量的工作。良好生产规范是美国首创的一种保障产品质量的管理方法。1996 年版的美国 CGMP（近代食品制造、包装和储存）第 110 节内容包括定义、现行良好生产规范、人员、厂房及地面、卫生操作、卫生设施和设备维修、生产过程及控制、仓库与运销、食品中天然的或不可避免的危害控制等。

日本受美国药品和食品 GMP 实施的影响，厚生省、农林水产省、日本食品卫生协会等分别先后制定了种类食品产品的《食品制造流通基准》、《卫生规范》、《卫生管理要领》等。农林水产省制定了《食品制造流通基准》，其内容包括食用植物油、罐头食品、豆腐、腌制蔬菜、杀菌袋装食品、碳酸饮料、紫菜、番茄加工、汉堡包及牛肉饼、水产制品、味精、生面条、面包、酱油、冷食、饼干、通心粉等 20 多种。厚生省制定了《卫生规范》，包括鸡肉加工卫生规范、食饭及即食菜肴卫生规范、酱腌菜卫生规范、生鲜西点卫生规范、中央厨房及零售连锁卫生规范和生面食品类卫生规范等。食品卫生协会制定了《食品卫生管理要领》，有豆腐、油炸食品、即食面、面包、寿司面、普通餐馆、高级餐厅和民族餐馆等。上述"基准"、"规范"和"要领"均为指导性的，达不到其要求时不属违法。

加拿大实施 GMP 有三种情况：GMP 作为食品企业必须遵守的基本要求被政府机构写进了法律条文，如加拿大农业部制定的《肉类食品监督条例》中的有关厂房建筑的规定属于强制性 GMP。政府部门出版发行 GMP 准则，鼓励食品生产企业自愿遵守。政府部门可以采用一些国际组织制定的 GMP 准则，食品生产企业也可以独立采用。

其他一些国家采取指导的方式推动 GMP 在本国的实施。如英国推广 GFMP（good food manufacturing practice），新加坡由民间组织——新加坡标准协会（SISIR）推广 GMP 制度。法国、德国、瑞士、澳大利亚、韩国、新西兰、马来西亚等国家和我国台湾，也都积极推行了食品的 GMP。

我国大陆地区食品企业质量管理规范的制定工作起步于 20 世纪 80 年代中期，从

1988 年起，先后颁布了 19 个食品企业卫生规范，简称"卫生规范"。卫生规范制定的目的主要是针对当时大多数食品企业卫生条件和卫生管理比较落后的现状，重点规定厂房、设备、设施的卫生要求和企业的自身卫生管理等内容，借以促进我国食品企业卫生状况的改善。这些规范制定的指导思想与 GMP 的原则类似，将保证食品卫生质量的重点放在成品出厂前的整个生产过程的各个环节上，而不仅仅着眼于最终产品上，针对食品生产全过程提出相应技术要求和质量控制措施，以确保最终产品卫生质量合格。自上述规范发布以来，我国食品企业的整体生产条件和管理水平有了较大幅度的提高，食品工业得到了长足发展。由于近年来一些营养型、保健型和特殊人群专用食品的生产企业迅速增加，食品花色品种日益增多，单纯控制卫生质量的措施已不适应企业品质管理的需要。鉴于制定我国食品企业 GMP 的时机已经成熟，1998 年卫生部发布了《保健食品良好生产规范》（GB 17405—1998）和《膨化食品良好生产规范》（GB 17404—1998），这是我国首批颁布的食品 GMP 标准，标志着我国食品企业管理向高层次的发展。食品卫生规范推行的十几年来，虽然上述标准均为强制性国家标准，但由于规范本身的局限性、我国标准化工作的严重滞后性及食品生产企业卫生基础条件和设施的落后状况，加之政府有关部门推广和监管措施力度不够，目前这些标准尚未得到全面的推广和实施。为此，卫生部决定组织力量在修订原卫生规范的基础上制定部分食品生产 GMP，并于2001 年组织广东、上海、北京、海南等部分省市的卫生部门和多家企业成立了乳制品、熟食制品、蜜饯、饮料、益生菌类及保健食品各类 GMP 的制修订协作组，协作组确定了 GMP 的制定原则、基本格式、内容等。随后，协作组分头进行了认真细致的研究，对各工厂内外生产环境、生产车间布局与工艺流程、原料的来源和质量及企业自身的质量管理体系等作了大量的现场调研，收集了许多宝贵的信息资料，作出了实施 GMP 的效果评价，为制定相关食品行业的 GMP 提供了扎实的科学依据。考虑现行的食品卫生规范存在缺乏可操作性和先进性等问题，上述五个方面的 GMP 在制定中不仅增强了可操作性和科学性，而且增加并具体化了良好的生产规范内容，对良好的生产设备、合理的生产过程、完善的质量管理和严格的检测系统提出了要求。目前，已完成了这五方面的 GMP 的制定工作。

（二）美国的良好生产规范

在美国已将"良好生产规范"（GMP）批准为法规，代号为 21 CFR part 110，此法规适用于所有食品，作为食品的生产、包装、贮藏卫生品质管理体制的技术基础，具有法律上的强制性。

1. 总则

（1）定义　《联邦食品、药物及化妆品法》（以下简称该法案）第 210 节中术语的定义和解释适用于该法规的同类术语，下列定义也同样适用。

①酸性食品或酸化食品（acid foods or acidified foods）：平衡 pH 等于或低于 4.6 的

食品。

②适当的（adequate）：为完成良好公共卫生规范的预定目标所需要的要求。

③面糊（batter）：一种半流体物质，通常包含面粉和其他成分。可在其中浸蘸食品的主要成分，或用它涂在外表，或直接用它制成焙烤食品。

④烫漂（blanching）：在包装前对食品（不包括树生坚果和花生）进行热处理，使天然酶部分或完全失活，并使该食品发生物理或生化的变化。

⑤关键控制点（critical control point）：食品加工过程中的一个点，若该点控制不当，极可能造成、引发或导致危害，或导致成品污染，或导致成品分解。

⑥食品接触面（food contact surfaces）：接触食品的表面以及经常在正常加工过程中会将污水滴溅在食品上或溅在接触食品的那些表面上的表面。"食品接触面"包括用具及接触食品的设备表面。

⑦批（lot）：在某一时间段内生产的用具体编号标记的食品。

⑧微生物（microorganisms）：酵母菌、霉菌、细菌和病毒，并包括但不限于对公众健康产生影响的那些微生物种类。"不良微生物（undesirable microorganisms）"包括那些对公众健康产生显著影响的微生物、会使食品分解的微生物、会使食品受到杂质污染的微生物，或使食品成为该法案所指的掺杂食品的微生物。在某些情况下，美国 FDA 在这些法规中使用形容词"微生物的（microbial）"，替代包含"微生物（microorganism）"的形容词短语。

⑨害虫（pest）：任何令人讨厌的动物或昆虫，包括但不限于鸟、啮齿动物、蝇和幼虫。

⑩厂房（plant）：用于或与食品加工、包装、贴标或存放相关的建筑物或设施，或其中的某些部分。

⑪质量控制操作（quality control operation）：有计划的和系统的程序，其目的是通过采取一切必要的措施，防止食品成为该法案所指的掺杂食品。

⑫返工品（rework）：非因卫生原因从加工过程被剔除的，或经过重新加工而再整理好的，干净的、未被掺杂的适于消费的食品。

⑬安全水分含量（safe-moisture level）：在确定的加工、贮存和分销条件下，依靠成品中的低水分足以防止不良微生物生长的水分含量。一种食品的最高安全水分含量取决于它的水分活度（A_w）。如果有足够的数据表明食品在某一或低于该水活度的条件下，将不利于不良微生物的生长，则对于该食品而言，该水活度可以被认为是安全的。

⑭消毒（sanitize）：指对食品接触面进行适当处理的过程，该过程能有效地破坏危害公众健康的微生物细胞，并大量减少其他不良微生物的数量，但其对产品及对消费者的安全性无不良影响。

⑮必须（shall）：用以表述强制性的要求。

⑯应该（should）：用以表述推荐或建议的程序或确定所推荐的设备。

⑰水分活度（water activity，A_w）：食品中游离水分的量度，等于某一物质的水蒸气压力除以相同温度下纯水的蒸汽压。

（2）现行良好生产规范（CGMP）　该法规的标准和定义用于确定某种食品是否为该法案 402（a）（3）节上所指的掺杂食品，即该食品是在不适合生产食品的条件下加工的；或者是该法案 402（a）（4）节所定义的食品，即该食品是在不卫生的条件下制作、包装或存放的，因而可能已经受到污染，或者可能已经成为对人体健康有害的食品。该法规的标准和定义也适用于确定某种食品是否违反了"公共卫生服务法"（42 U. S. C. 264）的 361 节的规定。受具体的"现行良好生产规范"管制的食品也须符合那些法规的要求。

（3）人员　工厂管理组织应采取一切合理的措施和预防手段以保证以下几方面有效实施。

①疾病控制：经体检或监督观察，凡是患有或表现出患有疾病、开放性损伤（包括疖子或感染性创伤），或其他可能成为食品、食品接触面或食品包装材料的微生物的非正常污染源的员工，在消除上述病症之前，均不得参与可能会造成污染的作业；并应告诫职工，发现上述疾病，须向其上级报告。

②清洁卫生：凡是在工作中直接接触食物、食物接触面及食品包装材料的员工，在其当班时应遵守卫生规范，保障食品免受污染。保持清洁的方法包括但不限于：穿适合作业的外套，防止食物、食物接触面或食品包装材料受到污染；保持好个人的清洁卫生；开始工作之前、每次离开工作间之后，以及在双手可能已经弄脏或受到污染的任何其他时间，均须在合适的洗手设施上彻底洗净双手（如要预防不良微生物的污染，则还需消毒）；除去不牢靠的、可能掉入食品、设备或容器中的首饰和其他物品；除去手工操作食品时无法彻底消毒的手饰，如果无法除去手饰，可以用一块完整且清洁卫生的物料把手饰包盖起来，有效地防止手饰等对食品、食品接触面或食品包装材料的污染；如果手套用于食品加工中，其须处于完整、清洁卫生的状态，并应该用非渗透性的材料制成；需要时，须适当地佩戴发网、束发带、帽子、胡须套，或其他有效的须发约束物；不要将衣物或其他个人物品存放在食品暴露的地方或在设备及用具冲洗的地方；将以下行为，如吃东西、嚼口香糖、喝饮料或吸香烟等，限制在食品暴露区域或设备及用具清洗区域以外；采取其他必要的预防措施，防止食品、食品接触面或食品包装材料受到微生物或异物（包括但不限于：汗水、头发、化妆品、烟草、化学物及皮肤用药品）的污染。

③教育与培训：负责监督卫生或食品污染的人员应当受过基础教育或具有经验，或两者皆备，这样才能保障生产出卫生和安全的食品。食品操作和监管人员应当在食品加工技术及食品保护原理方面受过适当的培训，而且应当明了不良的个人卫生及不卫生操作的危险性。

监管应明确地责成称职的监管人员监督全体员工，务必使他们遵守本章的一切规定。

2. 建筑物与设施

（1）厂房和场地

①场地：应使操作人员控制范围之内的食品厂的四周场地保持能防止食品受污染。场地合适的维护方法包括但不限于：合理地安置设备、清除树叶和废弃物，剪除厂房及其构造物附近可能成为害虫所喜爱的繁殖地或栖息地的杂草；保持好道路、院落和停车场，使其不成为食品暴露区域的污染源；因渗漏、鞋上的脏物或提供害虫滋生地而导致食品污染的区域，均须适当地将水排净；管理好废物处理、处置系统，使其不成为食品暴露区域的污染源。

②厂房：建筑物及其结构在大小、建筑与设计上应适合以食品生产为目的的维护和卫生操作。厂房及设施须为设备安置和物料储存提供足够的场地以满足卫生操作和安全食品的生产；能够采取适当的预防措施以减少微生物、化学品、污物或其他外来物对食品、食品接触面或食品包装材料的潜在污染。减少潜在的食品污染，可以通过适当的安全控制和操作规范或有效的设计，包括采取以下一种或多种方法，如：地点、时间、隔离、气流、封闭系统或其他有效方法，分开可能发生污染的作业；能够采取适当的预防措施，通过使用保护性的遮盖物；控制好容器上方及其四周的区域，消灭害虫的藏身处；定期检查害虫及其活动情况；必要时撇去发酵容器的表层漂浮物，或采取任何一种有效手段保护室外发酵容器中的散装食品；建筑合理，地板、墙壁、天花板能充分清扫，能保持清洁和维修良好；固定设备和管道上滴下的水滴或冷凝物不会污染食品、食品接触面或食品包装材料；设备与墙面之间要留出通道和工作空间，不能堵塞，其有适当的宽度让员工进行正常操作，且能防止食品或食品接触面被衣物或员工的接触而受到污染；为洗手区、更衣室、卫生间和所有的进行食品检验、加工、贮存的区域以及设备或用具清洗的区域提供适当的照明；在食品制造的任何环节，在暴露食品的上方安装安全型灯泡、固定灯具、天窗或其他悬吊玻璃，或者用其他方法防止玻璃破碎时污染食品；在有害的气体可能污染食品的区域，提供足够的通风或控制设备将气味和蒸汽（包括水蒸气和各种有害的烟气）降至最低；同时，把风扇及其他吹风设备以适当的方式安置和运行，将其对食品、食品包装材料或其他食品接触面的潜在污染降至最低；在必要地方，设置防止害虫的筛网或其他害虫防护设施。

（2）卫生操作

①一般维护：工厂的建筑物、固定设备及其他有形设施须保持卫生状况，并且保持维修良好，防止食品成为该法案所指的掺杂产品。用具和设备的清洗和消毒须防止对食品、食品接触面或食品包装材料的污染。用于清洗和消毒的物品及有毒物质的存放应该注意用于清洗和消毒的清洗剂和消毒剂不能带有不良微生物，而且须在使用的条件下是

安全和合适的。可以通过任何一种有效的方法来证实是否满足上述要求，比如购买时要求供货商的担保或证书或化验这些物质中是否有污染。在食品加工或暴露的厂房里，只有保持清洁和卫生所需的物品；化验室检验所需的物品；厂房和设备保养及运转所需的物品；工厂操作所需的物品；有毒物品可以使用或存放，有毒的清洁剂、消毒剂及杀虫剂须被确认、控制和储存，以防止对食品、食品接触面或食品包装材料的污染。应遵守联邦、州及地方政府机构颁布的关于应用、使用和持有这些产品的一切有关法规。虫害控制食品厂内不得存在任何害虫。如果看门狗或导盲犬不会造成食品、食品接触面或食品包装材料的污染，可以允许其在工厂的某些区域活动。须在加工区域内采取有效措施清除害虫，以防止食品在上述区域内受害虫污染。杀虫剂和灭鼠药的使用须在有防范和有限制的情况下使用，以防止其对食品、食品接触面及食品包装材料的污染。

②食品接触面的卫生：应该保持好所有食品接触面，包括用具及设备的食品接触面，都须根据需要时常清洗，防止污染食品。用于加工或存放低水分含量食品的食品接触面，在使用时应处于干燥和卫生状态。这些表面用水清洗后，必要时，在下次使用前须进行消毒，并完全干燥；在湿加工中，当需要清洁以防止微生物污染食品时，所有食品接触面在使用前和因中断操作使其可能已经被污染后，均须进行清洗和消毒。当设备和用具处于连续生产操作时，须在必要时对这些用具以及设备的食物接触面进行清洗和消毒；食品厂用于生产的设备的非食品接触面，也须根据需要时常清洗以防止食品污染；一次性用品（如只用一次的用具、纸杯、纸巾）均应存放在适当的容器里，且须以不使食品或食品接触面受到污染的方式，处理、分发、使用和处置；在使用条件下，消毒剂须适量且安全。如果已经证实某种设施、程序或设备能经常性地使设备和用具保持清洁，并能提供适当的清洁和消毒处理，那么这种设施、程序或设备就可以用于设备和用具的清洗和消毒。

③干净的、可移动的设备及用品的存放和处理：干净且消过毒的可移动的有食品接触面的设备以及用具，其储存的地方和方式应能防止食品接触面受到污染。

（3）卫生设施和控制　每个工厂都应配备适当的卫生设施及用具，其包括供水和管道，供水须满足设定的操作要求，且来自适当的来源。凡是接触食品或食品接触面的水，都须是安全的和具适当的卫生质量的；在食品的加工中，设备、用具及食品包装材料的清洗，或员工卫生设施等一切需水的方面，都须提供适当温度和所需压力的活水。管道的尺寸和设计须适当，并得到适当的安装和维护，使其能将充足的水输送到全厂需要用水的地点；将厂里的污水、废液顺畅地排除，避免成为对食品、供水、设备或用具的污染源或造成不卫生的状况；对采用冲洗法清洗，或正常操作时会向地面排放水或其他废液的所有地方，提供适当的地面排水设施；确保排放废水或污水的管道系统不会回流，或者该管道系统与输送食品或食品加工用水的管道系统之间不会有交叉连接。

污水排放：污水须排入适当的排污系统或通过其他适当的手段处理。

卫生间设施：每个工厂都应为其员工提供适当的、方便的卫生间设施。可以通过保持设施的卫生，使设施始终都处于维修良好的状况；安装能自动关闭的门；安装的门不能开向使食品暴露于空气污染的区域，除非已经采取其他措施防止这种污染（如安装双重门和正压气流系统）。

洗手设施：洗手设施须适当而方便，并提供适当温度的活水。

良好卫生规范要求：需在员工洗手和/或消毒手的所有地方都安装洗手和消毒手的设施；提供有效的手清洁和消毒准备工作；提供卫生毛巾或适当的手干燥设施；使用的装置或固定件，如供水阀，其设计及建造要防止对干净的、消过毒的手的污染；使用易懂的标识，指导处理裸露的食品、食品接触面或食品包装材料的员工，在他们开始工作之前、每次离开操作岗位之后以及他们的手可能已经弄脏或被污染时，必须洗手，并在适当的地方对手进行消毒。这些标识可以贴在加工间及员工们可能接触上述食品、材料或表面的一切区域；废料容器的建设及维护的方式须防止对食品的污染。垃圾及所有废料的运送、存放和处理须尽量不产生臭味，尽量不使其吸引并且成为害虫的藏身处或滋生地，并且防止对食品、食品接触面、供水及地面产生污染。

3. 设备

工厂的所有设备和用具的设计，采用的材料和制作工艺，应便于适当的清洗和维护。这些设备和用具的设计、制造和使用，须防止如润滑剂、燃料、金属碎片、污水或其他污染源对食品的掺杂。所有设备的安装和维修须便于设备及其邻近地方的清洗。食物接触面应耐腐蚀，它们应采用无毒的材料制成，能经受使用环境、食品本身以及清洁剂、消毒剂（如果使用的话）的影响。食品接触面须维护良好，防止食品受到任何来源的污染，包括非法间接使用的食品添加剂。

食物接触面的接缝须平整，且维护得当，从而尽量减少食物颗粒、脏物及有机物的积累，将微生物生长繁殖的可能性降至最低。食品加工、处理区域内不与食品接触的设备须建筑成能保持清洁的状况。食品的存放、输送和加工系统（包括重量分析系统、气体系统、封闭系统及自动化系统），其设计及制造须能使其保持良好的卫生状态。用于贮存和放置食品的冷藏及冷冻库，如食品能在其中导致微生物生长，都应在冷藏及冷冻库内安装能准确显示其中温度的温度指示计、测温装置或温度记录装置，并且须安装能调节温度的自动控制装置或当人工操作时温度发生重大变化的自动报警系统。

用于测量、调节或记录能控制或防止食品中不良微生物生长繁殖的温度、pH 值、酸度、水分活度或其他条件的仪器和仪表，应准确并维护良好，其数量应适当，以完成所确定的任务。用于注入食品或用来清洗食品接触面或设备的压缩空气及其他气体，须经过处理，从而防止非法间接添加剂对食品的污染。

4. 生产和加工控制

（1）加工和控制　食品的进料、检查、运输、分选、预制、加工、包装和贮存等所有操作都须遵守适当的卫生原则。应采用适当的质量管理方法，确保食品适于人们食用，并确保包装材料是安全、适用的。工厂的整体卫生须由一名或数名经指定的、合格的人员进行监督。须采取一切合理的预防措施，确保生产工序不会导致任何来源的污染。必要时，应采用化学的、微生物的或外来杂质的检测方法去确定卫生控制的失误或可能的食品污染。凡是污染已达到该法案所认定的已掺杂的食品都应一律退回，或者，如果允许的话，经过处理或加工以消除该污染。

原料和其他配料须经过检查、分选或采用其他处理方法，以确保它们是干净的，适合加工成食品，而且须贮存在适当的条件下，防止其受到污染，并将腐败变质降至最低。必要时须对原料进行清洗以除去泥土或其他污物。用来冲洗、清洁、清洗或输送食品的水须是安全的，并且符合适当的卫生质量，如果用过的水不会增加食物的污染程度，可以重新用于冲洗、清洁或输送食品。接受原料时，应对容器或运载工具进行检查，确保它们不会导致食物污染和变质。

原料和其他配料含有微生物的数量，须不能达到能导致食物中毒或其他人类疾病的程度，或在加工中须采用巴氏杀菌或其他处理方法，使其不再含有如此数量的微生物，从而避免使该产品成为该法案所指的掺杂食品。可以用任何有效的方法来查证是否满足上述要求，包括采购原料和其他配料时，要求供应商提供担保或证书。

在将易受黄曲霉毒素或其他天然毒素污染的原料或其他配料加入食品成品前，须查证其是否符合 FDA 关于各种有毒或有害物质的现行法规、指南和作用水平。满足这一要求的方法包括从有担保或有证书的供应商那里购买原料和其他配料，或者分析这些原料和配料的黄曲霉毒素及其他天然毒素的含量。

如果制造商想使用易受害虫、不良微生物或外来物质污染的原料、其他配料及返工制品为原料制造食品，该原料须符合 FDA 关于天然的或不可避免的缺陷的法规、指南及缺陷行动水平的规定。可以用任何有效的方法来查证是否满足上述要求，包括根据供应商提供的担保或证书，或根据这些原料的污染情况的检验结果，采购相应的原料和其他配料。

原料、其他配料及返工制品须散装存放，或存入专门设计和制造以防止污染的容器中，且其存放的方式、温度和相对湿度须能防止食品成为该法案所指的掺杂食品。计划返工的原料须有明确的标识。冷冻的原料和其他配料须冷冻储存。如果使用前需要解冻，解冻的方式须能防止原料和配料成为该法案所指的掺杂制品。散装购进和贮存的液体或干的原料或其他配料须以能防止污染的方式存放。

加工操作设备、用具及成品食品容器，须经过适当的清洗和消毒后保存在可接受的状态下。必要时，设备须拆开以进行彻底清洗。食品加工，包括包装和贮存，都须在一定的条件和控制下进行，以尽量减少微生物生长繁殖的可能性，或尽量减少食品受到污染的可能性。符合该要求的一种方法就是对时间、温度、pH、压力、流速等物理因素，以及对冷冻、脱水、热加工、酸化及冷藏等加工操作进行仔细的监控，确保机器故障、时间延迟、温度波动及其他因素不会导致食品的分解或污染。对能使不良微生物，特别是对公众健康有危害的微生物快速生长繁殖的食品，须以能防止其成为该法案所指的掺杂食品的方式存放。可以采用冷藏食品保存在 7.2℃，或特殊的食品保存在 7.2℃ 以下的适当温度；以冻结状态保存冷冻食品；在 60℃ 或以上温度条件下保存热的食品；当酸性或酸化食品需在常温下存放于密封容器中时，需对其进行热处理，以杀灭常温微生物的方法满足该要求。

为杀灭或防止不良微生物，特别是那些危害公众健康的微生物的生长繁殖而采取的措施，如消毒、辐射、巴氏杀菌、冷冻、冷藏、控制 pH 或控制 A_w，须在加工、处理和销售的条件下是适当的，能防止食品成为该法案所指的掺杂食品。

在线加工须在能防止污染的状况下操作，须采取有效措施防止成品食品受到原料、其他配料或废料的污染。当原料、其他配料或废料未有保护时，如果它们在收料、装卸或运送区进行处理会导致食品污染，则它们就不能同时这样处理。须采取必要的措施防止用传送带输送的食品受到污染。用来传送、放置或贮存原料、在线产品、返工品或食品的设备、容器及用具，在制造和贮存时须以能防止污染的方式制造、操作和维护。须采取有效措施防止金属或其他外来物质掺入食品中，可用筛子、捕捉器、磁铁、电子金属探测器或其他适当的有效方法满足该要求。

在处置该法案所指的已掺杂的食品、原料及其他配料时，须防止对其他食品的污染。如果已掺杂的食品能被调整，须使用切实有效的方法进行再调整，或者在加入其他食品中前已经检验，证实它不再是该法案所指的掺杂食品。进行清洗、剥皮、修边、切割、分选以及检验、捣碎、脱水、冷却、粉碎、干燥、脱脂和成型等机械加工步骤时须防止食品受到污染。可以采用适当的物理防护手段防止食品受滴入、排入或吸入食品的污染物的污染，从而满足该要求。防护手段包括对一切接触食品的表面进行适当的清洗和消毒，以及在各步骤及加工步骤之间采用时间和温度控制。

制备食品需要热烫漂时，应该把食品加热到一定的温度，并在该温度下保持一定时间，然后快速冷却或立即送至下一加工步骤。应采用适当的操作温度和定期的清洗，将烫漂机中耐热微生物的生长繁殖及污染降至最低。如在罐装前对烫漂过的食品进行清洗，所用的水须是安全的，且符合适当的卫生质量。

面糊、面包糖、调味汁、肉汁、调料及其他预制品须以能防止污染的方式处理和保存。采用使用无污染的配料；在可行的地方采用适当的加热处理；采用适当的时间和温度控制；对食品成分采取适当的物理保护措施，防止其受滴入、排入或吸入的污染物的污染；加工时将食品冷却至适当的温度的方法即可满足该要求。

装填、组合、包装以及其他操作，须以能防止食品受污染的方式进行。采用在加工中关键控制点已经确定，且得到控制的质量管理操作；充分清洗和消毒所有的食品接触面和食品容器；提供物理防护措施防止污染，特别是空气污染；采用卫生操作程序等有效方法即可满足该要求。

依靠控制 A_w（水分活度）以防止不良微生物生长繁殖的食品，但不限于这些食品，如干的混合物、坚果、中等水分含量的食品和脱水食品，须加工至并保持在安全水分含量。采用监测食品的 A_w 控制成品食品中可溶性固体与水的比例。采用湿度隔绝物或其他措施防止成品吸取水分，因此食品的 A_w 就不会增加到不安全的水平等有效措施，即可满足该要求。

一些主要依靠控制 pH 以防止不良微生物生长繁殖的食品，须监控其 pH 并保持在4.6 或 4.6 以下。采用监测原料、正在加工的食品或成品食品的 pH 并控制添加在低酸食品中的酸性或酸化食品的量的措施，即可满足该要求。

当使用的冰与食物接触时，制冰的水须是安全的，且符合适当的卫生质量，而且这些冰须是符合前面所述的现行良好生产规范的要求制造的，才能被使用。除非有足够的证据证明供人食用的食品不会受到污染，否则不应该用加工供人食用的食品的加工区域和设备来加工非食品级的动物饲料或不能食用的产品。

（2）仓储与分销　成品食品的储藏与运输须能防止物理、化学与微生物的污染物对食品的污染以及食品的腐败和容器的破损。

二、卫生标准操作程序

SSOP（sanitation standard operation procedures）是卫生标准操作程序的简称，是食品企业为了满足食品安全的要求，在卫生环境和加工要求等方面所需实施的具体程序，是食品企业明确在食品生产中如何做到清洗、消毒、卫生保持的指导性文件。SSOP 和GMP 是进行 HACCP 认证的基础。

20 世纪 90 年代，美国频繁爆发食源性疾病，造成每年七百万人次感染和七千人死亡。调查数据显示，其中有大半感染或死亡的原因与肉、禽产品有关。这一结果促使美国农业部（USDA）重视肉、禽产品的生产状况，并决心建立一套涵盖生产、加工、运输、销售所有环节在内的肉、禽产品生产安全措施，从而保障公众的健康。1995 年 2 月颁布的《美国肉、禽产品 HACCP 法规》中第一次提出了要求建立一种书面的常规可行程序——卫生标准操作程序（SSOP），确保生产出安全、无掺杂的食品。同年 12 月，美国 FDA 颁布的《美国水产品的 HACCP 法规》中进一步明确了 SSOP 必须包括的八个方面及验证等相关程序，从而建立了 SSOP 的完整体系。

从此，SSOP 一直作为 GMP 和 HACCP 的基础程序加以实施，成为完成 HACCP 体系的重要前提条件。

FDA 将执法检查和消费者投诉中发现的问题总结成有关卫生的八个方面，作为八个关键卫生条件：与食品接触或与食品接触物表面接触的水（冰）的安全；与食品接触的表面（包括设备、手套、工作服）的清洁度；防止发生交叉污染；手的清洗与消毒，厕所设施的维护与卫生保持；防止食品被污染物污染；有毒化学物质的标记、储存和使用；雇员的健康与卫生控制；虫害的防治。

SSOP 的文本是描述在工厂中使用的卫生程序；提供这些卫生程序的时间计划；提供一个支持日常监测计划的基础；鼓励提前做好计划，以保证必要时采取纠正措施；辨别趋势，防止同样问题再次发生；确保每个人，从管理层到生产工人都理解卫生（概念）；为雇员提供一种连续培训的工具；显示对买方和检查人员的承诺，以及引导厂内的卫生操作和状况得以完善提高。

尽管 SSOP 与 GMP 的概念相近，但它们分别详细描述了为确保卫生条件而必须开展的一系列不同活动。因此，就管理方面而言，GMP 指导 SSOP 的开展。GMP 是政府制定的、强制性实施的法规或标准，而 SSOP 是企业根据 GMP 要求和企业的具体情况自己编写的，因此，没有统一的文本格式，关键是易于使用和遵守。

（一）生产用水（冰）的安全

生产用水（冰）的卫生质量是影响食品卫生的关键因素，食品加工厂应有充足供应的水源。对于任何食品的加工，首要的一点就是要保证水的安全。一个完整的食品加工企业 SSOP，首先要考虑与食品接触或与食品接触物表面接触用水（冰）来源与处理应符合有关规定，并要考虑非生产用水及污水处理的交叉污染问题。

1. 水源

使用城市公共用水，要符合国家饮用水标准。

使用自备水源要考虑井水为周围环境、井深度、污水等因素对水的污染；海水为周围环境、季节变化、污水排放等因素对水的污染。对两种供水系统并存的企业，采用不同颜色管道，防止生产用水与非生产用水混淆。

2. 标准

（1）我国饮用水标准　GB 5749—2006《生活饮用水卫生标准》106 项。

微生物指标：细菌总数 <100CFU/mL，37℃培养；大肠菌群 <3CFU/mL；致病菌不得检出。

游离余氯：水管末端不低于 0.05mg/kg。

海水水质标准：GB 3097—1997《海水水质标准》。

（2）欧盟指标　80/778/EEC 62 项。

细菌总数 <10CFU/mL，37℃培养 48h；<100CFU/mL，22℃培养 72h；总大肠菌群 MPN <1/100mL；粪大肠菌群 MPN <1/100mL；粪链球菌 MPN <1/100mL；致病菌不得检出。

（3）美国饮用水微生物的规定　总大肠菌（包括粪大肠菌和大肠杆菌）目标为 0。最大污染水平 5%，即一月中总大肠菌呈阳性水样不超过 5%，呈阳性的水样必须进行粪大肠菌分析。不允许存在病毒，目标为0。最大污染水平为99.9%杀死或不活动。

3. 监控

无论是城市公用水还是用于食品加工的自备水源都必须充分有效地加以监控，经官方检验有合格的证明后方可使用。

（1）监测项目与方法

余氯——试纸、比色法。

微生物——细菌总数 GB 5750—2006《生活饮用水标准检验方法》；大肠菌群GB 5750—2006。

（2）监测频率　企业对水余氯每天一次，一年对所有水龙都监测到；企业对水的微生物至少每月一次；当地卫生部门对城市公用水全项目每年至少一次，并有报告正本；对自备水源监测频率要增加，一年至少两次。

（3）设施　供水设施要完好，一旦损坏后就能立即维修好，管道的设计要防止冷凝水集聚下滴污染裸露的加工食品，防止饮用水管、非饮用水管及污水管间交叉污染。

水管离水面距离2倍于水管直径的防虹吸设备；防止水倒流设备，例如水管管道有一死水区、水管龙头真空排气阀；洗手消毒水龙头为非手动开关；加工案台等工具有将废水直接导入下水道装置；备有高压水枪；使用软水管要求浅色、不易发霉的材料制成；有蓄水池（塔）的工厂，水池要有完善的防尘、防虫鼠措施，并进行定期清洗消毒。

（4）操作　清洗、解冻用流动水，清洗时防止污水溢溅；软水管使用不能拖在地面，不直接浸入水槽中。

（5）供水网络图　工厂保持详细供水网络图，以便日常对生产供水系统管理与维护。供水网络图是质量管理的基础资料，水龙按序编号。

（6）废水排放　污水处理符合国家环保部门的规定；符合防疫的要求；处理池地点的选择应远离生产车间。废水排放设置包括地面处理（坡度），一般为1%~1.5%斜坡；案台等及下脚料盒（直接入沟）；清洗消毒槽废水排放（直接入沟）；废水流向（清洁区向非清洁区）；地沟（明沟加不锈箅子，与外界接口有水封防虫装置）。

（7）生产用冰　直接与产品接触的冰必须采用符合饮用水标准的水制造，制冰设备和盛装冰块的器具必须保持良好的清洁卫生状况，冰的存放、粉碎、运输、盛装、贮存等都必须在卫生条件下进行，防止与地面接触造成污染。

4. 纠偏

监控时发现加工用水存在问题或管道有交叉连接时，应终止使用这种水源并终止加工，直到问题得到解决。

5. 记录

水的监控、维护及其他问题处理都要记录并保存。

（二）与食品接触的表面清洁度

1. 与食品接触的表面

与食品接触的表面分为加工设备；案台和工器具；加工人员的工作服、手套等；包装物料。表 8 - 6 显示了某饮料水生产企业的自动灌装机的清洗程序。

表 8 - 6 　　　　　　　某饮料水生产企业的自动灌装机的清洗程序

自动灌装机清洗程序		文件编号：		修改号：	
		日期：2012 - 10 - 09		第 1 页　共 1 页	
编制单位：品控部	起草：	审核：		批准：	

1 目的

为生产线自动灌装机提供标准清洗规程。

2 适用范围

达意隆生产线自动灌装机。

3 责任者

操作工、当班班长。

4 操作频次

每班日、每周。

5 安全注意事项

5.1 本规程适用经过培训合格的操作人员和维修人员，未经培训人员严禁上岗操作。

5.2 操作人员及时填写设备的使用记录、清洗记录、维修保养记录。

5.3 每日停机后，要做好室内和机器卫生，工具在指定地方整齐放好。

5.4 操作人员必须坚守岗位。机器出现故障及时停机处理。

5.5 在接触有毒或腐蚀性的溶剂和消毒剂时，必须严格遵守公司相关规定，注意安全。

5.6 在清洗机器时应先确认哪些地方是可以用水直接冲洗的，哪些部位是需要保护的，哪些是需要切断电源的，先将需要保护的地方采取措施保护起来。

6 清洗规程

本规程分每班日清洗和周清洗两部分。

6.1 每班日清洗规程

确认灌装机电源已断。

用专用毛巾蘸清水先将机器表面擦拭一遍，包括灌装头、输送带、倒盖槽。

用毛巾蘸适量 250mg/L 含氯消毒剂擦拭机器。待消毒液在机器表面停留约 10min 后再用毛巾蘸清水将机器表面消毒液拭去。清洁完毕将机器表面水迹擦干，保持机器表面干爽。

6.2 每周清洗程序

确认灌装机电源已断。

用专用毛巾蘸清水先将机器表面擦拭一遍，包括灌装头、输送带、倒盖槽。

用毛巾蘸适量 250mg/L 含氯消毒剂擦拭机器。待消毒液在机器表面停留约 10min 后再用毛巾蘸清水将机器表面消毒液拭去。清洁完毕将机器表面水迹擦干，保持机器表面干爽。

必要时将灌装头胶管拆下清洗。用蘸有洗洁精的毛巾包住不锈钢棍在胶管内来回往复擦洗。用清水将洗洁精泡沫冲洗干净，放入盛有 250mg/L 含氯消毒剂桶内浸泡 10min 消毒。消毒完毕取出胶管用无菌水冲去表面消毒液，沥干水分，装回机器上，确认已装好能正常使用。

6.3 相关记录

《生产车间清洁卫生评价表》。

2. 监控

监控的主要内容包括食品接触面的条件；清洁和消毒；消毒剂类型和浓度；手套、工作服的清洁状况。

（1）监控的方法 包括视觉检查、化学检测（消毒剂浓度）、表面微生物检查。监控频率视使用条件而定。

（2）材料和制作 为耐腐蚀、不生锈、表面光滑易清洗的无毒材料；不用木制品、纤维制品、含铁金属、镀锌金属、黄铜等；设计安装及维护方便，便于卫生处理；制作精细、无粗糙焊缝、凹陷、破裂等；始终保持完好的维修状态；其安装在加工人员犯错误情况下不至造成严重后果。

（3）清洗消毒 加工设备与工器具首先彻底清洗，然后消毒［82℃热水、碱性清洁剂、含氯碱、酸、酶、消毒剂、余氯（200mg/kg）浓度、紫外线、臭氧］，再冲洗；设有隔离的工器具洗涤消毒间（不同清洁度工器具分开）。

工作服和手套应集中由洗衣房清洗消毒（专用洗衣房，设施与生产能力相适应）；不同清洁区域的工作服分别清洗消毒，清洁工作服与脏工作服分区域放置；存放工作服的房间设有臭氧、紫外线等设备，且干净、干燥和清洁。

清洗消毒频率：大型设备，每班加工结束后；工器具根据不同产品而定；被污染后立即进行。

空气消毒的方法有紫外线照射法，每 $10 \sim 15m^2$ 安装一支 30W 紫外线灯，消毒时间不少于 30min，低于 20℃，高于 40℃；相对湿度大于 60% 时，要延长消毒时间；适用于更衣室、厕所等。臭氧消毒法一般消毒 1h，适用于加工车间、更衣室等。药物熏蒸法用过氧乙酸、甲醛，每平方米 10mL，适用于冷库、保温车等。

3. 纠偏

在检查发现问题时应采取适当的方法及时纠正，如再清洁、消毒、检查消毒剂浓度、培训员工等。

4. 记录

每日卫生监控记录和检查、纠偏记录。

（三）防止发生交叉污染

1. 造成交叉污染的来源

来源为工厂选址、设计、车间不合理；加工人员个人卫生不良；清洁消毒不当；卫生操作不当；生、熟产品未分开；原料和成品未隔离。

2. 预防

（1）工厂选址、设计 对周围环境不造成污染；厂区内不造成污染；按有关规定（提前与有关部门联系）为主。

（2）车间布局 工艺流程布局合理；初加工、精加工、成品包装分开；生、熟加工分开；清洗消毒与加工车间分开；所用材料易于清洗消毒。

（3）明确人流、物流、水流、气流方向

人流——从高清洁区到低清洁区。

物流——不造成交叉污染，可用时间、空间分隔。

水流——从高清洁区到低清洁区。

气流——入气控制、正压排气。

（4）加工人员卫生操作　洗手、首饰、化装、饮食等的控制和参加培训。

3. 监控

在开工时、交班时、餐后续加工时进入生产车间应监控；生产时连续监控；产品贮存区域（如冷库）每日检查。

4. 纠偏

发生交叉污染，采取步骤防止再发生；必要时停产，直到有改进；如有必要，评估产品的安全性；增加培训程序。

5. 记录

分为消毒控制记录和改正措施记录。

（四）洗手消毒、厕所设备的维护与卫生

1. 洗手消毒的设施

应安装非手动开关；水龙应有温水供应；在冬季洗手消毒效果好；有合适、满足需要的洗手消毒设施，每 10～15 人设一水龙为宜；还应有流动消毒车。

2. 洗手消毒方法、频率

（1）方法　清水洗手→用皂液或无菌皂洗手→冲净皂液→于 50mg/kg（余氯）消毒液浸泡 30s→清水冲洗→干手（用纸巾或毛巾）。

（2）频率　每次进入加工车间时、手接触了污染物后及根据不同加工产品规定确定消毒频率。每天至少检查一次设施的清洁与完好；卫生监控人员巡回监督；化验室定期做表面样品微生物检验；检测消毒液的浓度。

3. 厕所设施与要求

位置应与车间建筑连为一体，门不能直接朝向车间，有更衣、鞋设备。数量与加工人员相适应，每 15～20 人设一个为宜；手纸和纸篓保持清洁卫生；设有洗手设施和消毒设施；有防蚊蝇设施；通风良好，地面干燥，保持清洁卫生；进入厕所前要脱下工作服和换鞋；方便之后要进行洗手和消毒。

4. 设备的维护与卫生保持

设备保持正常运转状态；卫生保持良好，不造成污染。

5. 纠偏

检查发现问题时总是立即纠正。

6. 记录

每日卫生监控记录和消毒液温度记录。

（五）防止食品掺杂

防止食品、食品包装材料和食品所有接触表面被微生物、化学品或物理的污染物沾污，例如清洁剂、润滑油、燃料、杀虫剂、冷凝物等。

1. 污染物的来源

来源为被污染的冷凝水；不清洁水的飞溅；空气中的灰尘、颗粒；外来物质；地面污物；无保护装置的照明设备；润滑剂、清洁剂、杀虫剂等；化学药品的残留；不卫生的包装材料。

2. 防止与控制

（1）包装物料的控制　包装物料存放库要保持干燥清洁、通风、防霉，内外包装分别存放，上有盖布下有垫板，并设有防虫鼠设施。每批内包装进厂后要进行微生物检验，细菌数 <100 个/cm^2，致病菌不可检出。必要时进行消毒。

（2）冷凝水控制　应控制有良好通风；车间温度控制（稳定 $0\sim4℃$）；顶棚呈圆弧形；提前降温；及时清扫；食品的贮存库保持卫生，不同产品、原料、成品分别存放，设有防鼠设施；化学品的正确使用和妥善保管。

3. 监控

对于任何可能污染食品或食品接触面的掺杂物，如潜在的有毒化合物、不卫生的水（包括不流动的水）和不卫生的表面所形成的冷凝物，建议在生产开始时及工作时间每4小时检查一次。

4. 纠偏

除去不卫生表面的冷凝物；用遮盖防止冷凝物落到食品、包装材料及食品接触面上；清除地面积水、污物，清洗化合物残留；评估被污染的食品；对员工培训正确使用化合物。

（六）有毒化学物质的标记、贮存和使用

1. 食品加工厂有可能使用的化学物质

洗涤剂；消毒剂，如次氯酸钠；杀虫剂，如1605；润滑剂；食品添加剂，如亚硝酸钠；磷酸盐等。

2. 有毒化学物质的贮存和使用

编写有毒有害化学物质一览表。所使用的化合物有主管部门批准生产、销售、使用说明的证明、主要成分、毒性、使用剂量，并在单独的区域贮存，有带锁的柜子，防止随便乱拿，设有警告标示和注意事项，正确使用。

化合物正确标识，标识清楚，标明有效期，使用登记记录。由经过培训的人员管理。

3. 监控

经常检查确保符合要求；建议一天至少检查一次；全天都应注意。

4. 纠偏

转移存放错误的化合物；对标记不清的拒收或退回；对保管、使用人员进行培训。

（七）雇员的健康与卫生控制

食品企业的生产人员（包括检验人员）是直接接触食品的人，其身体健康及卫生状况直接影响食品卫生质量。根据食品卫生管理法规定，凡从事食品生产的人员必须经过体检合格，获有健康证者方能上岗。

1. 检查

员工的上岗前健康检查；定期健康检查，每年进行一次体检。

食品生产企业应制订有体检计划，并设有体检档案，凡患有有碍食品卫生的疾病，例如病毒性肝炎、活动性肺结核、肠伤寒及其带菌者、细菌性痢疾及其带菌者、化脓性或渗出性脱屑皮肤病患者、手外伤未愈合者，不得参加直接接触食品加工，痊愈后经体检合格后可重新上岗。

生产人员要养成良好的个人卫生习惯，按照卫生规定从事食品加工，进入加工车间更换清洁的工作服、帽、口罩、鞋等，不得化妆、戴首饰、手表等。

食品生产企业应制订有卫生培训计划，定期对加工人员进行培训，并记录存档。

2. 监督

目的是控制可能导致食品、食品包装材料和食品接触面的微生物污染。

3. 纠偏

调离生产岗位直至痊愈。

4. 记录

包括健康检查记录和每日卫生检查记录。

（八）虫害的防治

昆虫、鸟、鼠等带一定种类病源菌，虫害的防治对食品加工厂是至关重要的。

1. 防治计划

灭鼠分布图、清扫消毒执行规定。全厂范围、生活区甚至包括厂周围，重点为厕所、下脚料出口、垃圾箱周围、食堂。

2. 防治措施

清除昆虫滋生地；预防昆虫、鸟、鼠进入车间；采用风幕、水幕、纱窗、黄色门帘、暗道、挡鼠板、翻水弯等杀灭虫害；产区用杀虫剂，车间入口用灭蝇灯；粘鼠胶、鼠笼；不能用灭鼠药。

3. 检查和处理

卫生监控和纠偏；监控频率根据情况而定。发现问题，立即进行纠偏，一般不涉及产品，严重时需列入 HACCP 计划中。

第四节　ISO 22000

一、概述

随着食品安全管理 ISO 22000 标准的公布，食品安全管理体系的清单上又增加了一项新的工具。近几年，从"疯牛病"到大肠杆菌的发作，从转基因食品到苏丹红染料的辩论，百姓对食品安全的忧虑都成为轰动新闻。与这些忧虑相适应的是食品行业积极的试图找出改善食品安全管理的方法。

现有的食品安全验证体系包括荷兰 HACCP（危害分析和关键控制点）原理、英国零售商协会（BRC）全球食品标准、国际食品标准（IFS）、安全质量食品（SQF）协议，以及欧洲零售商农产品工作组的良好农业规范（EUREP GAP）等。所有的食品安全管理都习惯性地帮助零售商管理他们的供应链，同时每一个标准在他们各自的领域提供相应的解决方案。

2005 年 9 月出版的《食品安全管理体系－食品链上所有组织的要求 ISO 22000 标准》，在食品群组中是一个新生儿。ISO 22000 是正在进行的国际标准组织（ISO）与食品行业之间协作的成果，该标准目标是成为一个国际性的、可稽核的标准，以定义整个食品链上的食品安全管理——"确保整个链上没有连接缺陷"，目的就是将 ISO 22000 与其他现有的食品安全计划并肩而坐，并通过运用一种流通语言和在整个食品链上对食品安全管理方法的理解，使 ISO 22000 与其他食品安全计划互补。

ISO 22000 的要点是在 ISO 9001:2000 的基础上增加了 HACCP 形式的标准，换言之，就是将食品和饮料工业建立于现有的体系上，并将行业规划成一个清晰、易懂、可稽核的结构。

ISO 22000 不同于其他标准的主要方面是它的范围和国际适用性。ISO 22000 同样不同于 BRC 和 IFS 这类不能提供良好规范要求规则列表的标准。然而，与事实相对应的是 ISO 22000 不可能指定所有食品行业类型的所有要求，ISO 22000 明确了与食品行业最关联、最实用的规范，将食品安全责任归于食品行业。

运行 ISO 22000 其中一个好处是它给已经实施其他 ISO 管理体系的公司提供了增效作用。举例说，ISO 22000 使用和 ISO 9001、ISO 14001 标准相同的体系导入方法，使它易于整合成一个完整的基于风险的管理体系。对于已经实施了其他 ISO 标准——包括 ISO 9000 质量管理体系、ISO 14001 环境管理体系，以及 ISO 18001 职业健康安全系列等的企业而言，将现有管理方法运用到食品安全管理中是十分重要的，这样就可以整合到其他体系中去。

ISO 22000 确定为确保食品供应链上没有缺陷的连接点。该标准"从饲料生产、初级生产到食品生产商、运输和储藏企业，以及零售分包商和食品服务的出口——与食品内部关联组织，如设备生产商、包装材料、清洁剂、添加剂和配料生产商等都可以采用。"

"ISO 22000 详细说明了食品链上食品管理体系的要求，为了提供安全一致的终端产品以满足适合消费者和采用的食品安全法规两者的要求，组织需要证明他们控制食品安全危害的能力。"

二、ISO 22000 标准的特点

为满足组织开展 HACCP 体系认证的需要，国际标准化组织农产食品技术委员会（ISO/TC34）成立了工作组，参照质量/环境管理体系国际标准（ISO 9001/ISO 14001）的框架起草了食品安全管理体系国际标准（ISO 22000）。国际标准化组织（ISO）于 2005 年下半年正式发布 ISO 22000《食品安全管理体系对整个食品链中组织的要求》。这是国际标准化组织发布的继 ISO 9000 和 ISO 14000 后用于合格评定的第三个管理体系国际标准。ISO 22000 将国际上最新的管理理念与食品安全控制的有效工具——HACCP 原理有效融合，在全球范围内产生广泛而又深远的影响。

纵观 ISO 22000 标准，其以下特点引人注目。

（一）食品安全管理范围包含整个食品链

对于生产、制造、处理或供应食品的所有组织，食品安全的要求是首要的。这些组织都应认识到，对表明并充分证实其识别和控制食品安全危害能力的要求日益增加，并应认识到影响食品安全的诸多因素。这个标准的要求可用于食品链内的各类组织，如饲料生产者、食品制造者、运输和仓储经营者、分包者、零售分包商、餐饮经营者，以及相关组织，如设备生产、包装材料、清洁剂、添加剂和辅料的生产组织。食品安全与食源性危害在食品消费阶段（由消费者吸收）的水平和存在的危害有关。由于在食品链的任何阶段都可能引入食品安全危害，因此通过整个食品链进行充分控制是必需的。所以，食品安全是基于通过食品链的所有参与者共同努力而保证的连带责任。

（二）先进管理理念与 HACCP 的有效融合

过程方式、系统管理及持续改进是现代管理领域先进理念的核心内容。任何将所接受的输入转化为输出的活动都可以视为过程。组织为了能有效地运作，必须识别并管理许多相互关联的过程。一个过程的输出会直接成为下一个过程的输入。组织系统地识别并管理过程以及过程之间的相互作用，被称为"过程方法"。所谓系统管理，即针对设定的目标，识别、理解并管理一个由相互关联的过程所组成的体系，有助于提高组织的有效性和效率。系统方法的特点在于它围绕某一设定的方针和目标，确定实现这一目标的关键活动，识别由这些活动构成的过程，分析这些过程间的相互作用和相互影响的关系，按某种方式或规律将这些过程有机地组合成一个系统，管理由这些过程构成的系

统，使之协调地运行。持续改进的最终目的是提高组织的有效性和效率，包括改善产品的安全特性、提高过程有效性和效率所开展的所有活动。通过测量分析现状、建立目标、寻找解决办法、实施解决办法、测量实施结果、直至纳入文件等活动，实施不断的计划、实施、检查、改进的循环。以上原则在 ISO 22000 标准中主要体现在以下几个方面。

1. 食品安全目标导向

建立一个系统，以最有效的方法实现组织的食品安全方针和目标。由组织的最高管理者制定食品安全方针，并进行相关的沟通。食品安全方针应得到可测量的目标的支持。

2. 过程的识别和危害分析

组织应策划和开发安全食品实现所需的过程，在实施基础设施、卫生操作、良好生产规范的基础上，对食品安全危害造成不良后果的严重程度及其发生的可能性进行危害分析并确定显著危害，作为 HACCP 计划控制的对象。

3. 体系的实施和运行

有效的安全产品生产，要求和谐地整合不同类型的 GMP 和 SSOP 和详尽的 HACCP 计划。

4. 体系的监视和测量

监视测量除了 HACCP 原理所包含的关键控制点的监控之外，还包含危害分析输入的持续更新，基础设施与维护，GMP、SSOP 和 HACCP 计划中要素的实施和有效性，基础设施和维护方案，体系运行后危害水平降低的绩效，人力资源管理的有效性，最终产品的测试（必要时），内部审核等。对以上内容的验证结果再进行评价和分析，对 GMP、SSOP 和 HACCP 计划的有效性进行确认，将验证和确认的结果输入持续改进。监视和测量建立在基于事实的决策方法的基础上，对数据和信息的逻辑分析或直觉判断是有效决策的基础。依据准确的数据和信息进行逻辑推理分析，或依据信息作出直觉判断是一种良好的决策方法。利用数据和信息进行逻辑判断分析时可借助其他的辅助手段，如统计技术等。

5. 持续改进体系

持续改进是组织的一个永恒的目标。组织应通过满足有关安全食品的策划和实现的要求，持续改进食品安全管理体系。持续改进的输入包括内部外部的沟通、管理评审、内部审核、验证结果的评价、验证活动结果的分析、控制措施组合的确认和食品安全管理体系的更新。

（三）强调交互式沟通的重要性

ISO 22000 标准在其"引言"中指出，相互沟通是食品安全管理体系的关键要素，在食品链中沟通是必需的，以确保在食品链各环节中的所有相关食品危害都得到识别和充分控制。这表明组织沟通的需要，包括在食品链中与其上游和下游组织的沟通。

（四）安全管理体系满足法规要求的前提

标准在"引言"中指出："本标准旨在协调全球范围内的食品链中食品安全管理在经营上的要求。本标准专用于寻找比法律的通常要求更明确、和谐和完整的食品安全管理体系的组织。本标准不用于制定规章目的的最低要求。"然而，这个标准要求组织将所有适用食品安全的有关法规和规章的要求融入到食品安全管理体系。

（五）体现风险控制理论的安全管理体系

标准在"应急准备和响应"中规定，最高管理者应考虑能够影响组织有关食品安全的潜在紧急情况和事故并表明如何管理，结果应包括在管理评审的输入中。

小　结

危害分析和关键控制点（HACCP）系统是一个以科学为基础的系统，创造识别特定危害和行动来控制危害，以确保食品安全和质量。国际食品法典委员会（CAC）是由联合国粮农组织（FAO）和世界卫生组织（WHO）共同建立，以保障消费者的健康和确保食品贸易公平为宗旨的一个制定国际食品标准的政府间组织。HACCP 七项基本原理包括：危害分析与预防控制措施；确定关键控制点；建立关键限值；关键控制点的监控；纠正措施；验证程序；记录的保存。危害分析可分为两项活动——自由讨论和危害评价。关键控制点（CCP）是指对食品加工过程中的某一点、步骤或工序进行控制后，就可以防止、消除食品安全危害或使其减少到可接受水平。关键限值是与一个 CCP 相联系的每个预防措施所必须满足的标准。监控是指按照制定的计划进行观察或测量来判定一个 CCP 是否处于受控之下，并且准确真实进行记录，用于以后的验证。验证是指除了监控方法以外，用来确定 HACCP 体系是否按照 HACCP 计划运作或者计划是否需要修改以及再被确认生效使用的方法、程序、检测及审核手段。HACCP 验证的主要内容包括四个方面：一是 HACCP 计划的确认；二是 CCP 点的验证；三是 HACCP 体系的验证；四是微生物抽样检验。

思考题

1. 采用 HACCP 的动机包括哪几个方面？
2. 简述 HACCP 的基本原理。
3. 简述 CCP 判断树的主要内容。
4. 食品中良好生产规范的意义是什么？
5. 请联系所学知识谈谈你对如何防止食品不受污染的看法。

第九章　食品安全法规与标准体系

第一节　概　　述

　　食品安全是一个国家经济持续稳定发展的基础，是社会稳定与繁荣的保证。食品安全问题已上升到国家公共安全的高度，而其涉及多部门、多环节，是一个复杂的系统工程。建立食品安全保障体系是实现食品安全的重点和战略目标。

　　食品质量与安全法规是指与食品生产、加工、贮运、销售和消费任一环节有关的，涉及食品质量与安全的法律、条例、指令和标准。食品质量与安全法规是企业生产、政府管理、消费者自我保护的准绳，是解决国际食品贸易纠纷和贸易技术壁垒的依据，在发展市场经济、保证公平交易和保护消费者健康方面具有根本性的作用和意义。

　　我国现有的食品安全法律法规的制定大部分集中在 20 世纪 80 年代到 90 年代中期，由于出台早，受立法宜粗不宜细思想的影响，造成其可操作性差，如有些法律法规条文或因过于笼统难以执行，或因标准欠缺难以执行。1995 年《中华人民共和国食品卫生法》实施以来，虽然取得了监控和监管效果，但仍存在相关条款注释不明且滞后修改的新内容，导致了食品监管部门在执法过程中出现无法可依的情况。2004 年国务院《关于进一步加强食品安全工作的决定》（国发〔2004〕23 号）明确规定，农业、质检、工商、卫生等部门分别负责初级农产品生产环节、食品生产加工环节、食品流通环节、餐饮业和食堂等消费环节的监管，食品药品监管部门负责对食品安全的综合监督、组织协调和依法组织查处重大事故。但是《中华人民共和国食品卫生法》却没有作相应的修订。除此之外，我国的《食品卫生法》还存在重要制度欠缺，导致体系出现结构性漏洞，如无食品安全风险评价制度、食品溯源、召回制度及食品安全重大事故归责原则等。随着时代的进步、社会的发展及食品生产、经营领域的拓宽，90 年代修订的《中华人民共和国食品卫生法》没有考虑到和想到的空白越来越多，许多条款和罚责都已不适应现状。

　　《中华人民共和国食品卫生法》实施十几年来，正值我国社会转型和改革开放的关键时期，食品安全出现了一些新情况、新问题，不少食品存在安全隐患，食品安全事故时有发生，特别是 2008 年发生的三鹿奶粉事件更是为我国的食品安全监管工作敲响了警钟。为了从制度上解决问题，立法部门亟须对现行食品卫生制度加以补充、完善，制定一部全方位构筑我国食品安全法律制度的食品安全法，从制度上杜绝类似的食品安全事件再次发生。

2009 年《中华人民共和国食品安全法》的颁布施行体现了预防为主、科学管理、明确责任、综合治理的食品安全工作指导思想，进一步明确了我国的食品安全监管体制，打造"从农田到餐桌"的全程监管，确保监管环节无缝衔接；借鉴国际先进的食品安全监管经验，建立食品安全风险评估和食品召回等制度，统一食品安全标准，加强对食品添加剂和保健食品的监管，完善食品安全事故的处置机制，强化监管责任，加大处罚力度，严格赔偿责任。《食品安全法》的颁布实施是我国食品产业的一件大事，是食品安全工作的里程碑，标志着我国的食品安全工作进入了新阶段。

第二节　食品安全法规体系

一、我国食品安全法律法规

自 20 世纪 80 年代以来，中国政府制定了一系列与食品质量与安全有关的法规。目前形成了以《中华人民共和国产品质量法》、《中华人民共和国农业法》、《中华人民共和国标准化法》等法律为基础，以《中华人民共和国食品安全法》、《中华人民共和国农产品质量安全法》为核心，以《食品生产加工企业质量安全监督管理办法》、《食品添加剂新品种管理办法》、《保健食品注册管理办法（试行）》及涉及食品质量与安全要求的大量技术标准等法规为主体，以各省及地方政府关于食品质量与安全的规章为补充的食品质量与安全法规体系。

（一）《中华人民共和国食品安全法》

《中华人民共和国食品安全法》已由中华人民共和国第十一届全国人民代表大会常务委员会第七次会议于 2009 年 2 月 28 日通过，并于当日公布，自 2009 年 6 月 1 日起施行。

1. 起草说明

1995 年 10 月 30 日起施行的《中华人民共和国食品卫生法》，对保证食品安全、保障人民群众身体健康发挥了积极作用，我国食品安全的总体状况不断改善。但是，食品安全问题仍然比较突出，不少食品存在安全隐患，食品安全事故时有发生，人民群众对食品缺乏安全感。食品安全问题还影响我国产品的国际形象，人民群众对此反应强烈。产生这些问题的主要原因是现行有关食品卫生安全制度和监管体制不够完善，主要有以下五点：①食品标准不完善、不统一，标准中一些指标不够科学，对有关食品安全性评价的科学性有待进一步提高。②规范、引导食品生产经营者重质量、重安全，还缺乏较为有效的制度和机制。食品生产经营者作为食品安全第一责任人的责任不明确、不严格，对生产经营不安全食品的违法行为处罚力度不够。③食品检验机构不够规范，责任不够明确。食品检验方法、规程不统一，检验结果不够公正，重复检验还时常发生。

④食品安全信息公布不规范、不统一，导致消费者无所适从，甚至造成消费者不必要的恐慌。⑤有的监管部门监管不到位、执法不严格，部门间存在职责交叉、权责不明的现象。为了从制度上解决这些问题，更好的保证食品安全，有必要对现行食品卫生制度加以补充、完善，制定食品安全法。

2. 总体思路

《食品安全法》在总体思路上把握了以下几点：①建立以食品安全风险评估为基础的科学管理制度，明确食品安全风险评估结果应当成为制定食品安全标准、确定食源性疾病控制对策的重要依据。②坚持预防为主。遵循食品安全监管规律，对食品的生产、加工、包装、运输、贮藏和销售等各个环节，对食品生产经营过程中涉及的食品添加剂、食品相关产品、运输工具等各个有关事项，有针对性地确定有关制度，并建立良好生产规范、危害分析和关键控制点等机制，做到防患于未然。同时，建立食品安全事故预防和处置机制，提高应急处理能力。③强化生产经营者作为保证食品安全第一责任人的责任。通过确立制度，引导生产经营者在食品生产经营活动中重质量、重服务、重信誉、重自律，以形成确保食品安全的长效机制。据此，《食品安全法》规定了不安全食品召回制度、食品标签制度和索票索证等制度，并加大对食品生产经营违法行为的处罚力度。④建立以责任为基础，分工明晰、责任明确、权威高效，决策与执行适度分开，相互协调的食品安全监督体制。进一步明确地方人民政府对本行政区域的食品安全监管负责，赋予行政机关必要的权力，同时强化行政机关监管不到位承担的法律责任。⑤建立畅通、便利的消费者权益救济渠道。食品消费者有权检举、控告侵害食品消费者权益的行为，因食品、食品添加剂或者食品相关产品遭受人身、财产损害的，有依法获得赔偿的权力。

3. 本法的适用范围

根据食品安全的特点和实际需要，借鉴国际通行做法，法律规定：食品的生产、流通以及餐饮服务，食品添加剂、食品相关产品的生产、经营和食品生产经营者使用食品添加剂、食品相关产品，以及对食品、食品添加剂和食品相关产品的安全管理，应遵守本法（第二条第一款）。

现行的、与食品安全直接有关的法律主要有《食品安全法》和《农产品质量安全法》。我国《农产品质量安全法》于2006年4月29日由十届全国人大常务委员会第二十一次会议通过，自2006年11月1日起施行。该法为了从源头上保证包括食用农产品在内的所有农产品质量安全，对农产品质量安全标准、农产品产地、农产品生产、农产品包装和标示等问题做出了规定。因此，制定《食品安全法》，应当处理好与《农产品质量安全法》的关系，保证食品"从农田到餐桌"安全的有关基本制度做到统一或者相互衔接。据此，《食品安全法》规定，食用农产品的质量安全管理遵守《农产品质量安全法》的规定。但是，制定有关食用农产品的质量安全标准、公布食用农产品安全有关的信息，应当遵守本法的有关规定（第二条第二款）。

4. 食品安全监管体制

为了解决食品安全监督管理中的突出问题，国务院确定了对食品安全实行分段监管的体制，即农业部门负责初级农产品生产环节的监管；质监部门负责食品生产加工环节的监管；工商部门负责食品流通环节的监管；卫生部门负责餐饮业和食堂等消费环节的监管；食品药品监管部门负责对食品安全的综合监督、组织协调和依法查处重大事故。这种体制有利于各司其职，对改善食品安全状况实际上也发挥了积极作用。现有六个部门参与食品安全监管，包括国家食品药品监督管理总局、国务院食品安全委员会、卫生部、农业部、国家质量监督检验检疫总局、工商行政管理总局，分别负责监管食品药品在生产、流通、消费等环节的安全性。但是，实践中这种体制也出现了一些新问题，主要是对食品安全风险评估、食品安全标准制定、食品安全信息公布等不属于任何一个环节的事项，由哪个部门负责不够明确，客观上就产生了部门职能交叉、责任不清的现象。

2013 年 4 月 18 日，中国政府网公布《国务院关于地方改革完善食品药品监督管理体制的指导意见》（国发［2013］18 号，下称《指导意见》），要求省、市、县三级食药监管机构改革，整合监管职能和机构。省、市、县级政府整合原来的食药监管、工商、质监部门及食安办的食药管理职能，组建食药监管机构，并由食药监管机构承担本级政府食品安全委员会的工作。《指导意见》要求，必须合理区分食品药品监督管理总局、卫生部、农业部等部门的监管边界；农业部门要落实农产品质量安全监管责任，加强畜禽屠宰环节、生鲜乳收购环节质量安全和有关农业投入品的监督管理；各地要合理划分食药监管部门和农业部门的监管边界，做好食用农产品产地准出管理与批发市场准入管理的衔接；卫生部门要加强食品安全标准、风险评估等工作。改革后，参与食品安全监管的部门减少到三家，即国家食品药品监督管理总局、卫生和计划生育委员会及农业部，有望改变食品安全监管"多龙治水"的格局。

5. 食品安全风险评估

食品安全风险评估是对食品中生物性、化学性和物理性危害对人体健康可能造成的不良影响进行科学研究的过程。将食品安全风险评估结果作为制定食品安全标准和制定政策的科学依据，是人们对食品安全监管规律的深刻认识，已成为许多国家的普遍做法。据此，本法确立了食品安全风险评估制度，规定：国务院授权的部门会同国务院其他有关部门聘请医学、农业、食品、营养等方面的技术专家，组成食品安全风险评估专家委员会，对食品中生物性、化学性和物理性危害进行风险评估（第十三条）。

为了保证食品安全风险评估的结果得到利用，法律规定，食品安全风险评估结果应当作为制定、修订食品安全标准和对食品安全实施监督管理的科学依据；国务院授权负责食品安全标准制定的部门应当根据食品安全风险评估结果及时修订、制定食品安全标准；国务院授权负责食品安全风险评估的部门应当会同国务院有关部门，根据风险评估结果和食品安全监督管理信息，对食品安全状况进行综合分析，对可能发生较高程度安全风险的食品提出食品安全风险警示，由国务院授权负责食品安全信息公布的部门予以公布（第十六条、第十七条）。

6. 食品安全标准

为了解决目前一种食品有食品卫生和食品质量两套标准的问题，法律规定，由国务院授权的部门负责制定统一的食品安全国家标准；没有国家标准的，可以制定地方标准。同时，法律还规定，除食品安全标准外，不得制定其他有关食品的强制性标准（第二十二条、第二十四条）。

为了保证食品安全标准的科学性和权威性，法律规定，制定、修订食品安全国家标准，应当根据食品安全风险评估结果，并充分考虑食用农产品质量安全风险评估结果，参照相关的国际标准，与我国经济、社会和科学技术发展水平相适宜，并广泛听取食品生产经营者和其他有关单位和个人的意见（第二十三条第二款）。食品安全国家标准应当经食品安全国家标准审评委员会审查通过；食品安全国家标准审评委员会由医学、农业、食品和营养等方面的专家，以及国务院农业主管部门和国务院食品生产、流通、餐饮服务监督管理部门的代表组成（第二十三条第一款）。

7. 食品检验

为了规范食品检验机构和食品检验活动，保证食品检验数据和结论的客观、公正，法律规定：①除本法或者其他法律另有规定外，食品检验机构经国务院认证认可监督管理部门依法进行资质认定，方可从事食品检验活动（第五十七条第一款）；②食品检验机构资质认定的条件和检验规范，由国务院授权的部门制定（第五十七条第二款）；③食品检验实行食品检验机构与检验人负责制，由食品检验机构指定的检验人独立进行。检验人应当按照食品安全标准和检验规范对食品进行检验，保证出具的检验数据客观、公正，不得出具虚假的检验报告（第五十八条）。

为了从制度上解决重复抽检问题，法律规定，对监管部门已经抽检并获得合格证明文件的食品，其他监管部门不得另行抽检。并规定，食品安全监管部门应当购买抽取的样品，不得收取任何费用（第六十条）。

8. 食品生产经营的主要制度

为了从制度上保证食品生产经营者成为食品安全的第一责任人，法律规定除规定食品生产经营许可、食品生产经营者安全信用档案等制度外，还规定了以下制度。

（1）生产经营食品的基本准则　法律规定，食品生产经营者生产经营的食品，有食品安全标准的，应当符合食品安全标准；没有食品安全标准的，应当无毒、无害，符合应当有的营养要求和本法规定的其他要求（第二十七条）。同时明确规定，禁止生产经营含有国家明令禁用物质的食品，禁止生产或经营病死、毒死或者死因不明的动物肉类及其制品，禁止用非食品原料生产食品或者在食品中添加非食品用化学物质，禁止用回收食品作为原料生产食品，禁止生产经营营养成分不符合食品安全标准的专供婴幼儿的主辅食品等（第二十八条）。

（2）食品标签制度　法律规定，预包装食品的包装上应当有标签，标签应当标明成分或者配料表、保质期、所使用的食品添加剂等事项（第四十二条）。法律同时还规定，食品和食品添加剂的标签、说明书、包装不得含有虚假、夸大的内容，不得涉及疾病预防、治疗、诊断功能；食品生产者对标签、说明书、包装上的声称承担法律责任（第四十八条）。

（3）索要票证制度　法律规定，食品生产者采购食品原料、食品添加剂、食品相关产品，应当查验供货方的食品生产许可证或者食品流通许可证、营业执照、食品出厂检验报告或者其他相关食品合格的证明文件（第三十六条）。同时，法律还规定，食品经营者采购食品，对已经实行食品安全监管码的，应当查验食品安全监管码；对尚未实行食品安全监管码管理的，应当查验供货者有无食品生产许可证或者食品流通许可证、营业执照，有无食品出厂检验报告或者其他有关食品合格的证明文件（第三十九条）。

（4）不安全食品召回制度　法律借鉴国际通行做法，从生产、经营两个方面确立了不安全食品召回制度。一是食品生产者发现其生产的食品不安全，应当立即停止生产，向社会公布有关信息，通知相关经营者停止生产经营该食品，消费者停止食用该食品，召回已经上市销售的食品，并记录召回情况。二是食品经营者发现其经营的食品不安全，应当立即停止经营，通知相关生产经营者停止生产经营该食品、消费者停止食用该食品，并记录通知情况。食品生产经营者对召回的食品应当采取销毁、无害化处理等措施，防止该食品再次流入市场（第五十三条）。

9. 食品进出口

为了保障我国公民的生命安全和身体健康，对食品进口作了以下规定：①进口的食品、食品添加剂以及食品相关产品应当符合我国食品安全国家标准。②向我国境内出口食品的出口商或者代理商应当向国务院出入境检验检疫主管部门备案；向我国境内出口食品的境外食品生产企业应当在国务院出入境检验检疫主管部门注册。③进口预包装食品的标签、说明书应当符合本法以及我国其他有关法律、行政法规的规定和食品安全国家标准的要求（第六十五条、第六十六条）。

为了维护我国出口食品的良好形象，法律规定出口的食品应当符合进口国（地区）的强制性要求，并经出入境检验检疫机构检验合格。海关凭出入境检验检疫机构签发的海关证明放行。出口食品生产企业和出口食品原料种植、养殖场应当向国务院出入境检验检疫主管部门备案（第六十八条）。

10. 食品安全信息公布

针对食品安全信息公布不规范、不统一，公布的信息有的不够科学，造成消费者不必要的恐慌等问题，法律规定，国家建立食品安全信息统一公布制度。食品安全风险警示信息、食品安全事故信息以及其他可能引起消费者恐慌的食品安全信息和国务院确定的需要统一公布的其他信息，由国务院授权负责食品安全信息公布的部门统一公布；公布上述信息，应当做到及时、客观、准确，并对不安全食品可能产生的危害加以解释、说明，避免引起消费者恐慌（第八十二条第一款、第三款）。同时规定，本法规定需要统一公布的信息，其影响限于特定区域的，也可以由省级人民政府的部门公布（第八十二条第二款）。

11. 食品安全监管部门的权利和责任

针对目前食品安全监管中执行力不强、执法不严等问题，法律赋予监管部门制止、查处违法行为的必要权力，规定：食品安全监管部门履行食品安全监管职责时，有权进入生产经营场所实施现场检查；有权查阅、复制票据、账簿等有关资料；有权查封、扣押涉嫌违法的产品及用于生产经营或者被污染的工具、设备；有权查封违法从事食品生产经营活动的场所等（第七十七条）。根据权力和责任相一致的原则，同时还规定，食品安全监管部门不履行本法规定的职责或者滥用职权，依法给予处分；其主要负责人、直接负责人员和其他直接责任人员构成滥用职权罪、玩忽职守罪的，依法追究刑事责任（第九十五条第二款）。

12. 加大食品生产经营违法行为的处罚力度

为了切实保障人民群众的生命安全和身体健康，必须加大对食品生产经营违法行为的处罚力度。据此，法律对故意生产经营含有国家明令禁用物质的食品，经营病死、毒死或者死因不明的动物肉类或者生产经营这类动物肉类的制品，用非食品原料生产食品或者在食品中添加非食品用化学物质，用回收食品作为原料生产食品，生产经营营养成分不符合食品安全标准的专供婴幼儿的主辅食品等严重违法行为，规定了较为严厉的执法措施，主要是：构成犯罪的，依照刑法第一百四十三条、第一百四十四条的规定追究刑事责任（第八十五条）。对依照本法规定被吊销食品生产、流通或者餐饮服务许可证的单位，其直接负责的主管人员5年内不得从事食品生产经营活动的管理工作（第九十二条）。

（二）《中华人民共和国农产品质量安全法》

《中华人民共和国农产品质量安全法》已由中华人民共和国第十届全国人民代表大会常务委员会第二十一次会议于2006年4月29日通过，自2006年11月1日起施行。

农产品是指来源于农业的初级产品，即在农业活动中获得的植物、动物、微生物及其产品。农产品质量安全是指农产品的质量符合保障人的健康、安全的要求。农产品的质量安全状况如何，直接关系着人民群众的身体健康乃至生命安全。"民以食为天，食以安为先"，政府不但要保证老百姓吃得饱，还要保证老百姓吃得安全、吃得放心，这是坚持以人为本、对人民高度负责的体现。为了从源头上保障农产品质量安全，维护公众的身体健康，促进农业和农村经济的发展，国家制定出台了《农产品质量安全法》。

1. 本法规定的基本制度

《农产品质量安全法》从我国农业生产的实际出发，遵循农产品质量安全管理的客观规律，针对保障农产品质量安全的主要环节和关键点，确立了7个基本制度。

（1）政府统一领导，农业主管部门依法监管，其他有关部门分工负责的农产品质量安全管理体制。

（2）农产品质量安全标准的强制实施制度。政府有关部门应当按照保障农产品质量安全的要求，依法制定和发布农产品质量安全标准并监督实施；不符合农产品质量安全标准的农产品，禁止销售。

（3）防止因农产品产地污染而危及农产品质量安全的农产品产地管理制度。

（4）农产品的包装和标识管理制度。

（5）农产品质量安全监督检查制度。

（6）农产品质量安全的风险分析、评估制度和农产品质量安全的信息发布制度。

（7）对农产品质量安全违法行为的责任追究制度。

2. 本法对农产品产地管理的规定

农产品产地环境对农产品质量安全具有直接、重大的影响。抓好农产品产地管理，是保障农产品质量安全的前提。《农产品质量安全法》规定，县级以上政府应当加强农产品产地管理，改善农产品生产条件。禁止违反法律、法规的规定向农产品产地排放或者倾倒废水、废气、固体废物及其他有毒有害物质；禁止在有毒、有害物质超过规定标准的区域生产、捕捞、采集农产品和建立农产品生产基地。县级以上地方政府农业主管部门按照保障农产品质量安全的要求，根据农产品品种特性和生产区域的大气、土壤、水体中有毒、有害物质状况等因素，认为不适宜特定农产品生产的，应当提出禁止生产的区域，报本级政府批准后公布执行。

3. 农产品生产者在生产过程中应当保障农产品质量安全

生产过程是影响农产品质量安全的关键环节。《农产品质量安全法》对农产品生产者在生产过程中保证农产品质量安全的基本义务作了如下规定。

（1）依照规定合理使用化肥、农药、兽药、饲料和饲料添加剂等农业投入品，严格执行农业投入品使用安全间隔期或者休药期的规定，禁止使用国家明令禁止使用的农业投入品，防止因违反规定使用农业投入品危及农产品质量安全。

（2）依照规定建立农产品生产记录。

（3）对其生产的农产品的质量安全状况进行检测。农产品生产企业和农民专业合作经济组织应当自行或者委托检测机构对其生产的农产品的质量安全状况进行检测，经检测不符合农产品质量安全标准的，不得销售。

4. 本法对农产品的包装和标识的要求

逐步建立农产品的包装和标识制度，对于方便消费者识别农产品质量安全状况，逐步建立农产品质量安全追溯制度，都具有重要作用。《农产品质量安全法》对于农产品包装和标识的规定如下。

（1）对国务院农业主管部门规定在销售时应当包装和附加标识的农产品，农产品生产企业、农民专业合作经济组织以及从事农产品收购的单位或者个人，应当按照规定包装或者附加标识后方可销售；属于农业转基因生物的农产品，应当按照农业转基因生物安全管理的规定进行标识。依法需要实施检疫的动植物及其产品，应当附具检疫合格的标志、证明。

（2）农产品在包装、保鲜、贮存、运输中使用的保鲜剂、防腐剂和添加剂等材料，应当符合国家有关强制性的技术规范。

（3）销售的农产品符合农产品质量安全标准的，生产者可以申请使用无公害农产品标识；农产品质量符合国家规定的有关优质农产品标准的，生产者可以申请使用相应的农产品质量标志。

（三）食品标签管理法规

1.《预包装食品标签通则》

根据《食品安全法》及其实施条例规定，2011 年卫生部组织修订预包装食品标签标准，这是一项对食品行业进行有效管理的基础标准。新的 GB 7718—2011《预包装食品标签通则》充分考虑了 GB 7718—2004《预包装食品标签通则》实施情况，细化了《食品安全法》及其实施条例对食品标签的具体要求，增强了标准的科学性和可操作性。

（1）建立食品标签的目的和作用　市场上供消费者选购的一切包装食品应具有食品标签。食品标签是指销售包装食品容器上的文字、图形、符号或附于容器上的一切说明物。建立食品标签主要有两个目的：一是作为沟通食品生产者、销售者和消费者的一种信息传播手段。这种信息的沟通使消费者通过食品标签标注的内容进行识别、自我安全卫生保护和指导消费。二是用来提供专门的信息，使有关行政管理部门据此确认该食品是否符合有关法律、法规的要求。这样就能使所有竞争者在一个公平的赛场上按同一条规则平等竞争。

（2）《预包装食品标签通则》的适用范围　本标准规定：①预包装食品标签的基本要求；②预包装食品标签的强制标示内容；③预包装食品标签强制标示内容的免除；④预包装食品标签的非强制标示内容。本标准适用于提供给消费者的所有预包装食品标签。

（3）《预包装食品标签通则》的主要内容

①基本内容：

a. 预包装食品标签的所有内容，应符合国家法律、法规的规定，并符合相应产品标准的规定。

b. 预包装食品标签的所有内容应清晰、醒目、持久；应使消费者购买时易于辨认和识读。

c. 预包装食品标签的所有内容，应通俗易懂、准确、有科学依据；不得标示封建迷信、黄色、贬低其他食品或违背科学营养常识的内容。

d. 预包装食品标签的所有内容，不得以虚假的及使消费者误解或欺骗性的文字、图形等方式介绍食品；也不得利用字号大小或色差误导消费者。

e. 预包装食品标签的所有内容，不得以直接或间接暗示性的语言、图形、符号，导致消费者将购买的食品或食品的某一性质与另一产品混淆。

f. 预包装食品的标签不得与包装物（容器）分离。

g. 预包装食品的标签内容应使用规范的汉字，但不包括注册商标。

h. 可以同时使用拼音或少数民族文字，但不得大于相应的汉字。

i. 可以同时使用外文，但应与汉字有对应关系（进口食品的制造者和地址，国外经销者的名称和地址、网址除外）。所有外文不得大于相应的汉字（国外注册商标除外）。

j. 包装物或包装容器最大表面面积大于 $20cm^2$ 时，强制标示内容的文字、符号、数字的高度不得小于 1.8mm。

我国对特殊膳食食品（婴幼儿食品、营养强化食品、调整营养素的食品）的标签另有专门的规定，请参看 GB 13432—2013《预包装特殊膳食用食品标签》（2015 年 7 月 1 日实施）。

②强制标示内容：

A. 食品名称

a. 应在食品标签的醒目位置，清晰地标示反映食品真实属性的专用名称。

当国家标准或行业标准中已规定了某食品的一个或几个名称时，应选用其中的一个或等效的名称。无国家标准或行业标准规定的名称时，应使用不使消费者误解或混淆的常用名称或通俗名称。

b. 可以标示"新创名称"、"奇特名称"、"音译名称"、"牌号名称"、"地区俚语名称"或"商标名称"，但应在所示名称的邻近部位标示 a. 规定的任意一个名称。

c. 为避免消费者误解或混淆食品的真实属性、物理状态或制作方法，可以在食品名称前或食品名称后附加相应的词或短语，如干燥的、浓缩的、复原的、熏制的、油炸的、粉末的、粒状的。

B. 配料清单

a. 预包装食品的标签上应标示配料清单。单一配料的食品除外。

配料清单应以"配料"或"配料表"作标题。各种配料应按制造或加工食品时加入量的递减顺序一一排列；加入量不超过 2% 的配料可以不按递减顺序排列。如果某种配料是由两种或两种以上的其他配料构成的复合配料，应在配料清单中标示复合配料的名称，再在其后加括号，按加入量的递减顺序标示复合配料的原始配料。当某种复合配料已有国家标准或行业标准，其加入量小于食品总量的 25% 时，不需要标示复合配料的原始配料，但在最终产品中起工艺作用的食品添加剂应一一标示。

在食品制造或加工过程中，加入的水应在配料清单中标示。在加工过程中已挥发的水或其他挥发性配料不需要标示。

可食用的包装物也应在配料清单中标示原始配料，如可食用的胶囊、糖果的糯米纸。

b. 各种配料应按 A. 标示具体名称，但下列情况除外。

甜味剂、防腐剂、着色剂应标示具体名称，其他食品添加剂可以按 GB 2760—2011《食品添加剂使用标准》的规定标示具体名称或种类名称。当一种食品添加了两种或两种以上着色剂时，可以标示类别名称（着色剂），再在其后加括号，标示 GB/T 12493—1990《食品添加剂分类和编码》规定的代码。例如，某食品添加了姜黄、菊花黄浸膏、诱惑红、金樱子棕、玫瑰茄红，可以标示为"着色剂（102，113，012，131，125）"。

下列食品配料，可以按表 9 - 1 标示类别归属名称。

表 9 - 1　　　　　　　　　　　　食品配料及其类别归属名称

配　　料	类别归属名称
各种植物油或精炼植物油，不包括橄榄油	"植物油"或"精炼植物油"；如经过氢化处理，应标示为"氢化"或"部分氢化"
各种淀粉，不包括化学改性淀粉	"淀粉"
加入量不超过2%的各种香辛料或香辛料浸出物（单一的或合计的）	"香辛料"、"香辛料类"或"复合香辛料"
胶基糖果的各种胶基物质制剂	"胶姆糖基础剂"
添加量不超过10%的各种蜜饯水果	"蜜饯"

c. 当加工过程中所用的原料已改变为其他成分（指发酵产品，如酒、酱油、食醋）时，可用"原料"或"原料与辅料"代替"配料"、"配料表"，并按 B. 中 a. 的第二条标示各种原料、辅料和食品添加剂。

d. 制造、加工食品时使用的加工助剂，不需要在配料清单中标示。

C. 配料的定量标示

a. 如果在食品标签或食品说明书上特别强调添加了某种或数种有价值、有特性的配料，应标示所强调配料的添加量。

b. 如果在食品的标签上特别强调某种或数种配料的含量较低时，应标示所强调配料在成品中的含量。

c. 食品名称中提及的某种配料未在标签上特别强调，不需要标示某种配料在成品中的含量。添加量很少，仅作为香料用的配料而未在标签上特别强调，也不需要标示香料在成品中的含量。

D. 净含量和沥干物（固形物）含量

a. 净含量的标示应由净含量、数字和法定计量单位组成，如"净含量 450g"或"净含量 450 克"。

b. 应依据法定计量单位，按以下方式标示包装物（容器）中食品的净含量。

液态食品：用体积——L（升）、mL（毫升）。

固态食品：用质量——g（克）、kg（千克）。

半固态黏性食品：用质量或体积。

c. 净含量的计量单位应按表 9－2 标示。

表 9－2　　　　　　　　　　　食品净含量的计量单位

计量方式	净含量 Q 范围	计量单位
体积	$Q < 1\,000\text{mL}$，$Q \geqslant 1\,000\text{mL}$	mL（毫升）、L（升）
质量	$Q < 1\,000\text{g}$，$Q \geqslant 1\,000\text{g}$	g（克）、kg（千克）

d. 净含量字符的最小高度应符合表 9－3 的规定。

表 9－3　　　　　　　　　　食品净含量字符的最小高度

净含量 Q 范围	字符的最小高度/mm
$5\text{mL} < Q \leqslant 50\text{mL}$，$5\text{g} < Q \leqslant 50\text{g}$	2
$50\text{mL} < Q \leqslant 200\text{mL}$，$50\text{g} < Q \leqslant 200\text{g}$	3
$200\text{mL} < Q \leqslant 1\text{L}$，$200\text{g} < Q \leqslant 1\text{kg}$	4
$Q > 1\text{kg}$，$Q > 1\text{L}$	6

e. 净含量应与食品名称排在包装物或容器的同一展示版面。

f. 容器中含有固、液两相物质的食品（如糖水梨罐头），除标示净含量外，还应标示沥干物（固形物）的含量。用质量或质量分数表示。

示例：糖水梨罐头

净含量：425g

沥干物（也可标示为固形物或梨块）：不低于 255g，或不低于 60%

g. 同一预包装内如果含有互相独立的几件相同的预包装食品时，在标示净含量的同时还应标示食品的数量或件数。不包括大包装内非单件销售小包装，如小块糖果。

E. 制造者、经销者的名称和地址

a. 应标示食品的制造、包装或经销单位经依法登记注册的名称和地址。有下列情形之一的，应按下列规定予以标示。

依法独立承担法律责任的集团公司、集团公司的分公司（子公司），应标示各自的名称和地址。依法不能独立承担法律责任的集团公司的分公司（子公司）或集团公司的生产基地，可以标示集团公司和分公司（生产基地）的名称、地址，也可以只标示集团公司的名称、地址。受其他单位委托加工预包装食品但不承担对外销售的，应标示委托单位的名称和地址。

b. 进口预包装食品应标示原产国的国名或地区区名，以及在中国依法登记注册的代理商、进口商或经销商的名称和地址。

F. 日期标示和储藏说明

a. 应清晰地标示预包装食品的生产日期（或包装日期）和保质期，也可以附加标示保存期。例如，日期标示采用"见包装物某部位"的方式，应标示所在包装物的具体部位。

b. 日期标示不得另外加贴、补印或篡改。

应按年、月、日的顺序标示日期。例如，2004 01 15（用间隔字符分开）；20040115（不用分隔符）；2004 – 01 – 15（用连字符分隔）；2004 年 1 月 15 日。年代号一般应标示 4 位数字；难以标示 4 位数字的小包装食品，可以标示 2 位数字。

2. 《预包装食品营养标签通则》

为满足食品市场的快速发展，GB 28050—2011《预包装食品营养标签通则》2011 年 10 月 12 日发布，并于 2013 年 1 月 1 日开始实施，适用于预先定量包装、直接提供给消费者的食品包装上向消费者提供食品营养信息和特征性的说明，包括营养成分表和营养声称。食品营养标签是预包装食品标签的一部分。

（1）建立食品营养标签的目的和作用　美国是对食品标签要求极为严格并且管理完善的国家，其在 1994 年强制要求标示营养标签，内容为能量 +14 项核心营养素（能量、由脂肪提供的能量百分比、脂肪、饱和脂肪、胆固醇、总碳水化合物、糖、膳食纤维、蛋白质、维生素 A、维生素 C、钠、钙、铁、反式脂肪酸）；加拿大 2003 年 1 月开始强制标示营养标签，内容为 1 +13〔能量、脂肪、饱和脂肪、反式脂肪（同时标出饱和脂肪与反式脂肪之和）、胆固醇、钠、总碳水化合物、膳食纤维、糖、蛋白质、维生素 A、维生素 C、钙、铁〕；我国台湾和香港地区 2003 年 12 月强制标示营养标签，其中台湾地区标示 1 +4（能量、蛋白质、脂肪、碳水化合物、钠），香港地区标示 1 +7（能量、蛋白质、碳水化合物、总脂肪、饱和脂肪、反式脂肪、糖、钠）。

营养标签标示不准确、不规范，不仅不能起到科学的引导作用，反而可能会产生误导。食品营养标签是及时向消费者展示营养信息的一种载体，但目前是否能够科学准确地标注仍然是今后值得关注和探讨的一个问题，这就对食品生产、加工的企业和监管部门提出了新的更高的要求。

（2）适用范围　《预包装食品营养标签通则》适用于直接提供消费者的普通预包装食品的营养标签。预包装食品是预先有一定质量或体积的包装好的食品，所以散装称重、计量称重的食品不属于《预包装食品营养标签通则》的适用范围。普通食品不包括特殊膳食用食品和保健食品，特殊膳食用食品指为满足特定人群的生理需要，按特殊配方专门加工的食品，其营养成分和含量与普通食品有明显区别，包括婴幼儿食品等。GB 7718—2011《预包装食品标签通则》中首次提出"非直接提供消费者的预包装食品"的概念，即提供给餐饮企业或其他食品企业进行再加工的半成品或食品原料。非直接提供消费者的预包装食品，可以参照此标准执行，但不是强制标示在标签上。

（3）主要内容　一切标示的准则要求标示内容真实、客观、使用中文，并且营养成分表应以方框表形式展现（特殊情况除外），表题为"营养成分表"，成分含量应标示具体数值，不能使用范围标示，如："≥XX，≤XX，XX～XX"。

强制内容1＋4必须标示，即能量和蛋白质、脂肪、碳水化合物、钠四项核心营养素必须标示含量和NRV%，并且在同时标示有其他营养成分时，1＋4应更显著。若标签进行任何形式的声称，要标注声称营养成分的含量和NRV%。若使用营养强化剂，要标注强化的营养成分的含量和NRV%，其中食品营养强化剂的使用范围和使用量要符合GB 14880—2012《食品营养强化剂使用标准》中的规定，但GB 14880—2012中的限量指标是规定该强化剂的使用量，由于食品本底中营养成分含量不确定，营养成分表中标注的是该强化的营养成分在食物中的含量。当营养强化剂又是食品添加剂，如仅作为食品添加剂，在食物成品中不起到强化作用时，可以不标示；使用氢化和部分氢化油脂，如人造奶油、起酥油、代可可脂（未使用氢化油的除外），须标示反式脂肪（酸）的含量。

（四）保健食品的卫生管理

20世纪80年代末以来，我国保健食品迅速发展。为了加强保健食品的监督管理，保证保健食品质量，卫生部于1996年6月1日发布了《保健食品管理办法》，使我国保健食品管理纳入法制化轨道。此后由于保健食品主管部门发生变化，国家食品药品监督管理局颁布了第19号令《保健食品注册管理办法（试行）》，于2005年7月1日起施行。新《保健食品注册管理办法》（以下简称《办法》）与旧的《保健食品管理办法》相比有许多新的内容。

1. 保健食品不能以治疗疾病为目的

《办法》明确，保健食品是指声称具有特定保健功能的食品，即适宜于特定人群食用，具有调节机体功能，不以治疗疾病为目的，并且对人体不产生急性、亚急性或慢性危害的食品。保健食品是食品的一个种类，具有一般食品的共性，可以是普通食品的形态，也可以使用片剂、胶囊等特殊剂型；标签说明书可以标示保健功能，而食品的标签不得标示保健功能。保健食品与药品的主要区别是，保健食品不能以治疗为目的，但可以声称具有保健功能，不能有任何毒性，可以长期使用；而药品应当有明确的治疗目的，并有确定的适应证和功能主治，可以有不良反应，有规定的使用期限。

2. 保健食品注册申请的技术要求提高

与旧法规文件相比，新制定的《办法》规定申请人在申请保健食品注册时，必须提供产品研发报告；申请新功能的，必须同时提供功能研发报告。在审查过程中，增加了对申请注册的保健食品的试验情况和样品试制情况进行现场核查的程序，以确保实验数据和样品的真实性。增加了对样品进行样品检验和复核检验的内容，以确保申报样品的质量标准与申请注册的产品的质量标准一致。

保健食品人体试食试验不需要经过审批，但是必须在完成动物毒理学安全性评价和动物功能试验后方可进行，其试验的对象以产品的适宜人群为主体，绝大部分为健康人群和亚健康人群，多数情况下不需在医疗机构进行，即便是需要在医疗机构进行的，也不要求进行临床住院观察。而药品的临床研究必须经过审批，在获得临床研究批准证书之后方可进行，承担临床试验的单位为确定的医疗机构，临床观察的对象必须是住院治疗的患者。

3. 保健食品允许申报新功能

旧的法规文件规定受理和审批的功能必须是卫生部公布的 27 种功能，不在公布范围内的功能不得申报。新《办法》允许申报不在公布范围内的功能，但是申请人必须先自行进行动物试验和人体试食试验，并向国家食品药品监督管理局确定的检验机构提供功能研发报告（包括功能学评价方法等），确定的检验机构对其功能学评价方法和试验结果进行验证后方可申报。

4. 审批程序简化，审批时限缩短

新《办法》对变更事项进行了分类，对不需要技术审评而且可以通过事后监督的方式来解决的变更事项采取了备案制。旧的法规文件对保健食品注册申请没有明确审批时限。一个新产品的注册申请在不需提交补充资料的情况下，从受理到审批至少需要 8 个月的时间。新《办法》不仅对保健食品受理、审批、检验的时限作了明确的规定，同时还将新产品的注册时限缩短为 5 个月。

5. 保健食品批准证书类似于新药证书

国产保健食品批准证书是产品的批准证明文件，类似于新药证书。申请人可以是公民、法人或者其他组织。它的取得只需提供技术资料和样品等，而不需具备生产条件。证书取得后，如需生产，必须向当地省级卫生行政部门提出申请，省级卫生行政部门对其生产条件进行核查后，对符合要求的，核发卫生许可证。进口保健食品批准证书与《进口药品注册证》一样，系允许产品进口并在我国境内上市销售的证明文件。

（五）进出口食品的卫生管理

进出口食品的卫生问题关系到国家的信誉和消费者的利益。食品是国际贸易中的大宗商品，也是我国进出口贸易的重要商品。随着我国对外贸易的发展，进出口食品的数量与品种不断增加。进出口食品因卫生质量不符合要求而造成索赔、退货、销毁等问题也时有发生。因此，为了维护国家的信誉和消费者的利益，就必须加强进出口食品的卫生管理。

1. 进口食品的卫生管理

进口食品的卫生问题是关系到保障人民健康、维护国家主权的大事。在我国食品卫生法规、条例及食品卫生管理办法中，对进出口食品的卫生管理做出了明确规定，其主要内容如下。

（1）进口的食品、食品添加剂、食品容器和食品包装材料（以下统称食品），必须符合我国的卫生标准和卫生管理办法的规定。

（2）进口部门和单位订货时，必须按照我国规定的食品卫生标准和卫生要求签订合同。进口单位在申报检验时应当提供输出国（地区）所使用的农药、添加剂、熏蒸剂等的有关资料和检验报告。这是为了防止输出国使用我国规定以外的各种化学物质或超剂量使用等，而对人体健康可能产生的危害。

（3）需要进口我国尚无卫生标准或卫生要求的食品时，进口部门必须将输出国食品卫生标准书面合同报经卫生部门同意后再签订合同。如无输出国标准，则应由卫生部门会同外贸部门提出标准后再签订合同。

（4）进口食品到达国境口岸前，由收货人或其代理人填写"报验单"，向口岸食品卫生检验所报验。海关凭国境食品卫生监督检验机构的证书放行。

（5）进口食品必须由各口岸食品卫生检验所采样检验，食品经营部门接到该批食品卫生检验合格的报告后，方可出售和供食用。

（6）进口食品如不符合我国食品卫生标准或卫生要求，应由口岸食品卫生检验所对外出具"卫生检验证书"，连同处理意见通知收货人或其他代理人。对不符合我国食品卫生标准和卫生要求的食品，应根据其污染情况和危害程度，实行退货、销毁、改作他用，或经无害化处理后供食用。

（7）进口食品的标签内容必须符合我国 GB 7718—2011《预包装食品标签通则》的有关规定，如标签中没有中文标识，则应做好标签再补充工作，达到《预包装食品标签通则》后，方可投入市场销售。

2. 出口食品的卫生管理

出口食品在我国对外贸易中占有重要地位。我国出口食品主要有谷物、肉类、罐头、水产品、酒类、蜂蜜、水果、蔬菜、干果、干菜等，其中不少是我国的独特产品，在国际市场上享有很高的声誉。由于世界各国对食品安全问题的日益重视，许多国家都制定了各种食品安全法令、条例，加强了对进口食品的检验和管理，对我国的出口食品提出了严格的安全和质量要求。我国对出口食品卫生管理的主要内容如下。

（1）生产出口食品的厂（库）应在国家商品检验机构注册，达到"出口食品厂（库）最低卫生要求"，获得注册证书和批准编号后方可生产。向美国出口低酸性罐头食品的厂家，还应预先向美国食品与药物管理局（FDA）申请注册登记。

（2）出口食品由国家进出口商品检验部门进行监督、检验。出口食品应符合进口国的合同规定并进行检验。商检机构应严格把关，对不合格产品不出证、不放行。出口部门应加强对出口食品的进货验收和出口检验工作，切实做到对不合格产品不收购、不出口。

（3）商品检验部门应加强对出口食品厂（库）的卫生监督和对出口食品品质、卫生质量的检验工作。对已注册厂的卫生条件下降或出口食品卫生质量不符合要求的，则应根据情况分别予以警告、限期改进或吊销注册证明和编号等处罚。

二、国外食品安全法律法规

（一）国际食品法典委员会（CAC）

国际食品法典委员会（CAC）是由联合国粮农组织（FAO）和世界卫生组织（WHO）共同建立，以保障消费者的健康和确保食品贸易公平为宗旨的一个制定国际食品标准的政府间组织。

食品法典委员会负责向 FAO 及 WHO 的总干事就所有有关 FAO 和 WHO 食品标准项目（FAO/WHO food standard programme）运行的事项提出建议，并进行磋商，其目的在于：

①保护消费者健康，维护食品的公平贸易；

②尝试与国际政府间组织或非政府组织进行接触，并促进所有食品标准项目上的合作；

③通过并在适宜的组织帮助下，确定食品标准的起始和优先发展领域，引导食品标准的草案筹备工作；

④在上述第③款的基础上完成标准的详细制订，经各国政府采纳后，以地区性或世界性标准出版食品法典，并会同上述第②款提及的各种国际组织颁布的、无论何处可执行的标准，形成食品法典；

⑤随形势发展，在适宜的调查后修订已出版的标准。

1. 食品法典的制订

食品法典委员会采用危险性分析的方法制定 CAC 标准、准则或规范的关键因素，包括危险性评估、危险性管理和危险性信息。CAC 要求所有的分委会介绍他们使用的危险性分析方法，这些资料是所有未来标准的基础。

1962—1999 年 CAC 已制订的标准、规范数目：食品产品标准 237 个；卫生或技术规范 41 个；评价的农药 185 个；农药残留限量 2 374 个；污染物准则 25 个；评价的食品添加剂 1 005 个；评价的兽药 54 个。

已出版的食品法典共 13 卷，内容涉及食品中农残，食品中兽药，水果蔬菜，果汁，谷、豆及其制品，鱼、肉及其制品，油、脂及其制品，乳及其制品，糖、可可制品、巧克力，分析和采样方法等诸多方面。

《食品法典程序手册》中提供了《商品法典标准的格式与内容》，这一文件包括以下类别的信息：

（1）范围　包括标准的名称。

（2）标准描述、基本构成和质量因素，界定食品至少要达到的标准。

（3）食品添加剂　仅包括 FAO 和 WHO 允许使用的添加剂。

（4）污染物。

（5）卫生学、重量和操作方法。

（6）标签　应和《预包装食品标签法典标准（总纲)》的要求相一致。

（7）抽样和分析的方法。

除商品标准之外，食品法典还包括总纲标准，总纲还应用于跨行业界限的所有食品，没有什么产品可以例外。以下是总纲标准推荐的内容：①食品标签；②食品添加剂；③污染物；④抽样和分析方法；⑤食品卫生；⑥营养学和特殊膳食食品；⑦食品进出口调查和验证体系；⑧食品中的兽药残留；⑨食品中的农药残留。

CAC 及其附属机构处理修订法典标准和相关文本的事宜，以确保法典标准能反映当代科学知识的发展。委员会的每一个成员都有义务确认和提供新的科学及相关信息给合适的专业委员会，以证实现存标准和文本是否应予以修订。修订标准的程序与最初制订标准的程序相同。

食品法典的结构：

卷 1A——总要求；

卷 1B——总要求（食品卫生)；

卷 2A——食品中的农药残留（总纲)；

卷 2B——食品中的农药残留（最大残留限量)；

卷 3——食品中的兽药残留；

卷 4——特殊膳食食品（包括婴儿和幼儿食品)；

卷 5A——加工和速冻水果、蔬菜；

卷 5B——鲜食水果、蔬菜；

卷 6——果汁；

卷 7——粮食、豆类及提取物、植物蛋白；

卷 8——油脂及油脂制品；

卷 9——鱼和水产品；

卷 10——肉及肉制品，汤羹类；

卷 11——糖、可可制品、巧克力及其制品；

卷 12——乳和乳制品；

卷 13——抽样和分析方法。

这些法典中包括总原则、总纲标准、定义、代码、商品标准、方法和建议。这些内容被很好地组织起来，以便于查询。

2. 食品法典委员会附属机构

根据《食品法典委员会办事程序章程》，委员会有权建两类机构：其一，法典专业委员会，主要是起草提案提交给委员会；其二，合作委员会，通过区域或会员国家集团之间的合作，在区域开展食品标准化活动，包括发展区域性标准。

这种委员会体系的一个特点是，每一专业委员会都挂靠于某一成员国，该成员国对该专业委员会的经费维持负首要责任，并负责日常管理、提名主席人选等（除少数委员会例外）。

（1）专业委员会　专业委员会被如此称呼，是因为其工作涉及的食品范围很宽广。专业委员会有时被称作"横向委员会"。

①总则专业委员会，挂靠于法国；

②食品标签专业委员会，挂靠于加拿大；

③抽样与分析方法专业委员会，挂靠于匈牙利；

④食品卫生专业委员会，挂靠于美国；

⑤农药残留专业委员会，挂靠于荷兰（注：现挂靠于中国）；

⑥食品添加剂和污染物专业委员会，挂靠于荷兰（注：现挂靠于中国）；

⑦进出口调查和验证体系专业委员会，挂靠于澳大利亚；

⑧营养与特殊膳食专业委员会，挂靠于德国（也是营养总委员会）；

⑨食品兽药残留专业委员会，挂靠于美国；

⑩肉类和畜产品卫生委员会，挂靠于新西兰。

在一般情况下，这些委员会开发覆盖全领域的概念和原理，应用于一般的、特殊的食品或食品族群中；认可或复查法典商品标准的相关条款，并在专家团建议的基础上，提供有关消费者健康和安全的主要建议。

（2）特殊商品委员会　特殊商品委员会负责开展特定食品或某类别食品的标准工作。为了和"横向委员会"相区别，并考虑到其工作内容的专有性，特殊商品委员会常被称为"纵向委员会"。

①油脂委员会，挂靠于英国；

②鱼类和水产品委员会，挂靠于挪威；

③乳及乳制品委员会（前身是 FAO/WHO 乳及乳制品政府专家委员会），挂靠于新西兰；

④鲜食果菜委员会，挂靠于墨西哥；

⑤可可和巧克力制品委员会，挂靠于瑞士；

⑥食糖委员会，挂靠于英国；

⑦果菜加工委员会，挂靠于美国；

⑧植物蛋白委员会，挂靠于加拿大；

⑨谷物和豆类委员会，挂靠于美国；

⑩天然矿泉水委员会，挂靠于瑞士。

专题委员会在需要时聚会，当法典委员会决定其工作已完成时，就进入休会期或解散。在一些非正式工作组的基础上，为形成特定食品的新标准，也可以成立新的专题委员会。挂靠国召集法典附属委员会开会的时间间隔按需要为 1～2 年。出席某些专业委员会的人数几乎与法典委员会全会的人数相当。

（3）合作委员会　合作委员会没有专门的挂靠国。会议在非正式工作组的基础上，由法典委员会同意，在该合作区域内的某一国举办。目前有 6 个合作委员会，分别在以下地区：

①非洲；

②亚洲；

③欧洲；

④拉丁美洲和加勒比海地区；

⑤近东；

⑥北美洲和西南太平洋地区。

合作委员会有极为重要的地位，以确保法典委员会在各个区域内的响应，并关注发展中国家。大会每 1～2 年举办一次，从各个地区的国家中产生代表。大会报告提交给法典委员会并由法典委员会讨论。

（4）工作组（非正式政府间工作组）　为了加快一些特定主题的工作，法典委员会也建立一些短期的非正式政府间工作组，一般期限不超过 5 年。最早的三个工作组是1999 年建立的。

①生物技术提取食品工作组，挂靠于日本；

②动物饲料工作组，挂靠于丹麦；

③果汁和蔬菜汁工作组，挂靠于巴西。

3. 食品法典委员会指导方针和推荐的操作规程

国际食品法典委员会对保护消费者健康的重要作用已在 1985 年联合国第 39/248 号决议中得到强调，为此国际食品法典委员会指南采纳并加强了消费者保护政策的应用。该指南提醒各国政府应充分考虑所有消费者对食品安全的需要，并尽可能地支持和采纳国际食品法典委员会的标准。

国际食品法典委员会与国际食品贸易关系密切，针对业已增长的全球市场，特别是作为保护消费者而普遍采用的统一食品标准，国际食品法典委员会具有明显的优势。因此，《实施卫生与植物卫生措施协议》（SPS）和《技术性贸易壁垒协议》（TBT）均鼓励采用协调一致的国际食品标准。作为乌拉圭回合多边贸易谈判的产物，SPS 协议引用了法典标准、指南及推荐技术标准，以此作为促进国际食品贸易的措施。因此，法典标准已成为在乌拉圭回合协议法律框架内衡量一个国家食品措施和法规是否一致的基准。

食品法典的"总原则"详细说明了各成员国可能"接受"法典的途径。因法典标准形式的不同，采用法典的方式稍有不同，但总的来说有三种采用形式：等同采用（full acceptance）、等效采用（acceptance with minor deviations）和自由采用（free distribution）。这些采用方式在"总原则"中有明确的界定，而且在经验基础上，对其适用性也作了描述。

出台这些原则和规程的直接意图是为了让消费者远离食源性危害。例如，"总原则"中规定了食品添加剂应用、食品进出口调查和验证体系，以及附加的食品基本营养素等方面的内容。

食品法典中还包括范围广泛的导则（指导方针），以保护消费者的权益。这些导则包含了多种多样的内容，诸如《营养和健康宣称使用导则》（Guidelines for Use of Nutrition and Health Claims）等文件。

食品法典中也包括一些操作规程，主要包括一些卫生操作规程，为食品的生产提供指引，使食品是安全和宜于消费的——换句话说，其目的也是为了保护消费者的权益。《推荐的国际操作规程——食品卫生学原则（总纲）》适用于所有食品。这一文件对保护消费者十分重要，因为它基于食品安全学的坚实基础，并着力于从初级产品直至最终消费的全食品链，强调在每一环节上都要采用关键卫生控制。

《食品卫生学原则（总纲）》由一些具体的卫生操作规范支撑，这些特别的卫生操作规范应用于以下领域：①低酸性食品和低酸性罐头食品；②低酸性食品的杀菌过程和包装；③集中供应膳食的预处理与烹调；④街头小吃的制备与发售（是拉丁美洲和加勒比海地区的区域性标准）；⑤调味品和干菜；⑥罐头装果菜制品；⑦水果干；⑧椰蓉；⑨脱水水果和蔬菜，包括食用真菌；⑩树生坚果；⑪花生；⑫加工肉产品和禽产品；⑬禽产品加工；⑭蛋产品；⑮蛙腿加工；⑯鲜肉；⑰机械化分割肉和禽肉产品以备深加工使用时的处理和保藏；⑱天然矿泉水的采集、处理和销售。

食品法典中还包括《推荐的国际操作规程——兽药使用的控制》，其直接的目的是防止因使用兽药而对人类带来健康危害。

法典中还包括一些所谓"技术性操作规程"，这些操作规程的目的是确保食品按法典标准从事加工、运输和贮存，从而使到达消费者手里的最终产品是健康的，也是消费者所期望质量的产品。

4. 中国与 CAC

中国自 1986 年成为 CAC 成员国。中国 CAC 的联络点设在农业部，负责联络 CAC 总部和我国的各项活动，接受来自罗马 CAC 总部的信息，并搜集反馈意见给 CAC 总部。

我国设立 CAC 协调小组，由卫生部和农业部分别担任组长和副组长，组长负责国内的组织和协调工作，副组长负责对外联络。1994 年我国建立了新的 CAC 协调小组，由卫生部、农业部、原国家质量技术监督局、原国家出入境检验检疫局、原对外经济贸易部、原国家化学工业局、原国家轻工局、原国家内贸局、国家粮食储备局及全国供销总社组成。

近年来，我国 CAC 协调小组和成员单位在各自范围内加强了食品法典工作，组建了法典专家组，研究国际食品法典标准，组织制订标准，召开 HACCP 等专业研讨会，组团参加国际会议，加强了与 FAO、WHO 及其成员国的联系，开展了国际交流与合作，推动了我国食品质量与安全法规的建设。

（二）美国食品质量与安全法规

美国食品与药物管理局（FDA）担负在总体上确保食品安全的职责，美国农业部承担肉类和禽类产品的安全质量管理的职责。美国政府的相关部门也承担相应的职责，商业部负责管理酒精、烟草，环境保护署负责管理农药的安全使用。

美国食品质量与安全法规包括美国《联邦食品、药物和化妆品法》及附加法规两部分。

1. 美国《联邦食品、药物和化妆品法》

制定美国《联邦食品、药物和化妆品法》的目的是确保在美国州际进行贸易时，食品是安全、卫生、洁净、诚实包装和诚实标注的。法规短小精悍，确定总的原则，涉及食品的部分只有 25 页。法规赋予美国 FDA 拥有管理食品的权威，FDA 可以依照本法规为各食品领域制定条例，如低酸食品罐装条件等。

（1）FDA 在实施本法规时开展以下工作 ①与企业合作编写和阐明条例；②协助企业建立食品安全控制措施；③对食品企业进行定期和不定期的检查；④抽查在州际运输的食品原料和食品；⑤出版和实施食品添加剂、着色剂标准；⑥审查批准食品添加剂、着色剂；⑦检测食品中的农药残留；⑧审查检验进口食品；⑨以顾问形式，与地方食品检查检验机构合作开展工作；⑩在发生灾难时，与地方食品检查检验机构合作，检测和处理受污染食品；⑪规定和监督实施加工食品识别标准；⑫对不法行为提起诉讼。不法行为的处罚包括没收食品、关闭工厂企业、追究刑事责任和民事责任等。

（2）该法案明确规定有下列情况之一者为食品掺假行为 ①有毒、有害物质浓度超出标准规定的浓度；②含有不可降解的或不合适的污染物；③在不卫生的环境下制作处理食物；④加工原料为有病的动物；⑤在不许可的地方进行辐射处理；⑥省掉配方中的重要成分；⑦某一规定成分被另一非规定成分所替代；⑧隐瞒产品缺陷；⑨增加重量（质量）或降低浓度，使得外观上更好一些；⑩使用未经批准的色素。

（3）该法案对食品标识也作了明确规定，有下列情况之一者为标识不当 ①包装和标签有误导性；②使用其他食品的名称；③其他食品的仿制品，除非在标签上的标注是仿制品；④不注明生产企业、包装企业、销售商的名称和地址；⑤不注明产品的通用名称及组成；⑥冒用其他食品的识别标准；⑦信息令人费解；⑧食品质量和容量与标注不相符；⑨声称具有特殊食疗效果，但没有按法规规定提供证明。

2. 附加法规

（1）良好生产规范（GMP） 已在第八章中介绍。

（2）联邦肉类检查法 该法规明确由农业部食品安全和检查署（FSIS）负责实施，对动物、屠宰条件、肉类加工设备进行强制性检查，肉类及肉制品必须加盖"美国农业部检查通过"印章以后方可进入美国州际贸易市场。此法规也适用于进口肉类及肉制品。非州际贸易的肉类及肉制品，按照州和城市的肉类法规进行管理。

（3）联邦家禽产品检查法规 基本与肉类检查法规相同，适用于家禽及其制品。

（4）联邦贸易委托法规 本法规对公平包装、标签、广告宣传做了规定。

（5）婴儿食品配方法规 本法规对生产婴儿食品的配方和质量控制过程做了规定。

（6）营养标识和教育法规 1990年通过的营养标识和教育法规，规定所有出售的食品都应标注营养标识，餐馆出售的食品和新鲜的肉禽制品除外。营养标识包括营养事实、健康声明和营养组分。营养事实是指每一份食品所含的营养成分（g），以及该成分占每日需要量的百分率（%）。营养事实属于强制性标注内容；健康声明和营养组成则是自愿性标注内容。

（7）州和市政法规 由州和城市制定的食品法规，主要管理没有进入州际贸易的食品质量与安全，确保公众健康，防止经济欺诈。

第三节　食品安全标准体系

我国食品安全标准体系始建于20世纪60年代，历经了初级阶段（20世纪60~70年代）、发展阶段（20世纪80年代）、调整阶段（20世纪90年代）和巩固发展阶段（20世纪90年代至今）四个阶段。经过四十多年的发展，中国食品安全标准体系的建设迈上了一个新台阶，目前已初步建立了一个以国家标准为主体，行业标准、地方标准、企业标准相互补充，门类齐全，相互配套，与中国食品产业发展、提高食品安全水平、保证人民身体健康基本相适应的标准体系。

一、标准及标准化

标准为在一定的范围内获得最佳秩序，对活动或其结果规定共同的和重复使用的规则、导则或特性的文件。该文件经协商一致制定，并经一个公认机构的批准。

这一定义揭示了"标准"这一概念具有如下几个方面的含义：

（1）标准的本质属性是一种"统一规定"。这一统一规定便是有关各方"共同遵守的准则和依据"。

（2）制定标准的对象的特征，即重复性。重复性是指同一事物反复多次出现。只有对重复出现的事物，才有必要制定标准。

（3）标准产生的基础是指科研成果、技术水平和实践经验，并且经有关各方协商一致。

（4）标准文本有专门的格式和批准发布的程序。

标准是以科学、技术和实践经验的结合成果为基础，经有关方面协商一致，由主管机构批准，以特定形式发布，作为共同遵守的准则和依据。

标准化即为在经济、技术、科学及管理领域的社会实践中，制定、贯彻、实施标准的全部过程，包括标准的起草、复审和修订。新中国成立后，我国标准化工作一直由政府管理。由于长期计划经济的影响，标准化工作存在许多问题，所以标准化工作、标准的模式必须改革。到一定时期，采标工作、标准化工作将不一定由政府统一管理。

二、食品安全标准体系

食品安全标准体系是指以系统科学和标准化原理为指导，按照风险分析的原则和方法，对食品生产、加工、流通和消费即"从农田到餐桌"全过程各个环节影响食品安全和质量的关键要素及其控制所涉及的全部标准，按其内在联系形成的系统、科学、合理且可行的有机整体。

1. 制定食品标准的目的

食品标准是食品行业中的技术规范，它涉及食品领域的方方面面，包括食品产品标准、食品卫生标准、食品工业基础及相关标准、食品包装材料及容器标准、食品添加剂标准、食品检验标准以及各类食品卫生管理办法、食品企业卫生规范等。制定食品标准目的主要有以下几个方面。

（1）保证食品的食用安全性　食品标准是衡量食品合格与否的手段。通过规定食品的感官指标、理化指标、微生物指标、检测方法、包装、贮存等一系列的内容，使合格食品具有令消费者放心的安全性，从而保证食品安全性，保障人类健康。

（2）国家对食品行业进行宏观管理的依据　食品工业已成为目前世界上第一大产业。每年的营业额高达2万亿美元以上，食品工业在我国经济建设中也有举足轻重的作用。国家在对食品行业进行管理时，离不开食品标准。依据食品标准可以鉴别以次充好、假冒伪劣食品，保护消费者利益，整顿和规范市场经济秩序，营造公平竞争市场环境。

（3）食品企业科学微观管理的基础　食品企业管理离不开食品标准，食品标准是食品企业全面提高产品质量的前提，食品生产的每个环节，都要以食品标准为原则，随时随地监控一些控制指标，确保产品最终能达到合格。食品质量是整体概念，包括安全指标、营养指标、物理指标、化学指标、感官特性。食品标准是保证食品质量的有力措施。

2. 食品标准的分类

《中华人民共和国标准化法》第六条规定：对需要在全国范围内统一的技术要求，应当制定国家标准。国家标准由国务院标准化行政主管部门制定。对没有国家标准而又需要在全国某个行业范围内同意的技术要求，可制定行业标准。行业标准由国务院有关行政主管部门制定，并报国务院标准化行政主管部门备案，在公布国家标准后，该行业标准即行废止。企业生产的产品没有国家标准和行业标准的，应当制定企业标准，作为组织生产的依据。食品生产企业制定企业标准，应当在组织生产之前向省、自治区、直辖市卫生行政部门（下称"省级卫生行政部门"）备案产品企业标准。已有国家标准或者行业标准的，国家鼓励企业制定严于国家标准的企业标准，在企业内部使用。

（1）按级别分类　尽管食品标准种类繁多，但按其级别可分为国家标准（用 GB 表示）、行业标准（用 SB、NY、SN、QB 等表示）、专业标准（用 ZBX 或 ZBB 表示）、地方标准和企业标准五级。从行政级别上来说国家标准高于行业标准，行业标准和专业标准高于地方标准，地方标准高于企业标准。但内容上却不一定与级别一致，一般来讲企业标准的一些技术指标应严于地方、行业或国家标准。

在食品行业，基础性的卫生标准一般均为国家标准，而产品标准多为行业或企业标准。但不论是哪种标准，其中的食品卫生标准必须与国家标准相一致，或严于国家标准。

国家标准又划分为强制标准和推荐标准。强制性标准必须执行，推荐性标准自愿采用。国家鼓励企业积极采用推荐性标准。

①强制性标准：国家强制性标准是"国家技术规范的强制性要求"，根据《中华人民共和国标准化法》第七条的规定，保障人体健康、人身和财产安全的标准和法律是强制性标准，行政法规定强制执行的标准也是强制性标准。食品卫生标准属于强制性标准，因为它是食品卫生的基础性标准，关系到人体健康。

②推荐性标准：《中华人民共和国标准化法》第十四条规定，"推荐性标准，国家鼓励企业自愿采用。"依据上诉条文和解释，推荐性国家标准或行业标准具有以下作用：是指导企业制定企业标准的依据；是对产品进行质量认证的依据；是行业（产品质量）评比的依据；是评价企业标准水平的依据；推荐性标准一旦纳入国家指令性文件，就具有行政约束力；是政府采购的依据；是供需双方签订合同的依据；如果标签上表明的产品标准号是推荐性国家标准或行业标准，就是企业对消费者的明示担保，应作为监督检查的依据。

推荐性食品标准代号形式为："GB/T ××××"，而强制性标准无"/T"，为"GB ××××"。如推荐性标准：GB/T 19480—2009《肉与肉制品术语》；强制性标准：GB

2762—2012《食品中污染物限量》。

（2）按内容分类　从内容上分类，食品标准包括食品产品标准、食品卫生标准、食品工业基础及相关标准、食品包装材料及容器标准、食品添加剂标准、食品检验方法标准、各类食品卫生管理办法等。

除此之外，食品企业卫生规范以国家标准的形式列入食品标准中，它不同于产品的卫生标准，它是企业在生产经营活动中的行为规范。它主要围绕预防、控制和消除食品的微生物和化学污染，保证产品卫生质量这一宗旨，对企业的工厂设计、选址和布局、厂房与设施；废水和废物的处理；设备、管道和工器具的卫生；卫生设施；从业人员个人卫生、原料的卫生、产品的卫生和质量检验以及工厂的卫生管理提出规范要求。我国的食品企业卫生规范就是根据各类食品的良好生产规范（GMP）、危害分析和关键控制点（HACCP）的原则而制定的。

3. 食品标准的内容

20 世纪五六十年代，我国开始制定食品卫生标准，1983 年颁布了《中华人民共和国食品卫生法》，1995 年修订了《中华人民共和国食品卫生法》。到 21 世纪初，我国已颁布了近 500 项食品卫生标准，包括食品卫生标准和食品卫生检验方法。2000 年，国家卫生部又按照标准化准则和 WTO 的原则，通过了 425 项新的卫生标准。2009 年颁布了《中华人民共和国食品安全法》。

（1）食品卫生标准　是食品卫生的基础性标准，我国食品卫生标准可以分为感官指标、理化指标和微生物指标。但并非所有的卫生指标都有以上三项指标，主要依据需要而有所不同。

食品（包括原料和加工制品）都具有色、香、味、形、性状，食品性状不同，其品质也不同，可以通过感官进行鉴别。一般食品的性状多是用文字作定性的描述，进行鉴别时，也多是凭经验来评定。对食品的感官检验，包括检查食品的颜色、气味和组织形态三个方面。

理化指标是食品卫生指标中重要的组成部分，包括食品重金属离子和有害元素的限定，如砷、锡、铅、铜、汞的规定，食品中可能存在的农药残留、有毒物质（如黄曲霉毒素数量的规定）及放射性物质的量化指标都是食品卫生标准中理化指标的重要内容。根据食品卫生标准的不同和需要，卫生指标同时也可能增加一些其他化学指标作为理化指标。

微生物指标通常包括细菌总数、大肠菌群和致病菌三项指标，有的还包括酵母、霉菌指标。菌落总数是指食品检样经过处理，在一定条件培养后，所得 1g 或 1mL 检样中所含细菌菌落的总数，它可以作为判定食品被细菌污染程度的标志。大肠菌群是指一类需氧及兼性厌氧、在 37℃ 能分解乳糖、产酸产气的革兰阴性无芽孢杆菌。一般认为该菌群细菌可包括大肠埃希菌、柠檬酸杆菌、产气克雷白氏菌和阴沟肠杆菌等。该菌群主要来源于人畜粪便，故以此作为粪便污染指标评价食品的卫生质量，是食品卫生中重要的微生物指标。2014 年 7 月 1 日实施的 GB 29921—2013《食品中致病菌限量》，对 11 大类食品的致病菌进行了新的规定。删除了对志贺菌的检测，肉制品中增加了对单增李斯特、大肠 O157：H7 的检测要求，生食果蔬制品中增加了对大肠 O157：H7 的检测要求，同时对金黄色葡萄球菌、副溶血性弧菌规定了新的检出限，取代"不得检出"的规定。

（2）食品产品标准　一般包括范围、引用标准、相关定义、原辅材料要求、感官要求、理化指标、微生物指标、检验方法、检验规则、标志、包装、运输、贮藏。

在范围中，一般阐述标准的规定内容与适用范围。在引用标准中一般列入标准中引用到的相关标准目录，在文本中直接引用，不再重复其内容，尤其是那些基础性的食品卫生方面及检测方法的标准，因为根据《中华人民共和国标准化法》第十条的规定，"制定标准应当做到有关标准的协调配套"。在定义中规定，标准中出现的较为模糊不定、容易造成混淆的行业术语，在定义过程中，明确其具体定义，有相关标准的，按标准要求。没有相关标准的原辅材料，应阐述它们的要求。感官要求一般表述产品的色泽、滋味和气味、组织形态等。产品的特性指标是指能反映产品特点并能对其质量起到控制作用的指标，如罐头食品的净含量和固形物含量的指标，蛋白质饮料的蛋白质含量等都是比较关键的产品特性指标，在理化指标中必须予以规定，以保证产品质量。产品卫生指标必须符合强制性的国家卫生标准的要求。凡是在标准中规定的理化指标和微生物指标均需要有相应的检测方法。

另外，食品产品标准中检验规则和有关标志、包装、运输和贮存的规定也是必不可少的。食品产品的保质期要求包括在产品标准的贮存规定之中，各种不同的食品产品，有不同的保质期要求。但并非所有食品都必须标注保质期，一些可以长期贮存的食品，如高度酒、食盐就可以不在标签上标注保质期。在保质期内，生产企业应保证产品的合格，不论是理化指标还是微生物指标，在保质期内均应符合产品标准要求。

（3）其他食品产品标准　食品工业基础及相关标准、食品包装材料及容器标准和食品添加剂标准中规定的内容与食品卫生标准及产品标准基本相仿。但食品检验方法标准不同，它主要规定检验方法的过程，使用的仪器及化学试剂；各类食品卫生管理办法不同于一般标准的格式，虽然作为标准形式，但内容上主要是文字叙述的条款，结合《中华人民共和国食品安全法》实行对各类食品进行卫生监督管理。

三、食品标准的制定程序及编写要求

1. 食品标准的制定程序

食品标准的制定一般分为准备阶段、起草阶段、审查阶段和报批阶段。

（1）准备阶段　在此阶段需查阅大量有关资料，其中包括相关的国际、国内标准和企业标准，然后进行样品的收集，进行分析、测定，确定能控制产品品质的指标项目，如特性指标中哪些是关键性的指标，哪些不是关键性指标，都是前期准备工作中需要确定的内容。在准备阶段，大量的实验是必须进行的。

（2）起草阶段　标准起草阶段的主要工作内容有：编制标准草案（征求意见稿）及其编制说明和有关附件，广泛征求意见。在整理汇总意见基础上进一步制定标准草案（预审稿）及其编制说明和有关附件。

（3）审查阶段　食品产品标准的审查分预审和终审两个过程。预审由各专业技术委员会组织有关专家进行，对标准的文本、各项指标进行严格审查；同时也审查标准草案是否符合《标准化法》和《标准化实施条例》，技术内容是否符合实际和科学技术的发展方向，技术要求是否先进、合理、安全、可靠等。预审通过后按审定意见进行修改，整理出送审稿，报全国食品标准化技术委员会进行最终审定。

（4）报批阶段　终审通过的标准可以报批，行业标准报到上级主管部门，国家标准报到国家质量监督检验检疫总局，批准后进行编号发布，企业标准报到省级卫生主管部门备案。

2. 食品卫生标准的制定程序

食品卫生标准的制定程序包括食品卫生标准中有害化学物质、理化指标、微生物指标的制定程序。其基本制定程序主要为：收集样品，对样品进行分析测定，对测定数据进行分析，根据国际标准和我国国情综合考虑，最终把关键性的指标列入标准。但食品卫生标准中有害化学物质（包括微生物毒素和放射性核素）的制定程序除上述程序之外，尚需通过以下五个步骤。

（1）动物毒性试验　是指研究实验动物在一定时间内，以一定剂量进入动物机体的外来化学物质所引起的毒性效应或反应的试验方法。它是食品毒理学研究的最基本方法。

（2）确定动物最大无作用剂量（MNL）　一般情况下，化学物质所引起的对动物机体的毒性作用随着剂量逐渐降低而逐渐减弱。当化学物质的数量逐渐减到一定剂量时，不能再观察到它对动物所引起的毒性作用，这一剂量即为动物最大无作用剂量，以 mg/kg 体重表示。动物最大无作用剂量是评定外来化学物质毒性作用的重要依据。

（3）人体每日允许摄入量（ADI）　这是人类终生每日摄入的该化学物质不危害人体健康的剂量，以 mg/kg 体重表示。ADI 值当然不可能由人体试验测定，而是由动物试验结果换算而来。考虑到动物与人的中间差异，再考虑各人的个体差异即各人对该化学物质的敏感差异，以此确定安全系数，然后进行计算。安全系数通常取 100，换算公式如下：

人体每日允许摄入量（ADI）＝ 动物最大无作用剂量（MNL）×1/100（mg/kg 体重）

（4）全部摄取食品中的总允许量　人类每日允许摄入的化学物质不仅来源于食物，还可能来源于饮水和空气等。因此，必须首先确定该物质来源于食品的量占总量的比例，才能据此计算该物质在食品中的最高允许量。一般情况下，通过食品进入人体的达到 80% ~85%。而来自饮水、空气等其他途径者不足 15%。

（5）各种食品中的最高允许量 要确定一种化学物质在人体内所摄取的各种食品中的最高允许量，则需要了解含该物质的食品种类，并了解各种食品的每日摄入量。对多种食品，必要时还要了解各种食品最高允许量是否相同，然后根据以上情况再进行计算。

各种食品中的允许量标准以上诉各种食品最高允许含量为基础，根据实际情况，可以适当作调整。如果实际含量低于最高允许量时，应将实际含量作为允许量标准。如果实际含量高于最高允许量时，则应找出原因并设法降低。原则上，允许量标准不能超过最高允许含量。

在具体制定时，还应考虑化学物质的毒性、特点和实际摄入情况，将标准从严制定或放宽。考虑的因素常有以下几点：

①考虑该化学物质在人体内的积蓄性及代谢特点，不易排泄或解毒者从严；

②考虑该化学物质的毒性特点，产生严重后果者（如致癌、致畸、致突变等）从严；

③考虑含有该物质的食品的使用情况，长时间大量使用者从严；

④考虑使用对象，供老人、儿童、病人食用者从严；

⑤考虑该化学物质在烹调加工过程中的稳定性，稳定性强者从严。

由上述情况得知，制定食品中的某化学物质的允许量标准时，带有一定的相对性。故标准制定后，还应进行验证。此外，随着科学技术的发展，允许量标准还应不断进行修订。

3. 食品标准的编写要求

依据 GB/T 13494—1992《食品标准编写规定》的要求，食品标准的正文部分内容包括主体内容与适用范围、引用标准、术语、产品分类、技术要求、实验方法、检验规则、标签和标志、包装、储存、运输与其他。下面对产品分类、技术要求、实验方法、检验规则、标签与标志、包装、运输、储存的具体编写要求作一介绍。

（1）产品分类的编写要求 食品产品可根据需要按品种、原料、工艺、成分、形态、用途、包装、规格等进行分类。当分类部分的某些要求属于需要检验的技术指标时，应在"技术要求"中加以规定。较高层次的分类可制定为单独的标准，具体食品的分类应作为产品标准的一部分。

（2）技术要求的编写 产品标准中记述的主要内容就是对产品质量指标的规定，它是构成产品标准的重要核心部分。技术要求的编写应充分考虑食品的基本成分和主要质量因素、外观和感官特性、营养特性和安全卫生要求，以及消费者的心理、生理因素等，尽可能定量地提出技术要求。能分级的质量要求，应根据需要，做出合理的分级规定。

涉及感官、理化、生物学等各个方面的技术要求，应根据产品的具体情况，划分层次予以叙述。可以将技术要求划分为质量与卫生两类指标分别制定标准。标准中涉及安全、卫生指标的，如有现行国家标准或行业标准的可直接引用，或规定不低于现行标准的要求。

①原料和辅料要求：在技术要求中规定原料和辅料要求，主要是为了保证最终产品的安全卫生，使质量指标达到要求。所有原料、辅料不一定都规定要求，原则上对直接影响安全、卫生和产品质量的原料、辅料（包括食品添加剂和食品营养强化剂）做出规定。有现行国家标准或行业标准的直接引用；没有现行国家标准或行业标准时，可规定基本要求，也可以在附录中做出某种原料、辅料的规定，其要求不低于现行原料标准的要求。

②外观和感官要求：外观和感官要求一般应包括色泽、滋味和气味、外形（形态）、质地等。对外观和感官特性的规定尽可能具体，对缺陷的规定要尽可能清晰。

③理化要求：应对食品的物理、化学指标做出规定。

a. 理化指标，如净含量、固形物含量、比体积、密度等。

b. 化学成分，如水分、灰分、营养素的含量等。

c. 食品添加剂允许量。

d. 农药残留限量。

e. 兽药残留限量。

f. 重金属限量。

理化要求中的指标应以最合理的方式规定极限值，或者规定上下限，或者只规定上限或下限。

④生物学要求：应对食品的生物学特性和生物性污染做出规定。

a. 活菌酵母、乳酸菌等。

b. 细菌总数、大肠菌群、致病菌、霉菌等。

c. 寄生虫、虫卵等。

（3）试验方法的编写要求　试验方法一般应采用现行标准试验方法。需要制定的试验方法如与现行标准试验方法的原理、步骤基本相同，仅是个别操作步骤不同的，应在引用现行标准的前提下只规定其不同部分，不宜重复制定。如没有现行标准试验方法可供采用时，可以规定试验方法。化学分析方法的编写格式按 GB/T 20001.4—2001《标准编写规则　第 4 部分：化学分析方法》的规定。

（4）检验规则的编写要求　检验规则主要包括：检验分类、每类检验所包含量的实验项目、产品组批、抽样或取样方法、检验结果的判定、复验规则。

①检验分类：包括交收检验（出厂检验）和例行检验（型式检验）。

交收检验（出厂检验）：规定交收检验的项目，应包括直接影响产品质量及容易波动的安全、卫生指标。

例行检验（型式检验）：应包括技术要求中的全部项目，对产品质量进行全面考核。有下列情况之一时，应规定进行例行检验：

　　a. 新产品试制鉴定时；

　　b. 正式生产后，如原料、工艺有较大变化，可能影响产品质量时；

　　c. 产品长期停产后，回复生产时；

　　d. 出厂检验结果与上次例行检验有较大差异时；

　　e. 国家质量监督机构提出进行例行检验的要求时。

正常生产时，定期或积累一定产量后，也应规定周期检验的期限。

②抽样与组批规则：根据产品特点规定抽样方案，包括抽样地点、环境要求、抽样保存条件等。组批可根据生产班次、作业线、产量或批量大小确定。抽样方案应能保证样品与总体的一致性。

③判定规则：对每一类检验均应判定规则，即判定产品合格、不合格的规则；并规定由于检验、式样误差需要进行复验的规则。

（5）标签与标志的编写要求　标签内容可以写为"应按照 GB 7718—2011 规定，在标签上标注产品名称、配料……"，也可以根据 GB 7718—2011 的规定，写明详细标注内容。

标志指产品运输包装上的标注。具体标注内容除参考标签主要内容外，还应包括产品的收发货标志、贮运图示标志等。

（6）包装、运输、贮存的编写要求

①包装：

　　a. 包装环境：可对包装环境的卫生条件、安全防护措施及温度、相对湿度做出规定。

　　b. 包装材料：包装材料有现行标准时，应直接引用；无现行标准时，应规定可用材料的基本要求。

　　c. 包装容器：可规定包装容器的类型、尺寸规格、外观要求、物理和化学性能等。

　　d. 包装要求：可规定包装规格、包装程序及关键程序的注意事项、封箱和封口要求，捆扎要求等。

②运输：

　　a. 运输方式：指明运输工具等。

　　b. 运输条件：指明运输时的要求，如遮蓬、密封、温度、通风、制冷等。

　　c. 运输注意事项：指明装、卸、运的特殊要求，以及某些食品的保险措施、预防污染措施等。

③贮存：应根据食品的特点规定贮存要求，一般包括：

a. 贮存场所：指明库房、遮蓬冷藏、冻藏等。

b. 贮存条件：指明温度、湿度、通风、气调、对有害因素的预防措施等。

c. 贮存方式：指明堆码方式、堆码高度、垛点要求等。

d. 贮存期限：可指明与 a~c 项要求相适应的库存期限，还可以规定产品的保质期或保存期。

小　结

本章主要介绍食品安全法律法规在当今社会环境下的重要性、国内外食品安全法律法规、标准及食品标准体系等内容。论述了食品安全法律法规制定程序，我国食品安全法律体系组成，主要介绍了《中华人民共和国食品安全法》、《中华人民共和国农产品质量安全法》、食品标签管理法规、保健食品卫生管理办法、进出口食品卫生管理办法；国外食品安全法律法规介绍了 CAC 食品法典委员会的相关法典内容、美国食品质量与安全法规。食品安全标准中介绍了标准和标准化概念、标准常见分类、标准内容、制定程序及编写要求等内容。

思考题

1. 我国主要的食品安全法律法规有哪些？

2. 2013 年食品安全监管体制发生什么重大变化？

3. 简述 GB 28050—2011《预包装食品营养标签通则》适用范围及强制内容。

4. 新《保健食品注册管理办法》与旧办法相比有哪些新的内容？

5. 简述食品标准编制程序。试着编制一份食品产品的企业标准。

第十章　食品安全性评价

第一节　概　　述

食品是人类赖以生存和发展的物质基础。食品的安全性直接关系到人民的健康，也是食品卫生管理、食品生产、食品研究等方面应注意的问题。食品安全还有"量"和"质"的区分。对于经济不发达国家和地区，食物供应量不足，无法满足民众的温饱问题，这就是食品安全的"量"的问题；在解决了供应量的问题后，由于有毒、有害物质对人类健康的损害，规模上可能很大，会造成公共安全问题，这就是"质"方面的食品安全问题。

食品安全性评价是运用毒理学实验结果，并结合人群流行病学调查资料来阐明食品中某些特定物质的毒性及其潜在危害、对人体健康产生影响的性质和强度，预测人类接触后的安全程度，为制定预防措施（特别是食品安全标准）提供理论依据。食品安全性评价除了进行传统的毒理学评价研究外，还进行人体研究、残留量研究、暴露量研究、膳食结构和摄入风险评价等。食品安全性评价在食品安全性研究、监控和管理上具有重要的意义。

食品安全性评价的目的是阐明某种食品是否可以安全食用，食品中有关危害成分或物质的毒性及其风险大小，利用足够的毒理学资料确认物质的安全剂量，通过风险评估进行风险控制。

第二节　食品安全性毒理学评价的基本概念

毒理学是一门古老的科学，是研究物理、化学、生物等因素对机体负面影响的科学。食品安全性毒理学是应用毒理学方法研究食品中可能存在或混入的有毒、有害物质对人体健康的潜在危害及其作用机理的一门学科，包括急性食源性疾病以及具有长期效应的慢性食源性危害，涉及从食物的生产、加工、运输、贮存及销售的各个环节。食品毒理学安全性评价是毒理学的具体应用，是保障食品安全的重要手段。

1. 毒性

毒性是指化学物质能够造成机体损害的能力。对于毒性较高的物质，即使数量较小，也可能对人体产生一定的损害。对于毒性较低的物质，则需要较大的数量，才能对人体产生危害。

2. 致死量

致死量指可以造成机体死亡的剂量。即使在同一群体中，死亡个体的数目也有很大差别，因此，所需要的剂量也不同。

3. 半数致死量（LD_{50}）

半数致死量指化学物质引起一半受试对象出现死亡所需的剂量，通常用 LD_{50} 表示。LD_{50} 数值越大，毒性越低；LD_{50} 数值越小，毒性越大。

4. 绝对致死量（LD_{100}）

绝对致死量指化学物质引起受试对象全部死亡所需要的最低剂量或浓度。由于在一个群体中，不同个体之间对外来化合物的耐受性存在差异，可能少数个体耐受性过高或过低，并因此造成 LD_{100} 过多的增加或减少。因此，对于一种化合物毒性的高低一般不用 LD_{100} 表示，而采用半数致死量。

5. 损害作用

损害作用是外来化合物毒性的具体表现。损害作用的特点为：机体对一些不利因素的易感性增高，机体的正常发育过程受到严重影响等。

6. 最大无作用剂量

最大无作用剂量指化学物质在一定时间内，按一定方式与机体接触，用现代的测定方法和最灵敏的观察指标不能发现任何损害作用的最高剂量。它是评定外来化合物对机体损害作用的主要依据。

7. 最小有作用剂量

最小有作用剂量即在一定时间内，一种外来化合物按一定方式或途径与机体接触，能使某项观察指标开始出现异常变化或使机体出现损害作用所需的最低剂量。理论上，最大无作用剂量与最小有作用剂量应该相差甚微，然而，因为对损害作用的观察指标受观察方法灵敏度的限制，所以实际上，最大无作用剂量和最小有作用剂量之间还有一定的差距。

8. 每日允许摄入量（ADI）

FAO/WHO 联合专家委员会于 1961 年提出 ADI 的定义。每日允许摄入量（ADI）的定义为：某一化学物质的每日允许摄入量，虽终生摄取，根据当时已知的全部事实，也未显露出可以察觉到的危险性。ADI 的单位用 mg/kg 体重表示。

第三节　食品安全性评价的范围

一、食品安全性毒理学评价

食品安全性毒理学评价是针对某种食品的食用安全性展开的评价，包括新资源食品、保健食品、食品添加剂、转基因食品、食品容器和包装材料及食品中各种化学和生物等的污染物。通过对其急性毒性、遗传毒性、亚慢性毒性、慢性毒性、致畸性和致癌性的评估。

二、食品添加剂的安全性评价

食品添加剂的使用对食品产业的发展起着重要的作用，它可以改善风味、调节营养成分、防止食品变质，从而提高食品质量，满足消费者的各种需求。但应将食品添加剂的使用量控制在最低有效量的水平，否则会影响食品的安全，危害人体健康。食品添加剂对人体的毒性包括致癌性、致畸性和致突变性等。这些毒性有时需要较长时间才能显示出来，即可对人体产生潜在的毒害，如大量摄入苯甲酸能导致肝、胃严重病变，甚至死亡。目前，一些食品企业存在着滥用食品添加剂的现象，如使用量过多、使用不当或使用禁用添加剂等。因此，食品添加剂使用的安全性已引起人们广泛的关注。

食品添加剂的安全性评价主要包括添加剂成分的毒理学检验、添加剂量的确定、添加方法的规范等。

我国政府从 20 世纪 50 年代开始对食品添加剂实行管理。20 世纪 60 年代后加强了对食品添加剂的生产管理和质量监督，还根据食品添加剂的特殊情况制定了一系列法规，如 1986 年 12 月我国批准了《食品添加剂卫生管理办法》，1986 年 11 月卫生部颁发了《食品营养强化剂使用卫生标准（试行）》和《食品营养强化剂卫生管理办法》，1986 年国家标准局颁发了《食品添加剂使用卫生标准》，2000 年、2007 年及 2011 年又对其进行了修订，此标准中规定了食品添加剂的品种、使用目的、范围以及最大使用量。

（1）食品添加剂批准程序　根据《食品添加剂新品种管理办法》（卫生部令第 37 号）的规定，申请食品添加剂新品种生产、经营、使用或者进口的单位或者个人，应当提出食品添加剂新品种许可申请，并提交以下材料：①添加剂的通用名称、功能分类、用量和使用范围；②证明技术上确有必要和使用效果的资料或者文件；③食品添加剂的质量规格要求、生产工艺和检验方法，食品中该添加剂的检验方法或者相关情况说明；④安全性评估材料，包括生产原料或者来源、化学结构和物理特性、生产工艺、毒理学安全性评价资料或者检验报告、质量规格检验报告；⑤标签、说明书和食品添加剂产品样品；⑥其他国家（地区）、国际组织允许生产和使用等有助于安全性评估的资料。申请食品添加剂品种扩大使用范围或者用量的，可以免于提交前款第四项材料，但是技术评审中要求补充提供的除外。该办法自 2010 年 3 月 30 日起实施，卫生部 2002 年 3 月 28 日发布的《食品添加剂卫生管理办法》同时废止。

（2）不同食品添加剂进行毒理学试验的原则　主要根据该食品添加剂在其他国家的批准应用情况、来源等决定毒理学资料要求。

①凡属毒理学资料比较完整，WHO 已公布日允许量或不需规定日允许量者，要求进行急性毒性试验和两项致突变试验，首选 Ames 试验和骨髓细胞微核试验。但生产工艺、成品的纯度和杂质来源不同者，进行第一、二阶段毒性试验后，根据试验结果考虑是否进行下一阶段试验。

②凡属有一个国际组织或国家批准使用，但 WHO 未公布日允许量，或资料不完整者，在进行第一、二阶段毒性试验后作初步评价，以决定是否需进行进一步的毒性试验。

③对于由动植物或微生物制取的单一组分、高纯度的添加剂，凡属新品种，需先进行第一、二、三阶段毒性试验；凡属国外有一个国际组织或国家已批准使用的，则进行第一、二阶段毒性试验，经初步评价后，决定是否需进行进一步试验。

④进口食品添加剂要求进口单位提供毒理学资料及出口国批准使用的资料，由国务院卫生行政主管部门指定的单位审查后决定是否需要进行毒性试验。

（3）添加剂在食品加工中的使用规范

①剂量：食品添加剂通过食品安全评价的毒理学实验，确定长期使用对人体安全无害的最大限量。使用时，严格按照使用要求执行，使用量控制在限量内。

②使用方法：根据添加剂的特性，确定使用方法，防止因使用不当而影响或破坏食品营养成分的现象发生。若使用复合添加剂，其中的各种成分必须符合单一添加剂的使用要求与规定。

③使用范围：因各种添加剂的使用对象不同、使用环境不同，所以要确定添加剂的使用范围。比如专供婴儿的主辅食品，除按规定可以加入食品营养强化剂外，不得加入人工甜味剂、色素、香精、谷氨酸钠和不适宜的食品添加剂。

三、转基因食品的安全性评价

转基因食品是指利用基因工程技术改变基因组构成的动物、植物和微生物生产的食品和食品添加剂。转基因食品分为转基因植物性食品、转基因动物性食品和转基因微生物食品三大类。转基因技术在农作物上的应用，不但可以增加农作物的产量，改变食品的品质，还可利用转基因植物或动物生产药物等。为加强转基因食品的安全管理，许多国家都立法加强转基因食品安全的管理，我国颁布了《农业转基因生物进口安全管理办法》（2002 年农业部令第 9 号，2004 年农业部令 38 号修订）和《农业转基因生物标识管理办法》（2002 年农业部令第 10 号）。转基因作物及其产品的食用安全性除了与一般食品所共有的问题外，还有其独特的安全性问题。转基因食品是利用新技术创造的产品，也是一种新生事物，人们自然对食用转基因食品的安全性有疑问。目前，随着转基因食品的快速发展，转基因食品的安全性评价日益受到各国人们的广泛关注，对转基因食品的食用安全评价逐渐形成了一些得到普遍认可的评价原则和评价内容。转基因食品的食用安全评价是转基因产品开发中的重要环节，这关系到人类的未来。

四、保健食品的安全性评价

保健食品不允许有任何危害人体健康的潜在可能性，这是其与药品的最大区别之一，即药品可允许在其"疗效与毒性"之间作出权衡。保健食品则不允许进行这样的权衡。《中华人民共和国食品安全法》规定"声称具有特定保健功能的食品不得对人体产生急性、亚急性或者慢性危害"。因此，对保健食品的安全性毒理学评价就显得尤为重要。对保健食品的安全性评价是确保人群食用安全的前提，应严格按照卫生部 GB 15193.1—2003《食品安全性毒理学评价程序》进行，主要评价食品生产、加工、保藏、运输和销售过程中使用的化学和生物物质以及在这些过程中产生和污染的有害物质、食物新资源及其成分和新资源食品。对于保健食品及功效成分必须进行 GB 15193.1—2003《食品安全性毒理学评价程序》中规定的第一、二阶段的毒理学试验，并依据评判结果决定是否进行三、四阶段的毒理学试验。若保健食品的原料选自普通食品原料或已批准的药食两用原料则不再进行试验。

（1）保健食品安全性毒理学评价试验的四个阶段

第一阶段：急性毒性试验，包括经口急性毒性（LD_{50}）和联合急性毒性。

第二阶段：遗传毒性试验、传统致畸试验、短期喂养试验。

第三阶段：亚慢性毒性试验（90d 喂养试验）、繁殖试验和代谢试验。

第四阶段：慢性毒性实验（包括致癌试验）。

（2）保健食品安全性毒理学评价试验原则 保健食品，特别是功效成分的毒理学评价可参照下列原则进行。

①凡属我国创新的物质，一般要求进行四个阶段的试验。特别是对其中化学结构提示有慢性毒性、遗传毒性或致癌性可能者，或产量大、使用范围广、摄入机会多者，必须进行全部四个阶段的毒性试验。

②凡属与已知物质（指经过安全性评价并允许使用者）的化学结构基本相同的衍生物或类似物，则根据第一、二、三阶段毒性试验结果判断是否需进行第四阶段的毒性试验。

③凡属已知的化学物质，世界卫生组织已公布每人每日允许摄入量（ADI），同时又有资料证明我国产品的质量规格与国外产品一致，则可先进行第一、二阶段毒性试验，若试验结果与国外产品的结果一致，一般不要求进行进一步的毒性试验，否则应进行第三阶段毒性试验。

④对于食品新资源及其食品，原则上应进行第一、二、三个阶段毒性试验，以及必要的人群流行病学调查。必要时应进行第四阶段试验。若根据有关文献资料及成分分析，未发现有或虽有但含量甚少，不至构成对健康有害的物质，以及较大数量人群有长

期食用历史而未发现有害作用的天然动植物（包括作为调料的天然动植物的粗提制品），可以先进行第一、二阶段毒性试验，经初步评价后，决定是否需要进行进一步的毒性试验。

⑤凡属毒理学资料比较完整，世界卫生组织已公布日允许量或不需规定日允许量者，要求进行急性毒性试验和一项致突变试验，首选 Ames 试验或小鼠骨髓微核试验。

⑥凡属有一个国际组织或国家批准使用，但世界卫生组织未公布日允许量，或资料不完整者，在进行第一、二阶段毒性试验后作初步评价，以决定是否需进行进一步的毒性试验。

⑦对于由天然植物制取的单一组分、高纯度的添加剂，凡属新产品需先进行第一、二、三阶段毒性试验；凡属国外已批准使用的，则进行第一、二阶段毒性试验。

⑧凡属尚无资料可查、国际组织未允许使用的，先进行第一、二阶段毒性试验，经初步评价后，决定是否需进行进一步试验。

（3）保健食品的安全性评价应注意的问题

①推荐摄入量较大的保健食品：应考虑给予受试物量过大时，可能影响营养素摄入量及其生物利用率，从而表现某些毒理学表现，而非受试物的毒性作用所致。

②人体资料：由于存在着动物与人之间的种族差异，在将动物试验结果推论到人时，应尽可能收集人群接触受试物后反应的资料，如职业性接触和意外事故接触等。志愿受试者体内的代谢资料对于将动物试验结果推论到人具有重要意义。在确保安全的条件下，可以考虑按照有关规定进行必要的人体试验。

③动物毒性试验和体外试验资料：各项动物毒性试验和体外试验系统虽然仍有待完善，却是目前水平下所得到的最重要的资料，也是进行评价的主要依据。在试验得到阳性结果，而且结果的判定涉及到受试物能否应用于食品时，需要考虑结果的重要性和剂量－反应关系。

④安全系数：由动物毒性试验结果推论到人时，鉴于动物、人的种属和个体之间的生物特性差异，一般采用安全系数的方法，以确保对人的安全性。安全系数通常为100倍，但可根据受试物的理化性质、毒性大小、代谢特点、接触的人群范围、食品中的使用量及使用范围等因素，综合考虑增大或减小安全系数。

⑤代谢试验的资料：代谢研究是对化学物质进行毒理学评价的一个重要方面，因为不同化学物质、剂量大小，在代谢方面的差别往往对毒性作用影响很大。在毒性试验中，原则上应尽量使用与人具有相同代谢途径和模式的动物种系来进行试验。

⑥含乙醇保健食品：对试验中出现的某些指标的异常改变，在结果分析评价时应注意区分是乙醇本身还是其他成分的作用。

⑦综合评价：在进行最后评价时，必须在受试物可能对人体健康造成的危害以及其可能的有益作用之间进行权衡。评价的依据不仅是科学试验资料，而且与当时的科学水

平、技术条件以及社会因素有关。因此，随着时间的推移，很可能结论也不同。随着情况的不断改变，科学技术的进步和研究工作的不断进展，对已通过评价的化学物质需进行重新评价，做出新的结论。

五、其他领域食品的安全性评价

（1）地域性食品安全评价　即针对某个国家或地区的日常饮食中可能产生的安全隐患的物质的估计。

（2）针对消费者行为的食品安全评价　即对不同的消费群体的不同消费特点及风味因素等进行安全评价。

（3）从生产、加工、销售的链条上进行评价　即针对企业和企业间对待食品安全的态度、制度及管理上进行分析。

（4）从食品生产、加工、销售过程中可能产生危险隐患的关键点上进行评价　主要通过 HACCP 对实施过程进行危害估计。

（5）针对环境中可能造成食品安全风险的因素进行评价　包括纯粹环境因素，如土壤、空气、生产的周围环境、企业卫生状况等。

第四节　毒理学安全性评价的程序

一、适用范围

（1）食品生产、加工过程中使用的化学和生物物质。

（2）生产、加工过程中产生和污染的有害物质。

（3）食物新资源和新资源食品。

对于（1）和（2）所述物质应制定 ADI，进而分别制定使用卫生标准和允许残留量，对于第三类则应判定其摄入对人体健康是否有害，进而作出无 ADI 规定（食用不受限制）或禁止食用。

二、对受试物的要求

（1）根据各项试验的具体要求，合理选择试验动物。

（2）动物的性别、年龄、数量依据各试验的需要进行选择。

（3）试验动物应该符合《试验动物管理条例》的有关规定，试验报告必须注明实验动物合格证号及实验动物房合格证号。

三、毒理学安全性评价试验的内容

（1）第一阶段的急性毒性试验

目的：通过测定获得 LD_{50}（半致死剂量），了解受试物的毒性强度、性质，为进一步进行毒性试验的剂量和毒性判定指标的选择提供依据。

试验内容：经口急性毒性试验、联合急性毒性试验。

（2）第二阶段的遗传毒性试验、传统致畸试验、短期喂养试验

目的：

①遗传毒性试验：对受试物的遗传毒性以及是否具有潜在致癌作用进行筛选。

②传统致畸试验：了解受试物对胎仔是否具有致畸作用。

③短期喂养试验：对只需进行第一、二阶段毒性试验的受试物，在急性毒性试验的基础上，通过短期（30d）喂养试验，进一步了解其毒性作用，并可初步估计最大无作用剂量。

试验内容：细菌致突变试验等。

（3）第三阶段的亚慢性毒性试验（90d 喂养试验）、繁殖试验和代谢试验。

目的：观察受试物以不同剂量水平经较长期喂养后对动物的毒性作用性质，并初步确定最大作用剂量；了解受试物对动物繁殖及对仔代的致畸作用，为慢性毒性和致癌试验的剂量选择提供依据。

试验内容：90d 喂养试验、繁殖试验、代谢试验。

（4）第四阶段的慢性毒性试验（包括致癌试验）

目的：了解经长期接触受试物后出现的毒性作用，尤其是不可逆的毒性作用以及致癌作用；最后确定最大无作用剂量，为受试物能否应用于食品的最终评价提供依据。

试验内容：慢性毒性试验。

四、毒理学安全性评价试验的原则

（1）任何单一阶段的毒性试验不能进行安全性评价，因为各阶段都有其特定的毒作用观察内容，不能相互替代。

（2）对于新化学物质应进行四个阶段测试方能评价。

（3）对于进口及仿制的化学品，可根据毒理学资料的完整性，做两个或三个阶段试验后进行评价。

（4）对于食品新资源及其食品，原则上应进行三个阶段毒性试验，但对不含有害物质以及较大人群长期食用未发现有害作用的天然动植物，可先进行两个阶段毒性试验。

第五节 食品安全风险分析

食品风险分析就是针对食品安全性应运而生的一种宏观管理模式。随着经济全球化

步伐的进一步加快，食源性疾病呈现出流行速度快、影响范围广等特点。因此，各国政府和有关国际组织都在采取措施以保障食品的安全，迫切需要建立一种新的食品安全宏观管理模式，以便在全球范围内科学地建立各种管理措施和制度，并对其实施的有效性进行评价，这就是食品风险分析。

一、食品安全风险分析的基本概念

（1）食品安全风险 食品安全风险指食品中的危害物产生的不良作用的可能性及强度。从人类的本能上看，人们都想规避风险，这也是自然界一切动物的本能。通常，食品安全性与食品健康关系密切，当人们认识到某种食物对其健康产生危害时，就不会买这种食物。在饮食上，零风险是不存在的。

（2）食品安全风险分析 食品安全风险分析是对食品中可能存在的风险进行评估，进而根据风险程度来采取相应的风险管理措施去控制或降低风险，并且在风险评估和风险管理的全过程中保证风险相关各方保持良好的风险交流状态。分析食源性危害，确定食品安全性保护水平，采取管理分析措施，使食品在食品安全性分析方面处于可接受的水平，这是食品安全分析在食品安全性管理中的应用。

（3）风险评估 风险评估指对人体接触食源性危害而产生的已知或潜在的对健康不良影响的科学评估，是一种系统地组织科学技术信息以及不确定性信息，来回答关于健康风险的具体问题的评估方法。

（4）风险管理 风险管理就是根据风险评估的结果，选择和实施适当的管理措施，尽可能有效地控制食品风险，从而保障公众健康。风险管理措施包括制定最高限量、制定食品标签标准、实施公众教育计划、通过使用其他物质或者改变生产规范以减少某些化学物质的使用等。

（5）风险交流 风险交流就是在风险评估人员、风险管理人员、消费者和其他有关团体之间就与风险有关的信息和意见进行相互交流。

二、食品安全风险分析的发展

食品法典作为解决国际贸易争端、协调各国食品卫生标准的依据，在国际食品贸易中起着重要的作用。世界贸易组织（WTO）各成员在发生食品贸易争端时，可以在WTO争端解决机构中解决，但必须以食品法典委员会（CAC）的标准或风险分析的结论为依据。WTO规定了CAC的标准要以科学理论为基础，采用风险分析的原则进行制定。CAC是联合国粮农组织（FAO）和世界卫生组织（WHO）于1961年建立的政府间协调食品标准的国际组织。它通过建立国际协调的食品标准体系，保护消费者健康，促进公平贸易。风险分析最早应用于环境危害控制领域，20世纪80年代末出现在食品安全领域。1991年在意大利罗马，FAO、WHO和关税及贸易总协定（GATT）联合召开了食品标准、食物化学品及食品贸易会议，建议法典各分委员会及顾问组织在评价时，继续以适当的科学原则为基础，并遵循风险评估的决定。第 19 次 CAC 大会采纳了该决定。随后在第 20 次 CAC 会议上，针对有关 CAC 及其下属和顾问机构实施危险性评估的程序的议题进行了讨论，提出在 CAC 框架下，各分委员会及其专家咨询机构应在各自的化学品安全性评估中采纳危险性分析方法。此后，在 1995、1997 和 1999 年，FAO/WHO 连续召开了有关危险性分析在食品标准中的应用、风险管理与食品安全以及风险交流在食品标准和安全问题上的作用 3 次专家咨询会议，提出了风险分析的定义、框架及三个要素的应用原则和应用模式。

2000 年欧盟发布关于食品安全白皮书，指出风险分析必须成为食品安全政策的基础。欧盟必须把它的食品政策建立在三项风险分析的运用之上：风险评估（科学建议和信息分析）、风险管理（管理与控制）和风险交流。同时认为，如果合适的话，预防原则将应用于风险管理的决议中。2003 年日本颁布了《食品安全基本法》，规定在制定有关确保食品安全性的措施时，应对食品本身含有的或加入到食品中有可能带来损害的物质，进行食品影响健康评估。同时该法还规定在内阁中设立食品安全委员会，专门从事食品安全风险评估和风险交流工作。

2006 年我国《农产品质量安全法》、2009 年《食品安全法》都明确地规定了风险预防原则。《农产品质量安全法》规定，国务院农业行政主管部门应当设立由有关方面专家组成的农产品质量安全风险评估专家委员会，对可能影响农产品质量安全的潜在危害进行风险分析和评估。同时，国务院农业行政主管部门应当根据农产品质量安全风险评估结果采取相应的管理措施，并将农产品质量安全风险评估结果及时通报国务院有关部门。《食品安全法》规定，国务院设立食品安全委员会负责食品安全风险评估，要求建立食品安全风险监测制度和食品安全风险评估制度。

三、食品安全风险分析的内容

普遍认为食品安全风险分析是制定食品安全标准的基础理论。风险分析由三个彼此独立又相互统一的部分组成，即风险评估、风险管理与风险交流。其中风险评估是整个体系的核心和基础，为风险管理和风险交流提供基础数据和科学依据，它强调科学性。风险管理是制订政策，它强调实用性，而制订的政策又会影响风险评估。风险评估和风险管理的结果都要经过风险交流而进入使用阶段，使用的信息又反馈给风险评估与风险管理，风险交流强调信息互动。在建立食品标准与食品安全控制措施的过程中，风险分析促进了对食品安全问题的全面、科学的评估。三者相互联系、互为前提。

（1）风险评估 风险评估的过程可以分为四个明显不同的阶段：危害识别、暴露评估、危害特征描述以及风险特征描述，见图 10 - 1。

①危害识别：指对可能给人类及环境带来不良影响的危害物质所进行的识别，以及

对其所带来的影响或后果的定性描述。

②暴露评估：指对于食品中的危害物质的可能摄入量以及通过其他途径接触的危害物质的剂量的定性或定量评价。

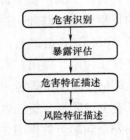

图10－1 分析评估的四个步骤

③危害特征描述：指对那些危害物质的性质进行的定性的或定量的评估。

④风险特征描述：指对某一特定人群中发生不良影响的可能性和严重性的估计。

（2）风险管理 风险管理可以分为四个部分：风险评价、风险管理选择评估、执行管理决定以及监控和审查。

①风险评价：风险评价的基本内容包括确认食品安全问题、描述风险概况、就风险评估和风险管理的优先性对危害进行排序、为进行风险评估制定风险评估政策、决定进行风险评估以及风险评估结果的审议。

②风险管理选择评估：风险管理选择评估的程序包括确定现有的管理选项、选择最佳的管理选项（包括考虑一个合适的安全标准）以及最终的管理决定。

③执行管理决定：实施有关标准、法律等的过程。

④监控和审查：监控和审查指的是对实施措施的有效性进行评估以及在必要时对风险管理和/或评估进行审查。为了做出风险管理决定，风险评价过程的结果应当与现有风险管理选项的评价相结合。执行管理决定之后，应当对控制措施的有效性进行监控，确保食品安全目标的实现。

（3）风险交流 在风险管理的全过程，应当包括与消费者和其他有关团体进行全面的、持续的相互交流，这是风险管理过程的一个组成部分。通过公开、透明的风险交流，使各方全面了解影响食品安全的各种危害、危害的严重程度、危害的特征、危害的变化趋势、最高风险人群、风险人群对风险的接受程度、风险人群的特点和规模等信息。风险交流在于使社会公众参与到食品安全管理中去，促进政府综合考虑各种信息，提高决策的透明度和科学性，制定更加合理的食品安全政策，将食品安全风险降低到最低限度。

风险交流的目的主要包括：①改善风险分析过程中的整体效果和效率；②在执行风险管理决定时增加透明度；③使所有的参与者提高对所研究的特定问题的认识和理解；④为风险管理决定提供坚实的基础；⑤在风险交流过程中，促进有关团体的适当参与；⑥培养公众对于食品安全性的信任和信心。

四、食品安全风险分析的意义

近几年，我国食品安全事件频繁发生，诸如染色馒头、三聚氰胺婴儿奶粉等事件，使食品市场的信任危机日趋加深。开展食品安全风险分析，找出食品安全中的各种风险，并加以控制，能够有效提高食品安全水平。因此，加快开展食品安全风险分析，对于提高食品安全水平、保障消费者健康、恢复市场信心、增强政府公信力都有重要意义。

（1）国际贸易中应用的主要原则　食品法典宗旨之一是促进国际间公平的食品贸易，目前，在食品法典框架下，制定很多食品安全标准时都要应用食品安全风险分析原理。如国际贸易中动物卫生国际标准的制定组织，将风险评估纳入法典框架，制定了进口风险分析准则，并明确规定了贸易伙伴所要求的最低卫生保证，促进动物和动物产品的国际贸易，避免因国际交流而传播动物疫病的危险。

（2）实现食品安全全程监管的科学方法　食品安全风险分析是建立在科学分析方法的基础上，通过建立食品安全监测网络，实现对食品安全信息的动态监管和及时预警。同时，采取科学方法进行评估风险，得出风险评估结果，为实施食品安全风险管理、制定食品监督管理措施提供科学的决策依据。食品安全需要全程监管，开展食品安全风险分析是当前国际上推崇采用的科学方法。在"从农田到餐桌"的过程中，许多影响食品安全的因素都需要控制，有必要建立以风险评估为决策依据，以风险管理为工作方式的食品安全科学管理模式。

（3）应对经济全球化的根本途径　目前，我国农产品贸易正遭受着国内出口受阻和国外大量涌入的双重压力，特别是近年来国际贸易争端不断升级，其中的一个原因是我国对国际贸易规则的掌握和运用还很不够。因此，采用食品安全风险分析是目前应对技术性贸易措施最有效的手段。

（4）提升公众消费信心的客观要求　目前，发生的农产品质量安全事件直接导致人民群众消费信心下降，进而危及到整个产业链条。开展食品安全风险分析工作，变事后监管为事前预防，将提升公众的消费信心。

总之，随着新技术在食品生产和检测中的不断应用，食品安全的风险日趋加剧，这种风险只有通过科学的手段才能加以识别和控制。食品安全性是一个相对和动态的概念，随着科学技术的发展和社会的进步，人们对食品安全还会提出更高的要求。

小　结

本章阐明了食品安全性评价的概念、目的以及意义，介绍了毒性、损害作用、致死量、绝对致死量、半数致死量、最大无作用剂量、最小有作用剂量等食品安全性毒理学评价的基本概念，论述了食品安全性评价的范围，如食品安全性毒理学评价、食品添加剂的安全性评价、转基因食品的安全性评价和保健食品的安全性评价。围绕毒理学安全性评价的程序，重点介绍了毒理学安全性评价试验的内容及原则。最后，简单介绍了食品风险分析的基本概念、以及食品风险分析的内容、意义。

思考题

1. 什么是毒性和损害作用？
2. 食品添加剂进行毒理学试验要遵循哪些原则？
3. 简述保健食品安全性评价应注意的问题。
4. 什么是风险评估、风险管理、风险交流？
5. 食品安全风险分析有何意义？
6. 什么是致死量、绝对致死量、半数致死量？
7. 简述最大无作用剂量、最小有作用剂量的概念。
8. 试述添加剂在食品加工中的使用规范。
9. 风险评估分为哪几个阶段？
10. 试述风险交流的目的。

第十一章 食品安全溯源及预警技术

第一节 概 述

目前，食品安全问题已引起各国政府的高度关注，许多专家学者开展食品安全溯源及预警技术的研究，并结合各国的实际情况，制定了溯源及预警系统，从食品危害确认、风险评估、风险管理、风险交流等方面进行了广泛的研究。

我国 2001 年 9 月 17 日，国家质量监督检验检疫总局发布了《进出口食品、化妆品检验检疫风险预警及快速反应管理实施细则》。对预警的对象、风险评估、风险管理等有关问题作了详细的说明。在国际上，有代表性的是欧盟的食品快速预警系统，它采用 PDF 文件格式快速通报其成员国关于食品安全或食品标签等问题，保护消费者免受食品中的危害，并将不安全的食品召回。

一、食品安全溯源

食品安全溯源是指在食品链的各个环节中，食品及其相关信息能够被追踪（生产源头→消费终端）或者回溯（消费终端→生产源头），从而使食品的整个生产经营活动处于有效监控之中。

食品安全溯源系统是一个能够连接生产、检验、监管和消费各个环节，让消费者了解符合卫生安全的生产和流通过程，提高消费者放心程度的信息管理系统。系统提供了"从农田到餐桌"的追溯模式，建立了食品安全信息数据库，一旦发现问题，能够根据溯源进行有效的控制和召回，因此，从源头上保障消费者的合法权益。

二、食品安全预警

预警最早起源于德国，其核心是强调社会应通过前期的有效规划，防止或减少潜在的有害行为，从而减少对环境的破坏。随着食品安全问题逐渐成为全世界共同关注的焦点，预警被运用到食品安全领域。

预警即"预先警告"，具有两层含义：一是监测预防，即对目标事件进行常规监测，对事件的状态及其变动进行风险评估和判断，监测事件并防止事态的非正常运行；二是控制和消除危机，即目标事件因风险积累或放大，或突发事件而引发危机或有害影响，需对危机进行调控，以消除危机、稳定局面和恢复正常运作。

食品安全预警是指对食品中有毒、有害物质的扩散与传播进行早期警示和积极防范的过程。食品安全预警体系是为了达到降低风险、减少损失和避免发生食品安全问题，应有预警理论和方法，通过对食品安全问题的监测、追踪、分析和信息预报等一系列的过程，建立对食品安全问题预警的功能系统。预警的主要功能是预防和控制功能。建立完善的食品安全预警体系可以监控食品供给数量、质量和生产、制造环境的安全状况，同时能够在食品安全问题处于潜伏状态时发出预警，以防止食品安全问题的发生。

第二节　食品安全溯源技术

一、基本要素

（1）产品溯源　它是通过溯源确定食品在供应链中的位置或地点，便于后续和注册的管理、实施食品召回及向消费者或利益相关者告知信息。

（2）过程溯源　它是通过溯源确定在作物生长和食品加工过程中影响食品安全的行为活动，包括产品之间的相互作用、环境因子向食品中的迁移以及食品中污染的情况等。

（3）基因溯源　它是通过溯源确定食品的基因构成，包括转基因食品的基因源及类型，以及农作物的品种等。

（4）投入溯源　它是通过溯源确定种植和养殖过程中投入物质的种类及来源，包括配料、化学喷洒剂、灌溉水源、家畜饲料、保存食物所使用的添加剂等。

（5）疾病和害虫溯源　它是通过溯源追溯病害的流行病学资料、生物危害，包括细菌、病菌、污染食品的致病菌以及摄取的其他来自农业生产原料的生物产品。

（6）测定溯源　它是通过溯源检测食品、环境因子、食品生产经营者的健康状况，获取相关信息资料。

二、关键技术

食品安全溯源关键技术包括：①物种鉴别技术，如 DNA 技术、虹膜识别技术；②自动识别技术，如耳标、条形码、矩阵码、无线射频识别技术（RFID）、全球定位系统（GPS）等；③电子编码技术，如 ISO 标准体系等电子编码体系。

（1）物种鉴别技术　物种鉴别技术是一项关键技术，它是通过对物种鉴别技术的应用，获得有关物质品种的信息。它包括脂质体技术、蛋白质分析技术、DNA 技术及虹膜识别技术。

①脂质体技术：由于饱和、单不饱和及多不饱和脂肪酸中元素的比例是物种的重要标志，因此，脂类化合物和脂肪酸可以作为物种鉴别的关键物质。在实际中，可利用气相色谱及气相色谱－质谱法来检测动植物中脂肪酸的含量和比率，用于区分动植物的种

类和品种。但这种方法容易受到多种因素的干扰，致使单一种类或混合种类的肉制品在检测中往往导致不确定性结果。

②蛋白质技术：蛋白质现已广泛用作物种鉴别的指标。用于物种鉴别的蛋白质技术主要有淀粉凝胶电泳、聚丙烯酰胺凝胶电泳以及琼脂糖凝胶电泳等。其特点为检测材料少、时间短、结果稳定性好、成本低、重复性高、技术简单。凝胶电泳对蛋白质的检测限为 0.1% ~ 1%，它取决于检测过程中蛋白质条带的清晰度。利用特定蛋白质条带图谱，可以区别动物的种类、品种和品系等。

③DNA 技术：近年来，DNA 技术被用于食品研究和食品控制中，可以对物种进行鉴定。DNA 技术最初用于食品品种鉴定是利用特定 DNA 探针进行杂交分析，目前，DNA 技术是鉴定动植物物种中发展最快的技术。

④虹膜识别技术：虹膜识别技术是利用模式识别、图像处理等方法对动物或人身所具有的生理特征和行为特征进行可靠、有效地分析和描述，通过判断这些描述的一致性来实现物种识别。虹膜识别技术稳定性好，准确率高，在人的身份鉴别中得到广泛应用。

（2）自动识别技术　自动识别技术是在计算机技术、光电技术、通信技术与信息技术基础上发展起来的一门新兴技术。自动识别是以数据标准化为基础，建立一个规范的食品分类体系和食品代码体系，实现食品代码体系技术的集成应用。

①条码技术：条码是由一组宽度不同、反射率不同的条和空按一定的编码规则组合起来的，用以表示一组数据和符号，包括一维条码和二维条码。其原理是通过编码技术、印刷技术、光传感技术将条码所携带的数字信息编译出来，并转换成有意义的信息，它是目前最成熟、应用最广泛的信息自动采集技术。

②无线射频识别技术（RFID）：它是产生于 20 世纪 80 年代后期的一种非接触式自动识别技术，其利用无线射频方式进行非接触双向通信，以达到识别目的，并交换数据。20 世纪 90 年代初被美国应用于装备及后勤管理系统中。90 年代中后期，RFID 从美国扩展到亚太地区，从军事走入民用领域，在民用领域中使用最早最广泛的是商品零售业。除零售业外，RFID 系统还被逐步应用到政府公共安全管理、医疗卫生、图书档案及航空运输等领域。目前，在农业生产中，日本、欧盟等国家将 RFID 技术应用于畜禽产品质量追踪管理，显著地提高了追踪管理的功效。

（3）电子编码技术　电子编码是一个规范的标准化体系，它遵循一定的编码规则。食品溯源是以电子编码技术为基础的，电子编码技术贯穿于整个食品溯源过程。

三、国外食品安全溯源体系

（1）美国食品安全溯源体系　美国在食品安全追溯制度方面做得较好，美国政府在多年实践的基础上，制定了食品安全法律及产业标准。2002 年美国颁布了《公众健康安全和生物恐怖活动防范与应对法》，这个法案规定了对可能造成公众健康风险的食品进行行政扣押；注册国内外食品生产的设施；规定进口食品要预先通报；在食品公司之间建立和保留记录。根据有关记录保存的试行条例，食品的制造商、加工者、包装者、分销商、接收人、持有者和进口商都将被要求保留。2004 年，美国食品与药物管理局又公布了《联邦安全和农业投资法案》。美国继 2009 年《消费品安全改进法》后，2009 年又通过了几经修改的《食品安全加强法案》。新修改的《食品安全加强法案》授予美国食品与药物管理局强制召回权，可以直接下令召回。2011 年，美国食品与药物管理局（FDA）建立食品召回官方信息发布的搜索引擎，提高信息披露的及时性和完整性。消费者能够获取 2009 年以来官方召回食品的详细信息。2011 年 4 月，美国通过了《食品安全现代化法案》，其中强调的内容包括：第一，政府要加强监管食品生产设备；第二，食品与药物管理局在发现食品或药物质量安全事件时，可以执行强制召回的权力；第三，加强对进口食品的监管；第四，食品行业应该承担更多的食品安全方面的责任，尤其是食品生产企业；第五，在食品安全管理方面，应以预防为主。此次立法给予了美国食品与药物管理局（FDA）足够的资源和权利，使得 FDA 能在国家战略的高度上，从事食品安全管理。

（2）日本食品安全溯源体系　日本早在 2001 年，作为应对"疯牛病"的重要手段，在政府的推动下，开始在牛肉生产供应体制中实施食品安全溯源体系。2002 年 6 月，日本将食品安全溯源体系推广到猪肉、鸡肉、水产、蔬菜等行业。日本通过建立产品履历跟踪监视制度，要求生产、流通等各部门采用条码技术、无线射频识别技术等电子标签，详细记载产品的各种数据。消费者通过识别终端能够了解产品的所有情况。例如，从大米的电子标签上可以了解到大米的产地、生产者、使用何种农药和化肥，农药的使用次数、浓度、使用日期及收割和加工日期等具体的生产和流通过程。这些数据和更为详细的资料还要在网上公布，以便消费者查阅详细情况。

（3）欧盟食品安全溯源体系　欧盟食品追溯制度较为完善。2000 年欧盟发表了《食品安全白皮书》，明确相关生产经营者的责任，要求对食品供应链进行全程管理。在2000 年 12 月到 2002 年 11 月期间，欧盟执行了水产品追溯计划。其主要目标是研究水产品的可追溯性，建立水产品追溯体系的标准，即从养殖、捕捞直至消费全程溯源信息的管理标准。2002 年，欧盟颁布《通用食品法》。该法提供了所有食品及食品经营者的溯源范围，规定溯源应被建立在生产、加工和分销的所有环节；食品经营者应当能够确定提供给他们的食品，或者是任何打算或预期加入食品中的物质来源。为此，这样的经营者应当拥有地方体系和程序，以此做出的信息需符合主管机关的要求；食品经营者应当拥有地方体系和程序来识别其他经营者的供应渠道；以此做出的信息需符合主管机关的要求；被置于市场或可能被置于社区市场的食品应当全部贴上标签或全部被识别，来方便溯源的进行。2004 年，欧盟修订了《食品卫生条例》和《动物源性食品特殊卫生条例》。2005 年，欧盟制定了《饲料卫生要求条例》。相关条例的制定，进一步完善了欧盟的食品追溯制度。

四、我国食品安全溯源体系存在的问题

目前，在我国要全面实施食品安全溯源体系还有一定难度，如全面对猪、牛、羊、水果、蔬菜等实施食品安全溯源体系要增加产品的成本，涉及众多的行业管理部门，且需要建立相应的法律法规。我国食品安全溯源体系主要存在以下几方面的问题。

（1）食品企业普遍规模小、信息化程度低　受经济发展水平的制约，许多中小型企业为了生存降低成本，以提高市场竞争力。这些企业考虑到成本问题，还没有涉及食品可追溯系统建设。而且，我国食品的流通方式相对落后，传统的流通渠道，如集贸市场和批发市场还占有相当比例；现代流通渠道，如仓储超市、连锁超市和便利店等还不够普及，影响了食品的可追溯性。

（2）食品溯源相关法规制度不够完善　目前，我国食品安全相关法律 20 多部、行政法规 40 余部、部门行政规章 150 余个，已初步形成一个由国家、部门、行业和地方制定的食品安全法规体系，但只有《食品安全法》、《动物防疫法》、《国务院关于加强食品等产品安全监督管理的特别规定》等少数法律法规对食品溯源的部分内容作出了要求，而且这些规定又比较笼统，缺乏操作性。由于法律法规支撑不够，阻碍了食品溯源体系建设的推进速度。

（3）溯源信息未能实现资源共享和交换　我国食品溯源系统大部分是以单个企业或地区为基础开发的，系统开发目标和原则不同，系统软件不兼容，溯源的信息不能资源共享和彼此交换，难以实现互相溯源。

（4）分段管理难以做到全程有效监管　我国食品安全主要实行分段监管，在这种体制下，任何一个单独的职能部门都不可能实现全程的追溯管理。

五、我国食品安全溯源体系的发展方向

食品安全溯源体系建设是管理和控制食品质量安全的重要手段之一，在我国越来越受到关注与重视。因此，建立食品安全溯源体系，就要以强化行政职能部门监管为基础，实现对食品质量安全的可追溯管理。

（1）完善食品安全溯源规章制度　我国关于食品质量、卫生等方面的各类标准很多，但关于溯源的标准或法规很少。当食品出现问题时，很难进行质量问题的溯源。我国应参照发达国家相关法规，结合我国的具体情况，完善我国食品安全溯源规章制度。地方立法时，应以《食品安全法》为基础，在不相抵触的前提下，进一步明晰食品安全溯源体系的具体内容。

（2）建立全程覆盖的数据库　建立一个从初级产品到最终消费品，覆盖食品生产各

个阶段资料的信息库，有利于控制食品质量，及时、有效地处理质量问题，提高食品安全水平。

（3）在大型超市中率先实现溯源　大型超市具有成熟的食品供应链网络，具备先进的物流信息管理系统，在超市采用信息技术对食品安全工作进行监督具有独特的优势。

（4）建立和完善多级互联互通的可追溯网络　建立国家、省、市、县、企业（包括生产企业、销售企业）、消费者多级共享、互联互通的可追溯网络，一旦出现食品安全问题，就能通过可追溯网络进行追踪，从而保证了食品的安全。

（5）提倡大企业建设食品溯源体系　在食品溯源技术和标准的支撑下，具有产业优势的大企业开始建设食品溯源体系，并逐步扩大到整个食品供应链，从而使食品溯源体系的规模效应进一步提高。

（6）实行强制性食品溯源　"疯牛病"事件发生以后，许多国家开始实行强制性食品溯源制度。欧盟对成员国所有的食品实行强制性溯源管理，美国也对国内食品企业实施注册管理，要求进口食品必须事先告知。

（7）给予扶持政策　对自愿加入食品安全溯源体系的企业给予扶持政策，引导消费者选用具有食品安全溯源体系的产品。

总之，食品安全溯源体系是一项涉及多部门、多学科知识的复杂的系统工程，需要相应的科学体系作为支撑。因此，我们应借鉴国内外各学科的知识，探索建立与完善食品安全溯源体系的有效方法。

六、食品安全溯源的意义

随着经济全球化和人们生活水平的提高，食物来源越来越广泛，导致食品安全事故频频发生。禽流感、口蹄疫、染色馒头、地沟油、三聚氰胺奶粉等事件造成的恶果，严重影响了人们的正常生活。因此，建立食品安全溯源体系具有重要的意义。

（1）适应食品国际贸易的要求　通过建立食品溯源体系，可以使我国食品生产管理尽快与国际接轨，符合国际食品安全追踪与溯源的要求，保证我国食品质量安全水平，突破技术壁垒，提高国际竞争力。

（2）维护消费者的知情权　食品安全溯源体系能够提高生产过程的透明度，建立一条连接生产和消费的渠道，让消费者能够方便地了解食品的生产和流通过程，放心消费。食品溯源体系的建立，将食品供应链中有价值的信息保存下来，以备消费者查询。

（3）提高食品安全监控水平　通过对有关食品安全信息的记录、归类和整理，促进改进工艺，提高食品安全水平。同时，通过食品溯源，可以有效地监督和管理食品生产、流通等环节，确保食品安全。

（4）提高食品安全突发事件的应急处理能力　在食源性疾病爆发时，利用食品溯源系统，可以快速追溯，及时有效地控制病源食品的扩散，实施缺陷食品的召回，减少危害损失。

（5）提高生产企业的诚信意识　食品生产企业构建食品溯源体系，可以赢得消费者的信任。

总之，食品溯源体系是一种旨在加强食品安全信息传递、控制食源性疾病危害、保护消费者利益的食品安全信息管理体系。食品溯源体系的建立，是确保食品安全的关键，对于完善我国食品安全管理体系具有着重大的作用。

第三节　食品安全预警技术

一、食品安全预警的分类

食品安全预警的分类方法多种多样。

（1）按预警状况分类

①常规预警：具有经常性的含义，特点是有规律的检测和监测，预警的范围较小。

②突发性预警：即食品安全出现的危机或警情在某一时间突然出现或爆发。突发性预警具有偶然性而不一定存在必然性，其特点是事发突然、时间短、发展快、解决难度大，若处理不及时，后果不堪设想。

（2）按预警分析方法分类

①指标预警：指选择合适的食品安全评价指标，利用指标信息的变化对食品安全进行预警。例如，对禁用的工业添加剂的预警。

②统计预警：指采用统计分析的方法对食品安全进行预警。例如，按照连续监测的数据，经过统计分析后表达的状况、趋势进行预警。

③模型预警：指建立了相应的数学模型，利用数学模型进行定量计算和分析，并对食品安全状况进行评价，对可能产生的变化进行预测预警。

（3）按预警地域范围分类

①全球预警：指在全球范围内对食品安全的一个或若干问题进行预警。例如，当禽流感暴发时，在禽流感暴发的国家及其相邻国家进行的预警。

②国家预警：指在一个国家之内进行的食品安全预警。例如，我国在 SARS 疫情爆发期间对疫区的封锁控制、对非疫区的预防警戒。

③省市区域预警：指在国家内部省级范围内进行预警。例如，各地出台的《食品安全突发事件应对预案》就是针对各地的区域预警。

（4）按预警时间尺度分类

①短期预警：指在较短时期内对食品安全进行预警。短期指几天、一周或数周。

②中期预警：指一段时间内对食品安全进行预警。一般来说，中期指几个月或一年，通常不超过三年。

③长期预警：指较长时间内对食品安全进行预警。长期通常是 3～5 年或更长。例如，对粮食安全问题的预警通常为 5 年以上。

二、国外食品安全预警体系

（1）美国食品安全预警体系　美国食品安全管理体系一直以科学、全面和系统的特点而著称。其中，预警体系是美国食品安全管理的基石，在美国食品安全管理上起着重要的作用。美国食品安全预警体系的机构主要为食品安全预警信息管理和发布机构、食品安全预警监测和研究机构，它们担负着食品安全预警的职责。前者主要由食品与药物管理局（FDA）、农业部食品安全检验局（FSIS）、疾病控制预防中心（CDC）、环境保护局（EPA）、美国联邦公民信息中心（FCIC）等组成。

FDA 负责除肉、家禽、蛋制品之外的食品掺假、不安全因素隐患、标签夸大宣传等食品安全管理工作，发布除 FSIS 管辖之外的食品召回、预警信息。FDA 负责执行食品安全法律；对食品生产和销售的整个流程进行监控；对不合格产品实行召回并通过执法行动确保实施；制定美国食品法典、条令、指南和说明；建立良好的食品加工操作规程和其他的生产标准；开展国际合作等。

FSIS 主管肉、家禽、蛋制品的安全，管理和发布相关的预警信息和召回通报；CDC 在食品安全预警体系中负责食源性疾病的预警信息发布和管理；EPA 在食品安全方面的主要职责是保护环境、保护公共卫生，免受活性剂和杀虫剂的危害，主要管理和发布有关农药、水的食品安全预警信息。FCIC 主要发布联邦机构和生产厂家的召回信息。

食品安全预警监测和研究机构主要有食品安全与应用营养学中心（CFSAN）、农业部 FSIS。CFSAN 是全国性的食品现场调查机构，对美国市场上 80% 的食品进行监督管理，监管对象包括 5 万多家食品企业和 3 000 多家化妆品公司。FSIS 负责肉类和家禽食品安全，监督执行联邦食用动物产品安全法规。FSIS 建立了一套预警系统，通过分析统计检测数据建立了各种预警模型；同时还建立了突发事件管理系统，可以追踪突发事件的来源。

（2）日本食品安全预警系统　日本作为世界上发达国家，近年来提出了食品安全管理的原则，建立了食品安全预警系统。2003 年，日本制定了《食品安全基本法》，设立了食品安全委员会，对涉及食品安全的事务进行管理。食品安全委员会由七位食品安全方面的资深委员组成。食品安全委员会设有一个秘书处，包括秘书长、副秘书长、事务处、风险评估处、政策建议与公共关系处、信息和突发事件应急反应处、风险交流事务主管。设 16 个专家委员会，主要包括：计划编制专家委员会，职能是实施计划编制；风险交流专家委员会，负责风险交流的监测；突发事件应急专家委员会，负责紧急事件的应急措施。此外，还有 13 位专家对各种危害实施风险评估，包括食品添加剂、农药、微生物等，这 13 位被分为三个评估小组分别负责化学物质、生物材料以及新兴食品。

农林水产省设立了食品安全危机管理小组，建立内部联络体制，负责应对突发性重大食品安全问题，研究和制定应对方针。

（3）欧盟食品安全预警系统　欧盟作为世界上经济最发达、科技最先进、法制最完备、公民生活质量最高的地区之一，20世纪80年代后食品安全问题不断出现。从1986年英国发生"疯牛病"，到2001年新一轮"疯牛病"相继在法国、德国等国发生。2001年9月，英国和爱尔兰等国持续了11个月的口蹄疫等事件，使欧盟国家消费者陷入恐慌之中。欧盟委员会在反思、检讨和总结经验教训的基础上，开始构建统一完善的食品安全体系。欧洲2002年开始组建食品安全管理局，2005年在意大利正式挂牌。欧盟《通用食品法》于2002年2月生效启用，明确了预警原则。

欧盟食品预警系统由欧盟统一制定并实行，是欧盟组织总的风险预警管理系统，各成员国可制定各自的具体系统，但如某成员国在没有一个明确的商品名录、没有相应独立的快速报警制度或通报系统的情况下，也鼓励其使用欧盟食品预警系统。欧盟食品预警系统是主要针对成员国内部由于食品不符合安全要求或标识不准确等原因引起的风险和可能带来的问题而及时通报各成员国，使消费者避开风险的一种安全保障系统。

三、我国食品安全预警体系存在的问题

（1）责任主体不够明确　我国食品质量安全管理权限分属不同部门，随之相伴的预警管理也由分属的不同部门实行多头管理，在一定程度上存在管理职能错位、缺位、越位和交叉分散现象，难以形成协调配合、运转高效的管理体制。

（2）监测检验技术比较落后　目前，我国食品安全预警管理监测检验技术水平有限，从监测机构、监测人员、监测设备到监测方法，与发达国家差距很大。一些地方的食品安全检测检验机构仪器陈旧，设备简陋，功能不全，有的缺乏必备的检测设施，不利于查处违法行为和应付突发性食品安全事件。

（3）技术标准落后　我国食品安全管理标准落后。一些标准时间跨度较长，缺乏可操作性，在技术内容方面与CAC的有关协定存在较大差距。而我国的国家标准只采用或等效采用了国际标准，与发达国家及国际相关组织的标准相衔接的程度不够，从而导致标准的可信度在国际上不高。

（4）配套的法律法规保障体系还不够完善　我国现行有效的相关法律法规有几十部，但条款相对分散，这些法律法规尚不能完全涵盖"从农田到餐桌"的各个环节，不能满足食品安全预警体系建设的实际要求，因此，制定一部完整统一的食品质量安全预警管理法迫在眉睫。

（5）信息交流体系不完善，缺乏统一的预警技术信息平台　由于目前我国食品安全多个管理部门之间缺乏有效的信息和资源共享、沟通和协调机制，食品质量安全预警的信息资源严重短缺，使食品安全预警体系出现了风险信息搜集渠道单一、预警及快速反

应措施单一、控制效果单一的现象，难以满足食品安全预警的时效性要求。

（6）食品安全的基础研究水平低　目前，我国在食品安全问题上主要集中在研究允许添加使用物质的检测方法上，对于非法添加物质的预防检测手段的研究较少。

（7）数据收集不够准确　经常由于没有收集到关键性的数据或收集的数据存在偏差，不符合预警的总体要求，导致预警体系运行后无法达到预期效果。

（8）投入不足　投入不足制约食品安全预警水平的提高，使得我国食品安全管理的宏观预警和风险评估的微观预警体系建设滞后。

四、我国食品安全预警体系的发展方向

（1）构建合理的食品质量安全预警管理机制　建立系统完整的食品质量安全预警机制是现阶段我国构建政府食品安全管理机制的前提和基础，也是预防食品安全事件的发生、维护社会稳定、构建和谐社会的重要机制之一。食品安全预警机制的建设，应遵循全面、及时、创新和高效的原则，形成完善的预警机制。

（2）加大国家财政投入力度　目前，我国对食品质量安全预警管理的人力、物力、财力的投入与发达国家相比，还有很多差距。因此，加大国家对食品质量预警管理的投入很有必要。

（3）提高消费者食品质量安全意识　应加强全民食品质量安全教育。随着我国市场经济秩序的不断完善，急需加强对食品质量安全知识的宣传，分析食品质量安全形势，提高消费者的自我保护意识，开展多种形式的法制宣传，组织专项宣传活动，提高消费者依法维护自身合法权益的能力。

（4）加强食品安全预警科研技术力量　组织科研力量全面分析研究食品安全风险预警及快速反应体系保障措施，为建立质检系统各部门之间的长效工作机制提供保障。同时，加强食品质量安全预警管理的职业队伍建设，培养食品安全的专门人才，向食品安全职能管理部门提供食品质量安全预警管理业务知识的培训。

（5）完善以预警机制为基础的食品安全法律法规体系　完善法律法规与标准体系，为食品质量安全预警提供支撑。我国有关食品安全预警的立法与执法，正处于初步建立阶段，因此急需在此基础上加大对法律体系的建设。

（6）加强食品预警信息交流和发布机制建设　管理部门应建立和完善覆盖面宽、时效性强的食品安全预警信息收集、管理、发布制度和监测抽检预警网络系统，向消费者和有关部门快速通报食品安全预警信息。

五、我国食品安全预警的作用

（1）在进出口贸易方面，对提高我国进出口食品安全水平有着积极的作用　我国食品的检验监管模式是：进口食品的卫生项目必须检验合格后方可进入市场销售，出口食

品的卫生项目必须检验合格后才可以放行通关。开展食品安全预警研究，在风险信息收集、危害因素识别和确定等方面建立一套科学的规则和评定程序，提高食品的检测效率，因此，在进出口贸易方面，对提高我国食品安全水平有着积极的作用。

（2）有利于防止食品安全问题的出现、扩散和传播，避免重大食物中毒和食源性疾病的发生　近年来，新的食品危害因素不断出现，继暴发"疯牛病"、"禽流感"之后，"红心鸭蛋事件"、"塑化剂事件"、"染色馒头事件"、"地沟油事件"等频频见诸于报端，新资源食品、转基因食品的开发也给人类食品安全带来新的隐患。因此，开展食品安全预警工作，有利于防止食品安全问题的出现、扩散和传播。

（3）有利于保障消费者的身心健康，提高人民群众的身体素质和健康水平　加强食品安全预警，可以对不断出现的各种食品危害作出快速反应，采取相应有效的措施，保护我国人民生命健康安全。

此外，食品安全预警对完善我国食品安全监管机制，提高我国食品安全监管水平，具有重要的意义。

小　结

食品安全溯源及预警技术是食品安全管理的重要组成部分，在保障人类健康方面发挥了巨大的作用。本章通过对食品溯源的定义和实施原则的介绍，展现了食品溯源的涵义，简单介绍了物种鉴别技术、电子编码技术及自动识别和数据采集技术等食品溯源关键技术，阐述了食品溯源的作用和意义。同时，概述了美国、日本、欧盟食品安全预警体系，以及我国食品安全预警体系存在的问题、发展方向等。

思考题

1. 简述食品安全溯源及食品安全预警的概念。
2. 食品安全溯源有哪些关键技术？
3. 食品安全溯源有何意义？
4. 论述我国食品安全预警体系存在的问题和发展方向。
5. 简述食品安全溯源的基本要素。
6. 试述国外食品安全溯源体系。

参考文献

[1] 曹小红. 食品安全与卫生 [M]. 北京：科学出版社，2013.

[2] 曹小红. 食品安全科学知识 [M]. 北京：中国政法大学出版社，2012.

[3] 曲径. 食品安全控制学 [M]. 北京：化学工业出版社，2011.

[4] 史贤明. 食品安全与卫生学 [M]. 北京：中国农业出版社，2003.

[5] 孙友富，等. 动物毒素有害植物 [M]. 北京：化学工业出版社，2000.

[6] 钟耀广. 食品安全学 [M]. 北京：化学工业出版社，2012.

[7] 丁晓雯，柳春红. 食品安全学 [M]. 北京：中国农业大学出版社．2011.

[8] 李林静，李高阳，谢秋涛. 毒蘑菇毒素的分类与识别研究进展 [J]. 中国食品卫生杂志，2013，25（4）：383～387.

[9] 卯晓岚. 中国的毒菌及其中毒类型 [J]. 微生物学通报，1987（3）：42～47.

[10] 朱德修，郭树武. 常见的几种有毒植物性食品与中毒预防 [J]. 山东食品科技，2003（2）：22～24.

[11] 古桂花，胡虹，曾薇. 槟榔的细胞毒理研究进展 [J]. 中国药房，2013，24（19）：1814～1818.

[12] 董晓茹，沈敏，刘伟. 龙葵素中毒及检测的研究进展 [J]. 中国司法鉴定，2013（12）：35～41.

[13] 李志亮，吴忠义，王刚，等. 转基因食品安全性研究进展 [J]. 生物技术通报，2005，3（3）：104.

[14] 刘琼蕾. 从《食品安全法》看我国对转基因食品的法律规制 [J]. 池州学院学报，2012，26（1）：53～55.

[15] 平静. 各国对转基因食品的态度研究 [J]. 牡丹江大学学报，2011，20（9）：109～110.

[16] 贾士荣，金芜军. 国际转基因作物的安全性争论 [J]. 农业生物技术学报，2003，11（1）：1～5.

[17] 陆旭，严艳. 国内外转基因食品安全管理现状与中国的发展对策 [J]. 食品与机械，2012，4：068.

[18] 张慎举，袁仲，宋成斌. 转基因食品的发展及其安全性管理 [J]. 河南农业

科学，2005，11：111～113.

[19] 贾士荣．转基因植物的环境及食品安全性 ［J］．生物工程进展，1997，17（6）：37～42.

[20] 佘丽娜，李志明，潘荣翠．美国与欧盟的转基因食品安全性政策演变比对 ［J］．生物技术通报，2011（10）：106.

[21] 冯华．美国是转基因食品消费大国 ［J］．农产品市场周刊，2011（48）：60～61.

[22] 肖玫，朱铭亮，赵桂龙，等．国内外转基因食品的安全性评价及展望 ［J］．中国食物与营养，2005（7）：13～16.

[23] 谢明勇，陈绍军．食品安全导论 ［M］．北京：中国农业大学出版社．2009.

[24] 杨永杰．食品安全与质量管理 ［M］．北京：化学工业出版社，2010.

[25] 谭龙飞．食品安全与生物污染防治 ［M］．北京：化学工业出版社，2007.

[26] 刘晓芳．营养与食品安全技术 ［M］．北京：中国中医药出版社，2006.

[27] 包大跃．食品安全危害与控制 ［M］．北京：化学工业出版社，2006.

[28] 白新鹏．食品安全危害及控制措施 ［M］．北京：中国计量出版社，2010.

[29] 陈辉．食品安全概论 ［M］．北京：中国轻工业出版社，2011.

[30] 蔡美琴．食品安全与卫生监督管理 ［M］．上海：上海科学技术出版社，2005.

[31] 杜巍．食品安全与疾病 ［M］．北京：人民军医出版社，2007.

[32] 郭红卫．营养与食品安全 ［M］．上海：复旦大学出版社，2005.

[33] 郭俊生．现代营养与食品安全学 ［M］．上海：第二军医大学出版社，2006.

[34] 霍军生．现代食品营养与安全 ［M］．北京：中国轻工业出版社，2005.

[35] 贾英民．食品安全控制技术 ［M］．北京：中国农业出版社，2006.

[36] 丁晓雯，沈立荣．食品安全导论 ［M］．北京：中国林业出版社，2008.

[37] 卡诺维斯，等．新型食品加工技术 ［M］．张慜，等，译．北京：中国轻工业出版社，2010.

[38] 阚健全．食品化学 ［M］．北京：中国农业大学出版社，2008.

[39] 赵晋府．食品工艺学 ［M］．北京：中国轻工业出版社，2002.

[40] 唐英章．现代食品安全检测技术 ［M］．北京：科学出版社，2004.

[41] 郭顺堂，谢焱．食品加工业 ［M］．北京：化学工业出版社，2004.

[42] 张艳萍，谢良．食品加工技术 ［M］．北京：化学工业出版社，2006.

[43] 纵伟．食品卫生学 ［M］．北京：中国轻工业出版社，2011.

[44] 王世平．食品安全监测技术 ［M］．北京：中国农业大学出版社，2009.

[45] 朱坚，邓晓军．食品安全监测技术 ［M］．北京：化学工业出版社，2007.

［46］慕华容．食品检验技术［M］．北京：化学工业出版社，2005．

［47］陈斌，黄兴奕．食品与农产品品质无损检测新技术［M］．北京：化学工业出版社，2004．

［48］林继元，边亚娟．食品理化检验技术［M］．武汉：武汉理工大学出版社，2011．

［49］王世平．食品理化检验技术［M］．北京：中国农业出版社，2009．

［50］侯红漫．食品微生物检验技术［M］．北京：中国农业出版社．2010．

［51］许子刚．浅谈食品微生物检验内容与检测技术分析［J］．科技与企业，2012（7）：333．

［52］陈庆森，冯永强，黄宝华，等．食品中致病菌的快速检测技术的研究现状与进展［J］．食品科学，2003，24（11）：148～152．

［53］董邦权，李恩善，等．抗金葡毒素单克隆抗体的实验和应用研究［J］．卫生研究，1998，127 suppl：185～186．

［54］邓勃．应用原子吸收与原子荧光光谱分析［M］．北京：化学工业出版社，2007．

［55］宦双燕．波谱分析［M］．北京：中国纺织出版社，2008．

［56］乐建波．色谱联用技术［M］．北京：化学工业出版社，2007．

［57］陆婉珍．现代近红外光谱分析技术［M］．北京：中国石化出版社，2007．

［58］盛龙生，汤监．液相色谱质谱联用技术在食品和药品分析中的应用［M］．北京：化学工业出版社，2008．

［59］许金钧，王尊本．荧光分析法［M］．北京：科技出版社，2006．

［60］杨武，高锦章，康敬万．光度分析中高灵敏反应及方法［M］．北京：科学出版社，2000．

［61］王立，汪正范．色谱分析样品处理［M］．北京：化学工业出版社，2006．

［62］王绪卿，吴永宁．色谱在食品安全分析中的应用：色谱技术丛书［M］．北京：化学工业出版社，2005．

［63］于世林．高效液相色谱方法及应用［M］．北京：化学工业出版社，2005．

［64］赵杰文，孙永海．现代食品检测技术．第2版［M］．北京：中国轻工业出版社，2011．

［65］杨廷彬，等．临床免疫学及检验［M］．长春：吉林科学技术出版社，1992．

［66］陶义训．免疫学和免疫学检验．第2版［M］．北京：人民卫生出版社，2001．

［67］Weir D. Handbook of experimental immunology. 6th ed［M］. Oxford：Blackwell Scientific Publications. 1990.

［68］沈关心，周汝麟．现代免疫学实验技术［M］．武汉：湖北科学技术出版社，1998.

［69］向敏，张克山，卢顺，等．Asia I 口蹄疫 vp2 蛋白单克隆抗体的制备及单抗竞争 ELISA 方法的建立［J］．生物工程学报，2008，24（9）：1664～1669.

［70］杨永钦，黄德生，李乐．斑点 ELISA 检测口蹄疫病毒的研究［J］．中国兽医杂志，1994，20（9）：6～7.

［71］樊景凤，李光，王斌，等．间接免疫荧光抗体技术检测凡纳滨对虾红体病病原：副溶血弧菌［J］．海洋环境科学，2007，26（6）：501～503.

［72］王冰，周国辉，涂亚斌，等．口蹄疫病毒 vp3：间接免疫荧光诊断方法的建立［J］．黑龙江八一农垦大学学报，2008，20（2）：55～58.

［73］张维铭．现代分子生物学实验手册［M］．北京：科学出版社，2007.

［74］屈伸，刘志国．分子生物学实验技术［M］．北京：化学工业出版社，2008.

［75］黄留玉．PCR 最新技术原理、方法与应用［M］．北京：化学工业出版社，2006.

［76］张伟．现代食品微生物检测技术［M］．北京：化学工业出版社，2007.

［77］陈福生，高志贤，王建华．食品安全检测与现代生物技术［M］．北京：化学工业出版社，2004.

［78］赵新淮．食品安全检测技术［M］．北京：中国农业出版社，2007.

［79］陈颖，葛毅强．现代食品分子检测鉴别技术［M］．北京：中国轻工业出版社，2008.

［80］王晶，王林，黄晓蓉．食品安全快速检测技术［M］．北京：化学工业出版社，2002.

［81］中国认证人员与培训机构国家认可委员会．食品安全管理体系审核员培训教程［M］．北京：中国计量出版社，2005.

［82］李怀林．食品安全控制体系（HACCP）通用教程［M］．北京：中国标准出版社，2002.

［83］钱和．HACCP 原理与实施［M］．北京：中国轻工业出版社，2003.

［84］赵丹宇，郑云雁，李晓瑜编译．国际食品法典应用指南［M］．北京：中国标准出版社，2001.

［85］尤玉如．食品安全与质量控制［M］．北京：中国轻工业出版社，2008.

［86］田惠光．食品安全控制关键技术［M］．北京：科学出版社，2004.

［87］中国合格评定国家认可中心．食品安全管理体系评价准则、认证制度和认可制度［M］．北京：中国标准出版社，2006.

［88］郭鸽．食品安全生产与管理［M］．哈尔滨：黑龙江科学技术出版社，2008.

［89］魏益民，张国权．食品安全导论［M］．北京：科学出版社，2009.

［90］杨洁彬，王晶，等．食品安全性［M］．北京：中国轻工业出版社，2010.

［91］刘丁，葛宇．《GB 28050—2011 食品安全国家标准预包装食品营养标签通则》解读及食品营养标签常见问题解析［J］．食品工业科技，2012（16）：24～27.

［92］宋怿．食品风险分析理论与实践［M］．北京：中国标准出版社，2005.

［93］李泰然．食品安全监督管理知识读本［M］．北京：中国法制出版社，2012.

［94］国家标准化管理委员会农轻和地方部编．食品标准化［M］．北京：中国标准出版社，2006.

［95］陈声明，陆国权．有机农业与食品安全［M］．北京：化学工业出版社，2006.

［96］孙秀兰，姚卫蓉．食品安全与化学污染防治［M］．北京：化学工业出版社，2009.

［97］曾庆祝，吴克刚，黄河．食品安全与卫生［M］．北京：中国标准出版社，2012.

［98］杨明亮．食品溯源［J］．中国卫生法制，2006，11（4）：4.

［99］陈华．食品质量溯源系统的现状及发展建议［J］．湖南农业科学，2010，（21）：87～89.

［100］龙红，梅灿辉．我国食品安全预警体系和溯源体系发展现状及建议［J］．现代食品科技，2012，28（9）：1256～1260.

［101］罗艳，谭红，何锦林，等．我国食品安全预警体系的现状、问题和对策［J］．食品工程，2010（4）：3～5；9.

［102］王风云，赵一民，张晓艳，等．我国食品质量安全追溯体系建设概况［J］．农业网络信息，2008（10）：134～137.

［103］赵林度，钱娟．食品溯源与召回［M］．北京：科学出版社，2009.

［104］唐书泽．食品安全应急管理［M］．广州：暨南大学出版社，2012.

［105］唐晓纯．食品安全预警理论、方法与应用［M］．北京：中国轻工业出版社，2008.

［106］许建军，周若兰．美国食品安全预警体系及其对我国的启示［J］．世界标准化与质量管理，2008（3）：47～49.

［107］程景民，李佳，薛贝．欧盟食品预警系统与我国食品出口的安全应对［J］．医学与社会，2010，23（10）：3～5.

［108］焦阳，郭力生，凌文涛．欧盟食品安全的保障——食品、饲料快速预警系统［J］．中国标准化，2006（3）：20～21；29.

［109］柯尔康，何应龙．基于欧盟 RASFF 系统［J］．当代经济，2013（4）：6～8.

［110］张 斌，程望奇，吴嫠霓. 食品安全溯源信息自动采集技术研究［J］. 长沙民政职业技术学院学报，2010，17（3）：114～116.

［111］陈骥. 建立健全食品安全溯源体系的思考［J］. 理论探索，2011（6）：49～52.

［112］黄围. 达国家食品安全溯源体系及对我国的启示［J］. 农业机械，2013（4）：23～25.

［113］房瑞景，陈雨生，周静. 国外食品安全溯源信息监管体系及经验借［J］. 农业经济，2012（9）：6～8.